Series of Ideas of History

编辑委员会

主　编

耶尔恩·吕森（Jörn Rüsen，德国埃森文化科学研究所）
张文杰（中国社会科学院哲学研究所）

副主编

陈　新（浙江大学历史系）
斯特凡·约尔丹（Stefan Jordan，德国巴伐利亚科学协会历史委员会）
彭　刚（清华大学历史系）

编　委

何兆武（清华大学历史系）
刘家和（北京师范大学历史系）
涂纪亮（中国社会科学院哲学研究所）
张广智（复旦大学历史系）
于　沛（中国社会科学院世界历史研究所）
海登·怀特（Hayden White，美国斯坦福大学）
娜塔莉·戴维斯（Natalie Z. Davis，美国普林斯顿大学）
索林·安托希（Sorin Antohi，匈牙利中欧大学）
克里斯·洛伦茨（Chris Lorenz，荷兰阿姆斯特丹自由大学）
于尔根·施特劳布（Jürgen Staub，德国开姆尼斯技术大学）
卢萨·帕塞里尼（Luisa Passerini，意大利都灵大学）
埃斯特范欧·R.马丁斯（Estevao de Rezende Martins，巴西巴西利亚大学）
于尔根·奥斯特哈默尔（Jürgen Osterhammel，德国康斯坦茨大学）

历史的观念译丛

回忆空间
文化记忆的形式和变迁

〔德〕阿莱达·阿斯曼 著
潘璐 译

Erinnerungsräume
Formen und Wandlungen des kulturellen Gedächtnisses

Aleida Assmann

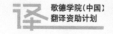
歌德学院(中国)
翻译资助计划

北京大学出版社
PEKING UNIVERSITY PRESS

著作权合同登记号　图字：01-2010-1793

图书在版编目(CIP)数据

回忆空间：文化记忆的形式和变迁/(德)阿斯曼(Assmann,A.)著；潘璐译.—北京：北京大学出版社，2016.3
（历史的观念译丛）
ISBN 978-7-301-26394-5

Ⅰ.①回… Ⅱ.①阿…②潘… Ⅲ.①记忆—文化社会学—研究 Ⅳ.①B842.3-05

中国版本图书馆 CIP 数据核字(2015)第 244497 号

© Verlag C. H. Beck oHG, München 2009
The translation of this work was financed by the Goethe-Institut China.
本书获得歌德学院（中国）全额翻译资助。

书　　　名	回忆空间：文化记忆的形式和变迁 HUIYI KONGJIAN: WENHUA JIYI DE XINGSHI HE BIANQIAN
著作责任者	〔德〕阿莱达·阿斯曼　著　潘璐　译
责任编辑	陈甜
标准书号	ISBN 978-7-301-26394-5
出版发行	北京大学出版社
地　　　址	北京市海淀区成府路205号　100871
网　　　址	http://www.pup.cn　新浪微博:@北京大学出版社
电子信箱	pkuwsz@126.com
电　　　话	邮购部 62752015　发行部 62750672　编辑部 62752025
印 刷 者	北京中科印刷有限公司
经 销 者	新华书店
	965毫米×1300毫米　16开本　32.5印张　395千字 2016年3月第1版　2022年5月第6次印刷
定　　　价	85.00元

未经许可，不得以任何方式复制或抄袭本书之部分或全部内容。
版权所有，侵权必究
举报电话：010-62752024　电子信箱：fd@pup.pku.edu.cn
图书如有印装质量问题，请与出版部联系，电话：010-62756370

"历史的观念译丛"总序

序 一

在跨文化交流不断加强的当下,如影相随的是,我们面对着全球化时代的一种紧迫要求,即必须更好地理解文化差异及特殊性。由中外学者携手组织的这套丛书,将致力于把西方有关历史、历史编纂、元史学和历史哲学的话语带入中国历史文化的园地。

历史论题是人类生活中极其重要的元素。在历史中,人们形成并且反映了他们与其他人的认同感、归属感,以及与他者的差异。在归属感和差异的宽泛视界中来看待"世界诸文明",人们才能够谈及"文化认同"。历史学家们的专业学术工作往往涉及并依赖于认同形成的文化过程。由于这种牵涉,无论历史学家是否意识到,政治都在他们的工作中起着重要作用。不管学术性的历史研究仅仅只是作为资政的工具,还是因其方法的合理性而有着特别功能,这都已经是公开的问题。

关于历史思维的学术地位的许多讨论,还有它对"客观性"或普遍有效性的执着,都与世界范围内现代化过程中的历史思维之发展联系在一起。在这一过程中,历史思维获得了学术学科或者说"科学"（Wissenschaft,采该词更宽泛的意义）的形式。历史学研究的传统,其自尊就在于,它声称与非专业历史学相比有着更高层次的有效性。一般用的词就是"客观性"。与这种对客观性的执着相反,许多重要论述进入了历史学家的自我意识,这牵涉到他们与各自国家历史文化的相互关系。例如,后现代主义极力否认客观性这种主张,并且指出,尽管历史研究有其方法的合理性,而在历史研究之外的政治利益、语言假定和文化意义标准等等,历史的解释却对它们有一种根本的依赖。

在意识到了记忆的作用,并且意识到了非专业性因素在异彩纷呈的人类生活领域中表现过去的作用之后,发生在历史学内外的、有关历史思想以及它作为学术学科的形式的讨论,就因这种新的意识而被扩大了。在人类生活的文化定向中,记忆是一种巨大的力量,它似乎要取代历史在那些决定历史认同的行为中所处的核心位置。这样一种更迭是否会造成足够重要的后果,影响到历史在民族文化生活中的角色,这一点还悬而未决。只要记忆与"实际发生的"经验相关,历史就仍然是对集体记忆中这种经验因素的一种言说。

在反思历史思想与职业历史学家的工作时,这种视界的扩展因为如下事实而获得了额外的扩大和深化,即：人们为了理解现在、期盼未来而研究过去的方式存在着根本的文化差异；没有这样的洞见,就不可能正确地理解历史。既然认同关系到与他者的差异,而历史是呈现、反思和交流这种差异的领域,历史学家的工作就必然一直处在对付这种差异的张力之中。"文明的冲突"便是一个口号,它标明,通过回忆和历史形成的认同中存在着紧张因素。

既然认同不只是界定和奋争的事情,它同时还是理解和认知,为此,这双重因素在历史话语中都必须主题化。每一种认同都因识别出他者而存在,而各种认同或认同的文化概念之间的张力以至于斗争或冲突,都不得不被理解为一种认知的要求。是什么使得他者出现差异呢?对此不理解,认知就不可能实现。这样,就必须了解他者的差异中那些强有力的文化要素和过程。

进而,若缺少贯穿这种差异的可理解性原则,认知也不可能。就学术性话语的层面而言,在将历史认同主题化,使之成为差异的一个事例时,这些普遍的要素和维度与专业性历史思维的话语特征有着本质上的关联。

这就是本丛书的出发点,它想把西方世界人们理解、讨论、扩展、批判和利用历史的途径告诉汉语世界。

这套丛书可谓雄心勃勃,它试图展现西方历史话语的整个领域。在思考历史的西方人眼中,西方历史思想是什么?谁的观点成了有影响的观点?想象一种单一的西方历史思想类型,并以之与非西方的中国人或印度人的历史思想相比对,这相当容易。但更进一步,人们就会发现,西方并没有这样一种类型,即单一的"观念""概念"或者"根本"。相反,我们找到了一种话语,它呈现出各种不同概念、观点和实际作用之间错综分合的交流。这套丛书便展现了这种多样性和话语特征,当然,非西方世界也会有类似情形。

本丛书分为作者论著和主题文集两类出版。第一类选取该作者对历史话语而言有着重要地位的作品,第二类则选取历史话语中的一些中心主题。每一卷都有介绍该作者或主题的导论、文本注释和文献目录。

本丛书期待对历史学领域中在新的层次上并且是高质量的跨文化交流有所贡献。抱着这种呈现更广泛的意见、立场、论证、争执的雄心壮志,它希望成为跨文化交流中类似研究的范例,使不同文化彼此得到更好的理解。在跨文化交流与对话的领域内,就一种对文化差异彼此了解的新文化来说,这种理解是必要的。

耶尔恩·吕森
2006年5月于德国埃森

序 二

近代以来，西方历史思想家为人类提供了丰富的历史思想资源。历史的观念经过一代代思想家的演绎，构成了多元的话语系统，而且，这个系统还随着思想家们不断的思考、表现而获得扩充。

我们往往通过书本了解思想家们对历史的看法，但对于读者自身而言，我们却不能只是从书本中去理解历史。事实上，我们就生活在历史中，这并不是说我们现在的经历将成为历史，而是指我们身边的每一处能够被言说、被体悟的事情，如果不能够获得历史解释，它都无法进入理性的思索之中。从历史中获取意义，获取人生在某个时刻具有的确定性和行动的立足点，这是试图了解历史的人所追求的。但这样一种能力对于个人而言并不是可遗传的或可积累的，每个人都不得不在自己的生活中重新发展它。思想家们对过去的理解与认识、对历史这个观念的思考，以及对与历史相关的一些问题的探询，这些都只为我们耕耘未来生活这块荒原提供各式各样的工具，却不提供秋收的果实。

系统地译介西方史学理论或历史哲学作品，一直是20世纪以来几代中国学者的梦想。这个梦想曾经深藏在何兆武先生年轻的头脑中，此后，他身体力行，译著丰卓，为拓展国人的历史思维付出了不懈的努力。如今，跨文化交流的加强，以及国内学术事业的繁荣，使得这一梦想更有可能变为现实。

本丛书有幸得到了德国学者耶尔恩·吕森教授的大力支持。吕森教授认为，加强跨文化交流有利于创造一种新的世界文化，现存诸种文化可以包含在其中，但它们了解彼此的差异，尊重彼此的习惯；平等交流使得我们可以跨越文化鸿沟，同时拓宽我们理解历史的文化限度。这也是中方编辑者的初衷之一。这样，中德双方组织者表现出极大的热忱。从丛书框架、选题的设计,到约请编译者,乃至沟通版权,一项项艰巨的任务在数年来持续不断的交流与努力中逐渐得到落实。

丛书编者有着极大的雄心,希望以数十年的努力,将西方18世纪以来关于历史、历史编纂、元史学和历史哲学的重要文献渐次翻译,奉献给汉语世界。如果可能,这套丛书还将涉及非西方世界史学思想的文献。

显然,这套丛书的出版是一项跨文化交流的成果,同时也是一项民间的学术事业,在此,我们要对所有帮助这套丛书出版的编者、译者、出版者表示感谢。愿这样的努力,也能够得到读者的关注、批评与认可。

张文杰　陈新
2006 年 5 月

前　言

您面前的这部论文以出版的形式面世之前,已经经历了数次变形。较早的一个版本曾在1992年作为教授资格论文在海德堡大学哲学系通过评审。这个版本中有两部分经过很大的修改独立成书出版:《建立民族记忆——德国教育思想简史》(美因河畔法兰克福,1993年)和《时间与传统——持久性的文化策略》(维也纳,1998年)。其余的部分经过一段长时间的发酵之后,相比第一个版本也有了彻底的改变。尤其是两个研究小组为我改写、完成这本书提供了有力的推动,一个小组在圣莫尼卡的盖提中心,另一个在比勒菲尔德的跨学科研究中心,我分别于1995年3月和1995年的夏季学期从他们那里获得助益。我感谢萨尔瓦多·塞提斯使我与圣莫尼卡的"记忆小组"建立联系,感谢耶尔恩·吕森把我纳入他的"历史意义建构"研究小组,这两个小组都使我受益匪浅。

在我写作的过程中,某些阶段就像珀涅罗珀的织物一样,如果不是经常有信来询问本书下落的话,它很可能还会有很长时间处在织了再拆、拆了再织的过程中,摇摆不前。由于扬·阿斯曼在他的一本书中不小心提到我的论文即将出版,结果就像我担心的那样,大家对此书出现了过高的期望。我感谢这些从未谋面的读者们给我施加的温和的心理压力,这种压力最终还是转变成为实实在在的压力。在文稿的最后编辑阶段,安德雷亚斯·克拉夫特以其极度的认真、忠诚和毅力,恩斯特-彼得·威肯贝格以其巨大的热情、能力和不可思议的积极态度协助我工作。我尤其要感谢扬·阿斯曼和我进行了颇有启发性的无尽长谈,还有我们的孩子文森特、大卫、玛蕾娜、瓦蕾丽和科莉娜,他们献身科学的母亲常常逃避自己的责任,他们不仅予以容忍,而且为她的工作做出了实实在在的贡献。这本书是献给他们的。

阿莱达·阿斯曼

1998 年 8 月于康斯坦茨

目 录

"历史的观念译丛"总序   I
前　言   1

导　言   1

第一部分　功　能

第一章　记忆作为"术"和"力"   19
第二章　纪念的世俗化——记忆、声望、历史   26
  第一节　记忆艺术与死者纪念   26
  第二节　声望   32
  第三节　历史   45
第三章　莎士比亚历史剧中的回忆之争   61
  第一节　回忆与身份认同   64
  第二节　回忆与历史   70
  第三节　回忆与民族   77
  第四节　剧院里的后续表演   87
第四章　华兹华斯与时间的伤口   93
  第一节　记忆与回忆   93
  第二节　回忆与身份认同   100

  第三节 回想：回忆与想象 109
  第四节 冥忆：神秘的返照 114
第五章 记忆的箱子 121
  第一节 记忆作为方舟 122
  第二节 大流士的匣子——海因里希·海涅 127
  第三节 可怕的箱子—— E. M. 福斯特 137
第六章 功能记忆与存储记忆——回忆的两种模式 142
  第一节 历史与记忆 142
  第二节 功能记忆与存储记忆 146
  第三节 与克里斯托夫·波米扬的
      一场关于历史和记忆的谈话 156

第二部分 媒 介

第一章 回忆的隐喻 163
  第一节 文字隐喻：黑板、书籍、复用羊皮纸 166
  第二节 空间隐喻 174
  第三节 时间性的记忆隐喻 182
第二章 文字 199
  第一节 文字作为永生的媒介和记忆的支撑 201
  第二节 关于文字和图像作为记忆媒介的竞争 212
  第三节 文字的没落——伯顿，斯威夫特 221
  第四节 从文本到痕迹 229
  第五节 文字与痕迹 235
  第六节 痕迹与垃圾 239
第三章 图像 244
  第一节 能动意象 249

第二节	象征与原型	252
第三节	男人记忆中的女人形象	258

第四章　身体　273

第一节	身体文字	273
第二节	回忆的稳定剂	282
第三节	虚假的回忆	302
第四节	文学中的战争创伤	319

第五章　地点　343

第一节	地点的记忆	343
第二节	代际之地	346
第三节	圣地与神秘风景	349
第四节	典型的记忆之地——耶路撒冷和忒拜	352
第五节	纪念之地——彼特拉克在罗马，西塞罗在雅典	356
第六节	精灵之地——废墟与招魂	364
第七节	坟墓与墓碑	373
第八节	创伤之地	380

第三部分　存储器

第一章	档案	397
第二章	存续、朽坏、残余 ——存储的难题以及文化的经济学	403
第三章	在遗忘的荒原上的记忆模拟 ——当代艺术家的装置作品	416
第一节	安塞姆·基弗	417
第二节	西格丽德·西古德森	422
第三节	安娜和帕特里克·普瓦利埃	425

第四章　记忆作为苦难宝藏　431
- 第一节　克里斯蒂安·波尔坦斯基——《不在场的房子》　435
- 第二节　娜奥米·特蕾萨·萨尔蒙的系列摄影《物证》　438

第五章　档案之外　444
- 第一节　拾荒者——关于艺术与废弃物的关系　446
- 第二节　为世界的剩余物开设的小博物馆——伊利亚·卡巴科夫　453
- 第三节　死者百科全书——达尼洛·基什　461
- 第四节　慈悲图书馆——托马斯·雷尔　466
- 第五节　熔岩和垃圾——杜尔斯·格吕拜恩　469

结语　关于文化记忆的危机　474
文献版本说明　481
索　引　485

译后记　501

导　言

"之所以有那么多人谈论记忆,因为记忆已经不存在了",这是经常被引用的皮埃尔·诺拉(Pierre Nora)的一句话。① 这句话印证了一个众所周知的逻辑,即一个现象要先消失,才能完全进入人们的意识。意识基本上是在"过期的标志下"发展的。这一逻辑与回忆后顾性的特点很相配:回忆只有在相关的经历结束后才会开始。我们先把这句话中的第二部分拿出来看,即"记忆已经不存在"这一命题。真的是这样吗? 真的没有记忆了吗? 如果真是如此,又是什么样的记忆不存在了呢?

比如那些认为背诵下来的知识才是真正的知识的人,恐怕不得不看到,背诵这种技艺现在已经无人问津了。背诵长长的叙事谣曲已经不再是德语课堂上的内容。当然现在仍有记忆大师,他们每年参加在伦敦举办的记忆大赛,用高超的技艺刷新《吉尼斯世界纪录》。② 但不可否认的是,这种技艺的文化全盛期早已经过

---

① 皮埃尔·诺拉:《在历史和记忆之间》(*Zwischen Geschichte und Gedächtnis*, Berlin 1990),第11页。
② 乌尔里希·恩斯特对从古希腊罗马至今的(文学虚构的以及历史真实的)记忆大师们进行了细致的整理。乌尔里希·恩斯特:《头脑中的图书馆:欧美文学中的记忆大师》(Ulrich Ernst, " Die Bibliothek im Kopf: Gedächtniskünstler in der europäischen und amerikanischen Literatur"),载《文艺学与语言学杂志》(*Zeitschrift für Literaturwissenschaft und Linguistik*), 105(1997),第86—123页。

去了。在古希腊罗马,人们还喜欢赋予统帅、国家管理者、国王以超常的记忆力,今天的记忆大师却常常是杂技表演甚至病理学范畴的事情了:从记忆艺术到记忆病之间的距离显得不那么远了。在书里到处都能查到的东西为什么还要背下来呢?背诵的衰落正与外在于人体的功能强大的知识存储器飞速增长的容量相对应。但早在计算机取代记忆的工作之前,背诵的价值就已经受到质疑。柏拉图就代表这种观点:背诵的知识不是真正的知识。在他的对话录《斐多斯》中,他不但批判了文字,还嘲笑了那种新的诡辩学派方法,这种方法只帮助人把写下来的东西按照发音背诵下来。记忆术的历史从开始就伴随着对它的根本性的批判,尤其是那些深深印记的东西,并不总能符合理性和实践的标准。"我要把那些保姆讲的童话故事从你的头脑中拔除!"①佩希乌斯(Persius)在他的一篇讽刺作品中这样写道。17世纪中叶,医生和神学家托马斯·布劳恩爵士(Sir Thomas Browne)就取消了传承、知识和记忆之间的关联,他写道:"知识是通过遗忘获得的;如果我们想要获得一些清晰的、确切的真理的话,就应该跟深植在我们头脑中的很多东西告别。"②在文艺复兴时期,记忆术经历了一个新的兴盛时期,但对记忆的批判也重新开始了。哈拉尔德·魏因里希(Harald Weinrich)给我们指出过这一传统,蒙田和塞万提斯等人都属于这种传统。小说《堂吉诃德》可以当作一篇"思想和记忆的彻底决裂"的宣言来解读,在蒙田的散文中有着"对高效记忆教学法的坚

---

① "…ueteres auias tibi de pulmone reuello."引自 A. Persi Flacci et D. Ivni Ivvenalis, Satirae. Edidit Breviqve Adnotatione Critica Denvo Instrvxit W. V. Clausen, Oxford University Press 1992. Satvra V, 92/21,作者自译成德文。
② "Knowledge is made by oblivion, and to purchase a clear and warrantable body of Truth, we must forget and part with much we know."托马斯·布劳恩爵士:《选集》(Selected Writings, ed. by Sir G. Keynes, London 1968),第 227 页。

决拒斥"。① 其实,在近代的作家中诋毁记忆的情况屡见不鲜,他们借用的是理性、自然、生命、原创性、个性、创新、进步,以及其他现代性诸神的名义。魏因里希确信:

> 无论如何都值得注意的是,曾被瓦特(Huarte)认定的理性和记忆之间的"敌对关系"从启蒙运动开始就在全欧洲导致了对记忆的全面宣战,在这场战争中,被启蒙的理性最终保持了胜利者的地位。从此,我们所有人都开始有一个坏记性,而且并不为此感到羞耻;而抱怨自己神乱智昏的声音却越来越少了。(第579页)

但是,诺拉所说的"记忆"可能指的并不是记忆术的**学习记忆**(Lerngedächtnis),而是指宽泛的文化传统,指把个人和某个民族或地区联系在一起的**修养记忆**(Bildungsgedächtnis)。② 在我们报纸的文艺副刊中可以经常读到对于文化记忆消失的抱怨,比如约阿西姆·费斯特(Joachim Fest)就提出论点,认为"热衷于毁坏"并不是一种新的现象。在19、20世纪的德国"不止一次地因为厌倦和混乱"导致政治和文化链条的断裂,最终60年代后期的年轻叛逆者们"不仅把许多遗存、权威和禁忌",还把很多的来龙去脉和回忆铲除了。③ 日

---

① 哈拉尔德·魏因里希:《记忆文化——文化记忆》("Gedächtniskultur-Kulturgedächtnis"),载《墨丘利》(*Merkur*),508(1991),第569—582页。此文现在变成了《忘川——遗忘的艺术和批评》(*Lethe. Kunst und Kritik des Vergessens*, München 1997)中的一个章节。(下文的瓦特指西班牙医学家胡安·瓦特[Juan Huarte,1529—1588],他试图阐明心理学与生理学之间的联系。——译注)
② 学习记忆和修养记忆,两者都被记忆心理学家归入"语义记忆"(semantisches Gedächtnis)的范畴。
③ 约阿西姆·费斯特:《扯断链条:歌德与传统》("Das Zerreißen der Kette. Goethe und die Tradition"),载《法兰克福汇报》(*FAZ*),1997年6月21日,第141期。"毁坏的热情"的说法源自歌德。(此处"60年代后期的年轻叛逆者"是指20世纪60年代末德国学生运动的一代。约阿西姆·费斯特[1926—2006],德国历史学家,最有名的著作为《希特勒传》。——译注)

耳曼学者和歌德专家阿尔布莱希特·顺纳（Albrecht Schöne）也断言，当下正在悄悄地发生一场渐进的文化革命，一次"时代性的移位"，在此过程中，"整个深受宗教影响的精神上的（欧洲）大陆"偏离了航线。

> 文化基础的残坏，集体的、跨代际的交往基础和理解能力的消失，涉及的绝不仅仅是伟大古老的作品。我们曾祖父的日记和祖母的信件也同样受到牵连。①

不同的时代和辈分之间共有知识的某些基本内容如果丢失的话，它们之间的对话将会断裂。同样，像歌德的《浮士德》这样"伟大而古老的文本"之所以还能被人读懂，是因为存在像《圣经》这样被威廉·布莱克（William Blake）称为"艺术的伟大编码"②的伟大的、更古老的文本，而曾祖父和祖母留下的文字只有在口头相传的家庭故事的背景下才能让人明白。在受到规定性文本支撑的跨时代的**文化**记忆，和通常联系三代人、由口头流传的记忆组成的**交际**记忆之间，存在着平行的关系。在这两个层面，即文化记忆和交际记忆的层面上，顺纳都诊断出了失忆症。

诺拉把记忆危机描绘成现在和过去的脱节。他认为我们正在"越来越快地跌入一个不可逆转地死去了的过去"，"我们的经历中植根于传统的温暖、习俗的心照不宣和传承的往复回环之中的东西"正被连根拔起，他辨别出这里正在起作用的毁坏性的力量："一股历史性（Historizität）的强流把一切都卷走了。"一切今天还

---

① 阿尔布莱希特·顺纳：《1995 年 6 月 17 日在普福尔茨海姆的罗伊希林奖颁奖仪式上的答谢词》（"Dankrede bei der Verleihung des Reuchlin-Preises am 17. Juni 1995 in Pforzheim"），载《时间报》（*Die Zeit*），1995 年 8 月 18 日，第 34 期，第 36 页。
② 参见诺斯罗普·弗莱：《伟大的编码——圣经与文学》（Northrop Frye, *The Great Code. The Bible and Literature*, London 1982）。

被看作是记忆的东西,"都在历史的大火中彻底消失。"① 也许可以把这些话和当下的**经验记忆**(Erfahrungsgedächtnisses)的危机联系起来,在这场危机中,由于再一次的代际更迭,本世纪最大的灾难——犹太大屠杀的幸存见证者一个个逝去。针对这种情况,历史学家赖因哈特·科泽勒克(Reinhart Koselleck)写道:

> 随着代际更迭的发生,观察的对象发生了变化。幸存者充满了个人体验的**当下的过去**(gegenwärtigen Vergangenheit)变成了缺乏个人体验的**纯粹的过去**(reine Vergangenheit)。……随着回忆的渐渐逝去,不仅距离感增大了,回忆的质也发生了变化。用不了多久,说话的就会只剩下档案,加上图片、电影、回忆录作为补充。②

科泽勒克所描述的从当下的过去到纯粹的过去的变化正是生动的历史经验被科学性的历史研究所取代的过程。这具体意味着什么呢?

> 研究标准会变得更理性,但它们也会——也许可以说**失去更多色彩**,不再充满实证成分,即使它们保证能获得更多的认识或更客观的视角。历史书写中道德的关切,伪装的保护功能,控诉和指责——所有这些克服过去(Vergangenheitsbewältigung)的技巧都**失去**了它们政治—生存方面的关涉,它们**变得苍白**,因为这样更有利于科学的个案研究和受假设支配的分析。③

失去更多色彩、失去、变得苍白——这正是一个不可阻挡的忘

---

① 皮埃尔·诺拉:《在历史和记忆之间》,第11、18页。
② 赖因哈特·科泽勒克:《夏洛特·贝拉特〈梦幻的第三帝国〉后记》(*Nachwort zu: Charlotte Beradt, Das Dritte Reich des Traums, Frankfurt a. M. 1994, st 2321*),第117—132页;此处第117页。
③ 赖因哈特·科泽勒克:《夏洛特·贝拉特〈梦幻的第三帝国〉后记》,黑体字为作者所加。

却过程的另一种描述方式,按照科泽勒克的说法,这一过程正目标明确地朝着科学化的方向迈进。由此,他把个人的生动的回忆与科学性的抽象史学研究对立起来。按照这一模型,历史应该先在相关者的头脑、心中和身体里"死亡",而后才能作为科学,像火中凤凰一样从经验的灰烬中飞起重生。只要相关者,以及具体的强烈情感体验、诉求、指责还存在,科学的视角就会有被扭曲的危险。客观性不仅是一个**方法**和批评标准的问题,而且还是苦难和切身的关联被**取消**、死去和淡化的问题。

也许可以声称,当下正在发生一个与科泽勒克所描绘的完全相反的过程。犹太大屠杀这一事件并没有随着时间的距离变得淡化和苍白,而是像一个悖论一样离得越来越近,变得越来越有活力。如下的表达并不罕见:"我们离奥斯维辛越远,这一事件和有关这一罪行的回忆就离我们越近。"①我们今天面临的不是记忆难题的自我消解,而是它的强化。其原因在于,如果不想让时代证人的经验记忆在未来消失,就必须把它转化成后世的文化记忆。这样,鲜活的记忆将会让位于一种由媒介支撑的记忆,这种记忆有赖于像纪念碑、纪念场所、博物馆和档案馆等物质的载体。在个人那里,回忆的过程往往是随机发生的,服从心理机制的一般规则,而在集体和制度性的层面上,这些过程会受到一个有目的的回忆政策或曰遗忘政策的控制。由于不存在文化记忆的自我生成,所以它依赖于媒介和政治。从生动的个人记忆到人工的文化记忆的过渡却可能产生问题,因为其中包含着回忆的扭曲、缩减和工具化的危险。这样的褊狭和僵化只能通过公共的跟踪批评、反思和讨论才能减少其负面影响。

---

① 琳达·莱敕:《前言》(Linda Reisch, "Geleitwort"),见《犹太大屠杀:理解的界限》(Hanno Loewy, Hg., *Holocaust: Die Grenzen des Verstehens. Eine Debatte über die Besetzung der Geschichte*, Reinbek 1992),第7页。

诺拉关于我们当下的失忆症的说法却和一本书的命题相反，这本书是一个由美国医生、心理学家和文化学者组成的小组撰写的。书里针锋相对地提到回忆在公共生活中扮演日渐重要的角色，提到记忆在当今文化中所具有的新的、还不为人知的意义：

> 我们生活在这样一个时代，在这个时代里回忆前所未有地成为公共讨论中的一个因素。人们号召回忆，为了疗治，为了指责，为了辩解。回忆成为建立个人和集体身份认同的一个关键组成部分，为冲突也为认同提供表现的场所。①

当记忆的某些形式，如学习记忆、修养记忆，以及和犹太大屠杀有关的经验记忆正在衰退时，记忆的其他形式如媒介的或政治的记忆的重要性显然在增加。因为在时间上离我们越来越远的过去，并不能全部归入职业历史学家的照管之下，它会以争执不已的要求和义务的形式出现，继续对当下施加压力。单数的历史这一抽象的综合命题如今受到许多不同的和部分相互矛盾的记忆的挑战，这些记忆都想要行使获得社会认可的权力。没有人能够否认，这些携带着自身体验和要求的记忆已经成为当今文化中一个争相抢夺、充满活力的部分。

前面引用的诺拉的话的前半句证实起来要容易得多。近十年来关于记忆的话题不断，这从不断增多的、其密度迄今不见减少的研究文献就可以得到证明。对于记忆的兴趣明显超出了时髦科学话题通常的繁荣期限。对记忆话题的持续性着迷也许刚好证实了这里不同的问题和兴趣相互交叉、刺激和密集的现象——包括文化学的、自然科学的和信息科学的等等。电脑作为一个模拟的外

---

① 保尔·安泽、米夏埃尔·拉姆贝克：《紧张的过去：关于创伤与记忆的文化文章》（Paul Antze, Michael Lambek, Hgg., *Tense Past. Cultural Essays in Trauma and Memory*, New York and London 1997），第 VII 页。

置记忆,以及大脑研究中关于搭建和拆除神经网络的新认识,都为文化学研究的问题领域打开了一个引人注目的新视野。接近记忆问题的渠道的多样性也表明,记忆是一个任何学科都不可能独占的现象。

记忆现象的表现形式纷繁多样,从跨学科的角度讲它不能被某一专业完全有效地确切了解;从单一学科内部来看它也显得矛盾重重。"记忆不可解释",弗吉尼亚·伍尔芙曾写道。① 支配本书写作的兴趣点在于尽可能多地展现对于复杂的回忆现象的不同观点,同时展现较长的发展脉络和问题的持续性。因此在下文中会不断地在不同的**传统**——记忆术和身份认同话语,不同的**角度**——个人的、集体的、文化的记忆,不同的**媒介**——文本、图像、地点,以及不同的**话语**——文学、历史、艺术、心理等等之间变换。在下文中也不会找到一个统一的**理论**,因为理论恐怕不能适用于如此充满矛盾的结果。这种矛盾性却是这一难题不可或缺的一部分。

I would enshrine the spirit of the past / For future restoration.
我愿为了未来的疗救 把过去的精灵涂油下葬

诗人威廉·华兹华斯如是说。下面几行 T. S. 艾略特的诗听起来却与这几句针锋相对:

There's no memory you can wrap in camphor / But the moths will get in.
没有记忆可以裹上樟脑,免受蠹虫的侵害。②

---

① 弗吉尼亚·伍尔芙:《奥兰朵》(Virginia Woolf, *Orlando. A Biography* [1928], Harmondsworth 1975),第 56 页。
② 威廉·华兹华斯:《序曲》(William Wordsworth, *Prelude* 1805, XI, v. 342-343);T. S. 艾略特:《鸡尾酒会》(T. S. Eliot, *The Cocktail Party*, London 1969),第 49 页。

还有另外两个例子。20世纪初,伊塔洛·斯韦沃(Italo Svevo)写道:

> 过去是常新的。它不断地变化,就像生活不断前行。它的某些部分,就像沉入了遗忘的深渊,却会再次浮现,其他部分又会沉下去,因为它们不太重要。现在指挥着过去,就像指挥一个乐队的成员。它需要这些声音而不是那些。因此过去一会儿显得很长,一会儿显得很短。一会儿它发出声响,一会儿它陷于沉默。只有一部分的过去会把影响发挥到现在,因为这一部分是注定要用来照亮或遮掩现在的。①

几乎与此同时,马塞尔·普鲁斯特(Marcel Proust)强调说:"那本植入我们身体的书,带有不是我们自己写入的文字,它是我们唯一的书。"②斯韦沃的描写已经先于系统的记忆理论表明了这样的观点,即过去是在各自当下的基础上的一个自由建构。但普鲁斯特的记忆方案却相反,按其观点,当下受到某个确定的过去以某种形式施加的影响,这种过去是不受主观支配的。按照这一观点,当下和过去处于一种复杂得多的关系之中。普鲁斯特把在人的意识的当下中显现的过去比作照片的底片,我们无法肯定地预言这些底片是不是会被洗成照片。

为了解释记忆范式新出现的主导地位和持久魅力,人们已经陈述了许多原因:强调当下的完成(Gegenwartsvollendung)和期待未来(Zukunftserwartung)的历史哲学的终结,关照理性的和自主的个人的主体哲学的终结,不断专门化的学科研究范式的终结。由

---

① 伊塔洛·斯韦沃:《芝诺的告白》(*Zeno Cosini*, übers. v. Piero Rismondo, Hamburg 1959),第467页。(伊塔洛·斯韦沃[1861—1928],意大利著名小说家。——译注)
② 马塞尔·普鲁斯特:《追忆似水年华》(*Auf der Suche nach der verlorenen Zeit*, übers. v. Eva Rechel-Mertens, Frankfurt 1957, Band 7),第275页。(法文版:*A la Recherche du Temps Perdu*. Band III, Edition Gallimard, 1964,第880页。)

此看来,记忆这一文化学的题目不仅表现为一个新的问题领域,而且是处理全社会的总体性问题的一种特别的方式。

但是这些解释不足以让人理解记忆研究中强迫症似的特点,本书也承认自己有这种倾向。与连续不断生成和传承的传统不同,记忆的运动是零星出现的,缺乏关联,它们从某种意义上讲会一触即发。回忆总是需要一个激发,按照海纳·米勒(Heiner Müller)的观点,回忆由惊恐引发。没有什么东西比本世纪中叶发生的以毁灭和忘却为内容的灾难更能持久地保持回忆的进行。因此,在这个世纪的末期,当从欧洲的、尤其是德国的角度认识到这个世纪的特别之处就在于毁灭性的强力发生了闻所未闻的爆发,记忆的捍卫者们就走出来,像古罗马传说中的西蒙尼德斯,来检视灾难的发生地。谁如果从毁灭和回忆的这种关联出发,就不会认为开头引用的诺拉的句子是一个悖论,会把回忆这一话题看作是后来者继承和加工本世纪发生的恐怖事件的一种形式。

本书分成三个部分:第一部分讲功能,第二部分讲媒介,第三部分讲文化记忆的存储器。由于记忆的不同**功能**也反映在不同的记忆理论和话语中,所以关于功能这一部分的开头和结尾都有对概念的阐述。在对"存储"和"回忆"进行区分之后,是记忆作为技艺和力量的部分,在这里展示了两个很大程度上相互独立的话语传统,一个是众所周知的雄辩术的记忆术,另一个是心理学的传统,它把记忆看作心灵的三种力量之一,称其为内在知觉(innere Sinne)。一个传统针对的是知识的组织和图式化的秩序,另一个传统关注的是记忆与想象和理性之间的相互作用。这一部分把记忆作为"术"和记忆作为"力"的这种对应做更广泛的思考,因为本书的主要兴趣,除了清理记忆术对知识的整理功能外,还要大致展示多种其他记忆功能。所有这些又都是基本上围绕着回忆和身份认同之间的关联考虑的。

死者纪念、身后功名和历史回忆是与过去发生联系的三种形式,这三种形式在近代的早期分化出来,作为文化记忆的三种相互竞争的功能同台竞技。随后的两章以文学作品为例描述了最广义的回忆政策的案例。两个案例都是关于回忆在建立身份认同时的意义。在莎士比亚的**历史剧**中是通过历史回忆建构国家身份认同,在华兹华斯的《序曲》中是通过生平回忆建构个人身份认同。这两个案例关注的都是能够整旧出新的回忆的意义,这种回忆把遗忘作为必要的部分包含在过程之中。其后一章《记忆的箱子》,提出了记忆内容的选择和重要性的问题。什么是重要的,什么是不重要的?重要的东西怎样妥善保存?这里提到记忆作为诺亚方舟,方舟的设施可以把重要的基督教知识锁进一个精神的记忆空间之中;还提到记忆作为小匣子,海涅曾把它歌颂为盛装关乎生(死)的典籍的匣子;最后提到一个书箱坠落的故事,在这个故事里与生活敌对的文化记忆的重负在深渊里摔得粉碎。第一部分的最后一章再次提起选择和存储能力的问题,引入了"存储记忆"和"功能记忆"的区分,这既是对记忆作为"术"和"力"的回顾,也提前预告了本书的最后一部分。

如果只停留在医学和心理学的角度研究记忆,那么,把注意力集中在神经的结构和神经之间的传递这些器质性研究的范围内,也许是合理的。但是一旦从文化学的角度来考量这个题目,人们就会被引向记忆的技术性以及文化性的**媒介**。当俄国塔尔图学派的文化符号学家尤利·洛特曼(Jurij Lotman)和鲍里斯·乌斯宾斯基(Boris Uspenskij)把文化定义成一个"集体不可遗传的记忆"时,他们就强调指出文化记忆对某些实践和媒介的依赖性。这种记忆不会自动地进行下去,它需要一再地重新商定、确立、传介和习得。不同的个人和文化通过语言、图像和重复的仪式等方式进行交际,从而互动地建立他们的记忆。个人和文化两者都需要借助外部的存储媒介和文化实践来组织他们的记忆。① 没有这些就无法建立跨代际、跨时代的记忆,这也意味着,随着这些媒介不断变化的发展水平,记忆的形态也不可避免地随之发生变化。技术媒介包括最广义的记录系统,从 19 世纪起,这些记录系统不但能储存语言,还有图像,从 20 世纪起又增添了声音。

因此第二部分的内容是关于媒介,媒介作为物质的支撑对文化记忆起到基本的扶持作用,并与人的记忆互动。今天,每个个人记忆都被一堆技术记忆媒介包围着,它们抹除了内心理进程和外心理进程之间的界限。这一界限本来就难以维持,从哲学家、艺术家和科学家描写人的记忆机制时所使用的隐喻就可以清楚地看到这一点,最早的对记忆的描写就已经使用了技术记录系统作为隐喻,这些还反映了媒介历史的变迁:从涂蜡石板和羊皮纸到摄影、电影、电脑。还有目前渐渐显现的一个时代转折:两千五百年来记忆的主要隐喻——文字——被电子网络这一宏大隐喻所取代。书写越来越朝着链接的方向发展。记忆理论的基本前提推移到了何种方向?从公元前 2000 年埃及最早的书写,直到 20 世纪,都能找到把文字高高置于所有其他记忆媒介之上,把其作为长期存储最可靠的保障进行颂扬的例子。把超越时间的长期存储作为文化目标,看起来跟西方的文字形而上学关系密切,这种学说提出精神是一种非物质的、超越历史的力量,并且把文字当作与精神等量齐观的媒介。而在电子存储技术盛行的时代,在记忆研究中通行的则是不断覆写(Überschreiben)和回忆重构性的原则。在存储技术和大脑结构研究中我们都在经历一场范式转换,其中,一种对持久写入(Einschreibung)的想象被不断覆写的原则所取代。

---

① 尤利·洛特曼和鲍里斯·乌斯宾斯基:《俄罗斯文化的符号》(*The Semiotics of Russian Culture*, Ann Arbor 1984),第 3 页。

每种媒介都会打开一个通向文化记忆的特有的通道。文字的存储方式不同于在它之前出现的语言;也不同于把独立于语言之外的印象和经验保存下来的图像。所谓的"能动意象"(imagines agentes)从罗马的记忆术开始就被认为具有超常的记忆力量,后来人们在象征和原型(Archetypen)中发现这种力量,这些象征和原型会深入个人的梦境以及文化无意识之中。身体也可以被看作是一个自身的媒介,因为心理的和头脑的记忆过程不仅位于神经之间,而且发生在身体的层面。身体可以通过形成某种习惯使回忆变得稳固,并且通过强烈情感(Affekte)的力量使回忆得到加强。强烈情感作为记忆中与身体有关的部分具有自相矛盾的特点:它既可以被看作是真实性的标志,又可以被看作是造假的发动机。如果一个存入身体的记忆被完全切断了与意识的联系,我们称之为创伤性记忆。这是指在身体里被封闭起来的一种经验,它会通过一些症状表现出来,但会阻止回忆来重现它。那些因为宗教、历史或与生平有关的重要事件而成为记忆之地的场所属于外化的记忆媒介。地点可以超越集体遗忘的时段证明和保存一个记忆。在流传断裂的间歇之后,朝圣者和怀古的游客又会回到对他们深具意义的地方,寻访一处景致、纪念碑或者废墟。这时就会发生"复活"的现象,不但地点把回忆重新激活,回忆也使地点重获新生。因为生平的和文化的记忆无法外置到地点上去;地点只能和其他记忆媒介联合在一起激发和支撑回忆的过程。如果所有的流传都断裂了,就会产生精灵之地,这是留给想象自由发挥或被压抑的记忆回归的地方。

第三部分是有关另一种记忆之地——**档案**的。与身体或地点之中感性的、具体化的记忆相反,档案远离身体和地点,因此是抽象的和普遍的。档案作为集体知识存储器的前提是物质的数据载体,它们被用来作为记忆的支撑物,主要是指文字。档案依赖于技术媒介。数据被收入档案的可能性随着新的记录系统技术如照相、电影、录音带和录像的出现得到大幅度的增加,但这也使档案管理员面临新的保存难题。

档案馆不仅是保存过去的文献的地方,也是构建、生产过去的地方。这种建构不仅取决于社会的、政治的和文化的兴趣,而且流行的交际媒介和记录技术也会同时对其产生根本的影响。档案是随着起物质上固化作用的文字而产生的,文字把信息符号化,使得后世也能够读懂。随着向电子的、动态的记录系统过渡,档案馆的结构将发生根本性的变化。成排的架子,堆积着落满几个世纪灰尘的档案夹和档案盒,将让位于具有越来越强的存储功能和越来越快的数据处理能力的高科技信息机器。数字化时代也许会创造归档的全新形式,并把档案馆当作一个过时无用的纪念物保存起来。

但是当下文化记忆的危机不能完全归罪于新媒介带来的问题。四个艺术家将证明这一点,他们都是第二次世界大战以后出生的,都面对着支离破碎的文化记忆。他们把书或档案这样的存储器作为艺术造型形式进行了重新发现,让他们的艺术服务于自省的回忆工作。引人注意的是,当艺术开始对记忆加强关注的时刻,正是社会将要失去或想要甩掉记忆的时候。艺术性的回忆并不发挥存储器的功能,但是通过把回忆和遗忘的过程作为自己关心的主题,它可以模仿存储器的作用。艺术家们关心的不是技术的存储器,而是一个"苦难的宝藏",他们在其中看到了艺术创作的丰厚源泉。由此这种艺术成了一面镜子,或者如海纳·米勒所说,成为一个标尺,用以衡量集体意识中遗忘和压抑的现实状况。我们不能说文化记忆完全丧失了。今天,尤其是艺术发现了记忆的危机这一主题,发现了新的形式,使文化回忆与遗忘之间的此消彼长获得形象的表达。

导　言

在档案馆之外,商品在流通,**废弃物**在堆积。不断增多的废弃物是文明的剩余物质,不被收藏但不断聚集;我们不难把它们解读为与档案相反的图像。废弃物作为一个"反向的存储器",不仅是清理和遗忘的标志,它也是处于功能记忆和存储记忆之间的潜伏记忆的一个新图像,一代又一代地坚守在在场和缺席之间的无人之地。档案和垃圾之间的界限如此看来完全是可移动的。克里斯托夫·波米扬(Krzysztof Pomian)曾指出,废弃物不一定是某物的最坏前景;废弃物只是标志一个物体暂时脱离了可利用性的循环,经历了一段时间的去功能化。经过这样的中性化之后,它可以获得一个新的意义,更具体地说,它可以获得承载意义的符号这种新的状态。通过这一途径,一个不起眼的剩余物质会变成一个"符号载体"(Semiophor),也就是说,变成一个可见的符号,代表一些不可见的、不可把握的东西,比如过去或一个人的身份认同。①

即使历史或艺术的眼光可以把剩余物质的散文改变成回忆的诗歌,但是仍然还有不计其数的东西,人们不愿找回或无法找回。剩下的就是剩余物质,这可能指的是档案,也可能是废弃物。剩余物质是永远无法完全消除的。废弃物对于档案具有结构性的重要性,就像遗忘之于记忆。那些假想对废弃物进行全部归档的艺术装置和幻想小说正好从反面让我们意识到这一点。

---

① 克里斯托夫·波米扬:《博物馆的起源——论收藏》(*Der Ursprung des Museums. Vom Sammeln*, Berlin 1986),第92页。

第一部分

功　能

第一章　记忆作为"术"和"力"

就像有很多条道路通向罗马,也有很多条道路通向记忆——神学、哲学、医学、心理学、历史学、社会学、文艺学、艺术、媒体科学。但是文艺学这条路又分了一个岔。在一个路标上写着"术"(ars),另一个路标上写着"力"(vis)。首先解释一下关键词"术"。文艺学方面的记忆研究在过去几年中优先选择了通过古罗马记忆术的大门来切入其研究目标。记忆术是记忆的艺术,艺术这个词在这里应该理解为它较古老的意思,即技巧。记忆术不但有一个很长的传统,而且有一段令人难忘的创建传奇,关于这个传奇故事我们在下一章会更详细地谈到。按照这个传奇的说法,有一个叫西蒙尼德斯的人,他是在灾难性的情况下第一个运用了记忆术的人。在邀请他的雇主家的屋顶坍塌后,他能够按照喜宴宾客的座次把他们残缺不全的尸体辨认出来。这个西蒙尼德斯不经意使用的方法被记忆术发展成一个有意识的学习技巧。这个方法的使用者从地点或图像的成分中创造出一种头脑文字,用这种文字就可以把要记住的内容像写到白纸上一样写入记忆。使用这种把记忆从耳朵转向眼睛的技巧,可以把知识的内容和文本通过直觉的、易记的图像牢靠地固定在头脑里,就像字母被写到供书写的平面上一样。古罗马记忆术被发展成为一个可以习得、用途颇广的方法,这种方法的目的就是把输入的东西可靠地保存并原封不动地取回。时间的维度被从记忆术中过滤掉了,时间本身对整个过程不施加结构性的影响,整个过程可以说是一个纯粹空间性的方法。

这种方法可以在任意场合使用。可以用来记住一场法庭申辩,为了效果更好,这样的讲话应该背诵下来,或者用来记住《圣经》这种事关救赎的知识,或者一场医学考试的内容。到底要记住什么,为什么要记住它,这不是记忆术关心的对象,因为它原本的设计完全是工具性的。只要在一个文化和它的教育机构中要学习、要背诵,就会有相应的身体的或脑力的记忆方法,这些方法当然不都像古罗马人的方法一样基于眼睛和想象视觉化的能力,它们还可能包括用耳朵,通过重复声响结构的方法,或者通过身体有韵律的摇动,通过数手指等等。

文艺学的记忆研究迄今为止都十分关注古罗马的记忆术。开风气之先的是弗朗西斯·叶芝女爵士,她是文艺复兴研究者以及近代早期神秘主义流派的专家,她的先锋之作为《记忆的艺术》,这本书早在60年代就为人们展示了一个早已消失的传统的面貌。25年之后,文艺学家如蕾纳特·拉赫曼和安瑟尔姆·哈弗尔坎普接续了叶芝的工作。他们把"被忘记的记忆术"这个悖论性的词组做了生产性的发挥,把记忆术和先进的理论如互文性、心理分析和解构主义联系起来。通过这种方法,古典时期的这种雄辩记忆的传统获得了令人惊讶的现实性,并且作为文艺学研究的方向展现了令人瞩目的生产性。[①] 这个传统的意义是毋庸置疑

---

① 蕾纳特·拉赫曼:《记忆与文学——俄国现代派中的互文性》(Renate Lachmann, *Gedächtnis und Literatur. Intertextualität in der russischen Moderne*, Frankfurt a. M. 1990);安瑟尔姆·哈弗尔坎普,蕾纳特·拉赫曼:《记忆术:空间—图像—文字》(Anselm Haverkamp, Renate Lachmann, Hgg., *Gedächtniskunst: Raum-Bild-Schrift. Studien zur Mnemotechnik*, Frankfurt a. M. 1991);安瑟尔姆·哈弗尔坎普,蕾纳特·拉赫曼:《记忆:遗忘与回忆》(*Memoria. Vergessen und Erinnern*, Poetik und Hermeneutik XV, München 1993)。

的,这一点在下面的文字中也会得到一再的证实。但同时,还应该更着力地开发一些通向记忆这个主题的其他渠道,如果只关注知识的组织排序,在这样的基础上是无法发现这些渠道的。我主要是指被记忆术忽略的关于记忆和身份认同的观点,也就是说作为文化行为的回忆、纪念、永久化、回溯、前瞻设计等等,当然还有在这些行为中永远包含着的遗忘。

我想把以"术"为名的通往记忆的道路称为**存储**,并且把它理解为任何一种以存储和取回的一致性为目的的机械的方法。从这种方法所选取的物质支撑物来看,对一致性的要求显然是理所当然的:当我们给某人写一封信的时候,我们可以想见,当这封信到达另外一个地点,收信人将会看到所有写下来的文字,而不是只有发出的信息的一部分。同样,我们买一本书,或者打开电脑里的一个文件也是如此;我们可以希望,在任意的一段时间间隔之后,所有的信息还原封不动地保留着。存储,就像记忆术向我们证明的那样,即使没有外物的载体和技术设备也是可能的。存储也是人的记忆的一种特殊功能,如果我们从背诵某些知识(比如祈祷文、诗歌、数学公式或者历史年代)来看的话。

如果我们顺着写有"力"这个字的路牌走向记忆的话,那一切又都完全不一样了。如果说西塞罗是记忆术的守护神,那么尼采——我们以后还会多次提到他——就是提供身份认同的回忆这一范式的守护神。时间维度在存储时被关停和超越,而在回忆的情况下,却重新变得重要起来。随着时间积极地介入记忆的过程,在存放和取回之间就发生了一个根本的移位。如果说在记忆术中输入和输出的完全一致具有决定性意义的话,在回忆的时候却会出现两者的差异。因此我想把**存储的方法**和**回忆的过程**对比起来看。和背诵不同的是,回忆不是一个有意进行的行为;人回忆,或者不回忆。具体点儿也许可以说,一个人回忆起一些东西,事后才意识到这一点。荣格尔建议把"记忆"(Gedächtnis)和"回忆"(Erinnerung)这两个词区分清楚,并提出了很多建议,其中一个是他把"记忆"等同于"想到的"(Gedachtes),也就是知识;而"回忆"则让人联想到个人的经验。他写道:记忆的内容"我可以教给自己,就像别人可以教给我一样。但是回忆的内容我却不能教给自己,别人也不能教给我"。① 回忆的进行从根本上来说是重构性的;它总是从当下出发,这也就不可避免地导致了被回忆起的东西在它被召回的那一刻会发生移位、变形、扭曲、重新评价和更新。在潜伏的时段里,回忆并不是安歇在一个安全的保险箱里,而是面临着一个变形的过程。"力"这个词表明,在这种情况下我们不应该把记忆理解为一个保护性的容器,而是一种内在的力量,一种按照自己的规则作用的能量。这种能量有可能加大召回的难度,这就会出现遗忘的情况,或者阻碍召回,比如在压抑的情况下。但是一个领悟、意愿或者一种新的需求情况也可以调整这种能量的方向,使回忆获得新的属性。存储的行为是对抗时间和遗忘的,时间的影响可以借助某些技术手段来消除。回忆的行为却是发生在时间之内的,时间积极地参与到回忆的过程中。对于回忆的心理动力尤其重要的是,回忆和遗忘是密不可分的,一个使另外一个成为可能。我们可以说:遗忘是存储的对手,但是是回忆的同谋。回忆和遗忘这种不可捉摸的相互作用的背后,有一种人类学的力量,这种力量是动物和机器都没有的。机器可以存储,人借助某种记忆术也可以在一定范围内做到这一点。但是人还可以回忆,这是机器迄今为止无法做到的。

把记忆划分成"术"的记忆和"力"的记忆,这来源于古希腊罗

---

① 弗里德里希·格奥尔格·荣格尔:《记忆与回忆》(*Gedächtnis und Erinnerung*, Frankfurt a. M. 1957),第 48 页。(弗里德里希·格奥尔格·荣格尔 [Friedrich Georg Jünger, 1898—1977],德国作家,文化评论家。——译注)

马两种不同的话语传统。在古罗马雄辩术的语境中,记忆被看作立意、谋篇、布局、记忆、行动(inventio, dispositio, elocutio, memoria, actio)这五个步骤中的一个。除此之外还有一种心理学的话语,这种话语把记忆看作一种"力",一种具有人类学核心意义的**创造能力**(ingenita virtus),位于想象力、理性和记忆力这三种思想能力的联盟之中。对于大脑结构的想象从古希腊罗马到中世纪直到近代都受到这三种内在知觉学说的影响。这一学说由亚里士多德和盖伦首创,被中世纪的基督教、犹太教和阿拉伯哲学家们系统化,并以这种形式流传到近代。①这三种内在的知觉和五种外在的知觉相对应,被分别放置在三个脑室里。和外在知觉不同的是,内在知觉不需要与外部世界有直接的联系就可以行动;这是指认知的能力或者"心灵的能力",这些能力对外在知觉导入的信息进行进一步的加工。关于这些内在知觉发生的地点和详细功能的表述在几千年的时间里都没有发生什么变化,这真让人惊奇。在前脑室里是**想象力**(Imagination),它把知觉的数据翻译成头脑中的图像,或者也可以独立于知觉,就像在梦中,独立生产图像。在中间的脑室里是**常识**(Common Sense),它能加工不同的知觉数据,并且在此基础上审查观点,区分表述,形成判断。在后脑室里是**记忆力**,记忆力把所有的东西都搜集到它的仓库里,随时准备被再次检视。大脑的这种模型,我们在后面讲到塔楼的建筑隐喻时还会提到,这个塔楼里有三个房间和三个居住者,这一模型并不把三个脑室相互隔离开来,而是让它们彼此呼应,并且在相互协调和相互控制的

---

① 亚里士多德:《论记忆与回忆》(Aristoteles, Über Gedächtnis und Erinnerung, in: *Kleine Schriften zur Seelenkunde*, hg. v. Paul Gohlke, Paderborn 1953),第62—74页;哈瑞·奥斯纯·沃尔夫森:《拉丁文、阿拉伯文和希伯来文哲学著作中的内在知觉》(Harry Austryn Wolfson, "The Internal Senses in Latin, Arabic, and Hebrew Philosophic Texts"),见《哈佛神学杂志》(*Harvard Theological Review*),28(April 1935),第69—133页。

情况下发挥作用。分裂和隔离会导致问题;比如想象力的图像如果没有通过"常识"调整为创造力(Ingenium)的话,就会出现疯狂的症状。

18世纪,记忆术的空间范式开始隐退,让位于一种对时间的兴趣。对于这种从"术"的记忆到"力"的记忆的历史性转变,维柯是一个很好的例子。他把记忆从雄辩术的语境中剥离开来,植入人类学的维度里。他使用的方法是把记忆与其他的、心理学的记忆话语联系起来,把记忆理解为在想象力和创造力之外的人类三种精神能力的一种。由于他发现儿童的记忆力特别强,就得出结论,这种力量一定在人类早期历史中具有特别重要的意义。这样他就把雄辩术的记忆不仅转移到一个心理学的维度中,而且转移到一个历史学的维度和遗传学的角度之中。人类学作为一门新兴科学正是在18世纪随着这种历史遗传学角度的建立而形成的。[①]

在雄辩术中,按照传统,立意(Topik)这一发现主题的技巧,或曰inventio,是方法中的第一步,而记忆是后来才出现的步骤。为了能够打动人心地讲演,必须把写好的文字背诵下来,这时记忆才起作用。维柯把这个顺序颠倒了过来。他把记忆放到了人类思维能力的开端。因为在他看来,记忆不再仅仅是一种复制的能力,而是一种确确实实具有生产力的能力。对他来说,记忆是在没有文字的人类早期创造文化的力量。就维柯这个对于记忆概念影响深远的转型,约尔根·特拉班特这样评价:立意,他写道,"在这儿显

---

① 姚斯认为新兴的人类学产生的条件是启蒙时期典型的新神话及其对追本溯源的渴望。参见汉斯·罗伯特·姚斯:《现代美学的阶段转型》(*Studien zum Epochenwandel der ästhetischen Moderne*, Frankfurt a. M. 1989),第23页。关于维柯,参见同上书,第33页以下。(汉斯·罗伯特·姚斯[Hans Robert Jauß, 1921—],德国文艺理论家、美学家,接受美学的主要创立者和代表之一。维柯[Giovanni Battista Vico, 1668—1744],意大利历史哲学家,西方人文科学、历史哲学的奠基人。——译注)

然不仅仅是指雄辩术的第一部分,而是人类思考和人类文化的开端"。①

在维柯那里,向起源的回归不再受神秘力量的控制,而是通过历史的记忆工作,摸索着从后来的时期向更早的时期前进。这样的回忆必须穿越历史经由文字回到图像,从逻各斯回到神话,或者用维柯的话讲,从文字文化的"经院"回到史前时代的"大森林里"。在考古学—历史学的目光注视下,史前时代的那些诗意的图像和普遍的象征被罩上了一层抽象的理性的色彩。站在启蒙的高度上,在理性的思维中,这种目光看到了原始野性的根茎。自以为超越时间的哲学思想——这应该完全按照字面的意思理解——如果没有在时间中生成的语言的和语文学的根基,是"不可思议"。这种新的、以这样的痕迹搜索为己任的历史科学,维柯称之为"语文学",并且把它和"哲学"的超越时间的理性对立起来。语文学成为了学科化的回忆艺术,它顺着语言的路径,运用词源学的方法,回溯性地探索着感性诗意的原始图像中被深埋起来的认识内容。雅可布·格林正是在这种意义上来描绘词源学的任务的:它应该"把光线投射到文字书写的历史无法引导我们的地方"。②

---

① 约尔根·特拉班特:《记忆—想象—才智》(Jürgen Trabant, "Memoria-Fantasia-Ingegno"),见《记忆:遗忘与回忆》,第406—424页;此处第412页。
② 雅可布·格林:《散论》第一卷(Jacob Grimm, *Kleinere Schriften I*. Berlin 1864),第302页。

第二章　纪念的世俗化
——记忆、声望、历史

第一节　记忆艺术与死者纪念

文化记忆的人类学的内核是死者记忆(Totengedächtnis)。意思是说家属有义务在记忆中保留死者的名字,并尽量使其流传后世。死者记忆有一个宗教的和一个世俗的维度,我们可以把它们称为"尽孝"(Pietas)和"声望"(Fama),并将之对比来看。尽孝是指后人的义务,保证对死者进行满怀敬意的纪念。尽孝只能由他人、由生者为死者进行。而声望,也就是说一种光荣的纪念,却可以由每个人生前在某种程度上就做好准备。声望是自我不朽化的一种世俗的形式,它和自我演绎关系密切。中世纪的基督教关注末日审判时灵魂的得救,这在很大程度上遮蔽了古希腊罗马对死后光荣纪念的关注。

但是即使宗教性的死者纪念也需要依赖生者的回忆。把生者和死者联系起来的最原初、最普遍的社会性回忆的形式是死者崇拜。在古代埃及,死者纪念,也就是个人名字的不朽,在文化生活中具有核心的意义,那里每年都会举行"沙漠谷的美丽节日",在这个节日里全家人(在后来以阿拉伯人为主的埃及仍然如此)会

第二章 纪念的世俗化

到家人的墓地去,在死者面前和死者一起举行一场盛宴。吃喝是建立共同体的基本形式,在坟墓边完成这种形式使得生者和死者能够达到想象中的联合。

死者盛宴这种做法在古罗马和早期基督教世界中仍很普遍,直到4世纪的末期,教会在安布罗斯主教的主持下把这种家庭形式的死者崇拜排挤出去,推出了一种集中化的形式。① 对殉道者的集体纪念取代了为家庭成员举行的死者纪念,殉道者的骨殖被移葬到城市教堂里;家庭内部举行的小范围的死者盛宴消失了,一种社会化的新形式出现了,那就是教区全体信众参加的最后的晚餐。

中世纪死者纪念的实践由两个元素构成:关怀死者(Totensorge)和关怀穷人(Armensorge)。② 它们之间的联系可以用第三个元素来解释,那就是炼狱。炼狱作为一个神秘的地方,人们对它的想象越清楚,得到救赎的不确定性就变得越大,基督徒也就愿意付出更大的努力,为减轻可能的炼狱之火的折磨而提前做好准备。炼狱的出现在个人的死亡和上帝的末日审判之间留出了一段受难的时间间歇;死者在这个过渡期的命运,按照格里高利一世的说

---

① 详见奥托·格哈尔特·奥克斯勒:《生者与死者的在场》(Otto Gerhard Oexle, "Die Gegenwart der Lebenden und der Toten"),见《建立共同体的记忆》(K. Schmid, Hg., *Gedächtnis, das Gemeinschaft stiftet*, Freiburger Akademie Schriften, Freiburg 1985),第79页以下。从教会不断发出的禁令来看,当时死者盛宴这种做法仍然频繁且根深蒂固。关于"纪念图像"(Memorialbilder)作为死者在场的图像表达,见奥托·格哈尔特·奥克斯勒:《纪念作为文化》(Otto Gerhard Oexle, "Memoria als Kultur"),《纪念作为文化》(ders., Hg., *Memoria als Kultur*, Veröffentlichungen des Max-Planck-Instituts für Geschichte 121, Göttingen 1995),第9—78页;此处第43页以下。
② 参见 J. 沃拉什:《死者关怀与穷人关怀》(J. Wollasch, "Toten-und Armensorge"),见《记忆》(K. Schmid, Hg., *Gedächtnis*),第9—38页。他生动地描述了教会提供的祭奠服务如何在全欧洲逐渐生成了一个庞大的布施穷人的系统,同时也展示了这种死者崇拜所造成的繁冗仪式和经济负担的无限增长,最终导致(就像在克吕尼修道院一样)死人抢占活人的资源(第23页)。

法,可以通过生者来施加有利于死者的影响。因此每个人在生前都致力于通过尘世的功德保证他们灵魂的得救。而教会和修道院就提供这种服务,就像克吕尼修道院专门致力于完成这种任务,并由此发展出一个大规模的救赎工业一样。

关怀死者就是使他的名字不朽,他的名字会在每年的命名日和节日被放进弥撒祈祷文中,并写进的的确确名为"永生册"(Buch des Lebens)的簿子中。这种记录工作被从万能的上帝的手里接了过来,交给修士们来做。宗教团体以友爱书的形式相互交换他们的名单(有时其中的名字会多达三万个)并且保证相互进行记忆的工作。关怀穷人则包括赠物和施金,以此给穷人们提供饭食,这些慈善的行为可以消除生前的罪孽。人们所做的一切都是为了使自己留在集体的记忆中,因为集体可以通过弥撒仪式和施舍穷人对灵魂在炼狱中的命运施加积极的影响。

死者纪念(Totenmemoria)的做法一直持续到18世纪,直到法律制度和主体概念发生了一场具有文化史意义的转变之后,它才被取消。历史学家把死者权益的终结看作是死者纪念传统断裂的最明确的证明:

> 对死者在场的想象,也就是说在生者的记忆里死者仍具有法律地位和社会地位的想象,尤其在18世纪的进程中渐渐退却了,大约在1800年,随着现代社会的开端,这种想象开始消失。……事实上,在现代社会,与前现代的时期相比,已经不存在死者权益了。死者不再是法律主体。按照现代法律,法人资格随着死亡就消失了。①

死者纪念作为文化记忆的典型案例,其意义从两个传奇故事

---

① 沃拉什:《死者关怀与穷人关怀》。

中表现出来,这两个故事都围绕着一个古希腊诗人的名字。其中一个故事被西塞罗看作是记忆术的产生传奇①,合唱诗人、来自凯阿岛的西蒙尼德斯(Simonides von Keos,约公元前557—前467)就是这个故事的主人公。西蒙尼德斯被视为第一个收费的诗人,他除了歌颂神祇和英雄们之外,还为尘世的凡人唱颂赞歌。关于这位西蒙尼德斯有一个故事,他受聘于拳击手斯科帕斯,在其家中举行的一次庆典上用赞美诗来赞扬他。为此,西蒙尼德斯在参加庆典的客人们面前吟诵了一首诗,这首诗却没有得到他的雇主的赞赏。按照这种题材的传统,除了对商议好的对象的歌颂之外,还通常包括一段较长的关于神祇的内容,在这首诗里是关于宙斯的双生子卡斯托尔和帕鲁可斯。斯科帕斯的反应充满讽刺意味:西蒙尼德斯只能指望从他这里拿到商定好的酬金的一半,另一半他应该去找被他极力赞颂的那两位神仙讨要。这时,这位古希腊诗人被叫到外边,据说门口有两个陌生人找他。西蒙尼德斯走出房子,但是根本没有看到这两个人。与此同时,一场不幸发生了:斯科帕斯的庆典大厅倒塌了,把主人和他的客人们都埋在了瓦砾堆下。西蒙尼德斯是这场灾难中唯一幸存下来的人,这就是神祇给他的报酬。但是故事到这儿并没有结束。诗人还要再发挥一次作用,这次不再是为了荣誉和声望的目的,而是为了祭奠死者。如果辨认不出死者的身份,祭奠活动就无法进行。西蒙尼德斯已经把所有客人的详细座次都储存在记忆里,他能够把每一个肢体残缺的死者的身份辨别出来。基于这种辨认,家属才可以对他们的死者表示敬意,将他们体面地埋葬,并且能够确信他们为之哭泣的死者没有搞错。从古希腊罗马记忆术的角度来看,这个灾难故事有一个欢喜的结局:西蒙尼德斯第一次实践了以后可以系统地讲授

---

① 西塞罗:《论演说家》(Cicero, *De oratore II*, 86),第352—354页。

和学习的东西。他的事迹显示了人的记忆力可以超越死亡和毁灭的力量,并在这个传奇中变得永恒。

但是古罗马记忆术的产生传奇却不一定能证实它本身是一个可靠的记忆。昆体良就已经引经据典地对这个故事的可靠性提出了质疑。他表示不能肯定,故事中提到的庆典大厅位于什么地方,是在法萨罗斯还是在克拉侬。对这个故事的历史真实性的怀疑今天显得并不那么重要了。斯特凡·戈尔德曼曾经考察过这个故事的流传历史,他视之为一个"过去的和当下的经验通过社会想象力而进行变化和融合的过程"。还有,他认为,西塞罗展示的文本"已经被许多代的人歌唱过了,并且把历史事件和神话融合在了一起"。所以在说起这个传奇时,戈尔德曼甚至把它称为一个"历史的掩饰性回忆"(historische Deckerinnerung)。[①] 记忆术的起源故事本身并没有把一个真实的回忆保留下来,而是把回忆的可塑性形象地展现在我们面前。

关于同一个西蒙尼德斯还有另外一个故事流传下来。按照这个故事的说法,他在异国他乡旅行时,曾看到路边躺着一具没有掩埋的尸体。西蒙尼德斯中断旅行,为这个陌生的死者亲自操持了一场体面的葬礼。在其后的夜里,死者的魂灵在他的梦中显现,警告他不要踏上已经计划好的海上旅途。西蒙尼德斯本打算乘船,因为这个警告就没有上船,船后来确实遇到海难沉没了,所有乘客都丧了命。英国诗人华兹华斯很久之后用一首十四行诗为这位西蒙尼德斯树立了一座纪念碑。

我发现上面写着,西蒙尼德斯

[①] 斯特凡·戈尔德曼:《记忆取代哭丧》(Stefan Goldmann, "Statt Totenklage Gedächtnis. Zur Erfindung der Mnemotechnik durch Simonides von Keos"),载《诗学》(Poetica), 2 (1989),第43—98页;此处第46页。

第二章 纪念的世俗化

> 在异国旅行,有一次他发现
> 一具尸骨暴露路旁。
> 他雇人把尸骨
> 充满敬意地埋葬。
> 夜里死者魂灵显现,
> 警告他不要乘坐那艘
> 将载他继续旅行的船。
> 西蒙尼德斯受到这个亡灵的警告,
> 就没有上船,船出发,翻了,
> 所有人都送了命。
> 而这个在古希腊歌唱过的
> 温柔诗人保全了性命,
> 因为他对死者怀着虔敬。①

  这第二个西蒙尼德斯的传奇并不是凸显他的记忆力,而是强调他对死者的特别的敬意,因为他为一个素不相识的人在一个陌生的国度里操持了一场合乎礼仪的葬礼。华兹华斯把他称为"温柔的诗人"(the tenderest poet)并且让这首诗以"虔敬"(piety)结束。因为西蒙尼德斯用他的行为证实了人的概念,按照这个概念,人之为人,并不应该局限在自己的群体内,而是已经扩展到普世的范围。就像发明记忆术的西蒙尼德斯那样,执行死者纪念的西蒙尼德斯也得到了报答,那就是在一场灾难之前神奇地获救,而这场灾难毁灭了除他之外所有的人。死者的魂灵在这里不像人们害怕

---

① 威廉·华兹华斯:《诗歌》第三卷(Poetical Works, ed. by Ernest de Selincourt, Oxford 1954, vol.3),第408页。戈尔德曼在上文引用的文章中也提到了另一个故事,并把西蒙尼德斯描绘成一个心灵导师,一个被宙斯的双生子崇拜的萨满,他能把亡灵引入冥府。(此处的"虔敬",原文为piety,与上文的"尽孝"[pietas]同源,在这里取其"尊重死者"的意思。——译注)

的那样还魂或者复仇,而是与之相反,变成了一个个人的守护天使和行善者。尊重死者在这里也就有了另外一个重要的功能,那就是安抚死者,阻止他们进行危险的回归。

在这两个传奇故事中,西蒙尼德斯的名字都在死亡、毁灭和遗忘的黑暗背景之上闪闪发光。只有他的名字,只有他的故事找到了进入文化记忆的渠道,当然西塞罗的传奇故事和华兹华斯的十四行诗也为此做出了贡献:"使其免于泯灭"(Saved out of many)。另外,通过两个西蒙尼德斯的传奇故事,多种记忆维度之间的原本的联系也隐隐显现出来:死者回忆、纪念、声望和记忆术。两个故事都提到死者回忆,但是在第二个传奇故事中并不是有关死者个人的名字,而是更根本地关于人们应该为死者做的事情。死者记忆中尊重死者的原则正回答了一个普遍的文化禁忌。死者必须得到埋葬和安息,否则他们就会打扰生者的安宁,危害社会生活。

第二节 声 望

> Dignum laude virum Musa vetat mori.
> 缪斯不允许那个值得称道的人死去。①

在西塞罗讲述的记忆术创建传奇中,拳击手斯科帕斯雇佣诗人西蒙尼德斯不是为了让他当记忆能手,而是让他做声望的创造者。他应该努力使斯科帕斯的荣耀在他的同代人中得到加强,并让后世永远记住。"荣耀是永生的最可靠的形式,长寿意味着在人的记忆中活下去。最长的生命就是通过他伟大的、光荣的和出色的事迹而进入永远的历史记载的生命",人文学者格罗拉莫·

---

① 贺拉斯:《抒情诗集》(Horaz, *Carminum IV*),第 8 页。

卡尔达诺在他关于智慧的书中如此写道。① 他的这些话同时强调了声望的三种相互联系的条件：伟大的行为、关于这些行为的记录和后世的纪念。名字的不朽是灵魂得救的一种世俗变种。为了达到这一目标，不是要动员家庭成员、牧师和修道院，而是歌者、诗人和历史学家。在施行个人纪念或保障死者灵魂得救的宗教纪念之外，出现了尘世的声望（Fama）这一形式，目的是得到后世普遍的纪念。在古埃及这两个范畴是紧密相连的，而在古希腊，两者却开始分道扬镳。一种独立的声望文化脱离了死者崇拜，并创立了新的社会机制。诗人作为职业的永恒制造者而得到承认，并且作为（第二次）生命和死亡的主宰而享有很高的声誉。作为声望的执行官，诗人把英雄的名字直接写入后世的记忆。荣誉本来是统治者的特权，但在古希腊通过竞技的推广而被民主化了；这个文化记忆的革命性的扩展却把女人彻底排除在外。为了让人获得受到纪念的资格，城邦提供各种机会让人参加体育和艺术竞技、战斗，获得奖赏。但是出色的行为只是荣耀的前提而不是它的保障。这个保障只有歌咏者才能提供，歌咏者通过他的诗歌才能让出色的行为变得令人难以忘怀。他保证英雄和他们的事迹能够长存，超越人类必死的命运。诗人的声望功能是一种记忆功能。这种功能使名字变得不朽，从而也使身体的死亡得以超越。在这样的文化中，诗人被认为具有一种特殊的远程交际的能力（或者魔力），利用这种能力他可以对后世的、还未出生的接受者施加影响。

亚历山大在阿喀琉斯墓旁的眼泪

　　阿里奥斯托在他的史诗《疯狂的罗兰》的第34节和第35节里

---

① 格罗拉莫·卡尔达诺：《论智慧》（Gerolamo Cardano, "De Sapientia", 506, col.1），引自赖斯《文艺复兴的智慧理念》（E. F. Rice, Jr., *The Renaissance Idea of Wisdom*, Cambridge/Mass. , 1958），第172页。

用一个画面为我们描述了一个过程,这个过程的结果我们可以称之为"荣誉"。诗中提到一位老人,他是命运女神们的助手,他把已经空了的生命线轴上的名牌搜集起来,兜在他宽大的袍子里,运到一条河边。他从岸上把这些重负抖进河里,河水把名牌卷走并让它们沉入淤泥。河上飞翔着一群鸟,它们时不时地把某个名字衔起来,但是带着这个猎物它们却无法飞太远:

> 因为如果它们想要飞翔,
> 巨大的负担对它们的爪子和喙来说太重;
> 那些富有的名字,骄傲又金光闪闪,偏偏落下来,
> 忘川翻卷着浪花把它们吞没。
> 这些鸟中有两只天鹅,洁白无瑕,
> 主啊,就像您的标志,纯洁又高贵;
> 它们把它们得到的名字,
> 高兴地、牢牢地衔走。①

天鹅把这些名字稳稳地送到对岸,把它们交给一位水仙,水仙把这些名字放进永生祠祭奠起来。

> 这永生之地是多么神圣,
> 一个水仙从天空飘摇而下,
> 在忘川波涛汹涌的岸边,
> 把那些名字从天鹅的口中收起,
> 把它们挂在一尊高贵明亮的雕像上,
> 这座雕像就伫立在神庙中央,
> 它们得到神圣的待遇和保存,

---

① 阿里奥斯托:《疯狂的罗兰》(Ariost, *Der rasende Roland*, München 1980),第 2 卷,34/14,第 273 页。

第二章 纪念的世俗化

使得最遥远的时代还记得住它们。(35/16)

这幅画的解释就紧跟在后面:

> 只因真正的诗人
> 就像那些天鹅一样罕见,
> 部分是因为,老天从不让
> 优秀出色的人出生得太多;
> 部分是因为,诸侯们吝啬无比,
> 使这些神圣的思想者乞讨度日,
> 压制美德,颂扬罪行,
> 让优美的艺术背井离乡。(35/23)

对阿里奥斯托来说,名字的不朽是很罕见的,他把这样一幅图景和对诸侯以及权力所有者进行的教训联系起来。如果他们看重自己的荣耀,就应该更尊重诗人,给他们更高的待遇。但是这个教训还让他产生了另一个批判性的想法。因为毕竟诗人是荣耀的锻造者,如果这种宝贵的天赋被一个不那么高尚的人得到的话,就不能保证他不作出有倾向性的判断。从诗人那儿流传下来的关于过去的信息不仅是有倾向性的——比如,如果我们不是从荷马那个希腊人的视角获得特洛伊人的信息,而是从特洛伊人那儿得到的话,我们就会对他们有完全不同的想象——还带有文学虚构的成分。阿里奥斯托和其他文艺复兴的诗人一起热情地编织着西方关于永生的神话,也借此努力使自己在社会中的重要性得以稳固。

英雄和行吟者的共谋关系在古希腊罗马时期就已经通过一则生动的逸闻趣事得到过讨论。① 那是一个关于亚历山大的故事,

---

① 见《沙漠中的基督徒》(*Christen in der Wüste*:*Drei Hieronymus-Legenden*,übers. u. erl. v. Manfred Fuhrmann, Zürich, München 1983),第 37 页。

他在阿喀琉斯的墓旁流下了苦涩的眼泪。卡斯蒂廖内在1582年、他去世前一年出版了关于廷臣美德的对话，里面提到皮特罗·本博讲起这样一个故事，本博的本意是想显示艺术的价值高于武器的价值。

> 倚在阿喀琉斯的墓碑旁，
> 亚历山大从心底发出惆怅：
> "幸运的人啊！诗人把你的荣耀吟唱，
> 歌声美妙，像号角一样响亮！"
>
> 如果说亚历山大羡慕阿喀琉斯不是因为他的事迹，而是因为这些事迹有幸被荷马歌颂，那就不难看出，比起阿喀琉斯的战绩，他更欣赏荷马的艺术。①

英国诗人埃德蒙·斯宾塞也就这则逸闻描写过文学对于传播声望的作用。他按照维吉尔的模式写了一首牧歌，按照一年的月份划分每个段落。对牧歌这种题材来说讨论文学本身是很典型的内容；在《十月歌》中两个牧羊人谈起社会对文学的认可。如何表达这些认可是他们关心的问题：是用物质的报酬（price）还是用非物质的赞扬（prayse），是获利（gayne）还是荣耀（glory）？这位失意的、没人给钱的诗人让人相信，只有赞扬是没法活命的，并回忆起过去的黄金时代，那时诗人不仅享有很高的声望，还能找到物质上的支持。但是如今，在英国的宫廷里再也无法找见梅赛纳斯或者奥古斯都了："哎，梅赛纳斯早已被黄土覆盖/奥古斯都也早已死去。"②斯宾塞1579年自己印刷了他的牧歌组诗，并因此成为英国

---

① 巴德萨尔·卡斯蒂廖内：《廷臣论》（Baldesar Castiglione, *Der Hofmann*, übers. v. Albert Wesselski, München und Leipzig 1907, 1, XLV），第1卷，第99页。
② 埃德蒙·斯宾塞：《牧人月歌·十月歌》（The Shepheardes Calender, October），第61—62行，载《埃德蒙·斯宾塞诗歌作品集》（*The Poetical Works of Edmund Spenser*, hg. v. J. C. Smith und E. de Selincourt, London, New York 1965），第457页。

第二章　纪念的世俗化

最早把文本生产和商品生产等同考虑的现代作家之一。他在诗中追念诗人得到国王庇护的古老传统,这个传统能够保证诗人得到的东西,他现在却不得不自己为之奋斗:那就是认可和物质生活的稳定。

在古老的庇护制度中诗人得到认可和安稳,也要为此做出很明确的报答:他要保证庇护者得到不朽的荣耀。在《十月歌》里,一方面集中描写了这种交换关系,也写到诗人从诸侯那儿希望得到的其实就是金钱;另外也在诗中的一个脚注里详细地解释和证明了诸侯希望从诗人那儿得到的东西,那就是不朽。关键词"永远"(For ever),并不是一个需要解释的词目,但是诗人却以其为借口进行了详细的注解,以此阐释诗人和英雄的关系。诗中明确地写道,一个没有掌权者支持的诗人什么都不是,而脚注里也写得明白,掌权者没有诗人的支持也什么都不是。"事迹对歌咏者的依赖性"[①]在古希腊罗马属于老生常谈;但这个认识显然在文艺复兴时期丢失了,必须重新让人想起:

> **永远**:诗人展示了为什么过去的诗人在掌权者那儿能够得到很高荣誉的原因,因为诗人可以写出著名的诗歌,使当权者的行为和价值流传后世。因此人们说,阿喀琉斯不会得到他现在拥有的荣誉,如果荷马没有在诗句中使他得到永生的话。这是阿喀琉斯比起赫克托耳所真正拥有的优势。当亚历山大大帝来到位于西给乌斯的阿喀琉斯的墓旁,他泪流满面,说起阿喀琉斯的幸运,这是不朽的荷马的诗句所赋予他的。[②]

亚历山大在阿喀琉斯墓边的眼泪这个煽情的表达里,展现的不是英雄的荣耀,而是诗人的荣耀。伟大的亚历山大不是在为阿

---

① 我这里借用约亨·马丁(Jochen Martin)的说法。
② 《埃德蒙·斯宾塞诗歌作品集》,第459页。

喀琉斯哭泣,而是出于自怜,因为他再也找不到一个荷马来歌颂自己的事迹。亚历山大到底把诗人的重要性看得有多大,这在同一个对一个小词条的详细注解里可以看到:

> 亚历山大有多么尊敬诗人,从他的行为可以得到证明。当他打败国王大流士,缴获了他的藏宝箱时,发现里边有一个银制的小盒子,像锁着珍贵的珠宝一样锁着荷马的两本书。亚历山大把书拿出来,一本整天捧在胸前,另一本夜里放在枕头下边。诗人们过去曾在诸侯和掌权者那里享有过如此之高的声望。①

海因里希·海涅对故事的这一部分也进行过再创作,我们会在关键词"记忆的箱子"那里对此再次进行讨论。在古希腊罗马的声望文化中,通过在后世的记忆中不被忘却而达到伟大、荣耀和不朽,这是只有诗人才能赋予的宝贵的和高级的赠品。亚历山大作为荷马伟大的崇拜者渴望着自己的荷马;他的伟大事迹如果没有伟大的诗句就不会保存下来。因此他在阿喀琉斯的墓边流下了一滴眼泪。斯宾塞让古代的声望文化复活,因为在他所处的历史情境中,文学家还需借助援引古希腊罗马的传统来建立新的诗人形象。

功德祠和纪念碑

在古希腊的城邦里,人们不仅可以通过文化和体育方面的突出成就,更可以通过建立军功以及战死沙场来获得荣誉。这种对荣耀的民主化、把每一个阵亡者的死都神圣化为牺牲的做法,是在希腊的古典时期发明的。位于这种声望修辞的核心位置上的,是

---

① 《埃德蒙·斯宾塞诗歌作品集》,第459页。

第二章 纪念的世俗化

"荣誉是更好的墓碑"之理念。如果说坟墓承载了家庭内部私人性质的纪念的话,纪念碑承载的却是一个大得多的回忆群体的纪念,如城邦的或者国家的纪念。"我不要坟墓,而要一座纪念碑!"欧里庇得斯的悲剧《在奥里斯的伊菲革涅》中的女主角在情节急转直下时就喊出了这样的一句话,在这一时刻,她明白了自己的死亡是为了集体牺牲。对于荣誉的许诺意味着用家庭的、小的、时间上有限的回忆空间来换取一个集体的、大的、追求时间上无限的回忆空间。伯里克利曾在他为阵亡的雅典人所致的著名悼词中把这种许诺表达出来,他的话让以肉骨凡胎换取永恒声名的理念深深地植入西方的声望语法和实践之中:

> 他们一同献出了自己的身躯,为此得到的是那永不衰老的赞颂之词和一座长久发光的坟墓,我不是指他们躺着的地方,而是指他们的荣誉永远不会为人忘记,在每一个让人提起或效仿的场合都会重新焕发生机。因为优秀男儿的坟墓在普天之下;不仅灵牌上的字迹可以在家乡证明他们的荣耀,在异国他乡,他们也已经以精神的、而非物质的形式居住在每一个人没有写下来的记忆里。①

从伯罗奔尼撒战争直到第二次世界大战,战士们都是带着这样的承诺走向沙场。国家对于永恒的承诺以纪念碑的形式表达出来;从无名战士纪念碑到烈士陵园,它们是国家记忆政策既奢华又笨拙的形式。② 针对这个问题本尼迪克特·安德森写道:"没有什

---

① 修昔底德:《伯罗奔尼撒战争史》(Thukydides, *Geschichte des Peloponnesischen Krieges*, übers. u. hg. v. G. Landmann, Zürich 1976),第 145 (2.43) 页。
② 见乔治·L. 莫斯:《为祖国牺牲》(George L. Mosse, *Sterben für das Vaterland*, Stuttgart 1993)以及赖因哈特·科泽勒克:《战争纪念碑对于生还者的身份认同的作用》("Kriegerdenkmale als Identitätsstiftungen der Überlebenden"),见《身份认同、诗艺及阐述学》(Odo Marquard u. Karlheinz Stierle, Hgg., *Identität. Poetik und Hermeneutik VIII*, München 1979)。

么比无名烈士的纪念碑和墓园,更能鲜明地表现现代民族主义文化了。……这些坟墓里没有可以指认的凡人遗骨或者不朽的灵魂,但不管它们显得多么空空荡荡,它们仍充塞着幽灵一般的对**民族**的想象。"①

用纪念碑来彰显荣誉这种想法,其实从一开始就有人对它物质上的象征性的形式表示怀疑,因为它固定在某一个地方,早晚会耗尽号召性的力量。因此声望最高的形式不该在功德祠里和纪念碑上去找寻,而是被装进身体和灵魂的记忆里,这些记忆"以精神的,而不是物质的形式"住在每一个人的身体里。关于人的身体,尤其是士兵的身体作为记忆的媒介,我们在下文还会提到。

在中世纪,上帝的记忆仍是所有人类行为最外缘的框架,世俗的荣誉并不享有文化的价值。声望女神这个统治着后世之纪念的寓意性的形象,是一个可疑的角色。乔叟的叙事诗《声誉之宫》(1383)描绘了声望女神的神殿,这是一个矗立在世界中心的圣地,她的宫殿

> 正好就在半道上,
> 在天、地和海的中央。②

这一中心的位置十分重要,因为不管何处发出的消息都会到达这里。人们说出来的、耳语的、写下来的或者歌唱的内容,都会遵循某种吸引力的原则到达这个决定它们前途的地方。是否值得

---

① 安德森是通过如下的思想实验论证他关于民族主义与死者崇拜之间的联系的:一个不知名的马克思主义者或自由主义者的坟墓是不可想象的。本尼迪克特·安德森:《想象的共同体》(Benedict Anderson, *Imagined Communities. Reflections on the Origin and Spread of Nationalism*, London, New York 1990),第17页以下。
② 乔叟:《声誉之宫》,见《乔叟全集》(G. Chaucer, House of Fame, II, in: *Complete Works*, hg. v. W. W. Skeat, London 1969),第713页以下。

第二章　纪念的世俗化

纪念并在神殿中获得一个固定的位置，是另外一个问题。这个地方声音嘈杂、响声震天，人们可以把它想象成一个消息交换处，所有集体感兴趣的信息都会到达这里，统治这个地方的声望女神像她的姐妹幸运女神一样喜怒无常。她不需要遵循真理的道德，而是像幸运女神一样与时间为伍。与之相应，声望女神的宫殿也不是建在花岗岩上，而是建在一个巨大的冰块上。朝南的方向刻写的功名记录已经受到很大的损坏，而朝北阴凉的一面却仍保存得相当完好。

　　骁勇的祖先的光荣事迹构成了这个记忆神殿的内容。但是事迹并不因其发生而进入神殿，而是因为它被歌唱或者被讲述。行为的宣扬者是记忆的管家。在乔叟的时代还不对诗人和历史学家进行区分。他们都是荣誉的媒介，不管是叫约瑟夫斯、斯塔提乌斯、荷马、维吉尔、奥维德、卢坎还是叫克劳迪安。在一个还没有文字的文化中，不是书本、而是行吟诗人扮演着"媒介者"（克里斯托夫·波米扬语）的角色，人们也可以把他们叫作"数据载体"，因为他们视觉化的形象就是写满了光荣事迹的柱子。但是就像英雄有赖于歌唱他们的诗人一样，诗人们也有赖于喜怒无常的声望女神。到底哪一个代表团能够在功名堂里得到一个显赫的地位，哪些得不到，这不取决于贡献，更不取决于如贺拉斯和莎士比亚所说的完美诗句构成的文学记忆术，而完全取决于声望女神不可预知的意愿。社会记忆的这个极端任性的守护神，有权决定什么存留下来，什么要消失。

　　文艺复兴与中世纪的区别之一就在于把古希腊罗马对荣誉的重视重新捡拾起来。声望女神在文艺复兴时期人文主义者的眼中不再是一个可疑的形象，而是人所渴望的最高贵的对象。这一点在皮特罗·阿雷蒂诺改编的关于巴别塔的故事里看得最清楚。阿雷蒂诺对巴比伦人的这个工程充满了理解，巴比伦人想要通过此举追求自我的永恒和荣誉。因为生命苦短,但光荣的纪念却很长久,如果人们为此及时做出准备的话。通过这种阐释,阿雷蒂诺把罪责的情结从这个《圣经》里的神话中去除掉了,并且还把因心怀妒意而毁坏这个雄心勃勃的建筑的上帝也从故事里取消了。作为开明的无神论者,他把塔的毁坏归咎于纯气象的原因:塔尖导致了云团的聚集,云团又引起了一场暴风雨,暴风雨使人们陷入恐慌并把他们驱散了。①

这种对荣誉的重新评价是和对时间和记忆的世俗化分不开的。在文艺复兴时期,死者记忆(即对死者的和对自己身后的回忆的关注)后退,走到前台的是对通过文化功绩取得永生的希望;死后的生命脱离了上帝的完全掌控,在身后的世界找到了它世俗的变种,就像弥尔顿所说的那样——"一个生命之后的生命"。对上帝的善恶记录的想象曾把记忆与审判联系在一起,并为时间纪元设定了目标,现在人类的书本成了这种想象的竞争对手,人类想用书籍创造他们自己的记忆和认可的体系。按照文艺复兴时期人文主义者的观点,扩展世俗的时间和记忆维度最重要的工具就是文字。

在印刷术的时代,作者身份得到了重新定义。声望原本的概念从诗中被描绘的形象上转移到了描绘者本人身上。文字不仅对于被歌颂的英雄来说,而且对于作者来说,都是一种达到永生的媒介。正是在这种意义上属于英国第一代职业作家的乔治·佩蒂(George Pettie)写道:"通往永生的唯一道路是:或者做一些值得

---

① 阿诺·博斯特:《巴别塔的建造》(Arno Borst, *Der Turmbau von Babel. Geschichte der Meinungen über Ursprung und Vielfalt der Sprachen und Völker*, München 1957-63；1995),第3卷,第一部,第1111—1112页。

被写下来的事情,或者写一些值得被读的东西。"①作者身份的这种特点并不是随着印刷术才发展起来的。一个例子是英格兰中部的诗人约翰·高尔,1408年,他让人在伦敦南岸的一座教堂里为他塑了一尊躺卧着的墓上雕像,他的头枕在三本著作上,这些著作是他要求得到荣誉的理由。② 在这个宗教诗人的身上,死者记忆和声望已经密不可分地联系在了一起。

与乔叟的声望女神的神殿相对的是后来的功德祠,它是凡人建造的,并且不再听命于任何喜怒无常的主宰者。③ 社会为自己创造了维护记忆的机制,并且作为它自身记忆的创造者和保证者发挥着作用,同时它也使自己成为决定名字销声匿迹或永垂青史的法官。事后授予荣誉总有一些代偿性的特点;被同时代的人所鄙夷的,会得到后世的褒奖。"可怜的拉封丹,"海涅写道,"活着的时候想要一块面包,而死后人们却给他四万法郎的大理石。"而海涅本人就是一个特别具有传奇色彩的纪念碑故事的主角,并且这个故事还正在进行着。④

19世纪,回忆空间的新的演绎形式出现了。此时历史博物馆扮演了一个很特别的角色,它把万神殿这样的功德祠中的某些伪神圣的成分吸收了进来。博物馆的绘画展厅看起来就像节日游行的队伍,形象地为观众的眼睛展示了对规定性的过去的一些总体

---

① 乔治·佩蒂,选自《16世纪英国散文》(Karl J. Holzknecht, Hg., *Sixteenth-Century English Prose*, New York 1954),第297页。
② 扬·比阿罗斯托茨基:《智慧之书与虚荣之书》(Jan Bialostocki, "Books of Wisdom and Books of Vanity"),见《范·戈尔德(1903—1980)纪念文集》(*In Memoriam J. G. van Gelder 1903-1980*, Utrecht 1982),第37—67页;此处第39页以下。
③ 关于《声誉之宫》以及伏尔泰的《趣味的圣堂》作为"理智"的隐喻,参见H.-U.顾姆布莱希特(H.-U. Gumbrecht)的文章,见《经典与审查》(A. und J. Assmann, Hgg., *Kanon und Zensur*, München 1987),第286页以下。
④ 见D.舒伯特(D. Schubert)文,见《谟涅摩叙涅:文化回忆的形式和功能》(A. Assmann, D. Harth, Hgg., *Mnemosyne. Formen und Funktionen kultureller Erinnerung*, Frankfurt a. M. 1991),第101页。

的想象。① 在空间上相邻和相连的排列应该使观察者产生一种漫步历史的感觉,使他们能够全景式地俯瞰历史各个时期,并把它们当做统一的历史。在历史的绘画展厅里时间变成了空间,确切地说:变成了回忆空间,在这个空间里记忆被建构、被彰显、被习得。展示民族历史的博物馆和排演民族历史的历史剧都兴盛起来②,除此之外还突然涌现出大量的展现地方历史的纪念碑,其原因应该在统治者彰显自己的愿望和市民自我展示的紧张关系中寻找。一个观察者在1907年评论过这种现象:

> 我们今天的纪念碑狂热是政治上立宪主义的一个后果;王权和民众之间因为权力划分争吵得越厉害,这种狂热就表现得越强烈。……诸侯们顽固地把他们家族祖先的形象展示在市民眼前,而市民则通过为自己的政治和精神领袖歌功颂德、竖立纪念碑来回应这一挑战,这时作为自我目的的街头纪念碑就出现了,在这样的狂热竞赛中哪怕最小的广场都被占据了。③

---

① 关于集权化的记忆空间参见君特·赫斯:《中世纪的画厅——关于19世纪插图文学史的类型》(Günter Hess, "Bildersaal des Mittelalters. Zur Typologie illustrierter Literaturgeschichte im 19. Jahrhundert"),见《中世纪的德语文学:关系和角度——纪念胡戈·库恩》(*Deutsche Literatur im Mittelalter. Kontakte und Perspektiven. Hugo Kuhn zum Gedenken*, hg. v. Christoph Cormeau, Stuttgart 1979),第501—546页;尼古劳斯·古索纳:《德国画厅:试论德国人文化记忆中的图像记忆》(Nikolaus Gussone, "Deutscher Bildersaal. Ein Versuch über Bildprägungen im kulturellen Gedächtnis der Deutschen"),见《诗化—政治化:1848年之前的文学中的德国形象》(*Poetisierung - Politisierung. Deutschlandbilder in der Literatur bis 1848*, hg. v. Wilhelm Gössmann u. Klaus-Hinrich Roth, Paderborn 1994),第243—269页。
② 沃尔夫冈·施特鲁克:《过去的形态——复辟时期的德国历史剧》(Wolfgang Struck, *Konfigurationen der Vergangenheit. Deutsche Geschichtsdramen im Zeitalter der Restauration*, Studien zur deutschen Literatur, 143, Tübingen 1997)。
③ 卡尔·舍费勒尔:《现代建筑艺术》(Karl Scheffler, *Moderne Baukunst*, Berlin 1907),第128页,转引自《19世纪的纪念碑:阐释与批判》(H.-E. Mittig in Mittig u. Plagemann, Hgg., *Denkmäler im 19. Jahrhundert. Deutung und Kritik*, München 1972),第287页以下。

到了本世纪末,就像我们从围绕柏林犹太大屠杀纪念碑的公共讨论中所看到的那样,情况根本没有发生多大的改变;在纪念碑的历史上没有中央和地方之分,一致性和差异之间的紧张关系未曾稍减,各种不同的历史角度也没有消失。随着具有政治行动能力的主体的多样化——统一民族国家和联邦制国家,封建王朝和市民阶级,贵族和城市——连不同的政治诉求也开始相互竞争,并以纪念碑的形式表现出来。一个时代越是充满了危机,不同利益团体的自信心越是摇摇欲坠,纪念碑的数量也就越多,形式也越发夸张,很难再说它们是为后世而建,它们成了对同时代的人施加政治影响的工具。它们代表的愿望是把当下变成永恒,否定历史的进程。除了这些起稳定作用的纪念碑以外还有革命性的纪念碑,它们指向未来,召唤那些还没有达到目标的历史力量。① 由此看来,犹太大屠杀纪念碑是一个完全面对过去的纪念碑,它标志了所有声望修辞的终结,文化纪念回归到原始形式——死者记忆。

第三节 历 史

来源和记忆

如果说声望是指向前方,指向后辈,让他们把一个宣告为不可忘却的事件长久保存的话;那么记忆就是指向后方,穿过遗忘的帷幕回溯到过去;记忆寻找着被埋没、已经失踪的痕迹,重构对当下有重要意义的证据。历史成了可以提供关于自己来历和身份认同信息的工具,对历史的这种兴趣并不是在19世纪随着民族国家兴起才增长起来的。在文艺复兴时期就已经有过一次宫廷历史和王

---

① 参见舍费勒尔:《现代建筑艺术》,第290页以下。

朝历史书写的繁荣期。在 15 世纪和 17 世纪之间,除了基督教历史的"教会时间"和用来做生意、估算风险和计算利息的实用的"商人时间"之外,又出现了第三个时间维度。那就是"档案管理员、史志编撰者和历史学家的时间",他们在过去之中搜寻着当下的根源。当通过谱系获取合法性和自治的特权由国王转移到诸侯、贵族世家、城市和成功的市民身上之后,这种探寻变得重要起来。这种历史研究是为了搞清自己家族或团体的来历,并且处于一种新的竞争压力之下。随着皇帝和教皇的二元统治的瓦解,具有历史重要性的主体变得多种多样起来。贵族世家、城市显贵、城市都在确立自己的主体地位,通过重构的历史叙述来彰显他们的身份认同,为他们的合法性打造基础。[①] 对于历史的此种应用处于"近代早期的社会和政治分化运动中对合法性、炫耀和身份认同之需求的强迫之下"。[②] 扬-迪克·米勒在宫廷的层面、霍斯特·文采尔在城市显贵的层面上描述了这种发展。[③] 随着历史行为主体的分化,再加上行为的独有权从上帝及其代言人以及统治者手中转移到封建贵族家族和城市显贵的手中,各种身份来源的历史开始大量涌现。这种世俗的历史和统领一切的基督教会的历史分道扬镳,在文艺复兴时期导致了历史的多元化,这个过程正好

---

① 奥克斯勒列举了家庭、亲属、贵族和市民的"家族"、宗族、僧侣团体、同业公会、行会、大学和教区等建构"群体记忆"的主体。群体记忆有双重功能:一方面针对存在于所有鲜活记忆中的群体归属感,另一方面,历史记忆是这些团体之产生和存续的一种重要的、甚至是先决的因素。参见奥克斯勒:《生者与死者的在场》,见《建立共同体的记忆》,第 75 页。

② 西格弗里德·维登霍菲尔:《旧与新:人文主义与宗教改革之间的传统》(Siegfried Wiedenhofer, "Das Alte und das Neue. Tradition zwischen Humanismus und Reformation", Melanchthonpreis. Beiträge zur ersten Verleihung, hg. v. Stefan Rhein, Sigmaringen 1988),第 35 页。

③ 扬-迪克·米勒:《记忆:马克西米利安一世身边的文学和宫廷》(Jan-Dirk Müller, *Gedechtnus. Literatur und Hofgesellschaft um Maximilian I. Forschungen zur Geschichte der älteren deutschen Literatur 2*, München 1982)。

和赖因哈特·科泽勒克描绘的18世纪历史单一化进程背道而驰。

记忆的这种多元化也与媒介的跨越式发展有关。在印刷术的时代,文字开辟了新的回忆空间。印刷术打破了教会和宫廷对回忆的独占,使得对于历史和记忆的新型使用方式成为可能。但是随之也产生了争夺回忆的新的权力斗争。① 职业的史志编撰者面临的任务是利用文字新的功用来证明统治要求的合法性。比如在巴伐利亚编年史中就有这种情况发生,其中对于上帝的记忆和后世的纪念还没有进行十分明确的划分:"文字是一个宝库,里面应该保存所有时间的宝物,有万能的上帝的记忆,还有我们灵魂的喜乐,那就是对基督的信仰,是上帝的训诫。它会把所有人过去的善行恶事,以及眼下的行为都保留给后人。"②

历史感

关于世事多变的慨叹和对历史变迁的感知两者相去甚远。在对文化变迁的经验性经历中有一个很重要的维度,那就是语言变迁。历史意识因此经常和对于语言变迁的意识同时发生。但丁曾使用过贺拉斯颂歌里的一幅图景,把语音的可变性比喻成树上的树叶。③ 乔叟也重点提到过语言的变化:"你不知道,在千年之中,语言的形式会如何改变。"④由于没有人能在有生之年统观千年,

---

① 参见霍斯特·文采尔:《一切都归在一起:福尔特勒的〈巴伐利亚编年史〉以及他在阿尔布莱希特四世的宫廷中创作的〈冒险之书〉》(Horst Wenzel, "Alls in ain summ zu pringen. Füertrers 'Bayrische Chronik' und sein 'Buch der Abenteuer' am Hof Albrechts IV."),见《"中世纪的接受",会议文集》(Mittelalter-Rezeption. Ein Symposion, hg. v. Peter Wapnewski, Stuttgart 1986),第10—31页。作者在这里描述了对历史的所有权的多样化过程,以及"真假传统"之间的冲突。
② 文采尔:《福尔特勒的〈巴伐利亚编年史〉》,第11页。
③ 但丁:《神曲,天堂 III》(Dante, Divina Commedia, Paradiso III, 26, VV.),第124页以下。
④ 乔叟:《特罗伊勒斯和克莱西德》("Troilus and Criseyde", book II, W. 22f),见《乔叟全集》,第221页。

因此就需要一个保留有这种变化痕迹的考量媒介。用死去的语言——拉丁文写作的文本中,历史的指数被隐藏了起来,而在大众语言撰写的文本里,历史的指数却昭然若揭。在近代早期用没有定型的和无法定型的大众语言写下的东西越多,这些文本中悄然发生的语言变迁就显得越清楚,这是在共时的体验中无法感知的。变化的节奏让人明显感觉到越来越快,甚至可以在有生之年就留下痕迹。就这样,恰恰是人们以为可以保证长久存留的文字成为展示变迁的一种媒介。

在语言维度上感知历史的变迁是自然而然的,而在法律维度上这却意味着文化价值相对化,这一变化将产生深远的影响。清教主义的教会历史学家理查德·胡克在16世纪末(1592)曾经撼动过《旧约圣经》中律法的有效性,他认为:"过去曾经完全合适的东西,可能随着地点和时间的变迁而变化。"①胡克按照托马斯·阿奎那的观点把律法分成三种:道德的、仪式的和法庭的。这三种律法中他只认为道德的律法(十诫)有超越时间的效力,而其他两种律法系统的有效性他都认为应该取消;仪式的律法由于基督的出现、法庭的律法由于社会结构的变化都已经过了时。在这种观点中显露出一种历史意识,这种意识把新的和旧的、有现实意义的和过时多余的,更重要的是把有时效的和超越时间效力的区分开来。

在英格兰,宗教改革对传统产生了质疑,并且使人们意识到当下和过去之间的区别。暴力地、强制性地引进一种新的价值体系导致了当下与过去截然分开。经过这样的断裂之后,人们无法再把过去当作规定性的从前,从中找寻给予当下的遗赠(degate)和

---

① 理查德·胡克:《论教会国家组织的法律》(Richard Hooker, "Laws of Ecclesiastical Policy [1592]", book III, sec. X),转引自 P. 伯克:《法律与过去意识》,见《文艺复兴时期对于过去的意识》(P. Burke, "Law and the Sense of the Past", in: ders., *The Renaissance Sense of the Past*, London 1969),第32—39页。

证明(Testate)。历史学家基思·托马斯曾对此写道:"当人们意识到与中世纪之间产生了一道不可逾越的鸿沟时,一种对于刚刚发生之过去的新视角产生了:过去不再是一个创建神话和可供参考的先例的集合,而是体现了另一种生活方式和不同的价值设想。"①

文艺复兴时期的古物研究者和历史编撰者投向文本和史料的批判性目光,并不能证明他们已经拥有了摆脱外部的影响和指责的自由的历史科学。对于这样的一种历史科学,在这个时间点上,既没人感兴趣、也没有制度保障。史料批评和证明都还不是在以追寻真理为目标的科学的、中立的空间中进行。这些方法的使用更可能是在争夺相互矛盾的回忆的有效性之时才产生的。民族国家要重新书写自己的历史,就必须把它从对手的手中夺下来,进行改写。把过去从修士和教会的手中夺下来并重新占领,就需要对历史史料进行一次批判性的清理。史料批评变成了针对对立传统的武器。斯宾塞在他的一篇文章中曾经把"记忆"(memory)和"造假"(forgery)相提并论②,我们下面还会提到。

17世纪初,古物研究者埃德蒙·博尔顿曾经用清晰的语言勾勒了批判性的历史书写的特点,但同时他也指明,这只是一个理想而不是一种普遍的实践:

> 没有成见和公正是历史学家的光辉品格。……但是今

---

① 基思·托马斯:《过去、将来、寿命——近代早期英国的时间想象》(Keith Thomas, *Vergangenheit, Zukunft, Lebensalter. Zeitvorstellungen im England der frühen Neuzeit*, Berlin 1988),第21页。

② 从这个意义上讲,荷马对于乔叟来说是一个历史杜撰者,因为他选择了一个虚假的角度,让好的特洛伊人和坏的希腊人联合起来。关于杜撰历史还参见 P. 伯克:《文艺复兴时期对于过去的意识》,第50页以下。文献考证中最耸人听闻的例子是《君士坦丁赠与》,这份基督教会的创始文件被洛伦佐·瓦拉揭露为一个"后世的伪造"。参见奥古斯特·布克:《罗马帝国时期的人文传统》(August Buck, *Die humanistische Tradition in der Romania*, Bad Homburg v. d. H. 1968),第2—21、227—241页。

天,历史学家们在应该具备的公正和刚正不阿等等美好的、必不可少的美德方面却差强人意。我读到过的所有过去的作家讲起十五六个世纪以前的事情的时候,都会把他们自己时代的嫉妒、激情和气愤同时端出,因此我们的历史学家如果不想服从于某个派别,而想服务于真理和诚实的话,一定要绕过这些危险的、诱惑的声音,这些声音想要误导我们跟从自己的偏见。①

正是由于人们意识到断裂和遗忘导致通往过去的直接通道被阻塞,所以在文艺复兴时期产生了历史意识。但是过去的规定性力量根本没有因此而消失。16世纪的历史书写用尼采的话来说,仍然在很大程度上是一种"纪念碑式的历史书写";它检视和保留了值得回忆的、建构身份认同的和指向未来的东西。但是与过去的联系要重新建立;要寻找新的起源和重构新的谱系,并以此来突破遗忘的障碍。在不再有遗赠和证明的地方,残留物(Relikte)凸显出来。对残留物追本溯源的兴趣是为了证明对身份认同具有重要性的流传的真实性,而对史料的批判性审查却是为了争夺保障身份认同的回忆。克里斯托夫·波米扬在研究文化遗产的形成历史时,就提出过这样的观点:中世纪教堂和修道院的藏宝室的收藏行为转移到了诸侯的私人收藏中,这些私人收藏在14—18世纪间蓬勃发展,后来大部分成为国家和民族收藏的一部分。收藏的

---

① "Indifferency and even dealing are the Glory of Historians. ...This admirable Justice and Integrity of Historians, as necessary as it is, yet is nothing in these Days farther off from Hope. For all late Authors that ever yet I could read among us convey with them, to Narrations of things done fifteen or sixteen hundred years past, the Jealousies, Passions, and Affections of their own Time. Our Historians must therefore avoid this dangerous Syren, alluring us to follow our own Prejudices, unless he mean only to serve a Side and not to serve Truth and Honesty."埃德蒙·伯尔顿:《求疵集》(Edmund Bolton, *Hypercritica*, 1618),见《17世纪批判性散文》(Joel Spingarn, Hg., *Critical Essays of the Seventeenth Century*, Bloomington 1957),第 I 卷,第 91、93 页。

第二章　纪念的世俗化

行为是和历史意识以及对变迁和断裂的经验紧密相连的。他对此写道：

> 文化遗产的形成历史是由一连串的断裂所决定的：集体的信仰态度以及生活方式的转变、技术革新、对代替旧的生活方式的新生活方式的宣传。每一次断裂都会让某一些制品丧失它的功能并且导致它们蜕变成垃圾产品、蜕变成被放弃和被遗忘的东西。这样的事情在罗马帝国基督教化之后发生过，在野蛮人入侵之后、在每一次工业的和几乎每一次政治的革命之后都会发生。①

忘却的坟墓

在乔叟的声望女神的神殿里，诗人和历史学家是没有区别的；共同的社会任务把两个团体联系在一起，那就是保持"对伟大和神奇之事的纪念"。尽管希罗多德在他的历史著作的前言里已经把重点从历史的记忆价值转移到了它的认识价值，但即使在他那里，历史书写与纪念之间这种传统的联系仍然保存着。②在伊丽莎白时代的英格兰，历史是一个诗人和宫廷历史学家都负有责任的领域。属于最早的职业写手的托马斯·纳什曾经夸赞过某些诗人，他们用历史剧把过去的民族历史深深地植入同时代人的意识

---

① 克里斯托夫·波米扬：《博物馆和文化遗产》（"Museum und kulturelles Erbe"），见《历史博物馆：实验室—剧场—身份认同工厂》（Gottfried Korff, Martin Roth, Hgg., *Das historische Museum. Labor - Schaubühne - Identitätsfabrik*, Frankfurt a. M. 1990），第41—64页；此处第62页。

② "希罗多德，哈利卡纳苏斯的一位公民，记录了这些历史，使得人群中曾经发生的事情，在后世不至于被遗忘；还应该永远纪念希腊人和野蛮人做出的伟大和神奇之事，尤其人们应该知道他们相互发起战争的原因。"引自希罗多德：《历史》，第一卷（Herodot, *Historien*, Erstes Buch, hg. v. H. W. Haussig, Stuttgart 1955, I）。西塞罗把历史书写描绘成针对遗忘的武器，这对文艺复兴时期的史家的自我理解有着决定性的影响。

之中:"我们的父辈(他们早已被埋葬在锈迹斑斑的铜棺和被蠹虫咬烂的书本之中),他们的英雄行为被重新唤醒,他们自己从遗忘的坟墓中起死回生,走进当今的开放空间,展示他们古老而又让人敬畏的事迹。"①民族的历史记忆——用纳什的话讲——从这个"遗忘的坟墓"中走了出来。随着人们发现现实与过去之间的鸿沟,他们也开始发明民族历史,建构一个集体的记忆,这些都是寻找消失在这个鸿沟中的过去的表现。在这个建构过去的话题中,随着对遗忘的意识的出现,又出现了意识产生、觉醒、回忆和回归。在放弃和回归、遗忘和回忆这种结构中我们可以看到"文艺复兴"的基本架构。

我们可以以上文提到过的埃德蒙·斯宾塞为例,展现一下对民族历史回忆的这种新的兴趣。斯宾塞曾创作过一部寓意史诗《仙后》(1596)献给伊丽莎白一世,这首诗是他在远离宫廷的爱尔兰创作的,女王把他派到那里镇压信仰天主教的民众,实行残暴的殖民计划。第二卷中讲到两个骑士正在进行一次包含冒险、诱惑、危险和教育的学习之旅,他们参观一座宫殿,这次参观仿佛是一次人体内的旅行,实际上是一堂人类学的基础课程。参观的最后一站是图书馆,它坐落于塔楼之内,代表着人类的记忆。那里保存着落满灰尘的两开大书、手抄本和写卷,时间在它们之上已经留下了明显的痕迹("被蠹虫咬烂,满是洞眼儿"),但在这种情况下更加

---

① 书籍印刷商威廉·卡克斯顿(William Caxton)就曾在这个意义上写道:"美德的果实是不朽的,尤其是当它们被包裹在历史的恩泽之中"(The fruytes of vertue ben inmortal, specially whanne they ben wrapped in the benefyce of hystoryes)。引自《16 世纪英国散文》(Holzknecht, Hg., *Sixteenth-Century English Prose*, New York 1954),第 42 页。关于莎士比亚的历史意识位于都铎时期官方历史观和一种批判的进步历史意识之间的观点参见托马斯·默奇(Th. Metscher)的文章,见《欧洲近代早期的民族和文学》(K. Garber, Hg., *Nation und Literatur im Europa der frühen Neuzeit*, Tübingen 1989),第 469—515 页。

提升了它们的文献价值。

斯宾塞的故事中的两个骑士都希望能够在这个神奇的图书馆里安安静静地读书。他们两人都用这一天剩下来的时光各自研究一本两开大书,这时故事情节停了下来,并跟随他们寻找他们所读书中的踪迹。这两卷书分别叫作《不列颠纪念碑》和《先国古事》。它们实际上是虚构的、由斯宾塞想象出来的历史和传说故事,代表着民族历史书写这一崭新的文体。在《仙后》第二卷的前言中,斯宾塞明确地为这种诗人的自由创作表示歉意:

> 我很清楚,伟大的女统治者,
> 这个神奇的老故事会被一些人
> 说成是一个无所事事的大脑
> 的夸张想象,更愿把它看作
> 大胆的造假,而不愿将它当成
> 一个可靠的记忆之事。

纪念碑、残留物、坟墓

但是斯宾塞关心的正是"可靠的记忆之事",是一个建立身份认同、支撑国家、对共同的来历和过去的回忆。但问题在于,这个英雄的过去人们既无法看到也无法找到,因此众所周知是不可靠的。一个伟大的、但是模糊的过去之中发生的事件和行为都需要通过地点和物品得到证明。能够满足这种证明功能的残留物也就获得了"纪念碑"的身份。在《不列颠纪念碑》一书中一再提到这些沉默的历史见证:"骄傲的纪念碑,仍在宣告着它的胜利,仍受到这个国家的纪念。"(第二卷第十章,第 21 行)残留物—纪念碑的任务是,把神奇的过去的事件和现实的当下联系起来。它们是跨越记忆深渊的桥梁,但也同时展现记忆的深渊。两个读者之一并非无名小辈,而是亚瑟王子本人,他在读书之后不禁发出一通即兴的赞美,这赞美不是给上帝,而是给他的祖国的。因为他从祖国那里不仅获得了生存空间("commun breath")和食物("nouriture"),而且还获得了他的历史①:

> 尊贵的祖国,你的孩子从你的手中
> 获得了自由的呼吸和食物,
> 你可知道你的纪念和永恒的纽带
> 对他来说多么重要?
> 如果不能感觉它们对我们的恩典
> 那将是缺乏人性,
> 它们给予了我们一切,给予我们所有人一切,
> 让我们心满意足。

纳什和斯宾塞都提到过"被蠹虫咬烂"的书籍。它们证明了人们新近把注意力投向了一些不仅古老而且长时间不被使用、不被维护——也就是说存在着、但是被遗忘了的东西。相反,诸如《圣经》或者教会开创者的作品,因受到连续不断的崇拜而得以保留,在注解中得到阐释,在缮写室里得到认真的抄写,人们很难把其称为被蠹虫咬烂的文献。斯宾塞对于记忆和老图书馆的兴趣不是毫无来由的。两代人之前,亨利八世把修道院收归国有,同时将许多修道院的图书馆解散了。国王派遣了一个特使,令他去检视珍贵的书籍并且把它们中的一部分保留起来。约翰·雷兰于

---

① 参见 E. 格林罗:《斯宾塞的历史比喻研究》(E. Greenlaw, *Studies in Spenser's Historical Allegory*, Baltimore 1932),以及汉斯·乌尔里希·希尔的《埃德蒙·斯宾塞和民族君主制》(Hans Ulrich Seeber, "Edmund Spenser und die nationale Monarchie"),见《欧洲近代早期的民族和文学》,第 466 页:"一个民族君主政体想要从普遍的联系中脱离开来,就需要有自己的来源神话。……伊丽莎白按照救世史的模式原型将自己与亚瑟王、布鲁图斯、特洛伊人置于一条脉络上,赋予当政的王室以古典的和神祇的来源的光辉"。

第二章 纪念的世俗化

1534年(即修道院被世俗化的那年)得到了这项任务：

> 检视您这个宝贵的国家的所有修道院和教会学校的图书馆，精心地找寻，把那些古代的、其他民族的和您自己国家的作家们有纪念意义的作品找寻出来，把它们从死亡的黑暗中带到生命的光明之中。①

这个句子表明传统的断裂和对过去的发现有可能紧密相连。在上述案例中它们同出一手：那些毁坏修道院的人，也正是从过去传统的瓦砾堆中建构新的来源历史，或者如文中所说把它们"从死亡的黑暗中带到生命的光明之中"的人。随着修道院图书馆的解散和新的图书馆的建立，在都铎王朝的英格兰完成了一次文化记忆的深层次的重构。教会的记忆被新的记忆形式所取代：那就是民族的和人文主义科学精神的档案。

对于民族的身份认同的兴趣掀起了一场搜寻被遗忘的过去的痕迹(Spuren)的运动。② 这种兴趣所关注的是所有为这个国家的英雄的过去和朴实的传统提供信息的东西。人们突然发现，周围到处是过去时代的纪念物。③ 在耕地时，农民会在他的田野中发现一个古罗马排水管的遗迹，或者挖出一个铜头盔。对这一记忆地形学的实物鉴定就成了档案管理员和古物研究者的主要工作。一种新的文体出现了，这种文体将历史知识、纪念碑文献和地形学的资料汇于一体，斯宾塞的一个朋友威廉·坎姆登的《大不列颠志》(1586)就属于这样的作品。这位作家像他之前的雷兰一样是

---

① 参见阿莱达·阿斯曼：《这神灵呵护的土地，这个世界，这片天地，这个英格兰——论都铎时期英国民族意识的形成》("This blessed plot, this earth, this realm, this England. Zur Entstehung des englischen Nationalbewußtseins in der Tudorzeit")，见《欧洲近代早期的民族和文学》，第446页以下。
② P.伯克：《文艺复兴时期对于过去的意识》，第21页以下。
③ 基思·托马斯：《过去、将来、寿命》，第17页。

一个自己国家里的人种志撰写者。在这本记载着回忆和风俗的地图册中,他把在旅行、询问和文书研究中亲自搜集到的信息汇集在一起。他为英格兰做出的贡献就像他之前的弗拉维奥·比昂多对意大利做出的贡献一样。①

从遥远和陌生的时间进入当下的残留物上不仅缠绕着常青藤,还缠绕着许多口头的传奇讲述;档案管理者对它们进行甄别并且把它们认真记录下来。一种历史旅游业在自己的国家里发展起来,使人们能够参观"民族历史的圣迹":这儿恺撒曾经露过营,那儿征服者威廉曾插过他的战旗,这儿可以参观把托马斯·贝克特斩首的宝剑,那儿是罗宾汉的泉水或者亚瑟王的骑士们具有传奇色彩的聚会的石桌。时间和空间的维度,民族的历史和领土被融合在一起,成为一道民族的记忆风景。

让我们从回忆之民族的和集体的形式再次回到个人的纪念和死者纪念上来。歌德的《亲和力》中的奥蒂莉在她的日记中写道,人们通过记忆媒介如石头、画像和文字而进入的第二次生命虽然通常比第一次要长久,但也不是没有时限的:

> 当看到那许多湮灭的、被去教堂的人踏平的墓石,看到那些在墓石之上连自己都坍塌了的教堂,人们会觉得死后的生命就像第二次的生命,在这个生命中人只以画像或铭文的形式存在,可以比在本来的生命中居住的时间更长。但是就连这个像,这第二次的存在也早晚会消逝。时间不仅会对人也会对纪念碑行使它的权力。②

---

① 弗拉维奥·比昂多:《复兴的罗马》(Flavio Biondo, "Roma ristorata [1440-1446]"),参见 P. 伯克:《文艺复兴时期对于过去的意识》,第 25 页以下。
② 约翰·沃尔夫冈·歌德:《亲和力》(Johann Wolfgang Goethe, *Die Wahlverwandtschaften*),摘自《歌德全集》(*Sämtliche Werke in 18 Bünden* [Artemis-Ausgabe], Zürich und München 1977),第 9 卷,第 146 页。

第二章 纪念的世俗化

废墟保存了过去的文化和时代的遗迹,坟墓保存了过去先辈们的遗骸。一个英国诗人在 18 世纪中期的一个深夜里于乡村墓园里产生的思想,正是围绕着荣誉和遗忘的条件。对托马斯·格雷这位墓园挽歌的作者来说,这里埋葬的死者的生命永远地逝去了;他作为来访者试图从少得可怜的痕迹里想象逝去的生命的零星片段,但是留下的只是一些无名的、普通的画面,它们只激起想象而不是回忆。紧接着他对于死亡的抹平一切差异的力量进行了思索:

> 纹章的炫耀,势力的显赫,
> 凡是美和财富所能赋予的好处,
> 前头都等待着不可避免的时刻:
> 荣誉的道路无非是引向坟墓。①

如果说死亡是一个伟大的民主主义者,赋予所有人同样的厄运,那么荣誉,就像我们在阿里奥斯托的天鹅身上看到的,却是一个极有权势的分类者和过滤者,它可以使一些人的名字永恒,使另外一些人的名字消逝。那些被埋葬在乡村墓园里的人,后世对他们没有纪念,但是他们被包含在教区教众的礼拜仪式中:

> 你这个骄傲的人,不要怪这些人不行,
> 记忆没有在他们的墓碑上留下荣耀的标志,
> 然而从长长的厅堂和雕花的拱顶上
> 却传来洪亮的赞美歌的声音。(37—40)

声望被排除在外的地方,基督教的死者崇拜却保留了它的权

---

① 托马斯·格雷:《乡村墓园悲歌》(Thomas Gray, "Elegy Written in a Country Churchyard [1751]"),见《托马斯·格雷与威廉·柯林斯诗选》(*Selected Poems of Thomas Gray and William Collins*, ed. by Arthur Johnston, London 1967),第 40—50 页。

利。对于"穷人们短暂和简单的生平来说",不需要文学的缪斯;姓名、年代和虔诚的墓志铭代替了尘世间追求自我永恒的渴望。

> 技艺笨拙的缪斯拼写了你们的名字和生卒年月
> 代替了赞美荣誉的诗词和悲歌
> 但那个缪斯还撒播了一些虔诚的词句,
> 教导那些循规蹈矩的乡下人什么叫死亡。(81—84)

特别有启发意义的是关于荣誉的条件的思索,这些思索构成了诗歌的第二部分。墓园的造访者想到,不同寻常的成就和品质的存在并不依赖于他人的赞颂,他自问,这个墓园里会埋葬着什么样的无名英雄:

> 世界上多少晶莹的珠宝
> 埋在幽暗而深不可测的海底,
> 世界上多少花吐艳而无人知晓
> 把它们的甜美香气散播在沙漠里
> 也许有村夫汉普顿在这里埋葬,
> 他反抗过当地的小霸王,胆大而又坚决;
> 也许有沉默的弥尔顿,籍籍无名;
> 还有一位克伦威尔,他没有过错,不曾害得他的国家流血。(53—60)

在这首诗的第一版中格雷选择了卡托、西塞罗和恺撒作为荣誉的模型,在第二版中他用本国的人名代替了他们。荣誉可以跨越文化的界限,可以从超越时间的古典迈进民族的历史,但却在乡村墓园的小人物面前停下了脚步。那些埋葬在这里的英雄只能是潜在的英雄,不是因为他们没有成为伟人的能力,而是因为在他们的世界中没有能够发展和实现这种能力的可能性。他们之所以不起眼是因为生活环境的局限。对这些农家子弟来说,人们"无法

第二章 纪念的世俗化

在国家的眼睛中看到他们的历史"(64),但是墓园的造访者并不悲叹他们的这种命运,因为他坚信,为了伟大而付出的代价太高。荣誉只会跟随那些成就大业的人,而能成就大业的人通常都变得片面、毫无顾忌、凶残、盲目。伟大会导致巨大的痛苦,不管是对愿意成为英雄的人,还是被这样的英雄统治的人来说。

伟大有一种自相矛盾的性质,甚至把伟大看作一种社会性的危险,这种观念使得对于声望的价值判断发生了根本的变化。格雷的挽歌里的第三和最后一部分提前描绘了墓园造访者的死亡,并以一段无名诗人写的墓志铭结束——"一个不为历史和荣誉所知的青年"。这个墓志铭提前为我们展示了现代性的一个关于声望的核心悖论:一个无名者的声望。对于许多默默无闻和被遗忘的人来说,这首诗为他们树立了一座纪念碑,这首诗完成的并不是直接的纪念,而是对遗忘的提醒。

托马斯·拉奎尔为我们展示了少数人的声望是如何建立在多数人的默默无闻之上的。① 在莎士比亚的战争剧中,战斗结束时常常会出现一个清点阵亡将士的仪式。在这个时候通常会喊出少数几个名字并对他们进行哀悼,这些名字代表了古老贵族世家的成员,他们作为一个集体的姓氏的载体是值得纪念的。但是阵亡士兵的群体却不被提起,他们的名字无人知晓。他们无法进入政治性的死者纪念仪式。"没有其他名字了"——莎士比亚戏剧中战斗之后的公开祭奠经常以这样一个简短的套话收尾。

对于个人姓名的文化记忆是一种极高的特权,这在从女性主义角度对作者身份进行的研究中得到了证实。芭芭拉·哈恩给我

---

① 托马斯·拉奎尔:《从阿金库尔到佛兰德:民族、声名和记忆》(Thomas Laqueur, "Von Agincourt bis Flandern: Nation, Name und Gedächtnis"),见《民族图像——现代欧洲开端时期民族的文化建构》(Uli Bielefeld und Gisela Engel, Hgg., *Bilder der Nation. Kulturelle Konstruktionen des Nationalen am Beginn der europäischen Moderne*, Hamburg 1998)。

们展示了,"一个作者的姓名绝不是什么自然的东西,而是文本生产的特殊系统中书写产生的效果"。① 到底是被收入图书市场的短期记忆,还是被纳入经典化的文化文本的长期记忆,这取决于社会机构的奉承和亵渎、尊重和鄙弃。随着女性主义研究的深入,一种认识已经进入大众的意识,即"伟大"是男人为男人制造的修饰语。诗人格雷在18世纪行将结束之时已经注意到,声望之光永远不会落到穷人和边缘人的头上,我们现在也意识到,声望之光绝不会或者极少会落到女性的身上。不管她们叫什么名字,是叫卡托、西塞罗和恺撒还是叫汉普顿、弥尔顿和克伦威尔——在历史的记载中声望绝不会轮到女性头上。在所有社会阶层中,女性只是默默无闻的背景,而男性的声望在这个背景之上闪闪发光地凸显出来。只要进入文化记忆的条件是英雄式的伟大和被规定为经典文本,女性就会系统性地被归入文化遗忘之中。这是结构性失忆症的一个典型案例。

---

① 芭芭拉·哈恩:《以虚假的名字——论女性艰难的作家身份》(Barbara Hahn, *Unter falschem Namen. Von der schwierigen Autorschaft der Frauen*, Frankfurt a. M. 1991),第8页。

第三章 莎士比亚历史剧中的回忆之争

20世纪80年代以来,回忆和身份认同之间的联系又获得了一种新的现实意义。这与世界各处发生的政治和文化边界的消失和重建有关。在欧洲,随着东西之间边界的倒塌,两个唯我独尊的学说的极端对立所造成的冰盖消融了,冻结的回忆的时代结束了。在东欧,族群的身份认同又回来了,随之而来的是"他们的语言、文化、他们的历史和他们的上帝"。人们用"回归"或者历史的"觉醒"①这类套话来描述这一不期而至的发展。历史在这里当然不是指我们通常意义上理解的在专业分工的情况下进行的对过去的学术研究,而是指一个保持着活力或重新激发的集体意识,一个"被回忆的过去"。历史以这种形式在一夜之间变成了一种首要的政治动员力量。人们曾经追求过解放,但这种解放在宣告了一个自己描绘的未来的同时,也意味着与过去和源头告别,现在解放的口号让位于对身份认同的问询。我是谁?这个问题被提出,并进一步问:我们是谁?今天,对自己进行定义意味着对自己在性别上、族群上、政治上进行定位。女性主义文艺学研究者特蕾萨·

---

① 弗兰克·谢尔马赫:《历史在东方苏醒:关于中东欧革命的随笔》(Frank Schirrmacher, Hg., *Im Osten erwacht die Geschichte: Essays zur Revolution in Mittel- und Osteuropa*, Stuttgart 1990);克里斯托夫·米夏尔斯基:《历史的回归》(Krysztof Michalski, Hg., *Rückkehr der Geschichte*, Transit-Europäische Revue), 2 (1991)。

德·劳雷提斯在这种意义上把身份认同定义为"对自己的历史进行的积极的建构和受话语影响的政治阐释"。① 简单说就是：我们通过共同的回忆和共同的遗忘来定义我们自己。② 身份认同的重构总是意味着记忆的改造——如我们所知，这对于集体和个人来说都同等重要，对于集体来说，记忆的改造表现在重写历史教科书、推翻纪念碑、重新命名公共建筑和广场。由此来看，统一后的德国也重新面临着身份认同和记忆的问题。哪些共同的德国人的记忆应该保留，哪些应该坚守呢？

历史的觉醒和回忆的回归由于能带来"新的复杂性，提供丰富的新的差异、区别、联系和张力"而在1989年受到了热烈的欢迎。③ 现在我们知道，随着两极化的结束并不会马上出现"欧洲公民社会的基础设施"，而是先出现了更古老的对立留下的血迹。被遗忘的边界和凶残的敌人形象的回归也都起因于那些重获自由的、被政治工具化的记忆。在这些纠缠不清的危险的回忆之中又掺杂了较为晚近的、在两次世界大战中没有偿还的债务，这些都顺理成章地与千百年古老的史诗传说交织在一起。科索沃之战被塞尔维亚人当作民族神话和政治路线，其实它比阿金库尔战役还早发生26年。想象一下，如果法国人把阿金库尔战役中的失败像塞

---

① "Identity is an active construction and a discursively mediated political interpretation of one's history."特蕾萨·德·劳雷提斯：《三角的本质或者，认真对待本质先于存在论的兴起：意大利、美国和英国的女性主义理论》(Teresa de Lauretis, "The Essence of the Triangle or, Taking the rise of Essentialism Seriously: Feminist Theory in Italy, the U.S. and Britain"),载《差异》(*Differences*), I (1991), 第12页。

② 众所周知，埃内斯特·勒南(Ernest Renan)把民族定义为很多个人的集合，这些个人有许多共同之处，也共同忘记了很多东西。"Or l'essence d'une nation est que tous les individus aient beaucoup de choses en commun, et aussi que tous aient oublié bien des choses."转引自本尼迪克特·安德森：《想象的共同体》，第15页。

③ 卡尔·施略格尔：《戏剧性地过渡到一个新的正常状态——战后时代末期的欧洲》(Karl Schlögel, "Der dramatische Übergang zu einer neuen Normalität-Europa am Ende der Nachkriegszeit"),见弗·谢尔马赫：《历史在东方苏醒》，第37页。

第三章　莎士比亚历史剧中的回忆之争

尔维亚人一样当作一个几近决定身份认同的回忆,将会发生什么样的事情。今天看来,好像东西之间由于冷战造成的边界让位于一个新的看不见的分界线,这个分界线把工业国家与其他的国家划分开来,工业国家总是追求"不断地推进、取消和消除",而在其他国家中,"本来的力量"仍没有减少它们的作用。① 难道今天在乐于遗忘的社会和乐于回忆的社会之间产生了一种新的对立吗?

在这一章里我想展示的是,我们当今的问题与莎士比亚的历史剧颇有雷同之处。我想展开的命题是,在这些剧中回忆是真正的角色。在行动获得动力、被合法化、被阐释的地方,在世界被理解为有意义的地方,到处都有回忆在发挥作用。我们将能够看到,回忆不仅位于历史和统治的中心,而且在建构个人和集体身份认同时都是秘密发挥作用的力量。我将在以下三个维度中考察莎士比亚历史剧中回忆的作用:

第一,回忆和个人身份认同之间的关联——这里一方面关注回忆的众所周知的不稳定性和可塑性,另一方面探询哪些条件决定了回忆的基本的可支配性或不可支配的性质;

第二,回忆与历史的关联——这里关注的是历史记忆的政治运用,同时也关注危险的记忆的可终结性与不可终结性的问题;

第三,回忆与民族的关联——这里关注莎士比亚的戏剧对于一个新的历史建构发挥的作用,并且探讨在何种情况下一个民族需要历史的问题。

---

① 博托·施特劳斯:《渐渐响起的山羊歌》(Botho Strauß, "Anschwellender Bocksgesang", Der Spiegel vom 8.2.1993 ,6/47),第 202—207 页;此处第 203 页。相似的观点见杜布拉弗娃·奥莱奇·托利奇(Dubravka Oraic Tolic)在 1993 年 5 月 17 日《法兰克福汇报》上发表的文章,她认为:"西方使用一种无限技术化的、使人沉湎于当下的做法无法感受到波黑民众是一群被命运主宰的主体,他们有权力回忆他们的过去,并维护这段过去作为当下和未来的凭据。"

第一节　回忆与身份认同

让我们从最直接的地方——从个人那里入手来研究莎士比亚戏剧中的回忆。回忆是一个人所拥有的最不可靠的东西之一。此时此刻的情绪和动机是回忆和遗忘的看守者。它们决定了哪些回忆在当下对一个人来说是可以通达的,哪些是不能使用的。"行动的人",拿尼采的话来说"总是没有良心的",意即"没有知识的"①;意思是说,在行动的那一时刻,一个人总是只能动用他的知识和他的回忆的一部分。受行动兴趣引导的人永远不可能动用他的回忆的全部。回忆的存量总是部分性地提供使用。这就造成了人本质上的局限性,但也造就了人的转变能力和学习能力。再用尼采的话说:"他忘掉大部分的事情,为了去做一件事,他对被他抛在身后的东西是不公正的,只知道一种法则,那就是未来事物的法则。"②针对这种不公正的遗忘,道德建立起了良心,但是良心与记忆相比也并没有可靠多少。

尼采颂扬遗忘的力量,称它是一种能够保护自己不受那些对立的、分散精力的记忆打扰的能力——一种如他所展示的那样在哈姆雷特身上缺乏的能力。然而被尼采评价为积极力量的东西,却被莎士比亚当作罪责对待。这一点在《理查三世》的最后一场中展示得很清楚,在这一场里我们遇到不幸的爱德华四世。这是一个遗忘和回忆猛然相遇的场景。爱德华痛苦地意识到,他忘却了大部分的事情,只为了做一件事,他对抛在身后的东西不公正,

---

① 弗里德里希·尼采:《不合时宜的沉思》第二篇,《历史的用途与滥用》(Friedrich Nietzsche, *Unzeitgemäße Betrachtungen. Zweites Stück: Vom Nutzen und Nachteil der Historie für das Leben*),见《尼采全集》第一卷(*Sämtliche Werke*. Band I,),第 254 页。
② 尼采:《历史的用途与滥用》,第 254 页。

第三章　莎士比亚历史剧中的回忆之争

他只知道一个权力,那就是现在要做的事情的权力。懦弱和自我保护的需要使他接受了阴谋;他像葛罗斯特描绘的那样把自己的兄弟克莱伦斯看成一个坏人,他还把要回报的许多恩情都抛在脑后:背叛华列克的投诚,在图克斯伯雷之战中的救命之恩,还有许多兄弟情义:

> 我野兽般的狂怒
> 竟把这一切从记忆中罪恶地拔去,而你们却无人
> 出于忠荩之心来提醒过我。①
>
> (《理查三世》第二幕第一场)

谋士们对他的记忆丧失负有责任;他们应该把他忘却的回忆重新唤回意识之中。回忆的派别性在莎士比亚那里没有被理想化;相反,一个人的成熟和智慧恰恰表现在他能在多大程度上接受和整合让人不快的回忆。

怒气和恐惧让人健忘,就像爱德华的情况所展示的那样;仇恨和复仇心却让记忆力变得敏锐。要回报的恩情远不如遭遇的不公和损害的荣誉那样被深深地写入记忆之中。② 这种回忆永不褪色,这样就产生了一个问题,人们怎么样才能抛开它们。为了使人变得成熟,在某种情况下忘却某些回忆和回忆起某些被遗忘的东

---

① 威廉·莎士比亚:《理查三世》(William Shakespeare, *King Richard III*, edited by Antony Hammond. *The Arden Edition of the Works of William Shakespeare*, London and New York 1981),第192页。德文译本《莎士比亚戏剧集》(Dt.: *Richard der Dritte*, *Shakespeares Dramatische Werke*, übersetzt von A. W. v. Schlegel und L. Tieck, hg. v. Hans Matter, Bd. 8, Basel 1979),第326页。

② "我们对自己所负的债务/最好把它丢在脑后不顾"(Most necessary 'tis that we forget / To pay ourselves what to ourselves is debt),莎士比亚《哈姆雷特》中的伶王如此说教(*Shakespeares Hamlet*, III, 2, 187-188, edited by Harold Jenkins. *The Arden Edition of the Works of William Shakespeare*, London and New York 1982),第299页。

西同样重要。①

当亨利五世第一次作为国王出现在宫廷里时,就出现了很典型的这种情况。死去的国王最亲近的朋友和谋士们面对这次王位的易主都忧心忡忡;最受触动的是最高大法官,他作为法律的卫士曾在亲王游手好闲、无法无天的生活转型阶段不屈不挠地教训过他。他准备好了会发生一场真正的革命:"啊,上帝,我担心一切都会颠倒过来"。他的担心表现在脸上;当亨利询问他时,他给了一个挑衅性的回答:如果在这个国家法制能够通行,那么新国王就没有理由憎恨这个法律的卫士。没有!亨利怒气冲冲地喊道。但是他也表露出来,在他们两人之间有一连串侮辱性的回忆:

> 像我这样前途无量的王太子,岂能忘记
> 你给我的奇耻大辱?哼!英格兰王位的直接继承人
> 竟然会受到训斥、谴责,而且被粗暴地送进了监狱!
> 这事能轻易放过吗?
> 能用忘川之水把它洗掉忘掉吗?②
> 　　　　　　　　　　(《亨利四世》下篇第五幕第二场)

这个关于应不应该忘却的问题使得受到挑衅的法官再次采取进攻的姿态:王子早就忘记了法律的崇高和尊严,"陛下忘记我所处的地位,公然貌视法律的尊严和公道的力量"。在回忆和遗忘的定义之间发生了一次极端的身份认同的转变。这个过程可以明

---

① 哈拉尔德·魏因里希就此题目写过一本很形象、很有说服力的书:《忘川——遗忘的艺术和批评》。
② 威廉·莎士比亚:《亨利四世》下篇(*The Second Part of King Henry IV*, edited by A. R. Humphreys. *The Arden Edition of the Works of William Shakespeare*. London 1966),第 165 页;德文译本《莎士比亚戏剧集》(*König Heinrich der Vierte*, Zweiter Teil, *Shakespeares Dramatische Werke*. übersetzt von A. W. v. Schlegel und L. Tieck, hg. v. Hans Matter, Bd. 9, Basel 1979),第 363 页。

第三章 莎士比亚历史剧中的回忆之争

显分为三个阶段,在这三个阶段里父与子之间的关系作为一种隐喻每次都被重新定义。开始时,新的国王面对那些因为他父亲的死而伤心的人表现得像一个能够提供慰藉和帮助的父亲:"我会做好你们的兄长,也做好你们的父亲;只要你们爱我,我将为你们排难解纷。"在情节的中间,法官向他提出挑战,让他想象自己是一位父亲,有一个藐视国王尊严的儿子:"您此刻若是做了父亲,有了一个儿子……看到您自己受到他这样的鄙弃。"情节结尾时亨利把手递给法官并说道:"握手吧,我还年少无知,愿你做我的严父。"

　　当按照继承顺序的原则确认了继承王位的**合法性**(degalität)之后,新的统治者还需要证明他的**正当性**(degitimität),即他的个人尊严。这个证明要通过改造他的身份认同才能得到,在剧情中这表现为一次戏剧化的回忆之战。王子的回忆,他所遭受的侮辱,必须改造成为新的国王的回忆,这个国王要保护曾经对他实行过判决的法律。只有当国王自愿地从象征性的父亲屈尊变成儿子,从自主的统治者变成睿智建议的心甘情愿的接受者,他的正当性才会得到充分证实。借这次握手——一个在集权统治的时代让人惊讶的手势——权力向法律低下了头。到此为止还没什么问题。但是每一次身份认同的改造都需要付出代价。在剧情中表现为对他过去的伙伴的断然否认。经历了身份认同转变之后,新的国王不认识他的老朋友福斯塔夫了,他粗暴地将他赶走。他切断了和过去的回忆的联系,就像一个刚刚醒过来的人赶走了他的梦。

　　　　我不认识你这老头,跪下来祈祷吧;
　　　　你已经满头白发,却还是个傻瓜兼小丑,多不像话!
　　　　在梦里我曾长期看见这样一个人,
　　　　因为嘴馋,长得脑满肠肥,年迈衰老却还十分荒唐:

> 可是现在觉醒过来,我憎恶自己所作过的梦。①
>
> (《亨利四世》下篇第五幕第五场)

为了"身份认同工作"(埃里希·顺恩)而完成的记忆改造应该与机会主义的篡改记忆严格区分开来,理查三世所进行的就是篡改记忆。他用高超的技法导演着自己的情感,也用高超的技法使用着自己的回忆。特别让人印象深刻的是剧中的一个场景,他谋杀了寡妇的儿子,又要娶寡妇的女儿。这种无耻的想法被他解释成一种重修旧好、尽弃前嫌的行为。因此他虚伪地建议王后忘记过去,这样可以疗救伤痛:

> 好叫你把那些念念不忘、
> 认定是我一手造成的心头创痛,
> 淹没在你愤怒心灵的忘川之中。②
>
> (《理查三世》第四幕第四场)

她却反其道而行:她把他的血迹斑斑的罪行重又在记忆中唤醒。理查王尽力反抗着:"不要老调重弹了,夫人;事情已经过去了。"作为负有罪责的人,他强烈地希望能够摆脱过去,用未来交换过去:"想一想,我会成为一个什么样的人,而不是我曾是个什么样的人;不要想我做过的事情,而要想我将来的贡献。"对于伊丽莎白来说,遗忘却等于身份认同的消灭:"难道我要忘记自己吗?"理查王想要的正是这一点,好事后把她嘲弄为"浅薄多变的女人"。这一场景再一次证实了厌女症似的惯用主题,即女人是多变的和没有个性的。但是我们即将看到,即使像理查三世这样的人也无法轻易地摆脱他的回忆。鬼魂在最后一战的前夜潜入他

---

① 威廉·莎士比亚:《亨利四世》下篇,德文译本,第372页。
② 威廉·莎士比亚:《理查三世》,德文译本,第377页。

第三章　莎士比亚历史剧中的回忆之争

的睡梦中,我们可以把这些鬼魂看作是被压抑的记忆的回归,按照伊丽莎白的看法,这些鬼魂的出现是良心在提醒将死的罪人所要偿还的债务,好给他最后一次悔过和赎罪的机会。① 但是理查王却抵抗着回忆的最后一次进攻,他干脆把他的良心摘除了:"良心是胆小鬼的词语。"(《理查三世》第五幕第三场)

在这一点上,我想发表一下对于莎士比亚历史剧中女性的记忆的看法。② 作为男人爱恋的对象她们是多变的,就像被理查王弄得回心转意的寡妇。但是作为失去了丈夫和儿子的幸存者——她们的丈夫和儿子通常都遭遇惨死——她们却是苦难和罪责的人格化的记忆。除了圣女贞德之外,在莎士比亚的历史剧中没有一个女人在台上或者幕后因暴力而死。③ 她们把过去时代的悲伤和仇恨带到故事里新的当下;并因此成为一个不愿消失的过去的活生生的体现。在历史剧中,女人们扮演着"提醒者"的角色,就像在中古时期讨债人的称呼一样。④ 她们是"记忆的复仇女神",把罪责和恐怖的梦魇似的图像到处传播。引人注意的是,这样的角色在两个四部曲的第一部和最后一部剧中都出现过。在《理查二世》中被谋杀的托马斯·葛罗斯特的遗孀就是这样一个角色,她把没有清算的前事带入剧情之中并号召复仇。在《理查三世》中

---

① 关于良心作为反叛性回忆的最高仲裁机构,波利多尔·维吉尔写道:"良心……不在别的时候,而恰恰在我们生命的最后一刻想要给我们重现未抵偿的罪过的记忆,尤其要向我们展示要紧迫地抵偿这些罪过,这是一个很好的理由立刻追悔我们罪过的一生,否则我们会被迫心情沉重地死去。"转引自莉丽·B. 坎贝尔:《莎士比亚的历史剧:伊丽莎白政策的镜子》(Lily B. Campbell, *Shakespeare's Histories*: *Mirrors of Elizabethan Policy*, San Marino 1947),第 60 页以下。
② 对此问题的基本描述参见尼科尔·劳洛的《母亲们的忧伤:女性的激情和政治的规则》(Nicole Loraux, *Die Trauer der Mütter. Weibliche Leidenschaft und die Gesetze der Politik*, Frankfurt a. M. 1992)。其中也对莎士比亚的历史剧进行了讨论。
③ 唯一的例外是安妮夫人,年轻的爱德华亲王的寡妻,后嫁理查三世。
④ 彼得·伯克:《历史作为社会记忆》("Geschichte als soziales Gedächtnis"),见《谟涅摩叙涅》,第 289—304 页;此处第 302 页。

玛格莱特王后作为先前故事的化身进入剧情，在剧中她不再行动，而是承担了合唱队中评论者的角色。她是越积越多的罪责抵押的化身；她在第一幕和第四幕中的出现向我们明确展示了无法控制的回忆的危害性，这些回忆会带着被压抑的记忆的强力冲入剧情，表现为对毁灭的预言。玛格莱特相对其他女性来说不仅强调她的苦难的悠久来历，同时也是这些苦难的管理者；她不仅讲述，还清点这些苦难并把它们计算相加。她代表了报应的思想，代表了国内战争中复仇的回忆，这种回忆在灾难性的毁灭中正经历它们的伟大时刻。

第二节　回忆与历史

女人们的回忆给前进中的当下投下阴影，并像一块乌云一样伴随着它。男人们的报复的回忆也相似。它是推动国内战争灾难性的历史进程的发动机。国内战争的生命力——用最简短的话来说——来源于那些不能遗忘的人们。[①] 这种颠覆性的相反记忆的最有名望的承载者是老摩提默，他在临死之际把这一相反记忆遗交给他的外甥、约克家族的理查·普兰塔琪耐特（《亨利六世》上篇第二幕第五场）。这种相反记忆引起了很多历史上的反抗起义以及后来的玫瑰战争。

在他的系列历史剧的开头，莎士比亚就设置了一个场景，在这个场景中统治者无法成功地控制他的回忆。调解争执和建立和平的努力都失败了；回忆之战的蔓延无法得到阻止。在理查二世之

---

① 因此马基雅维利警告一个城市的占领者要警惕居民们的记忆，这些记忆不会轻易被占领："不管占领者做什么，或采取什么预防措施，居民们——只要他们不被分开、散落各地——永远不会忘记他们的自由以及他们旧时的回忆，哪怕有一点心理由就会蓄意重新找回这些东西。"引自《君主论》（*Der Fürst*, Stuttgart 1955），第19页。

第三章 莎士比亚历史剧中的回忆之争

后的其他统治者也都无法完成这个任务。理查二世对解决争端所开的药方既简单又无法实施。它是遗忘的命令式:"遗忘、宽恕、了结、和解。"(《理查二世》第一幕第一场)①如果遗忘能由最高权力机构发号施令来执行,那就不会再有阴谋、混乱和灾难——生活将回到一个没有历史的和谐状态。但我们看到的是,封建经典中对于回忆的戒条比封建主遗忘的命令更强大,这个戒条要求人们为了最后的荣誉而复仇。因此需要举行一场骑士决斗来让上帝做出判断。国王在决斗中放了他的堂弟波令勃洛克,并告诉他:"你若沙场喋血,我们可以把你哀悼,但是不能为你复仇,这是被禁止的。"(《理查二世》第一幕第三场)这之后只有一种形式的回忆是被允许的:那就是纪念死者的哀悼之情;那些保留了复仇的尖刺的回忆是被明文禁止的。纪念和怀恨在心是两种方向完全不同的记忆形式。如果历史变成了永恒不断的冤冤相报,那最重要的就是找到一个走出历史的出口。这只能通过限制和驯服那些有害的、让灾难不断发生的回忆才能实现。要想调解争端和建立和平,那就要让集体的回忆得到驯化和变形。

"遗忘、宽恕、了结、和解"——理查王徒劳地要求争执双方所做的事情,从本质上讲是一种国王的特权。在他的位置上,国王可以仿效万能的上帝成为历史的管理者。作为上帝在尘世的代言人,国王体现了在这个世界上愤怒或者温和这两种上帝的情绪,他可以通过强制执行遗忘,而扯断一根不断自我繁殖的暴力的链条。赦免是统治者消除政治罪责的这种可能性的称谓。这里面表达出来的"仁慈"(lenity)不是一种个人的、心理上的特点,而是一个公共—法律的行为。被罪责和报复所毒化的关系通过国王的遗忘命令被清理干净,使人可以走向一个新开端。可以说历史的起点又

---

① 威廉·莎士比亚:《理查二世》(*King Richard II*)。

被调到了零。但是赦免不能与失忆症混淆;失忆是一种无形的、无意识和没有了结的遗忘;赦免与之相反,是一种自愿的遗忘,一种自我确定和一种话语限制的形式,把某些内容从社会的循环中驱逐出去。① 通过赦免,罪责和报复之间毁坏性的联系被打断了;赦免是一个新的和平时期最重要的前提条件。②

当然还有问题没有解决,那就是接受命令的遗忘如何真正地实施。造反者通常都不会相信国王赦免的想法;他们害怕,在被毒化了的气氛中信任依然无法立足,怀疑和猜忌会让所有忠诚的表示都显得空洞无物。因此华斯特根本就不想向造反者传达国王的赦免:

> 这是完全不可能的,
> 不会有这种事。
> 国王爱我们时会信守诺言;
> 但他仍会怀疑我们。③
>
> (《亨利四世》上篇第五幕第二场)

---

① 对此约翰尼斯·格罗斯(Johannes Groß)的手记中的一段(新版第87页)很有启发,《时代周报》副刊中继续写道:"'绝不说起,永不忘记!'这是在德国很多人知晓并经常被引用的一句话,据称是1871年德国强占阿尔萨斯—洛林之后法国复仇主义者们的口号,是法文'Pensons-y toujours, n'en parlons jamais'(常常想起,决不提起)的德文版。实际上这是甘必大(Gambetta)1872年在尚贝里的讲话中提出的,着重点在后半句'n'en parlons jamais'。这个外交辞令给了克莱蒙梭(Clemenceau)以借口,在70年代末指责甘必大通过一个'微妙的对放弃的接受态度'为法国和德国的和解做准备。这句话只在德国很流行,在法国引语词典中几乎找不到。"

② 尼科尔·劳洛:《城邦中的遗忘》("L'oubli dans la cité"),载《反思时代》(*Le Temps de la Réflexion* 1 [1980]),文中描述了雅典城邦中的一项法律,按照这项法律,一个人如果在一个有法律效力的和解之后仍然旧事重提,就会受到惩罚。另参见劳洛《赦免和它的反对者》("De l'amnistie et de son contraire"),见《遗忘的使用》(*Usages de l'oubli*, Paris 1988),第24—26页。卢奇安·赫尔舍:《历史和遗忘》(Lucian Hölscher, "Geschichte und Vergessen"),载《历史杂志》(*Historische Zeitschrift*), Nr. 249 (1989),第1—17页。

③ 威廉·莎士比亚:《亨利四世》上篇,德文译本,第257页。

第三章　莎士比亚历史剧中的回忆之争

约克大主教倒是更有信心,他详细地阐述了赦免的原则,却没有想到,这次实施的赦免却是一个战争中使用的奸计:

> 不,不,大人,请注意这一点,国王
> 对这种吹毛求疵已经厌倦,
> 因为他发现用死亡去消除一个他的猜疑,
> 反而在继承人中产生两个更大的猜疑。
> 因此他只想把他的记事板擦拭干净,
> 不再记录能在他的新的记忆中
> 带来旧怨的东西。①
>
> (《亨利四世》下篇第四幕第一场)

莎士比亚还让我们注意到在实施赦免时的另外一种复杂情况。统治者只有在面对别人的罪责时才能显示宽容并实施赦免。如果事关他自己的罪责,那他只能指望更高一层的权力机构的宽恕和遗忘。这种情况就发生在理查二世身上,他号召人们遗忘和宽恕,但是没有奏效,因为他自己的罪责也掺杂其中。他拒绝在一次公开的自责中宣读自己的罪行清单,因为这将导致他被合法地推下王位。他自愿要来一面镜子,解读自己在镜中的形象,以此来代替公开的回忆强加于他的坦白仪式,他用戏剧化的表情和狡黠的吹毛求疵躲过了直面自己的尴尬和良心的问题。他的继任、篡位者波令勃洛克的身上同样留下了个人罪责的记号。他成了一个在回忆的乌云下生活的国王的化身。② 他的王位的基座就是他良

---

① 威廉·莎士比亚:《亨利四世》下篇,德文译本,第338页。
② 被良心折磨的人的典型特征是失眠。他无法入眠也就意味着他无法忘记:
　　哦,睡眠,神圣的睡眠!
　　你是大自然的养护者,我怎么吓着你了,
　　使你不愿把我的眼睛合上,
　　不愿让我的思想浸入遗忘之中?

(转下页)

心的罪责重负。但他不想轻易地放弃他的职权的这个基础,那他就只有赎罪。他计划进行一次十字军东征杀往耶路撒冷,以此作为他赎罪的仪式,并借此把国内战争的各个对立团体统一起来,让他们联合对付上天派来的外部的敌人,即那些非基督徒。十字军东征成了一种政治策略而不再是宗教教义的传播:它用把注意力转移到某个共同事业的手段,分散了大家对内部的不休争斗的注意力。用心理分析的术语来讲,它起到了一个掩饰性回忆(Deck-erinnerung)的作用。把注意力集中到上天安排的外部敌人的身上,可以有助于克服内部敌人的危险。① 这就是亨利四世在临终之际给他儿子传授的著名的政治理念:

> 因此,我的亨利,
> 你的办法是到国外去行动,
> 让那些心怀叵测的人们忙于境外的争执,
> 消磨掉他们对往日的回忆。
>
> (《亨利四世》下篇第四幕第五场)

亨利四世希望他能把忧心忡忡地戴在头上的王冠干干净净地传给他的儿子,因为儿子是合法的继承人而不是篡位者。他希望所有沾在这个王冠上的罪责都跟他一起埋进坟墓。

但是在莎士比亚的历史空间中没有个人的罪责;个人的罪责会引发一连串的起因和结果,最终超越个人的命运之上。因此儿

(接上页)
托马斯·莫里斯(Thomas Morus)把理查三世描绘成一个被失眠症和"暴风雨式的回忆"(stormy remembrance)折磨的统治者,参见《莫里斯英文著作》(*The English Works*, ed W. E. Campbell, London and New York 1927-1931),第一卷,第 433 页。

① 这种侵略性的对外政策的学说在不同的时代被重复过。卡莱尔在 19 世纪把内部冲突引到外部,使用的方法是把阶级对立的问题借助种族概念掩盖过去,使之中性化。按照他的观点,条顿种族(撒克逊人)是注定领导世界的阶层。

第三章　莎士比亚历史剧中的回忆之争

子必须随时做好准备,父亲的罪责会再次落到他的头上。儿子必须记住历史,因为他还肩负着别人的罪责,并且要在赎罪仪式上兼顾这些罪责。在阿金库尔战役前的祈祷中,亨利五世呼唤上帝,让上帝在这一历史性的时刻忘掉他的家族的罪责(而他自己却同时想到了这些罪过):

> 别在今天,啊,上帝,
> 别在今天想起我父亲
> 在谋朝篡位时所犯下的罪过!①
>
> (《亨利五世》第四幕第一场)

他继而尽述了他所做的赎罪仪式,来博取上帝善意的遗忘:他用所有应有的庄严和眼泪重新埋葬了理查二世,为他建立了两座祈祷堂,另外还为他的死后功德出钱,大方地给穷人施舍食物。

在我们探寻回忆与历史之间的关联时,《亨利五世》在另外一种方式上也值得注意。关于被刻入士兵身体的回忆,我们在身体作为回忆媒介那一章会详细地探讨。在这里我只想再深入研究一下这部剧开头的一个场景,这个场景展示了回忆是如何创造历史的。这部剧的开头就是神职人员在担心,教会的财产会被众所周知国库空虚的王室没收。为了摆脱这种命运,大主教和主教提醒想要进行扩张战争的国王萨利安法典的存在。他们和法律顾问、档案管理员及语文学家从人员关系来讲是同一条战线,也就是说,他们都是史料的权威管理者。从他们对文献的解释中将派生出政治诉求的合理性。正因为阅读这些史料的后果十分重大,因此应该超越一切造假的怀疑之上。在当时,历史研究是否能得到真实的结果并不像在史料批判的年代依赖于科学方法的检验,而是完

---

① 威廉·莎士比亚:《亨利五世》,德文译本,第69页。

全依赖于阐释者的良心。大主教在这个地方给国王上了一堂渊博的历史课,他讲到谱系学、疆土划分和继承顺序,这些都有了五百多年的历史。国王应该依据这些信息作出他当前政治方面的决定。比如进攻法国的意图是当下的一个扩张欲望,可以用对五百多年前发生的事件的回忆来作出解释。这里给我们展示的正是如尼采所说的,"生活需要历史"。① 这个场景还给我们展现了"历史原教旨主义"(Geschichtsfundamentalismus)的实践场景,也给我们形象地解释了汉斯·布鲁门贝格的话:传统不是由残留物,而是由证明物(Testaten)和遗留物(Legaten)组成的。②

历史原教旨主义和召唤过去神话中的引导形象一样具有一种类似合理化的功能。尼采在这种关联下提到过一种纪念碑式的过去,它和神话的虚构"根本没有区别"。"纪念碑式的历史,"尼采说,"通过类比来行骗:它们通过迷惑人的相似性来刺激勇敢的人做出尴尬的事情,刺激兴奋的人做出疯狂的事情。"亨利王被提醒他曾有光荣的先人在法国的土地上进行过成功的战斗。他被呼唤以爱德华三世和他的儿子黑太子爱德华为榜样,仿效他们的行为:"唤起对于这些逝去的勇士们的回忆吧,用您那强有力的臂膀重演他们的丰功伟绩。"(《亨利五世》第一幕第二场)③历史是生活的教科书,确切地说,历史是国王的教科书——历史是一本教科书,而国王是把它捧在手里的学生。学习在这种情况下意味着:从历史的学习资料中径直得出结论,奔向政治权力斗争的血腥战场。

---

① 弗里德里希·尼采:《历史的用途与滥用》,见《尼采全集》第一卷,第 258 页。
② 汉斯·布鲁门贝格:《世界的可读性》(Hans Blumenberg, *Die Lesbarkeit der Welt*, Frankfurt a. M.1981),第 375 页。
③ 威廉·莎士比亚:《亨利五世》,第 18 页。

第三章　莎士比亚历史剧中的回忆之争

第三节　回忆与民族

历史书写按照古希腊罗马人的理解主要是为了保存记忆。伊丽莎白时代的历史书写继承了从希罗多德到西塞罗的这种传统，并且把他们的著作看作是针对一个顽敌——遗忘——的斗争。① 历史和历史书写的联系在莎士比亚的年代里比起在历史科学的年代要紧密得多，尽管可能比不上在媒体时代的联系那么紧密。古代的声望女神是联系两者的纽带。对声望的追求使历史行为的信息进入口头的流传、被写入文学或者历史教科书。恺撒被看作是历史英雄的化身，他集诸权于一身，也为自己的声望做好了准备。同时代的人把莎士比亚的历史剧看作是国家的史诗，他们看重其中对"声誉"和"勇气"的描写，以及这些思想所起到的爱国主义教育的功能。② 他们完全表现了当时的时代特点，强调文学所起的教育示范作用，因为文学把超乎寻常的、让人模仿或起警示作用的榜样摆在人们眼前。由于后来这些戏剧的教育维度和宣传维度混杂在一起，因此我们今天对这个维度不再有什么兴趣也就不足为

---

① "遗忘"（Oblivion）在都铎王朝的宫廷史家爱德华·黑尔（Edward Halle）《两个高贵和杰出的家族的联合》（详见后文）那里得到的修饰语有："阴险的敌人""吮吸的大毒蛇""致命的投枪""毁灭者"（the ancard enemie, the suckyng serpent, the deadly darte, the defacer）。

② 参见托马斯·纳什：《皮尔斯·裴尼勒斯对魔鬼的请求》（Thomas Nashe, "Pierce Penilesse his Supplication to the Diuell"），摘自《纳什全集》第一卷（*Works*, ed. R. B. McKerrow），第212页以下。托马斯·海伍德：《为演员辩护》（Thomas Heywood, *An Apology for Actors*, London 1612, Scholars' Facsimiles & Reprints, New York 1941）。爱国主义回忆的精神当时很容易就跟政治宣传的精神融合在一起，政治宣传的目标是为了强调英国的霸权。出于这个原因，有关亨利王的剧作在英法战争期间重又兴盛起来，理查三世的一段煽动对法仇恨的演说（第五幕第三场，第328页以下）甚至获得了掌声，因为它传达了一种后来时代对异族的仇恨。参见A. C. 斯普雷格：《莎士比亚的历史剧》（A. C. Sprague, *Shakespeares Histories - Plays for the Stage*, London 1964），第3页。

奇了。但是自从像埃里克·霍布斯鲍姆这样的历史学家和像本尼迪克特·安德森这样的社会学家使用如"发明的传统"或"想象的共同体"这类概念以来，人们开始用一种新的眼光看待国家形成和历史回忆之间的关联。那这些老问题也就可以重新提起了。①这些研究对文化性的虚构感兴趣，但并不是要把它们当成造假来揭露，而是把它们当作对历史起作用的神话来看待。我在这里进行的也正是这样的研究。从这一角度出发，我们可以从五个方面来审视莎士比亚历史剧中的全新的历史概念。

第一，历史原教旨主义的终结。莎士比亚的时代和他的历史剧中所表现的时代隔着一条鸿沟。理查二世无法实现的争斗各派之间的和解，在一百年后亨利七世的时代终于实现了。都铎王朝走出了由回忆的冲动滋养的一连串灾难组成的历史。王朝把走入"后历史阶段"的这一步演绎成一个无历史的黄金时代的神话。都铎王朝是一个新的时代，应该发展一种新型的对待过去的关系。因此他们必须首先放弃过去那些运用历史记忆的方式。他们不可以再用历史原教旨主义的方法从泛黄的文献中单方面地援引他们的政治诉求。他们属于一种新的民族国家的秩序②，在这种秩序中旧的遗赠和证明都变得多余了，也就是变成了"历史"。从一个变成了"历史"的过去中是不能派生出政治诉求的。过去不再像以前一样可以直接转变成未来了。③

---

① 埃里克·霍布斯鲍姆，特伦斯·兰杰：《传统的发明》（Eric Hobsbawm, Terence Ranger, eds., *The Invention of Tradition*, Cambridge 1983），本尼迪克特·安德森：《想象的共同体》。
② 《亨利四世》中就已经指出了一种"世界公众舆论"的新语境（上篇第一场第三幕，第四场）。
③ 麦考利把法国和英国相比，法国通过革命从自己的历史中解放出来，英国则在新和旧之间没有一个相应的断裂。"在历史被看作装满证明的文件柜的地方，政府和人民的权利又都取决于这些证明，那造假的冲动几乎会变得不可抗拒。"转引自赖因哈特·科泽勒克：《过去的未来：历史时间的语义学》（*Vergangene Zukunft. Zur Semantik geschichtlicher Zeiten*, Frankfurt a. M. 1984）第61页。

第三章 莎士比亚历史剧中的回忆之争

第二,从封建记忆到民族国家记忆。新的民族国家必须与旧的回忆告别。这首先是指报应和声誉——旧的封建秩序中报复性的和赞美性的记忆。在这种秩序里,单个的人并不把自己看作个人,而是看作一个姓氏的承载者,一个链条中的一环。他从全体那里得到他的身份认同,也是全体的一部分。个人是转瞬即逝的,而家族留传的血脉和姓氏却是永生不死的。在这种道德的框架下,姓氏得到充分重视,应该避免它受到污损,它的荣誉和声望应该得到保证。在荣誉的标尺上,生命的价值和身体的完整性都排在清白的名声之下。为了家族的好名声而牺牲生命,这属于封建道德的基本要求。

封建道德用它们的记忆戒条遮蔽了民族国家的大的整体。因为它既不对作为个体的个别人也不对涵盖所有人的集体感兴趣。它保证的是有权势的贵族家族的身份认同,而这个社会阶层在近代早期向专制主义的领土国家过渡的过程中是必将被历史超越的。在英格兰,民族国家是在与专制主义的领土国家的共同进化中产生的。为一个超越阶级(但不消除阶级)的共同身份认同发挥新的基础作用的是爱国主义。民族国家的历史成为共同的出发点,代替了充满争端因而让人产生分歧的回忆。封建的记忆被民族国家的记忆所取代,历史也成为英国民众的集体的家族史。

与旧的回忆分手并不一定意味着要把它们遗忘。"遗忘、宽恕、了结、和解",如果按照时间顺序排列,这是莎士比亚历史剧在故事开场发出的口号。在结尾处却不是对立团体之间的宽恕和遗忘,而是民族国家共同的回忆,这些回忆被写进了都铎时代的新的历史著作中。在这些著作里,旧的回忆被继承并同时得到转型。史志编撰者黑尔在他关于国内战争的历史著作的献词里写道:"哪些贵族和哪些最古老出身的高贵人士,他们的家族历史没有因这种不自然的分割而受到玷污！"①莎士比亚在这个时代的历史著作旁边又加上了对这些材料的艺术加工。封建的记忆在他那里被引导进入了民族国家的记忆，封建的口号被提升成了民族的追求。个人在这种历史的视角中把自己理解为一个涵盖全体的身份认同的一部分。血缘关系的神圣化和通过出身来取得合法性的做法消失了，取而代之的是对一个共同的历史的认同；民族国家爱国主义的荣誉替代了封建姓氏的神圣。家族自豪感变成了民族自豪感。②

第三，历史回忆成为民族国家身份认同建立的手段。 由此人们对于历史的使用方式发生了根本的变化。历史书写的接受者和任务发起者，迄今为止，如我们所见都是国王，因为历史完全是由他们"创造"的。现在，民族国家与国王平起平坐，成为了历史新的主体，并由此成为历史的接受者和承载者。随着接受者的变化，历史记忆也完成了一次结构转变。它不再首先服务于对统治者的教育或者合法化，而是服务于集体的身份认同的建立。尼采把以建立身份认同为目的的使用历史的方式称为"怀古的"。意思是指一个人对先辈的崇敬之情，"他怀着忠诚和爱意向他所来的地方、他成为人的地方回望；……他的城镇的历史成为他自己的历史；他把那些城墙、那有塔楼的城门、市政府的规定、民间的节日都

---

① 爱德华·黑尔：《给国王的献词——两个高贵和杰出的家族的联合》（"Dedication to the King. The Union of the Two Noble and Illustre Families"），转引自莉丽·B.坎贝尔：《莎士比亚的历史剧：伊丽莎白政策的镜子》，第69页。
② 岑内克·施特里布雷尼（Zdenek Stribrny）正是在这种意义上阐释亨利五世这个人物身上体现的法国和英国的对立："法国和英国之间的全部对立，被展现为残存的封建秩序和在莎士比亚生活的时代正在建立的英国民族国家的冲突"（the whole conflict between France and England is presented as an encounter between the surviving feudal order and the English nation-state as it developed in Shakespeare's own time）。参见其文《亨利五世和历史》（"Henry V and History"），见《在一个变化的世界中的莎士比亚》（*Shakespeare in a Changing World: 12 Essays for the 400th Anniversary of His Birth*, hg. von Arnold Kettle, London, 1964）。

第三章　莎士比亚历史剧中的回忆之争

看作是他年轻时期一个画满插图的日记本,他在所有这些之中能够找回自己、他的力量、勤奋、渴望、判断、他的错误以及蠢事。"① 民族国家的形成和(怀古的)历史回忆紧密地联系在一起。参与这项工程的不仅有历史学家和古物研究者,还有诗人和剧作家;莎士比亚的历史剧——我们不能忘记这一点——最开始并不是对世界文学的贡献,而是对一个国家历史形成的贡献。在这里不应该混淆历史的与历史主义的;莎士比亚没有像后世上演时那样把历史中的过去加以强调,而是强调历史的当下性。这从中世纪以来就是很普遍的做法。所不一样的只是把历史剧的舞台从一个道德说教的场所变成了一个爱国主义教育的场所。柯尔律治认为莎士比亚的历史剧通篇充满了爱国主义回忆的精神(spirit of patriotic reminiscence),他正好说到了点子上。② 爱国主义回忆的精神这个关键词再次证实了莎士比亚的历史描写的接受者的转换。这些历史描写不再是对王子进行教育时的基础课程,也不再是关于兴衰荣辱的陶冶道德情操的课程;它的接受者既不是国王这一特殊群体,也不是普通的基督徒,而是英国这个民族国家,这个国家由此成为它的历史的回忆承载者。国家的统一在阿金库尔战场上把英格兰人、威尔士人、爱尔兰人和苏格兰人联合在一起,在剧场中则表现为不同的阶层和生活方式的整合。但是族群的和地区的、以及社会的差异并没有因此被抹平或者取消,而是被吸纳进了一个新的、共同的身份认同所提供的更具普遍性的框架中。国家的军队和国家的剧场都是服务于这种新的集体身份认同的机构。历史的回忆成为集体身份认同的源头,在这一前提下,历史回忆不再直

---

① 弗里德里希·尼采:《历史的用途与滥用》,见《尼采全集》第一卷,第265页。
② 塞缪尔·泰勒·柯尔律治:《莎士比亚批评》(Samuel Taylor Coleridge, *Shakespearean Criticism*, London 1967, ed. Raysor),第II卷,第143页。

接变为历史行动。① 回忆更多地代替了行动,回忆在某种程度上是把过去锁起来的那道门闩。因为有些东西,人们一旦学会了去回忆它,就不需要再去重复一遍。在剧院中,对历史的重现代替了历史那种恶性的重复强迫,复仇天使玛格莱特王后正是这种强迫的象征。

第四,历史的可回忆性。莎士比亚的这些戏剧至少在三个层面上可以看作是历史修养:作为历史课,作为历史阐释和作为历史的纪念碑化。所有的这些层面都与记忆有关。这些戏剧可以被看成是民间的**历史课**,不仅因为它们可以把谱系、统治者的顺序和战役等基本知识展现在观众眼前,而且可以真正地让人留下深刻印象。② **历史阐释**可以从莎士比亚对他的历史剧的总体布局中显现出来。单个的历史剧合在一起构成了一个给人留下深刻印象的形态,具有亚里士多德的寓言的特点,有开端、中段和结局。开端就是指英国国内战争的种子萌芽的地方。这个恶的起源就是理查二世的合法王位继承人被亨利·波令勃洛克推翻。中段是阿金库尔战役,是在一连串的罪责、阴谋和灾难之中的辉煌的顶点。结局是指都铎王朝的和谐超越了争端和国内战争,走出了灾难的历史并且进入一个黄金的和平王国。这样一个结尾使整个故事获得了意义,我们也可以把这个"意义"和"导向意义"等同。**历史的纪念碑化**是指这些戏剧把难以忘怀的人物和场景展示在人们的面前。激情澎湃的东西是令人难以忘怀的。纪念碑化就是指把事件进行美学的提炼和提升,使其成为对回忆起作用的画面。

---

① 因此,对公开交流的需要就会更强烈,这种需求是审查制度很难长期控制的。
② 在莎士比亚之前,纪事剧(Chronicle Plays)已经开始完成这一任务。这些剧展示从占领时期到当下的最重要的英国历史脉络,确实深入人心。我在这里使用了一个时间错误的概念"修养",这一概念其实在18世纪末才开始真正盛行起来。我使用这一概念的固定术语意义,即把它作为身份认同知识,有别于专业知识。在近代早期的民族领土国家中,史学在巩固民族身份认同的知识中起到了重要的柱石作用。

提到美学化,文艺学家们通常会把它跟非真实性和距离感的加大联系起来,这里的美学化却指把抽象的历史知识感性化。赋予美的形态是为了有助于回忆和记忆的形成而对其进行加深印象的改造。历史、文学和记忆在这里是一个联系紧密的同盟。我们在这里要提到两个后面还会更详细讨论的概念:莎士比亚参与创造了一些"能动意象"和"激情公式",正是这些能动意象和激情公式把历史写入民族国家的记忆。

第五,创造一个民族国家的神话。莎士比亚用他的历史剧使自己成为创建一个新的国家神话的合作生产者。他参与勾勒一个国家的身份认同,而众所周知,这一身份认同只有通过与外族划清界限才能更加轮廓清晰。曾位于对立的封建领主之间的界限现在在民族整合的过程中被向外推移。内部的冲突由此被外部的冲突所取代。这一观点在本章的结尾处还将用一个引人注目的细节来展现。这是有关国家声誉的问题。它是国家记忆指向未来的一面。人们把过去之中具有纪念性和神话性的引导形象唤起,为了给当下提供(用尼采的话说)"力量、勤奋、渴望、判断",用以激励当下的爱国主义行为,因为它们将被写入后世的记忆之中。把姓氏的完整性置于身体的完整性之上的封建道德转变成为一种爱国主义的道德意识,这种道德意识要求人们为集体而献出生命。① 这种牺牲所换取的将是个人在国家的集体记忆中的不死和永生。勇于牺牲和永生的承诺是联系在一起的。这种联系就是民族国家

---

① 我在此区分两种不同的民族主义,一种是世俗的,一种是神圣的。世俗的民族主义主要通过国家公民作为个人享有的保护和权利来定义自己;神圣的民族主义主要通过给共同体成员施加义务来定义自己。这些义务当然不应该被视为外部强加的劳役,而应该是一种内心的需要。神圣民族主义核心的公民义务是甘愿为祖国牺牲。为了达到这种心甘情愿的效果,成员必须服从一种深入人心的象征的教育,在接受这种教育的过程中,他们要把社会的安全保障与身体的不可侵犯等价值替换成牺牲这一"更高的"价值。只要把这一价值内化于心,个人才能成为一个神圣国家的完全意义上的公民。

的政治神学的核心内容。神圣民族主义不是18、19世纪的发明。欧里庇得斯,就如开头提到的,在他的《在奥里斯的伊菲革涅》中就已经对此加以描绘了。这出戏里展示了对于爱国主义的牺牲的正确态度是如何养成的。在第一个学习步骤里,这种要求的苦涩的荒诞和无意义得到了展现。这种以自我保存为目的的态度在第二个学习步骤中发生了转变,个人的死与民族国家的集体发生了联系。伊菲革涅学会了这一课,现在她可以把这堂课教给每一个士兵。内容就是:"我将有的不是坟墓,而是一座纪念碑!"

在《亨利五世》中,牺牲和国家记忆之间这种密不可分的关系在一个重要的情节里得到庄严的展现。在国王奔赴阿金库尔战场之前,也就是在战斗还未分胜负之时,他就已经说起,这即将到来的一天那永不磨灭的荣誉。国王预言,这一天将会把整个国家凝聚成一个独特的回忆共同体。那些勇敢的将士在回到家乡之后,在他们的有生之年每年都会热烈地庆祝这场战役的纪念日,展示他们的伤疤,讲述他们的事迹,并且宣扬阵亡战友的荣耀。而且这样的知识注定是要由父亲传给儿子的。战役的那一天,圣克里斯品的命名日,将会成为民族国家记忆的固着点。教会的圣人节日以这种方式与国家的圣人重叠在了一起:

> 从今天起直到世界末日,
> 克里斯品节这个日子永远不会在不经意中过去,
> 而在这个日子作战的我们也一定永远受到人们的纪念。①

(《亨利五世》第四幕第三场)

在莎士比亚的戏剧中,英国的记忆风格显出与法国的明显不

---

① 威廉·莎士比亚:《亨利五世》,德文译本,第74页。

第三章 莎士比亚历史剧中的回忆之争

同。就这个细节我们可以研究一下文化的身份认同与国家之间的差异形成的初始阶段。① 英国的记忆风格在莎士比亚那里表现为民间的自发性和家庭喜庆的特点。公共纪念的仪式是由相关者自发完成的。而法国人的国家纪念风格却完全不同。在法国,教会的一位圣人圣德尼也被一个民族英雄圣女贞德的名字覆盖了。但是赞颂英雄的人不是与她相关的人员,而是教会人士,牧师和修士们举行盛大的游行仪式。人们在圣女贞德死后为她造了一座金字塔;她的骨灰被装在一个宝贵的匣子里,在盛大的宗教节日游行中展示。② 用在这位法国圣女身上的罗马天主教式的奢华庆典,与英国人富有家庭气氛的纪念仪式形成鲜明的对比,英国人向他们的孩子展示他们的伤疤并讲述他们的经历,他们厌恶偶像崇拜,只把他们的纪念碑建立在充满爱国主义的心中。

以上我们将莎士比亚历史剧中回忆扮演着重要角色这一论点从不同的层面上进行了论证。同时我们也看到,回忆绝不是一种统一的力量。同样麻烦的是对它的评价,因为单个的回忆所起的作用只有在相应的行为关联中才能看清楚。但是首先我们清楚地看到,回忆总是片面的,具有引起冲突的潜力。回忆之争是对现实的阐释之争;这场战斗既可能使个人分裂,也可能使国内战争的不同派别产生分裂。

"被回忆的过去"并不等同于我们称之为"历史"的、关于过去的冷冰冰的知识。被回忆的过去永远掺杂着对身份认同的设计,对当下的阐释,以及对有效性的诉求(Geltungsansprüche)。因此关于回忆的问题也就深入到了政治动因和国家身份认同建立的核

---

① 莎士比亚通过亨利五世这一角色不仅设计了理想君王的形象,而且设计了英国的民族性格。勇敢、负责和虔敬属于传统的君主美德,俭朴、鄙视花言巧语、民众团结一心则是新的英国民族性格的特征。

② 威廉·莎士比亚:《亨利六世》上篇第一幕第六场,第19—29页。

心。我们面对的是一汪原液，从中可以塑造身份认同，创造历史和建立共同体。文化学的记忆研究摆脱了对于记忆术及记忆的技巧和能力的追问，发现了回忆作为行动和自我阐释的发动机的巨大能量。这一研究——用一个神奇的法语词来说——为一个"想象"（imaginaire）的历史做出贡献，然而我们已经清楚地看到，这种想象并不等同于虚构和造假，而是生产和发明，也就是说，等同于创造所有文化的那种建构工作。①

在莎士比亚的历史剧中我们碰到不同层面和不同复杂程度的回忆的问题。我们可以把这些层面划分为文本内部层面、语境层面和文本本身的层面。第一个，也就是"**文本内部的**"（intratextuelle）层面，是指角色的层面。这里是关于行动的动机，关于人的意图的能量来源以及人的视野的局限性。第二个层面，**语境**（kontextuelle）的层面也包括戏剧的接受者。这里关心的是历史如何转型成为一个民族的神话。在这一阶段上矛盾的回忆之间的斗争被超越，集体的回忆被指定为国家的公共财产。这样的回忆不再直接告诉它的接受者他们应该做什么，而是他们是谁。他们以集体的形式认识自己，这一集体是历史形成的，在他们穿越历史的过程中——因为每一条穿过历史的道路都是一条特殊的道路——获得了他们独有的特点。

这种把莎士比亚的历史剧看作国家神话的视角也让我们注意到文学对于社会生活所做出的贡献。这些历史剧的演出历史证实，它们很适合发挥政治作用。尽管莎士比亚之后的一代又在宗

---

① 本尼迪克特·安德森（《想象的共同体》，第15页）表达了与恩内斯特·盖尔纳的不同意见，"他太热切地想指出民族主义其实是伪装在假面具之下的，以至于他把发明（invention）等同于捏造（fabrication）和虚假（falsity），而不是想象（imagining）与创造（creating）。在此情形下，他暗示了有'真实'的共同体存在，而相较于民族，这些真实的共同体享有更优越的地位。事实上，比成员之间有着面对面接触的原始村落更大（或许连这种村落也包括在内）的一切共同体都是想象的。"

教引起的国内战争中再次分裂,他对民族国家的推动不再具有现实意义,他的戏剧在 19 世纪仍然经常被用于王国的宣传目的,但是这些都不能解释为什么莎士比亚的历史剧在被利用之后仍具有生命力,迄今为止仍在全世界被阅读和上演。它们不仅是国家文学,而且是——由此我要讲第三个,也就是**文本本身的**(textuell)层面——世界文学。莎士比亚不是作为历史学家而是作为戏剧家来编排这些历史材料的,他首先注意的是直接的舞台效果。因此他需要努力制造鲜明的对比,众多的紧张情节和叙事速度的变化,耸人听闻的场景和激情场面以及引人发笑的效果。除了对历史资料进行这种吸引观众的语言和视觉上的处理之外,还有另外一个维度:反思的层面,这一层面在剧中表现为人类学的观察和一种批判性怀疑的基本态度。即使记忆政治的效果都消耗掉了,即使没有人认为这种效果可以再次被重新激活,这些剧在文本层面上的戏剧化力量和人类学的思索仍会长期保持活力。莎士比亚的历史剧在今天既不告诉我们应该做什么,也不说我们是谁。但是它向我们展示了身份认同是如何建构的,这种身份认同的建立是与怎样高昂的代价相联系的——就像年轻的国王亨利五世身上发生的那样,要在很短的时间内改造他的记忆,不许再理会他年少时的伙伴。我们今天之所以还怀着好奇兴致盎然地阅读这些剧作,不是因为它给我们提供身份认同,而是因为它为我们形象地展示了这些身份认同是如何被生产和拆除的。

第四节　剧院里的后续表演

一个在莎士比亚取材于玫瑰战争的几部戏中扮演国王角色的演员曾经写过一篇关于他的剧场工作的值得思索的回忆文章。这位演员叫彼得·罗吉什,这篇献给导演彼得·帕里什的文章以一

段不完整和令人费解的诗开头:

> 渐渐地人们开始接受了,
> 只作为回忆而存在……那是什么时候?①

这是在一位演员的记忆中保留的一个回忆的碎片。他在1993年关于此事写道:

> 就这样——或者大致这样——国王亨利六世的最后的独白开始了。《玫瑰战争》。那是什么时候?我记得是1967/68年。那个场景发生在塔楼里。国王的王冠被拿了回来。他把王冠打到地上。我记得我手里拿的是一个很细的环,镀了铜,金光闪闪。国王思索着,静静地想着……关于权力和无能为力……独白接下来是什么?"影子的碎片":这个词出现过。还有"政治"这个词。我记得是这段独白的最后一个词。一个退位的场面——角色的结尾。那个"被篡了位的"国王。

这样——或者大致这样——一个演员回忆起一个早就模糊了的角色。为了把他称为"寻找独白"的那一段找全,罗吉什查了莎士比亚和他的译本,但是什么也没找到。他把所有可能的国王的独白都找出来,但是他回忆的片段放在哪儿也不合适。他向彼得·帕里什请教,但是帕里什也记不起具体的情况了。在搬到柏林之后他把许多文件都扔掉了。但是罗吉什继续寻找,终于把斯图加特演出的脚本《玫瑰战争》(第二部分)找了出来。在第52页上他找到了他寻找的独白:

---

① 彼得·罗吉什:《寻找独白——与彼得·帕里什的合作》(Peter Roggisch, "Der Suchmonolog. Arbeit mit Peter Palitzsch"),见《彼得·帕里什,剧院里的指挥》(Rainer Mennicken, Hg., *Peter Palitzsch, Regie im Theater*, Frankfurt a. M. 1993),第67—77页;此处第67页。

第三章　莎士比亚历史剧中的回忆之争

伦敦。塔钟。海因里希坐在床上——手执王冠：
渐渐地人们变得心平气和，
总有一天人会觉得只作为过去而存在，
是一种慈悲，"那是什么时候"，
一个国王的名字以及那稍纵即逝的回忆。"他叫什么？"
（他把王冠小心地戴在头上）
再感觉它吧，那轻轻的压力，
我早已把它忘记，还有所有的习惯，几乎所有的……
但是人不能摆脱这种压力，它硌着额头，
在薄薄的皮肤上压出一圈痕迹
影响着思维，一开始不知不觉
然后十分明显，然后还影响感觉、希望、行为，
影子的碎片沾染了心情……
——让我在安宁中生活，远离
血腥的历史——政治。①

　　这段独白从很多方面都值得注意。不仅因为它从一个演员的角度向我们展示了记忆一个角色的过程，展示了令人难以忘怀的诗句的力量，正是这诗句让演员不安并敦促他寻找；这段文字对于理解莎士比亚的回忆的概念也很有帮助。这段独白罗吉什在莎士比亚那里绝对不可能找到，因为莎士比亚不可能发明这段独白。这里出现的回忆与怀旧的关联在我们今天看来很是平常，却是浪漫派的一个发明。生活渐渐地变得苍白，成为回忆，现实渐渐变成了过去，这些体验都是在莎士比亚的剧中无法找到的。国王们在他们的独白中不会心甘情愿地接受只作为回忆而存在，因为回忆正是他们所期望得到的东西。"我们会被记住的"，亨利五世在阿

---

① 罗吉什：《寻找独白》，第 76—77 页。

金库尔战役前夜向与他并肩作战的将士保证,他当时想的肯定不是回顾性的而是前瞻性的回忆,是声望和荣誉的另一种说法。回忆在莎士比亚那里并没有感伤的色彩,因为它们总让人联想起在后世的记忆中继续生存,联想起世俗的长生不死。"'那是什么时候?'一个国王的名字以及那稍纵即逝的回忆。'他叫什么?'"当然名字是至关重要的,因为名字是赞美的、宣告永生的回忆的决定性的凝聚点。

在莎士比亚的剧中虽然没有忧郁怀旧的腔调,却有悲观的声音,使享用身后荣光的希望变得极度渺茫。比如哈姆雷特在墓地那一场中与掘墓人对话,对这种留名青史的可能性产生了根本性的怀疑,他冥思,不管是亚历山大大帝还是恺撒留下的都不过是一抔黄土。但是他最后仍是为自己"受损的名声感到忧虑",他请求朋友霍拉旭讲述自己的故事,并把它如实地留传给后世。在《暴风雨》中,魔鬼之岛的普罗斯帕罗在一个危急的情况下有一刻也产生了类似的极端想法。为了让年轻的恋人米兰达和弗迪南德得到消遣而举行的宫廷化妆剧结束时,他讲了以下的话:

> 我们的狂欢已经结束了;我们的这些演员,
> 我曾经告诉过你,原是一群精灵,
> 都已化成淡烟而消散了。
> 如同这段幻景的虚妄的构成一样,那些
> 入云的楼阁,瑰伟的宫殿,
> 庄严的厅堂,甚至地球自身,
> 以及地球上所有的一切,都将同样消散;
> 就像这一场幻景,
> 连一点烟云的影子都不曾留下。我们
> 都是梦中的人物,我们的一生

第三章 莎士比亚历史剧中的回忆之争

是在酣睡之中。①

(《暴风雨》第四幕第一场)

这里虽然提到褪色,但指的首先并不是回忆的褪色。它先是指艺术虚构的褪色,然后引申到生活的经历,即尘世现实的褪色。按照这种观点,尘世中的存在将毫无存留,所有的东西,整个世界都被宣判为稍纵即逝,并归于遗忘。

除了前瞻式的回忆和极端的遗忘之外,在莎士比亚的戏剧中还有一种回顾式的回忆形式,这种形式与讲述相似。比如《暴风雨》或者《冬天的童话》这些剧作中,人物在经历了苦难之后都会心怀慰藉地盼望着相互讲述自己的冒险经历和苦难故事。讲述是在冲突、分裂和异化之后所进行的战胜过去的努力以及共同的分享。只有那些度过最艰难时光的人,重新回到安全的、亲友相伴的环境中的人才能够回忆和讲述。理查二世是一个不能享用这种回顾的国王:作为被罢黜的国王他在伦敦塔中被人阴谋暗杀了。但正是他尤其渴望这种放松的时刻,在还应该行动的地方,他却更愿意讲述和回忆。他对讲述的渴望其实是对当下的一种逃避;因为他无法战胜当下,所以他想象着从当下逃离进入未来,在未来,所有的恐惧和困境都失去了现实性,都已被克服,"只剩下了回忆"。他用将来时讲述自己的故事,实际是提前运用了一个自己无法享用的视角。

> 为了上帝的缘故,让我们席地而坐,
> 来谈谈关于帝王之死的凄惨故事吧:
> 有的被废黜了,有的命丧沙场,
> 有的被他们废黜的幽灵缠死了,

---

① 威廉·莎士比亚:《暴风雨》(*The Tempest*),德文译本,第278页。

有的被他们的妻子毒害,有的在睡梦中被杀死了,
全都不得善终。①

(《理查二世》第三幕第二场,参见第五幕第一场)

所有这些要讲述的故事都和他自己的命运一样,有一个灾难性的结局;但在经历和讲述之间还是有根本性的区别。理查王通过躲进回忆和讲述的层面,避开了现实的直接压力,把他自己的生命虚构化。他与自己的存在不再共时,而是分裂成一个经历者和一个观察者;作为观察者他赶到了事件的前面,并像一个陌生人一样回顾已经结束的事件。

从莎士比亚的角度来讲,我们要从17世纪初等上两百多年,到19世纪初才能遇到产生彼得·罗吉什寻找独白的那种氛围。在下一章我们将提到英国诗人威廉·华兹华斯。如果说人和鲜活的经历终将"只剩下记忆"是华兹华斯经常的想法的话,那会确切得多。和后来的普鲁斯特一样,生活向记忆的转型,或曰质变,是华兹华斯最重要的主题;也像普鲁斯特一样,在华兹华斯那里,文学性的回忆获得了一种全新的意义,它可以起到稳定、更新生活,并为其辩解的作用。

---

① 威廉·莎士比亚:《理查二世》,德文译本,第50页。

第四章　华兹华斯与时间的伤口

> 每个人都是对他自己的回忆。
>
> ——华兹华斯:《序曲》

第一节　记忆与回忆

我们将在下面以英国诗人威廉·华兹华斯为例,研究回忆是如何从一种技艺转变为一种力量的。古希腊罗马记忆术在17、18世纪威望下降,导致了对**回忆**的发现。在英国,这一衰落的趋势从16世纪末就开始了。它与人文主义者对经院的思考方式以及表达模式的反对态度有关。比如莎士比亚,他把记忆比作陈年的、航海时用做干粮的饼干:精神越是干枯,记忆力就越是混乱。在他的剧作《皆大欢喜》里,杰奎斯曾如此嘲笑试金石:

> 一个傻瓜!一个傻瓜——我在森林里碰见一个傻瓜,
> ……
> 他的头脑,就像航海回来
> 剩下的饼干残渣,干巴巴的
> 其中的每个角落里却塞满了
> 人生经验,他都用杂乱的话儿

随口说了来。①

(第二幕第七场)

实际上,在 16 世纪,记忆的改造就已经全面开始了。伊拉斯谟提出一种新的教育理念,提倡重新激活、改写、重新阐释等原则,这种理念的思路与僵化的背诵复制(rote recall)分道扬镳。② "声音的记忆"(memoria verborum)首先被"实体的记忆"(memoria rerum)所取代,随后在一个以文字为基础的科学文化中失去了其核心的地位。在印刷术时代,对于记忆的批判主要是针对记忆的不必要的过度负载。人们在寻找知识的一种新的经济和秩序,清理工作在大规模地进行。医生和神学家托马斯·布劳恩爵士曾经说过,知识是通过忘却而不是通过回忆产生的。③

约翰·本德和戴维·威尔伯雷在一篇有指导意义的文章中对在文学里有时被笼统称为"雄辩术的没落"的现象进行了进一步

---

① 威廉·莎士比亚:《皆大欢喜》,摘自《莎士比亚全集》(*As You like it*, edited by Agnes Latham. *The Arden Edition of the Works of William Shakespeare*, London 1975, 48-50; dt.: *Wie es Euch gefällt. Shakespeares Werke*, Englisch und Deutsch, Tempel Studienausgabe, übersetzt von A. W. v. *Schlegel und L.* Tieck, hg. v. L. L. Schücking, Berlin und Darmstadt 1970, Bd. 6, 252)。莎士比亚的另一个对记忆进行批判的例子是《爱的徒劳》(*Love's Labour's Lost*)中(受拉伯雷启发的)拉丁语塾师霍罗福尼斯(第四幕第二场)。参见 H. 魏因里希:《记忆文化——文化记忆》,载《墨丘利》,第 567—582 页;另见魏因里希:《忘川——遗忘的艺术和批评》,第 58—70 页。作者记述了"记忆的文化重要性"(kulturelle Relevanz des Gedächtnisses)的丧失,但也指出,在体液医学的语境中,思想给人的联想是干燥,记忆是湿润。在这种条件下,干瘪的记忆应该是一种特别差的记忆。

② 参见托马斯·格雷那:《特洛伊之光:文艺复兴诗学中的模仿与发现》(Thomas M. Greene. *The Light in Troy. Imitation and Discovery in Renaissance Poetry*, New Haven 1982),第 31 页。接下来的一次对记忆批评的较大推动是在 1775 年左右在赫尔德的学校改革的框架下。

③ 托·布劳恩爵士:《选集》,第 227 页。

第四章 华兹华斯与时间的伤口

的研究。① 他们列出了对于文化的**去雄辩术化**产生影响的五个方面②：

——真理客观性的理想，这导致了理性的学术化和普适化；

——与之相辅相成的是主体的地位提高，在法律上表现为作者身份的出现，在文学上是对原创性的重视；

——自由主义的政治和经济，以及它所强调的内化的、抽象的、不可见的交流；

——识字率的提高和印刷文化以及它们带来的"公共空间的结构变迁"；以及

——民族国家的稳定为各不相同的文化身份认同提供了框架。③

事后来看，雄辩术就像一个巨大的框子，把各种不同的东西聚拢在一起。随着这个框子的破裂，开始了区分的浪潮，这对现代性从其根源上产生了影响。雄辩术曾经保证了真实、强烈情感和风格的统一，三者相辅相成，缺一不可。与之相反的理想是追求一个

---

① 参见荣格尔：《记忆与回忆》，第141页。在这部著作中荣格尔想为回忆打造一种哲学上的尊严，因此反对既可怕又枯燥的、只为"记忆术"服务的文字。1885年，法国的大学正式取消了雄辩术课程。关于雄辩术的漫长的、潜在的后历史，见克劳斯·多克霍恩的《雄辩术的力量和影响：关于前现代思想史的四篇文章》(Klaus Dockhorn, *Macht und Wirkung der Rhetorik. Vier Aufsätze zur Ideengeschichte der Vormoderne*, Respublica literaria 2, Bad Homburg, Berlin, Zürich 1968)，作者很有说服力地纠正了雄辩术突然终结的观点。

② J. 本德尔，D. E. 威尔伯雷编：《雄辩术的终结：历史、理论与实践》(J. Bender, D. E. Wellbery, Hgg., *The Ends of Rhetoric. History, Theory, Practice*, Stanford 1990)，第3—39页；此处尤其参见第22页以下。

③ M. 弗尔曼：《雄辩术与公开讲话——论18世纪末雄辩术的衰落》(M. Fuhrmann, *Rhetorik und öffentliche Rede. Über die Ursachen des Verfalls der Rhetorik im ausgehenden 18. Jahrhundert*, Konstanzer Universitätsreden 147, Konstanz 1983)。弗尔曼认为只有最后一点很重要："对于雄辩术课程的消失，唯一可信的解释就是整个欧洲精神生活的民族化，这是欧洲古典教育体制从非基督教的古希腊罗马到基督教中世纪的过渡过程中所经历的最深刻的变化。"(第18页)

不受人和语言影响的中立的真理,这一理想使建立一种普适的理性成为可能,这一工作在新兴的学科如科学、法学和哲学里都有所反映。除此之外,雄辩术还曾保证客观性与主观性的统一,但从启蒙运动以来两者分离,进入了不同的话语体系。在新的区分过程中,雄辩术总被批判为一种讨厌的混合形式:在应该客观对待的时候,它太主观,在应该表达自己的主观性的时候,它又太置身事外和客观。实际上,雄辩术保证了在传统的连续性上古典和现代的统一。随着两者之间出现裂痕,时间变得可见了,变成了一个越来越深的深渊,与其相应的是历史意识以及时间导致的异化的出现。

回忆以及与之相关的价值和实践的复杂的结构转变是在大范围的话语实践的框架内实现的。① "记忆"的概念由此也与"传统"和"雄辩术"等概念联系起来;"回忆"则与"主体性"和"文字"靠得越来越近。记忆与回忆之间的对立这一主题在华兹华斯的一首名为《回忆》的小诗中得到表现。

> 一支用来记录的鹅毛笔,
> 一把用来打开隐藏的抽屉的钥匙,
> 这些比喻性的物件,
> 诗人合情合理地把它们归到回忆的名下。
>
> 但同样地,人们也可以给回忆

---

① 关于记忆的结构变化见 O. G. 奥克斯勒的文章。见 K. 施密特:《建立共同体的记忆》,第 99 页。随着 18 世纪的终结,回忆也被"从形而上的关联中解脱出来,失去了形而上的地位,被划归个人和历史。回忆仍然要完成在思考中证实个人完整性、历史的完整性的任务,但它已经不再拥有任何与实体的现实的关联。"尤其重要的还有对 J. G. 德罗伊森的援引,他不再把历史定义为"事件的总和"和"所有事物的过程",而是"对发生过的事情的知识",也就是回忆。

第四章　华兹华斯与时间的伤口

手中塞上一支画笔，
它可以把这儿或那儿的轮廓修改，
效果甚至超过内心的愿望；

它可以减轻过去的痛苦，
把一个积怨留下的沟痕抚平，
可以重新描画早已逝去的幸福，
使它的颜色比从前更加鲜艳；

但它也可以作为幻想的工具，
放大那些鬼魂，
唤醒在寂寞的角落里
守候的良心。

哦！但愿我们稍纵即逝的生命，
会是那么纯洁，
所有过去的图景
都不会害怕这支画笔的笔端！

在生命将暮之时我们可以安静地任时光流逝，
目视着宁静的风景，
任岁月满意和高兴地走向
为它指定的安息之处；

我们的心平静得像一汪睡梦中的湖水，
在冰冷的月光下闪烁；
或者像山中溪流，穿过平坦的、幽深的峡谷，

>倾听它已经远去的波声。①

这首诗可以分为三个部分,每一部分都与记忆的一种形式有关。

记忆(Memoria)(第一段)——这里提到了记忆的传统标志——鹅毛笔和钥匙。鹅毛笔可以把话语固定下来,它是书写技术的转喻,可以给话语转瞬即逝的声音提供一个长期的物质支持。钥匙则代表了空间和仓库,人和物可以在空间和仓库里得到安全的保护和保存。通过文字加以固定和在锁闭的空间里珍藏起来,这些都对应了书写板和仓库这些雄辩术中传统的、常规的记忆比喻。

这种回忆的形式很典型的特点是对记录和储藏的安全性不加质疑。一旦被记下来或存放好,就可以长久储存并且可靠地重新取回。作为"**术**"的记忆正是以文字的这种固定能力以及存储经济的安全保障为模型;它把人的记忆以某种方式加以整理、训练和细化,使之——与文字相似——成为存储话语、思想、图像和想象的大而可靠的仓库。时间在这一回忆模型中被排除在外;一旦被存进仓库,就会永久地保留下去,不会遭到任何改变。

回想(Recollection)(第二、三、四段)——"鹅毛笔"(pen)和"画笔"(pencil)之间看似微小的差别却体现了传统的记忆与浪漫派的回忆之间的对立。"pen"字面意思是羽毛和鹅毛管,是表示书写工具的一个中性词。"pencil"的意思却是毛笔、画笔。一个小小的音节就让我们从文字的领域走到了绘画的领域。画笔可以渲染情景,通过明暗来表现突出。在塞缪尔·约翰逊的词典里(1799年第8版)所引用的例证都突出了画笔的幻想能力。② 画笔不是用来做记录的,它营造气氛。

---

① 威廉·华兹华斯:《诗歌》第四卷,第101页以下。
② 塞缪尔·约翰逊的《英语大词典》引用了德莱顿的一句诗作为例证:"画笔轻轻地一触就可以把微笑复原到/那张曾经哭泣,已经变化的脸上。"(Pencils can by one slight touch restore / Smiles to that changed face, that wept before.)

第四章　华兹华斯与时间的伤口

回忆的力量取代了记忆所具备的记录和储藏的技巧,它以很大的自由度对现存的记忆材料进行加工。在华兹华斯那里,它的任务是最广义的美化和治疗:变得苍白的被重新染色,已经失去的被重新建立,痛苦的得到缓解。这些伤口虽然没有通过回忆得到治愈,但是痛苦减轻了。当然,这种具有可塑性的力量和回忆的一种棘手的自有能量相伴相生;在第四段中把这种回忆的不可控制的来源之地称为良心。良心,而不是意识,是埋在隐蔽的、不可到达之处的弹簧,控制着记忆的运动。在所有美化的、使人平静的回忆魔法下面,良心可怕的力量在发挥作用,这种力量会像猛兽一样突然从藏身之地蹿出来,放出成群的魔鬼。回忆从一个被恐惧占领的中心涌现出来,它们隐秘的发动机是一个不可消除的罪责。

冥忆(Anamnesis)(第五、六、七段)——回忆的画笔被看不见的手挥动着;罪责和良心是能够挥动它的最高审判机构。以"哦!"为开头的第五段标志着一个转折。讲述者看到回忆为他展示的现象;记忆和良心将没有安宁的时刻,每一次回顾都有悔恨,在生命的终点也不能如释重负;讲述者由此离开了回忆的现实,转向不以罪责为底色的理想的回忆图景。遗忘和损失,但尤其是罪责和良心推动着个人化的回忆,促使它进行美化或者压抑。这种不纯净的破碎的回忆的对立面是纯净的、直接的回忆这种理想形式。它的核心隐喻是镜面般光滑的水面以及上游和下游不间断地"交流的"山涧,以及它那清晰的回音。安宁、满足、喜悦和纯净是一个去个人化的回忆的条件,但是这种回忆只有在非现实世界里,作为一个与现实相反的愿景显现。

记忆、回想、冥忆——在下文我们将随着华兹华斯,在记忆的这三种形式之间的应力场行动。记忆没落了,构成了随着启蒙而上升的主观回忆的背景(洛克)。在浪漫派时期回忆的问题加剧了,因为这一问题向着主观性和可支配性(作为可操控的回想)以及无主体性与不可支配性(作为神秘的冥忆)两种截然相反的方向发展。回想和主观的回忆、创造性、文学想象和自我建构相联系。冥忆则是一种反回忆的形式,它超越了能动的自我建构的模式。

第二节　回忆与身份认同

约翰·洛克和大卫·休谟

随着记忆文化的没落,个人回忆的文化重要性越来越高。连续性从一种既定的规则变成了一项任务,这个任务要在个人的生活历程的框架中来完成。洛克的态度标志了回忆与身份认同关系之中的一个转折点。洛克之前通常是用谱系来建构身份认同。当下只有从一个久远的先前历史的角度才变得具体并获得意义。洛克作为现代市民社会的哲学家,把身份认同的概念和个人的一生联系在一起。以谱系为依据的家庭的、团体的、王朝的或国家的身份认同被完全以个人生活历程为框架的个人身份认同所取代。由此洛克与清教的自传传统联系起来,这一自传传统把回忆、自我审视和文字当作最重要的工具。这些工具也成了市民社会主体生成的基本手段。

近代的主体从本质上来说是观察者。[①] 成为观察者的人会把

[①] "我们必须考虑一个人何以为人,我认为人是一个思考的、智慧的存在,有理性,会思考,能够思考自己作为自己,在不同的时间和地点都是同一个思考的东西,他所做的一切都是在有意识的情况下,而这个意识是和思考分不开的。在我看来,最根本的在于,人不可能领悟,如果他没有领悟他正在领悟的话。"(洛克,《随笔》第二卷[Locke, *Essay*, II],第9页)。参见查尔斯·泰勒:《自我的来源——现代身份认同的产生》(Charles Taylor, *Sources of the Self. The Making of the Modern Identity*, Cambridge 1989),第143—176页。

第四章　华兹华斯与时间的伤口

他周围的世界以及自己都客体化。观察暗含着距离和去身体化。这种规训的成果是认知的肯定性和理性的控制。就像在科学中物质的世界被客体化一样,在自我观察中个人的生平也被客体化。笛卡儿"我思故我在"的特点是无时间性。这位观察者走出了时间之河。忘却时间是哲学家传统的特点之一。在时间不扮演重要角色的地方,回忆也就没有机会成为大家的话题。① 那个抛弃了这些哲学前提,认为主体主要是由回忆来决定的人是约翰·洛克。在他的《论人类的理解力》第二卷第十章和第二十七章中,可以找到他关于人类存在的时间性和回忆的统合力量的表述。这里值得描述一下他的见解,因为它们是构成浪漫派关于通过回忆建立身份认同的思路的基础。②

洛克属于抛弃了记忆术传统的回忆理论家。对他来说,回忆不是克服遗忘这一自然倾向的技巧。他同意奥古斯丁的观点,即回忆和遗忘并不是对立的。被回忆的也会被遗忘。遗忘是回忆不可取消的一个方面;在回忆之上总是沾着遗忘的痕迹。③ "尽管如此,我们所有的想法仍在不停地消失,即使那些被最深地锲刻到最好的记性里的东西……我们青年时的想法就像我们的孩子一样经常先我们而去;我们的思想就像一座坟墓,我们走上前去看到墓石

---

① 这种独特的对时间和回忆的忘却仍然是哲学描述的特点。查尔斯·泰勒(见前注)对历史跨入近代之时自我的产生进行了全面的描述,他借助的概念是"思想""意识""理性的霸权"或"极端的灵活性";"回忆"在他的术语中没有发现。他并没有认识到回忆在近代关于自我的思考中所扮演的重要角色。泰勒只在一个注解中草草地提到回忆的问题,而且只是强调了洛克的观点之荒诞。第543页,注17。
② 关于一般性的人的身份认同问题以及对洛克的专门评述,参见《人的身份认同》(Amélie Oksenberg Rorty, Hg., *The Identities of Persons*, Berkeley, Los-Angeles, London 1976),尤其重要的是第4, 11, 67页以下, 139页以下,并附有进一步的文献。
③ 按照霍布斯的观点,回忆和想象之上都沾染着腐烂的气息。他在这个关联中的用词是"腐朽的感觉"。关于从英国启蒙时期到浪漫时期对想象的思考史,参见沃尔夫冈·伊泽尔的《虚构与想象——文学人类学的视角》(Wolfgang Iser, *Das Fiktive und das Imaginäre. Perspektiven literarischer Anthropologie*, Frankfurt a. M. 1991),第296页以下。

和大理石还保存着,铭文却被时间消磨了,图画也被风雨冲蚀了。"①

记忆对洛克来说不是一个密封的容器,无法保证它的内容不会腐烂。回忆和遗忘相互交融,表现为一种悄然发生的损坏,一种感官体验和想象在时间之内的不断死亡。记忆不是对抗时间的碉堡,它是时间最灵敏的传感器,或者用洛克的话说:是我们身内携带的坟墓。

时间的伤口需要治疗:回忆、连续性和身份认同成了一项紧迫的任务。怎么样能超越时间和遗忘的鸿沟来保存人作为一个理性存在本身?"造成困难的是这样一个事实,即意识总是被遗忘的状态所中断。因为我们在生活中的任何时刻都不可能同时看到我们过去所有的行为。……如前所述,在所有这种情况下,在我们的意识被打断的情况下,我们是看不到我们过去的自我的,这时就会产生一个怀疑,我们是不是还是同一个思考着的东西,也就是说是不是还是同一个本质。"②

只要能思考就是笛卡儿式的主体;只有能回忆才是洛克式的主体。自我并不具有客观的延伸和毫无疑问的连续性。但是它可

---

① "There seems to be a constant decay of all our ideas, even those which are struck deepest and in minds the most retentive…Thus the ideas as well as children of our youth often die before us; and our minds represent to us those tombs to which we are approaching: where, though the brass and marble remain, yet the inscriptions are effaced by time and the imagery moulders away." 约翰·洛克:《随笔》第二卷第十章第 5 段;《论人类的理解力》("An Essay Concerning Human Understanding." Vol.1, ed. by John W. Yolton, London 1964;德文译本:"Versuch über den menschlichen Verstand." Bd.1, übersetzt v. C. Winkler, 4., durchges. Aufl., Hamburg 1981),第 170 页。

② "That which seems to make the difficulty is this: that this consciousness being interrupted always by forgetfulness, there being no moment of our lives wherein we have the whole train of all our past actions before our eyes in one view…I say, in all these cases, our consciousness being interrupted, and we losing sight of our past selves, doubts are raised whether we are the same thinking thing, i.e. the same substance, or no." 洛克:《随笔》第二卷第十七章第 10 段。

第四章　华兹华斯与时间的伤口

以从某个当下点出发,作为后顾的或前瞻的意识来延展自己。借助于意识可以获得生命的过去阶段,并把它整合到自我之中。被洛克称为"意识"的东西,实际上是记忆的一种功能;是在时间之内的整合力,是自我控制、自我组织和自我建构的机构:

> 意识总是可以延展的,而且可以延展到过去的时代,它可以把同一个人在时间上相去甚远的存在和行为联合在一起。这个目前正在思考着的人的意识所能联合的东西,正是组成这个人的成分,并且和它一起而不是和别的什么构成这个自我。它把那个人的所有行为都当作它自己的,并且承认它们是它自己的行为,只要在那个意识所及的范围之内,但也不会超出这一范围。①

洛克的意图在于建立一个与市民社会的形式可以对接的新的人的概念。也就是把人建构成为无条件平等的法律主体,以及有社会责任能力和道德责任感的决策者。洛克不但在他的政治著作中从理性、工作和财产等概念生发出了个人的概念,也从意识、自省和回忆的角度哲学地论证了个人。我们可以用哈拉尔德·魏因里希的一个很漂亮的说法来称呼这一特殊的贡献,魏因里希把它称为"记忆的桥梁作用"。在这一作用中,柯尔律治看到了回忆的核心意义:"没有比把我们当下的意识和我们的过去联系起来的规则更重要的规则了,也没有一个规则能比它产生更大的道德上和逻辑上的影响力,几乎所有有害的错误都是由于分裂两者造成

---

① "Consciousness, as far as ever it can be extended, should it be to ages past, unites existences and actions very remote in time into the same person…That with which the consciousness of this present thinking thing can join itself makes the same person and is one self with it, and with nothing else, and so attributes to itself and owns all the actions of that thing as its own, as far as that consciousness reaches, and no further." 洛克:《随笔》第二卷第十七章第16、17段。

的……"不仅在教育中如此,在社会的结构中也是如此。① 洛克的近代主体的生成是包含时间,并含有回忆的;自我的建构是一个持续地、有生产性地对过去的经验和未来的可能性进行自我整合的结果。

洛克关于记忆能起到桥梁作用的观点并非无人反对。对于休谟来说,这种作用简直是一种不能允许的神秘化。因为休谟把"身份认同"定义为一个不变和不断的统一体,因此他只能拒绝关于角色化的身份认同的观点。有一点他跟洛克意见一致,就是认为个人并不是固定的类型或者是性格,而是随着时间变化的本性。他们的本性是完全可能改变的,并且没有连续性,因此在他们身上根本不能使用像"身份认同"这种形而上的统一的公式。洛克谈到身份认同的地方,休谟讲的是"虚构",这些虚构是为了掩饰状态的可变性。② 因为只要更进一步地研究这些状态,对休谟来说,那被误以为是身份认同的东西就会分崩离析:"它们不过是一束或者一堆不同的感觉,彼此以不可想象的速度连在一起,并且处于

---

① 引文出自未完成的《逻辑史》(Alice D. Snyder, *Coleridge on Logic and Learning. With Selections from the Unpublished Manuscripts*, New Haven 1929, 60)。与洛克同时代的 G. W. 莱布尼茨指出了记忆的桥梁作用。对此参见奥克斯勒的文章,见 K. 施密特:《建立共同体的记忆》,第 99 页:"在他的《再论人类的理解力》中 G. W. 莱布尼茨……把回忆定义为一种把每一个单独的存在与整个宇宙联系起来的力量,这种力量使每个当下都孕育着未来,背负着过去,并把个人建构成一个自身一致的存在。"

② 洛克区分三种一致性:**实体在物质上的一致性**(*materielle Identität der Substanz*)——该一致性基于一堆同样的微粒;**灵魂在器官上的一致性**(*organische Identität der Seele*)——一个有持续性的组织在物质实体的变化中维持一致性;**自我的个人的一致性**(*persönliche Identität des Selbst*)——人的意识在非物质实体的变化中维持一致性。休谟把这三种一致性称为"虚构":"由此我们虚构我们的感官感受的持续存在,消除了中断;陷入灵魂、自我、实体等观点中,隐瞒了变化"。大卫·休谟:《论人类的天性》(David Hume, *A Treatise of Human Nature* [1739], hg. v. A. A. Selby-Bigge, Oxford 1960),第 254 页。

不停的变化和运动之中。"①

能够更好地描述这种情况的概念不是身份认同而是多样性（Diversität）。对于怀疑论者休谟来说个人不过是一个印象、感知和思想迅速变化的展示场。他把精神的弥散的力量放在记忆的整合力量的对立面。他为此描述的著名画面是剧场："思想是一种剧场，不同的感觉一个接一个地登台下场，并且在无尽的位置和秩序的多样性之中混合在一起。"②

休谟在关于回忆和身份认同的论战中持有这种极端的观点是有其原因的。休谟把自己看作是哲学界的牛顿，因此也认为自己发现了思想的单元以及引力规则。这些单元应称为"印象和观点"；它们的体系和顺序应该符合相似性、相邻性和因果关系的原则。在这样一个模型中是没有地方增添一个所谓身份认同的附加的组织原则的。休谟假定的联想规则的完全有效性将会遭到洛克假定的记忆的桥梁作用的质疑。③ 谁如果认真地去研究回忆对于个人身份认同的证明功能的话，那按照休谟的观点，他不会找到人的完整性，相反，只会找到碎片性："比如说谁能告诉我，他在1715年1月1号，在1719年3月11号和在1733年8月3号的思想和行为？如果他把这些天里发生的事情完全忘记了的话，他会因此

---

① "They are nothing but a bundle or collection of different perceptions, which succeed each other with an inconceivable rapidity, and are in a perpetual flux and movement." 休谟：《论人类的天性》，第252页。这一段里所有引言的德文翻译均参照苔奥尔多·李卜斯的译本（*Ein Traktat über die menschliche Natur*. Buch I-III, deutsch von Theodor Lipps, zweite Auflage, Hamburg 1973），第327页。
② 德文同上，第327页。"The mind is a kind of theatre, where several perceptions successively make their appearance; pass, re-pass, glide away, and mingle in an infinite variety of postures and situations."（第253页）
③ 休谟并没有赋予记忆特殊的功能，而是更多地把它归于思想的基本规则之下。因果链条的联想规则在个人回忆的范围之外和之内都基本同样可靠地发挥作用。

认为,他现在的自我和那些日子里的自我不再是同一个人了吗?"①

休谟把洛克创建的个人身份认同的概念实实在在地"解构"了。对于浪漫派来说,这种对于身份认同问题的建构以及解构的方法都扮演着重要的角色。

威廉·华兹华斯

就像我们在关于声望的那一节里证实的那样,在有文字和没有文字的社会中,诗人和历史学家都曾经是文化记忆的喉舌。他们的任务从荷马开始到品达和维吉尔,到克里蒂安·德·特洛雷和斯宾塞,都是让公众的以及后来私人的名字和行为获得永恒,让它们摆脱被遗忘的命运,在回忆之中安家。在华兹华斯的时代,文学和历史的作用得到了清楚的划分。诗人从此开始分得了历史学家的文化记忆的任务,把那些不能进入历史书、又值得记忆的事件据为己任。对华兹华斯来说它们主要是那些日常乡间生活的名字和事件,他赋予了这些事件记忆的荣誉:

> 因为我虽记着许多名字,然而,
> 似乎不能以十分的自信选出
> 一组人物,将他们从凄寂的放逐中
> 召回,让他们长久占据现代人的
> 心间,或定居在未来人的心田。

---

① 德文同上,第 339 页。"For how few of our past actions are there, of which we have any memory? Who can tell me, for instance, what were his thoughts and actions on the first of January 1715, the 11th of March 1719, and the 3rd of August 1733? Or will he affirm, because he has entirely forgot the incidents of these days, that the present self is not the same person with the self of that time?"(第 262 页)

第四章 华兹华斯与时间的伤口

(《序曲》第一卷,第 172—176 行)①

"时间、地点和风俗"是华兹华斯要安置在人类记忆里的东西,但首先是他自己经历过的生活。自传和回忆录自古有之,从来都是出于宗教或者其他个人的原因来书写的,但是它们从来没有享用过华兹华斯颇为自信地选择的史诗这种高贵的形式。个人的回忆的集合代替了具有普遍意义的故事(比如《圣经》故事或者民族传奇)。这种史无前例的题材方面的创新不仅仅表现在这部作品没有题目这一点上。《序曲》是作者死后被贴上的标签;华兹华斯自己起的标题是:没有标题的诗,华兹华斯献给柯尔律治。关于题目的说明是:"关于我自己思想的一首长诗"。在这首史诗中,灵感的源泉、事物和叙述者的声音混合在一起。史诗这一文体中总含有英雄的成分。对于华兹华斯的这个项目来说,其中英雄的成分是实现自律地用文学来建构自我,实现极端的个人创世史的意愿。

华兹华斯把个人身份的建立作为他的史诗创作的目标。对他来说,回忆成为最重要的媒介。回忆对华兹华斯来说首先意味着**反思性**,在时间的河流中的自我观察,回望自己,自我的分裂,化身双重的自我。就像在清教徒的自传中一样,自我分裂成了一个回忆的和一个被回忆的自我。两者有质的不同——这里不是由于道德上的改宗,而是由于时间的关系。因为人们如果不在自我之中感受到一种距离的话,就无法把过去的事情唤回:

> 毕竟有广阔的
> 空间隔开现时的我与过去的
> 日子,只让它们实在(self-presence)于我的
> 内心,因此,回味往事时,我常常

---

① 威廉·华兹华斯:《序曲》;德文译本:赫尔曼·费舍尔:《序曲或一个诗人的成长》(Hermann Fischer, *Präludium oder das Reifen eines Dichters*, Stuttgart 1974),第 36 页。

自觉有两种意识，意识到我自己，

意识到另一种生命。

（《序曲》第二卷，第28—33行）①

对自我的可变性的体验是作为痛苦、作为时间的伤口被感知的。感官经验主义的哲学使回忆表现为一种原初经验的苍白的、弱化的形式。过去曾经活生生的、令人印象深刻、历历在目的东西随着时间会变得简化，就像彼得·帕里什在莎士比亚剧中添加的独白那样，"只作为回忆而存在"：

想到那些

永远消逝的喜悦，我感到伤悲；

想到那些书籍，那些人们

熟知的诗歌，或重新阅读曾屡次

让我神魂颠倒的章节，我会

难过得流下眼泪，因为，如今

在我眼中，它们再无生命，

像散场后的剧院，空寂而漆黑。

（《序曲》第五卷，第568—575行）②

我们离休谟的思想剧院不远了：图像和想象的不断的序列不允许出现真正的再次取回，这种损失的体验是没有记忆术的灵药可医的。回忆取得了一种完全不同的品质；它们在印刷术的时代越来越少地指向知识的可召回性，越来越多地指向情感的可重复性。文字本身随时可用，书页可以翻开再次被阅读，地点可以再去参观一次，但是曾经与它们相联系的那些情感却不能因此自动地重新闪现。

---

① 德文译本，第54页。
② 德文译本，第132页。

回忆是原初经验的一个微弱的反光,没有路能够回到那里。

因此,浪漫派的回忆不是回忆的再造,而是它的替代物。它是盘绕在一个已经变得明显的缺口上面的暗示性的枝蔓,一个文学想象的补充。回忆是过去的可靠的复制,这种幻想华兹华斯不能苟同。他并不敢在复制和向后的投射中作出区分:

> 关于诸如此类的点评,我无法
> 说清哪些是如初如实的回想,
> 哪些是经过日后的思考才被
> 渐渐唤醒的意识。
>
> (《序曲》第三卷,第 645—648 行)①

回忆丧失了真实性,却会得到建构性的补偿。这一点我们马上就会谈到。经验和身份认同这两个在生活中相去甚远的东西,应该通过文学被焊接在一起。华兹华斯对此使用的图像是链条和彩虹。自我在不同的年龄阶段和意识的不同状态中能保持一种持续性、整合性和统一性,这种愿景在华兹华斯那里采取了一种祈愿语气的非现实形式:

> 我希望,我的日子
> 能够通过自然的虔诚连接在一起。②

第三节 回想:回忆与想象

回忆与文学从来都是密不可分的。托马辛·冯·策克莱尔,

---

① 德文译本,第 92 页。
② 威廉·华兹华斯:《当我注视时我的心雀跃起来》("My heart leaps up when I behold"),《诗歌》第一卷,第 226 页。

一个写作宫廷生活各方面指南的作家在他的作品《威尔士客人》(1215)中把回忆和想象写成了一对姐妹,它们分别体现了记忆的不同角度。想象是一种感性的力量,它具有生动的感知,走在回忆之前,并且在事后取回回忆时跑来相助。记忆体现的是纯粹的存储力量;它被比喻为一个小店主,懂得经营,并且能够随意地支配它的存货。① 诗人是记忆和想象力这个组合的专家。他们把过去的英雄事迹描绘得"仿佛它们就在眼前",听众听到这些冒险传奇,"如同历历在目",就如 13 世纪的另一个文本中所说的那样。②文学把(集体的)回忆当做被改造了的当下来排演,它仿佛挥动魔法棒一样把(共同的)过去取回到当下之中。

---

① 对想象的描述是:
　　她们把思想
　　与物体的形象联系在一起,
　　即使是那些久已不见的物体。
　　这里借助的力量
　　被称为记忆。
　　她的工作与
　　她的姐妹的工作相似。
　　因为这两位,
　　记忆与想象,是一对姐妹。
　　想象交给她的姐妹的
　　是眼前的东西。
　　记忆保存的
　　是她的姐妹曾经捡起的。
《威尔士客人》(Der Welsche Gast),第 8805 行以下,转引自 H. 文采尔《宫庭诗中的记忆与谟涅摩叙涅》("Memoria und Mnemosyne in der höfischen Poetik"),见《谟涅摩叙涅》,第 65 页以下。关于在古典雄辩术中记忆与想象的区别参见 K. 多克霍恩《雄辩术的力量和影响:关于前现代思想史的四篇文章》,第 102 页以下。多克霍恩也援引了霍布斯。感官主义者霍布斯认为感官印象的展现和它作为头脑中印象的再现是有区别的。"因此想象不过是腐朽的感觉……如果我们能够表达这种腐朽,感觉渐渐消失、老旧、过时,那它就该被称作回忆。因此想象和回忆还是同一个东西,不同的考虑时有不同的名称。"休谟也把回忆和想象这两种"感官印象的衰败形式"重新加以区别。想象标志着纯粹理念的最后阶段,而回忆则牢牢地保留着"相当程度的最初的鲜活"。《试论》第一章第一节第三段(Treatise, I, 1, 3),第 8 页。
② 参见 H. 文采尔的文章,见《谟涅摩叙涅》,第 66 页。

第四章　华兹华斯与时间的伤口

在华兹华斯的浪漫史诗中,回忆扮演着缪斯的角色。但是华兹华斯与像普鲁斯特这样的作家有所不同,那就是他在文学的回忆行为中仍然保持着自主性。他的缪斯不允许偶然的想法、不由自主的刺激、偶发的连接拥有(几乎)任何一点权力。它是一种受控的文学写作方法,其中回忆和想象被交织在一起。

华兹华斯的回想与当时流行的人工存储体系的三阶段模式有着明显的不同,尽管还有其他的模式也很流行,但是这种模式在记忆心理学中仍然扮演着一定的角色。①

——第一阶段(导入[take in])——是感官的知觉;它要进入回忆必须满足以下条件:或者它是激烈和高强度的,或者是经常重复和常见的。

——第二阶段(存储[storage])——被取消了时间的回忆存放在记忆的仓库里。

——第三阶段(取出[retrieval])——唤回和再现;感官的知觉重新回来,作为一个重新被感知的回忆。

在华兹华斯的三阶段模型中占据第一位的同样是感知阶段,并且是作为"强烈感情的突发的满溢"。② 在这里我们完全融入那包容一切的此时此刻之中,这种状态被荷尔德林称为"喜乐的忘我",对华兹华斯来说是与无语相联系的。他尤其认为儿童们体现着这种状态。这个阶段在于回忆的动作开始之前,原则上从来不会被它赶上。

在第二阶段中出现了时间和语言。这个创造性的过程是从回

---

① 参见阿兰·巴德雷:《回忆与遗忘的心理学》(Alan Baddeley, "The Psychology of Remembering and Forgetting"),见《回忆:历史、文化和思想》(Thomas Butler, Hg., *Memory. History, Culture and the Mind*, Oxford 1989),第 51 页。
② 威廉·华兹华斯:《抒情歌谣》(*Lyrical Ballads*)第二版序,摘自《诗歌》第二卷,第 384—404 页;此处第 400 页。

顾、回望开始的:"它的源头是一个从休眠状态被唤回的回忆。"①这里并不是把东西简单地取回,而是要重新制造某些新的东西。一种新的感情从原初的感知和加于其上的回忆组成的合成物中产生出来。就像感知是当时产生感情的原因那样,感情现在成了诗歌产生的原因。在文学和生活之间再没有比这更直接的道路了。因为诗歌不是由感知所作,而是由记忆组成。

在第三阶段,一种新的感情在回忆的基础上产生了:"感知被长时间地观察,直到出现了一种反应,在这个反应中平静渐渐地消失,渐渐产生一种新的感知,这种感知是存在于精神之中的,与第一个感知相似,也就是之前作为观察对象的那个。"②在已经消逝的第一个此刻的位置上出现了一个被创造的"次生的此刻"(sekundäre Gegenwart)。生活作为第一阶段,诗人无法再获取,诗人的材料是回忆,它们的活力和新鲜,相比原初的感知来说,肯定是丧失了一些,但是它们在诗人冥想的过程中会被有意识地重新加工并且被新的情感占据。③

华兹华斯的三阶段模式与记忆作为存储器模式的观念分道扬镳。它离开了对于记录、保存和取回的想象,而是把不可挽回的损失以及补偿性的新创造作为出发点。这种回忆模式的特点是"事后性"(Nachträglichkeit)。弗洛伊德创造了这个概念,因为他发现,感知只有在回忆的行为中,也就是说,有时候会在几年甚至几

---

① 华兹华斯:《序》,第 400 页。
② 华兹华斯:《序》,第 400 页以下。
③ 在与柯尔律治一起创作的《抒情歌谣》(1798)的序言中,诗人的特点被描述成具有自我刺激的能力。这里还写道,对外部的刺激,诗人"习惯于在没有找到它们的地方自己去创造"。诗人"还有一种气质,比别人更容易被不在眼前的事物所感动,仿佛这些事物都在他的面前似的;他有一种能力,能从自己心中唤起热情"(华兹华斯:《序》,第 393 页)。K. 多克霍恩指出此处与席勒的建议的相似之处:"诗人应该把情感变成我们可以感受的,他可以依据温和、遥远的记忆作出诗来,但绝不会在当前强烈情感的控制之下写作。"(第 101 页)

第四章　华兹华斯与时间的伤口

十年之后才能够得到解释。回忆不是重新制造过程中被动的反应,而是一个新的感知的生产性的行为。因此弗洛伊德把回忆痕迹的激活称为改写(Umschriften)。回忆和理解两者都具有事后性。"原文"的消逝在弗洛伊德那里引出了改写,在华兹华斯那里引出了回想那具有想象力的情景。① 诗人的想象力补充着生活不断撤除的部分,即此时此刻。

不稳定性、损失和后知后觉(Nachzeitigkeit)对华兹华斯来说是人性的条件(conditio humana)的特点。自然是具有神性并且不会消逝的,而人造物却从根本上受到损毁和不可弥补的损失的威胁。在《序曲》第五卷开头他表述了这样的思想,大自然在一次灾难之后像被神奇的手重新建立起来,而对人来说却没有类似的自行更新的希望。人是一种取决于传统的存在;他创造的、思考的、创作的东西都受到遗忘的威胁。华兹华斯满怀忧郁地想象,一个人失去了文化和记忆,却被诅咒独自存活下来。在文化的荒芜这种现代性的忧郁之中,他又以引用莎士比亚第六十四首十四行诗的形式加入了古代的忧郁:

> 只要我们仍将是
> 泥土的孩子,会为自己拥有
> 这些作品而热泪盈眶,因为也可能
> 失去它们,而自己继续活着——
> 凄凉,沮丧,孤独,没有慰藉。
>
> 　　　　　(《序曲》第五卷,第24—28行)②

---

① 参见雅克·德里达:《书写与差异》(Jacques Derrida, *Die Schrift und die Differenz*, Frankfurt a. M. 1976),第 323 页;那不显现的文本是"由档案组成的,档案本来就是改写。……一切都从复制开始。从来如此,就像一个感觉留下痕迹,这个感觉从不出现在当前,它的重要显现总是滞后的,在事后另行重构。"

② 德文译本,第 114 页。

第四节　冥忆:神秘的返照

浪漫派的回忆是自相矛盾的:它们既是造成时间之伤的武器,又是治疗这个伤口的良药。借助于回想,事后补充性的回忆,这个伤口可以减缓疼痛,但是不能治愈。治愈的力量来自于回忆的另外一种形式,这种形式被涤清了时间的痕迹,以及想象的主观和主动的特点。这种形式的回忆,我想称之"冥忆",是回忆的他者。它是被动的、接受的、神秘的,人们可以说:这是一种"阴性"的力量,是回忆的"阳性"力量的反面。

冥忆不接受主动的使用;它的"永恒时刻"来临的时候全然不受控制、出人意料,它会在由回忆有意识地编织成的身份认同的织物上撕出洞来。神秘体验的无端闯入打断了文学自我建构的连续不断的文本。在《丁登寺》中,这种过渡的时刻是这样描写的:

> 当那些欢乐的被祝福的气氛降临,
> 在这种气氛中感觉温柔地引导着我们
> 直到我们身体的呼吸
> 几乎停止,我们的身体安睡,
> 完全变成了一个活着的灵魂,
> 这时我们用一只安静的眼睛,
> 直面物质的生活,这只眼睛已经在
> 强大的、和谐的深深的幸福感中得到了满足。

(第 41—49 行)

这只被变得安静的眼睛不再发出目光,它成了一扇闸门,进去的不是能看到的、而是那些只能感悟的东西。被变得安静的眼睛

第四章 华兹华斯与时间的伤口

或者如镜面般光滑的湖面都是神秘的灵魂状态的改写。这种灵魂状态按照下列阶段的顺序发展出来：

——克服重力，失去清醒的意识，过渡到一种漂浮的状态，

——放松，灵魂扩张到极致，

——一动不动，像孵卵似的安静和完全静止下来，

——人与自然的接触，神性下降到灵魂之中。

在序曲中还有另外两个例子：

> 啊，
> 就在这一时刻，平静而凝止的
> 湖水变得沉重，而我快意地
> 承受它无声的重压；天空也从未
> 像现在这样美妙，它沉入我心中，
> 像梦幻一般迷住我的魂魄！
>
> （《序曲》第二卷，第 176—180 行）①

第二个例子为一个少年立起了一座纪念碑，他在大自然中长到十二岁就死去了。他可以惟妙惟肖地模仿猫头鹰的叫声，使得这些鸟跟他玩起回声的游戏。当有一次在期盼的静谧中游戏中断的时间变长，下面的事情发生了：

> 有时，回应的
> 只有那凝滞的空寂，似嘲笑他的
> 技巧，而当他在迟疑中聆听，那湍泻的
> 山溪常引起轻轻的惶悚，将水声

---

① 德文译本，第 59 页。另参见《序曲》第三卷，第 135—138 行。保罗·德·曼提到过这些段落中的几处，他把它们看作是意识"处于一种无尽的、不稳定的悬置状态"的两难境地的证明，这是一种随时可能倒向无意识的状态；用他的话说叫"坠入死亡"（德·曼：《浪漫主义的修辞》[de Man, *The Rhetoric of Romanticism*, New York 1984]，第 54 页）。

> 遥遥地载入他内心的幽坳;眼前的
> 景色也在不觉中移入他的
> 心灵,带着所有庄严的形象——
> 山岩、森林,还有在湖水恬适的
> 怀抱中不断变幻天姿的云霄。
>
> (《序曲》第五卷,第 406—413 行)①

这样的事情是灵光显现(Schechinah)的时刻,是神性进驻人类灵魂的时刻。这是纯粹的此刻,在这种时刻里时间的伤口得到疗治。这时感知的印象,比起那些注定要进入回忆的事后性中的所有东西都更加深刻、更加直接。灵光显现使华兹华斯联想到孩童,孩子们是大自然的公民权的所有者。在他们身上,诗人看到他自己的他者:那失去的、更加原初的冥忆,使得主观性突然超越了自己的界限。他在孩子们身上看到的东西,他的文学技巧只是其替代品,因为文学技巧不能直接写入灵魂,而只能写到纸上。

时间之伤是没落形态的浪漫派的版本。大自然特有的形式是永恒,时间之伤正是这永恒形式中的废料。堕入时间意味着异化。在每种异化理论里都包含有一种整体的疗救的愿景。灵知(Gnosis)把这种理论的神话描绘成遗忘和回忆之间的戏剧。两种背道而驰的回忆相互斗争着:一种是去个人化的、拥有神性的,另一种

---

① 值得质疑的是,这些经验如何用第三人称来传达。诗人是怎么知道这些的?事实上这些诗句有一个更早的版本,属于《序曲》最早的阶段,是用第一人称写的。把这种经验移植到一个孩子身上,这种做法十分引人注目。关于这个孩子我们所知的只有在他的意识发展出独立的判断之前,他就夭折了。极端的冥忆属于孩子,这种能力既不能发展又不能保存。诗人自然是经历了"温德米尔的少年"的死亡。冥忆仅仅是间接地,通过回溯,通过对少年墓碑的冥想通达到诗人。参见杰弗瑞·哈特曼:《1787—1814 年间华兹华斯的诗作》(Geoffrey Hartman, *Wordsworth's Poetry 1787-1814*, New Haven, London 1971),第 19—22 页。

第四章 华兹华斯与时间的伤口

是个人化的,是人在尘世经历的一生中必须要拥有的。第二种回忆是对第一种的忘却;神性的回忆被俗世获得的回忆蒙蔽了,甚至被排挤出去。灵知意味的不是别的,而是第一种回忆的再造,是对它变得苍白的痕迹的再次发现。

在近代的门槛上,灵知的思想显得不合时宜。它们质疑现代性的事业。洛克竭尽全力,来反驳诸如冥忆或再生的学说,因为这种思想会阻挠市民人格的巩固。个性与身份认同、独特性和责任能力成为对人来说不可或缺的社会和政治方面的要求。任何朝向去个人化的对自我的软化都会暗中损坏近代关于身份认同的概念。

两到三代人之后,洛克为之奋斗的原则变成了社会现实。但是它们在此期间也暴露了它们作为"占有个人主义"的消极的一面。洛克设计的社会露出了自私自利者的社会的面目。在这样的条件下产生了新的问题:对自私的驯化、个人之间的社会关联力、对异化和隔绝的形而上的超越。① 华兹华斯尝试着用他的"习惯"(habits)理论来超越社会性的孤独状态②,用他的冥忆理论来克服形而上的孤独状态。

启蒙给人作为自我、作为主体划定了轮廓,这些轮廓在浪漫派那里又被部分地消解了。当近代的理性概念导致了自我的形成,

110

---

① 比如爱情,这个概念在洛克那里最多在"欲望"之下提到,并归于享受和痛苦等个人感受之中,但这个概念却成了浪漫派普遍使用的魔力词汇,尤其是《序曲》中的核心概念。它是社会现实中糟糕状况的对立面,代表了它们乌托邦式的,也可以说宗教式的反面图像。
② "习惯"的理论就像冥忆的理论一样,目的在于关闭回忆,制造连续性和共时性。华兹华斯在童年时代无时不在眼前的大自然(那景象凭借实在的轮廓留在脑海中,每天都历历在目),恰恰没有变成回忆,而成为他的自我的恒常的、本质的一部分("成为我日常的亲密伙伴,一些无形的链环将它们全部的轮廓以及所有千变万化的色调与我的情感紧密相连")。摘自《序曲》第一卷,第637—640行。

在浪漫派时期重新获得活力的灵魂的概念①却导向了一种人性中神性的、跨个人（transindividuell）的核心，导向了一个**非自我**（Nicht-Selbst）。洛克从经验主义出发把人设计成自我，目的在于，把人作为一种社会存在定位于一个迅速现代化的世界中。华兹华斯从灵性的愿景出发把人看作灵魂，其目的正好相反，是要把人与他的神性的、跨个人的源头联系起来。洛克把自己看作是近代的知识奠基人，华兹华斯却认为自己是逝去的智慧的先知。通往逝去的智慧之路就是冥忆，这一点我们已经作为回想的反面了解过了。洛克使心灵走向白板（Tabula rasa）的路，被华兹华斯又从相反的方向走了回来。感官经验主义不承认先入之见，认为经验是知识可靠的基础，而华兹华斯却建立了一个与之相对的冥忆理论，并在他著名的《不朽颂歌》里为其建立了一座文学纪念碑。② 华兹华斯的颂歌导演了一出回忆和遗忘的灵知戏剧。他把其运用到个人的一生之中，儿童是睿智、接近自然和充满神性的，成年人相反，他们拥有知识，被社会化，却是"堕落"的。那与神性相联系的细细的纽带在人成长的过程中被不可避免地扯断了，由此赋予了已经失去的状态一种健康的（神圣的）光环。

对人有效的，对语言同样有效。洛克在他的《随笔》第三卷中展示了，所有知识的基础主要建立在语言之中。华兹华斯和浪漫派却从人的语言望向自然的语言；他们揭示了社会的传统中形而

---

① 这个灵魂概念在古希腊语中是 pagan，来自神秘的、令人费解的新柏拉图主义传统，在佛罗伦萨学院的新柏拉图主义中得到复兴，并辐射到英国（剑桥的柏拉图主义者），华兹华斯正是从那儿接受了这一传承。参见阿莱达·阿斯曼：《"成为我们曾经的样子"——关于童年这一观念的历史的几点想法》（"'Werden was wir waren'. Anmerkungen zur Geschichte der Kindheitsidee"），载《古典与西方》（Antike und Abendland 29），1978。
② 作为华兹华斯童年神话的反面参照，参见洛克《随笔》第二卷第一章第六节："他认真地思考一个儿童的状态，在刚刚来到这个世界上的时候，没有理由认为这个儿童身上储存着大量的思想，会成为他未来的知识的内容。"

第四章 华兹华斯与时间的伤口

上的条件。神性的显现,使人成为神性的见证人,被华兹华斯和他同时代的人称为"微妙"(sublim)。大自然在这些特殊的时刻想要呈现的信息,更多与神学有关而不是与自然科学有关。大自然成了文字,神圣的文字,这些文字宣告着最初的和最后的事物。阿尔卑斯山对于华兹华斯以及他同时代的人来说①:

> 是那伟大《启示录》中的
> 文字,是永恒来世的象征与符号,
> 属于最初、最后、中间、永远。
>
> (《序曲》第六卷,第570—572行)

对于冥忆的想象以及"微妙"这个概念之间有一点是共同的:它们标志了这个世界和另外一个世界之间的跨界。在两种情况下都属于超验的体验,"尘世的重负"被甩掉了,意识被超越了,自我的轮廓瓦解了。在冥忆的时刻里,大幕拉开,投向尘世人生之渊薮的目光一览无余:

> 我们的命运——我们生命的
> 心房与归宿——在于无极,别无
> 他方
>
> (《序曲》第六卷,第538—539行)②

我们曾经设想,超越个人的记忆越是苍白,回忆的新的形式就越是活跃。在洛克那里已经能够找到那种对于个人记忆的普遍的尊重,因为个人记忆被看作是人格建构的监督机构。在这条路上浪漫派又向前走出了一大步。他们在惊人地加速发展的历史阶段里再次深刻体验了人类生命的时间性和转瞬即逝。就像在莎士比

---

① 德文译本,第162页。
② 德文译本,第161页。

亚的历史剧中一样,在华兹华斯的诗歌中回忆也扮演着主要角色,不管是作为把有意义的瞬间变成永恒的表达方式,还是作为建构自我的手段。华兹华斯认识到,个人是由回忆的材料借助想象的力量自我创造的,并在文学中加以表现。"每个人都是对他自己的回忆"(《序曲》1805年版,第三卷,第189行),他把这种信念作为自己艺术实践的原则:"我是个游客,讲述的却是自己的故事。"(《序曲》1805年版,第三卷,第196行及以下)《序曲》是一个自传式的(英雄的)自我成长史。它不再从清教徒式的良心自省来寻找推动力,而是从想象的诗意的力量当中汲取力量。诗歌《记忆》当然提醒人们,一些隐藏的罪责的残留也能够推动文学的记忆工作。

回想型的回忆得到想象的帮助,处于时间的影响之中。它们的特点是微弱的印象、苍白的痕迹和不断损失的危险。没有哪种记忆术的策略能够抵御时间的这种侵蚀,但是想象力的策略却有这种本领。那些既不能保存、又不能重新产生的感情在事后性的条件下能够被重新创造出来,并且穿上补偿性的第二次生命力的外衣。

迷醉中产生的冥忆使得积极的、阳性的想象中消极的背面显露出来。在这一点上,自我成长史这一英雄的、野心勃勃的工程骤然转向,成为自我丧失和自我放弃。主观意识封闭的视域被打开来,与另外一个世界、另外一个自我的接触点变得清晰可见。浪漫派的自我在这个更大的自我之中消解了,这个更大的自我是一个去个人化了的心灵。回想和冥忆,自我和心灵并不相互排斥,而是互为条件,这一点华兹华斯的例子就能够证明。完全可以认为,浪漫派的这种辩证法占尽了另外一种辩证法的先机,也就是关于随意的和不随意的回忆的辩证法,这一点我们后面还会谈到。

第五章　记忆的箱子

> 性情中人在生活中和阅读时都只有少数几个经得住考验的朋友。
> ——赫尔德:《关于促进人性的通信》

过去视域在某些现实条件下是能够产生未来的,关于回忆空间的研究不仅仅引导我们去探讨对于过去视域的探明和塑形的问题。在本书的三个部分中每一部分都至少有一章是关于回忆的空间的具体化。下文讨论的是重要文件的保存地点的问题。有不动的和移动的记忆的空间。与我们后面要详细谈到的档案馆相反,箱子是一个可移动的狭窄的空间。在中世纪人们使用包铁皮的大箱子来储存羊皮纸文书,把它们称为藏宝箱。箱子的拉丁文词汇叫"阿卡"(arca),在德文中通常被转译为"方舟"(Arche)。诺亚的方舟提供了一个安全的储存场所,但是也对被接纳者的选择提出了苛刻的条件。在世界毁灭之前每个物种只有两个可以获准进入。诺亚方舟是一个微观宇宙,一个微缩世界。但是地方越小,内容越受限制,内容的价值也就越高。当以色列人穿越沙漠时,他们把上帝授予摩西的十诫的石板装在箱笼里带在身边,这个箱子被称为约柜。当埃涅阿斯离开燃烧着的特洛伊时,他的肩膀上不仅扛着他的老父亲,而且还有"那神圣的物件,父辈们的家神"。①

　　这些便携的容器可以被看作是狭义的文化记忆的图像。下文中将把来自不同历史时期的三个这样的图像并置:来自12世纪的圣维克托的雨果描述的诺亚方舟,来自19世纪的海因里希·海涅描述的大流士的匣子,以及1900年左右E. M. 福斯特短篇小说中的书箱子。对这些记忆储藏空间的描述应该能够在研究文化记忆的选择这一核心问题时给我们提供一些启发。

第一节　记忆作为方舟

圣维克托的雨果的基督教记忆术

　　阅读在中世纪的世界中具有至高无上的意义,它是一种收集的、学习的、具有救赎力量的行为,处于修士们生活的中心。阅读训练是一种有方法引导的冥想(Meditation)技艺。阅读之所以能够获得如此的意义,得益于记忆为其提供了相应的基础。《圣经》要求一种特殊的阅读技巧。雨果把它比作一个巨大的共鸣腔,其中每个声音要从全部的和谐中才获得意义。但是要想在每一个地方都真正听到全部的声音,包括三重的文字意义的高音,是需要特殊训练的,这种方法雨果从古希腊罗马的记忆术中继承了下来。

　　古希腊罗马的记忆术是植根于城市的公共空间的。公开讲演的重要性和记忆术的重要性紧密相连。在罗马,记忆术从政治扩展到法律的领域。昆体良(35—100)关于记忆术的课本针对的主要是法律人士。基督教一开始并不使用古希腊罗马的记忆术。教

---

① 维吉尔:《埃涅阿斯纪》第二卷(Vergil, Aeneis),第717页。值得注意的是,埃涅阿斯不允许触摸家神,直到这位斗士的双手通过仪式变得洁净。因此应该想象一个三层的结构:埃涅阿斯背着安基塞斯,安基塞斯又背着家神。

第五章　记忆的箱子

会人士忽视记忆的技艺,因为他们对于雄辩术和公开讲演的政治文化没有什么兴趣。他们全部的注意力并不是放在撰写和朗诵自己的文章上,而是阅读《圣经》。在祈祷仪式中再现和深入地阐释神圣的文本处于重要的位置,对此古希腊罗马的记忆术不能提供什么帮助。

12世纪记忆术的复兴是与当时很多原因,尤其是百科全书式的求知欲相契合的。人们努力把流传下来的知识搜集、整理、统一起来。雨果以他的两部关于记忆术的著作参与了记忆术的复兴:《论历史事件的三个最重要的情况》(*De tribus maximis circumstantiis gestorum*)和《论诺亚方舟的道德意义》(*De arca Noe morali*)。他关于记忆术的著作不是针对政治家或者法学家的,而是有益于修士,教会他们的不是脱稿讲演的技巧,而是"记忆性的阅读"的方法。雨果将古希腊的记忆术用于基督教的用途,使其服务于建构身份认同的文化记忆。

在上面提到的第一部著作中,雨果在开头就讲到古希腊罗马记忆术以及它的空间秩序模型和它对内视的重视。在下面他对年轻学生所说的话中,他把古希腊罗马记忆术的基本原则应用到阅读的过程中去:

> 我的孩子。智慧是一个珍宝,而你的心是保存它的地方。如果你学习智慧,你就珍藏了价值连城的宝物;它们是不死的宝物,永远不会失去光泽。有许多种类的智慧,在你的心的柜子里也有很多的藏宝之地:有藏金子的地方,藏银子的地方,藏宝石的地方……你必须学会区分这些地方,知道什么东西放在这里,什么东西放在那里……学习就像市场上换钱的人一样,他们的手不用犹豫就会伸进正确的钱袋里去,马上准确

地把要找的硬币抓出来。①

在这条教诲中,古希腊罗马记忆术的基本原则及空间秩序得到了体现,这项原则可以总结为如下简单易记的公式:"混乱是无知和遗忘之母,甄别让理智发光并且加强记忆。"②具体说来,要规划一个想象的空间,使它尽可能多地收纳记忆的内容,这些内容应附有明确的位置标识,并且在提取时又能很容易地被释放出来。如此就产生了一个想象的记忆建筑物,一个思想的地形图,学生要熟悉它,并且毫不费力地在里边找到方向,就像换钱的人对他的不同钱袋那样熟悉。玛丽·卡拉瑟斯在她关于中世纪记忆术的书中尤其谈到了记忆的隐喻,在许多世俗的和神圣的不同容器中,她也提到了雨果关于换钱之人的钱袋的比喻。③

"宝藏"这个词具有双重的意义;它既指内容又指容器。当说到钱袋的时候,容器的价值和内容的价值之间当然存在明显的差异;但是如果内容是神圣的,那外罩肯定宝贵得多。对于盛放珍贵的祈祷用具、神圣的文书、书籍和圣人遗骨的匣子(scrinum)来说尤其如此。在这里核心的概念却是方舟(arca)。人们可以把方舟理解为一个木制的箱子或者匣子,里边用来运输贵重物品。因为它们通常也都包含书籍,也可以把它们看作是便携的图书馆。在

---

① 雨果:《论历史事件的三个最重要的情况》(hg. v. William M. Green in: *Speculum* 18 [1943], 483-493);转引自伊万·伊里希:《在文本的葡萄园中,当现代的文字图像产生的时候》(Ivan Illich, *Im Weinberg des Textes. Als das Schriftbild der Moderne entstand*, Frankfurt a. M. 1991),第39页。
② 雨果,转引自伊万·伊里希:《通过文字图像来镌刻回忆:对圣维克托的雨果的诺亚方舟的几点思考》("Von der Prägung des Er-Innerns durch das Schriftbild. Überlegungen zur Arche Noah des Hugo von St. Victor"),见《谟涅摩叙涅》,第48—56页;此处第49页。
③ 玛丽·卡拉瑟斯:《回忆之书:在媒体文化中的回忆研究》(Mary Carruthers, *The Book of Memory. A Study of Memory in Medieval Culture*, Cambridge 1990),第39页。我们可以把雨果的钱袋与有轨电车售票员腰里系的圆柱状的铁皮钱罐相比,过去在这些钱罐里硬币是按照大小来分类存放的。

第五章　记忆的箱子

修道院里建立大型的图书馆之前,这些书箱子也可以称为"准图书馆"。通过书与箱子的这种紧密的联系,方舟就成为记忆的关键隐喻。对于把记忆术当作僧侣阅读技巧的雨果来说,记忆就是存放所有要搜集和要整理的知识的容器。那些被设想为关联、并且需要记忆的知识叫作智慧,而心作为记忆的场所就是这些智慧的方舟。萨里斯伯雷的约翰尼斯把记忆描绘成"一种思想的书柜,是感知安全的、可靠的存放地"。①

如果把心描写成"智慧的方舟"的话,那就意味着这个方舟要很认真地建造。对于记忆的终生训练和建造这个方舟的工作相似。在基督教记忆术专家圣维克托的雨果那里,方舟这个词还有另外一种色彩。它既和上帝在洪水来临时让诺亚建造的方舟相联系,也和盛放着摩西的戒条石板的约柜相联系。雨果在这个方舟的图像中把阅读《圣经》、道德教诲和记忆训练综合在一起,他是这样描绘他的方舟的:"我把诺亚的方舟给你作为精神陶冶的模型。你的眼睛可以盯着它的外形,而内心就按照它的图像来构造你的灵魂。"②

雨果描绘的方舟是一个三层的构造,遵循着《圣经》诠释的三层次的分法:历史的诺亚方舟处在最下边,其上是基督教会的方舟,这个方舟之上又是基督徒读者在他们心中建造的方舟。用比较技术性的话说,这个方舟是一个记忆术的构造,在这个构造中,《圣经》被按照三种叙述的标尺(即人物、地点和时间)来解读,也按照数字来解读。由此《圣经》成了一个——拿今天的话来说——三维的超文本,它的内容不仅按照专栏来划分,而且是在记

---

① 卡拉瑟斯:《回忆之书》,第43页。
② 雨果:《论诺亚方舟的道德意义》第一卷第二章(Patrologiae cursus completus…omnium sanctorum patrum. Series Latina, vol. 176, 622B, Paris 1844-1864);参见卡拉瑟斯,第44页。

忆术方面相互网联在一起的,里边还充满了对救赎来说有重要意义的知识,使得提取每一个元素的时候其他重要的东西都会按照被控制的顺序同时被唤醒。伊里希称之为一个"高标准的、三维、多色彩的巨型记忆计划"。人们曾经计算过,雨果的记忆术的方舟建筑图纸大约需要两百平方米的纸才能勉强看清地画下来。① 雨果把他的方舟比作一个药店,对当时人来说也就是一个满是值钱物件的商店:

> 在里边不会有你找不到的东西,当你找到一个东西的时候,你还会发现许多其他的东西。在这儿有我们丰富的教会历史从开端到世界末日的总结,在这儿有我们普适的教会法律,在这儿,历史事件的讲述聚积在一起,在这儿有圣餐的秘密,有回答、判断、冥想、观察、善行、美德和奖赏按其顺序摆放在一起。②

方舟既是容器也是内容;在方舟之中,获得了可回忆形态的智慧并不源自这个世界。谁能够进入这种冥想状态,就脱离了尘世。方舟这个记忆之地是一个异域,一个能拯救人逃离俗世并遇见上帝的内心之所。

> 在每个人心中,只要生命在这个堕落的世界中延续……就有洪水。好人就像那些在一艘船中被安全地运到对岸的人,坏人就像那些遭遇了沉船必然淹死的人。只有信仰的船能够安全地驶过海面,只有方舟能够驶过这大洪水,如果我们想要得救,只把方舟装在心里是不够的,我们还必须住

---

① 伊万·伊里希:《在文本的葡萄园中》,第41页。帕特里斯·西卡尔教士在小得多的空间里完成了这一杰作。在莱纳·贝昂特教士准备编撰的十三卷的圣维克托的雨果作品集中,西卡尔负责诺亚方舟那一卷。他在书中附上了一张记忆图纸的复原图,有书中折页那么大(感谢克劳迪亚·施蒂谢尔的指点)。

② 雨果:《论诺亚方舟的道德意义》IV, 9; PL 680B。

在方舟之中。①

雨果的方舟是一种"过时的型号"。他把文本、知识和道德合而为一的伟大的统一结构在几代人之后就开始分崩离析,因为他们开始从僧侣型的阅读向学者型的阅读转变。这种新的脑力训练与把整个世界都纳入记忆之中的统合的愿景分道扬镳。12世纪中期基督教记忆术发生了结构性的变化,记忆不再被当作容器而是当作知识工具来使用。在活字印刷术开始使用前三百年就发生了一场阅读习惯和阅读经验的革命,这场革命的意义难以估量。伊万·伊里希认为,欧洲文字历史上的这一转折点比古滕堡的革命影响更为深远。在12世纪,僧侣型阅读到学术型阅读的转变完成了,这一转变是和一系列新生事物相伴而生的。其中最为明显的是书页的新形式。文本迄今为止只是一个祈祷阅读或者冥想阅读的总谱,现在变成了一个对眼睛来说结构明晰的"文字图像"。随着书页排版的发明而发生的这一功能转变,使记忆从技术上也得到了改装。人们不再把文本的内容装入一个有利于记忆的外形之中,而是从视觉上将其展开来,利用抽象的视觉引导符号,比如章节题目、标题、字号、彩色的分隔以及段落。这些帮助阅读的手段,包括按字母顺序排列的附录,都使得知识按照新的观点分类成为可能。记忆的范围撑破了方舟,通过使用新的文字技术急剧扩大了。

第二节 大流士的匣子——海因里希·海涅

我关于记忆的箱子的第二个例子是大流士的匣子这一母题。这个藏宝匣也是一个方舟;它里边没有珠宝,而是藏着荷马的两本

---

① 雨果:《论诺亚方舟的道德意义》IV, 6; PL 675 B-C。伊万·伊里希:《在文本的葡萄园中》,第156页。

史诗。珍贵的护套标志着里边有着更为珍贵的内容,护套可以使其免于丢失和损坏。我们在论述文学作为声望之媒介的那一章里已经引用过斯宾塞的组诗《牧人月歌》中的《十月歌》,里边提到过大流士的这个匣子。在关于这个文本的一段说明中写道:

> 亚历山大有多么尊敬诗人,从他的行为可以得到证明。当他打败国王大流士,缴获了他的藏宝箱时,发现里边有一个银制的小盒子,像锁着珍贵的珠宝一样锁着荷马的两本书。亚历山大把书拿出来,一本整天戴在胸前,另一本夜里放在枕头下边。诗人们过去曾在诸侯和掌权者那里享有过如此之高的声望。①

海因里希·海涅也把同一个匣子从母题史的宝藏中挖掘出来,在一个关键时期再次让它获得文学上的声望。海涅对于这一母题的加工在《希伯来旋律》中,这是后来的组诗《罗曼采罗》(1851)的一部分。这首诗是纪念西班牙犹太诗人和神秘主义者耶符达·哈勒维的,诗的开头是一句引言。引用的是《圣经·诗篇》第137首的一段,描绘的是"忘却的灾难"这一古老的犹太教主题:

> 耶路撒冷啊,我若有一朝
> 忘记了你,情愿我的舌头
> 枯萎地贴于上腭,
> 情愿我的右手凋残
>
> (第1—4行)②

---

① 《埃德蒙·斯宾塞诗歌作品集》,第459页。
② 海因里希·海涅:《罗曼采罗》(*Romanzero*, hg. von Joachim Bark, Berlin 1988),第145页以下。

第五章 记忆的箱子

《圣经·诗篇》中的回忆通过一个誓言得到巩固,这个誓言又是以一个自我诅咒为基础的。这种对耶路撒冷的回忆关系到切身利害,对那个虔诚的人来说是一个祈祷仪式中的义务。但是这些诗句里说话的人并不是虔诚的人自己,这马上会通过一个语气的转换表现出来。第一段中铁一样坚定的回忆的训诫在第二段中让位于一个模仿,让人只能十分模糊地想起传统中经典的那些声音。从对耶路撒冷的回忆中生成了对于犹太礼拜堂里的祈祷仪式的回忆:

> 在我的脑海里,今天
> 不断地绕着这话语和曲调,
> 我似乎听到一种声音,
> 唱着赞美歌的男子的声音

(第 5—8 行)

下边的段落更是完全地浸入了"回忆的可疑光线之中"(第 240 行),它们描述了一个早就被遗忘的知识,这个知识从很遥远的地方重新回到意识之中。渐渐地,那些人物从遗忘的迷雾中显现出来,获得了身形:

> 幻像啊,你们之中
> 谁是耶符达·本·哈勒维?
> 可是它们又倏地去远了
> 避开活人的粗鲁的攀谈——
> 可是我却认出了他

(第 11—16 行)

这段出现和认出的场景引出了对伟大诗人的回忆,这就是第一段的内容。第二段又是以一段引用的《圣经·诗篇》开头。回忆的梦幻般的织物再次被缀上了一块记忆的牢固的镶嵌,但很快这一部分又滑入了梦幻之中,这次是滑入了自我的苦难之中,回忆使做梦人从苦难中解脱出来,因为回忆把他放回到伟大的哈勒维的足迹上,放回到给耶路撒冷的情诗之中。

在这些由《圣经》引言、梦中形象、悲天悯人、传奇和历史回忆组成的混合物之后,紧跟着在第三段里出现了一些新的、看起来旁逸斜出的东西,那就是大流士的匣子的故事。关于哈勒维的冥想被打断了(或者被忘却了?),而一个宝物被推到了注意力的中心。那是亚历山大大帝从大流士的宝物中获得的一件战利品,一个装满了珍宝的珍贵的首饰匣子。这个匣子被亚历山大掏空,这一举动在海涅的诗里头足足占了十七段,直到匣子终于迎来了它的新内容:一张写有《荷马史诗》的纸莎草卷。

匣子和珠宝与记忆和回忆有着象征性的关联。匣子让人联想到记忆,意味着贮藏、保护和容器,珠宝则表示回忆那珍贵的、需要保障安全的内容。藏宝箱是为了把人们不愿意丢失的东西紧锁起来——这个经常使用的图像表达了一种愿望,即让某些回忆不再稍纵即逝,使它们免于损坏和被忘却的命运。① 在海涅的诗中,匣子作为记忆的图像还有一种十分特殊的意味。它除了标志着保护和珍贵,还意味着选择、关切和个人对某些记忆内容的青睐。这个附加值使得匣子成为文化记忆的一种图像。当海涅使用这个图像的时候,记忆保障的因素之上又叠加了记忆甄选、记忆与个人息息相关的特性,以及个人主动承担某种传统等元素。

关于匣子的段落乍看起来曲曲折折,但是它径直指回信誓旦

---

① 莎士比亚也喜欢这个图像并由它联想到记忆;但他恰恰没有在记忆与藏宝箱之间建立明确的关系,而是用突然的转折来玩味这个下意识的惯用语。第48首十四行诗"我没有把你锁进金箱银箱"(Thee I have not locked up in any chest),第52首"时光将保有你如同我的藏宝箱"(So is the time that keeps you as my chest),第65首"时光的珍饰怎能被不藏进时光的宝箱?"(Shall Time's best jewel from Time's chest lie hid?)

第五章　记忆的箱子

旦的第一段和遗忘的灾难。犹太人用仪式化和物质化的回忆这样的武器来抵御这种灾难；其中包括特福林(Tephilin)和所谓的梅苏萨(Mesusa)，这种微型匣子里边盛放着不能忘却的文本，它们被用优美的书法写在羊皮纸上，这些手段都有助于预防遗忘。在海涅关于波斯匣子的诗句中透射出犹太教的仪式化的回忆形式的影响。他接近它们，但是用一个尽可能世俗的象征来代替它们，不是用祈祷书中的祈祷文来装满它们，而是用犹太文学，用耶符达·哈勒维。

在海涅关于匣子的几段诗中，文化记忆的问题的不同角度都得到不同的描述。首先是**对传统的戏仿**。匣子的清空就像上文提到的占用了十七个诗段，海涅不厌其详地记述了损失的宝物的谱系。他由此把传统的基本形式如继承、收藏和移奉(translatio)都颠倒了过来。① 在这个故事中收藏物被渐渐地侵吞了、散失了、赠送或者卖掉了——经历的正是它尽量要避免的遭遇。具有讽刺意味的是，这段损失的故事本身被用一个血缘链条、一个谱系故事的风格来讲述。损失创造了从波斯到希腊、巴比伦、埃及、土耳其人和基督徒，直到莎乐美·罗特希尔德女伯爵以及资产阶级的巴黎这一连续性。谱系、移奉的神话以及传承者链条构成了这个"损失传统"中充满悖论的例子的对比鲜明的背景。

诗中还包含了**雅典与耶路撒冷**的二元对立。匣子的故事是一个双重取代的故事。亚历山大把珍珠换成了荷马，也就是把物质价值换成了文化价值。而海涅又把荷马换成了哈勒维，用最简短的话说，也就是把雅典换成了耶路撒冷。西方文化传统这两个柱石之间极端的对立和竞争有着一段太长、太多变的历史，不是在这

---

① 参见 A. 阿斯曼：《时间与传统——持久性的文化策略》(*Zeit und Tradition. Kulturelle Strategien der Dauer*. Wien 1998)。

里用几句话就能讲明白的。① 这段历史可谓三十年河东三十年河西,两种文化时而相互渗透,时而唇枪舌剑、分道扬镳。在教育的领域中融合的,在信仰的领域中又分裂了。通过文学化和美学化,这两种不同的文化传统被统一在一起,但是从宗教身份认同的角度又相互排斥。海涅在他人生的终点从一个极端换到了另一个极端;这种观念的转变他在《罗曼采罗》的后记中用他独有的方式进行了讽刺性的表述。据他所说,他碰到了泛神论者的上帝,"但是我没法使用它。这个可怜的迷迷糊糊的家伙和世俗世界交织在一起,简直就是被世俗世界禁锢了,朝着你打哈欠,既无意识又无权力。如果想要有意志,必须是一个有个性的人,而为了彰显意志,必须用手肘推开别人"。②

那些曾经被他十分敬仰的希腊神祇也没有好多少。但是海涅强调说,他"向上帝的回归",虽被他的朋友们称作"堕落到古老的迷信中去",却不是一种信仰的改宗,不是以对先前状态的断然否定为前提。他承认,在从"雅典"通往"耶路撒冷"的路上,他背叛了他的"古老的异教徒的神",但是并没有发誓抛弃它们。他用一个让人难忘的场景戏剧化地描述了他"在爱与友谊之中的"告别场面:

> 那是1848年5月,我最后出门的那一天,我去向我幸福时光里祷告的那些神圣的偶像告别。我十分吃力地拖着脚步来到卢浮宫,当我踏进高贵的殿堂,我几乎要眩晕跌倒,那备受景仰的美神,我们亲爱的米罗夫人站在她的底座上。我在

---

① 参见 A. 阿斯曼:《约旦河与赫利孔山——西方传统中两种文化的争斗》("Jordan und Helikon-der Kampf der zwei Kulturen in der abendländischen Tradition"),见《圣经与文学》(*Bibel und Literatur*, hg. von Jürgen Ebach und Richard Faber, München 1995),第97—111页。

② 海因里希·海涅:《罗曼采罗》,第206页。

第五章 记忆的箱子

她的脚边躺了很长时间,我痛哭流涕,即使一块石头也会心软。女神同情地向下望着我,但又是那么地无助,仿佛对我说:你没看见吗,我没有胳膊,所以没法帮你。①

人的记忆和文化记忆之中都空间匮乏。存储能力越是有限,甄选越有决定性,内容也就愈发珍贵。大流士的匣子可以看作是记忆的褊狭的象征。鉴于空间十分狭小,随意选择的自由就被关乎存在的决定所取代:是雅典,**还是**耶路撒冷?《罗曼采罗》的作者想要放进匣子里边的文本,是一个关乎存在的文本,人不仅要与它同眠共醒(像亚历山大一样),还要同生共死。海涅对于伟大犹太诗人的赞许尽管被多方强调,但仍然停留在虚拟式的形式上:

> 我按自己的想法想到:
> 如果我能占有这个匣子,
>
> 而且没有金钱方面的窘迫
> 不需要马上把这个变现,
> 那我就会在其中
> 锁进我们的拉比的诗句

(第 487—492 行)

文本的另一个角度是关于**修养与传统的对立**关系。大流士的匣子的故事还有一个后续场景,在第四段是这样开始的:"我的太太不满意"。她不同意完全务虚地使用这个匣子,要求——同样务虚地——用卖掉匣子的钱"买一件开司米披肩,因为她正十分需要"(第 623—624 行)。她觉得自己对于这个值钱物件的使用方式更有理由,而不要用它来存放一个她从来没听说过的可疑诗

---
① 海因里希·海涅:《罗曼采罗》,第 207 页。

人的著作。要想发挥这个功能,一个硬纸做的套子也就够了,

> 画着中国式的美丽
> 花纹的,
> 就像在
> 全景拱廊街里边
> 马奎斯的糖果盒。

(第629—632行)

这个对于异国情调的图像世界十分熟悉的女人,却对西班牙中世纪的犹太诗人一无所知。这个"法兰西教育上的缺陷"给了诗人机会,继续强调耶符达·哈勒维的重要性。修养被海涅漫画化,成了一个女人的天地。当男人们大部分去关心更重要的事情的时候,修养成了19世纪女人们享有的资源。① 作为大城市文化的承载者,她们反映了大城市文化被宠坏的口味和浅薄的文化产品。文化在19世纪的大城市中开始渐渐显露商品世界的形态。在这段时间里,对于异国情调的、陌生的和无关联的东西的兴趣在增加;在历史主义和殖民主义的标志下,市民的住宅中充斥着来自遥远、陌生文化的炫目夸张的物品。

> 古老的木乃伊,
> 被填充的埃及法老,
> 墨洛温王朝的傀儡皇帝,
> 不搽色粉的假发,
> 还有中国的辫子皇帝,

---

① 参见乌特·弗雷威特:《文化女与商业男》(Ute Frevert, "Kulturfrauen und Geschäftsmänner"),见弗雷威特:《男人与娘们,以及娘们与男人——现代社会的性别差异》(in: dies., *Mann und Weib, und Weib und Mann. Geschlechter-Differenzen in der Moderne*, München 1995),第133—165页。

第五章 记忆的箱子

> 陶瓷宝塔皇帝——
> 所有这些她们都烂熟于心,
> 那些聪明的姑娘们……
>
> (第645—652行)

人们用过去时代的战利品给一个变得随意的、无足轻重的生活世界罩上了异国情调的光环。从历史主义的记忆中涌现出来的,是空洞的装饰,毫无生命的华丽。针对这种物质主义的商品文化的装门面式的修养,海涅把被遗忘、被排斥的哈勒维的传统摆了出来,并且把他殉道者的传奇唤回回忆之中。他把传统作为装点门面的修养的对立面,使其复兴。犹太流亡诗人的珠泪歌以及耶路撒冷恋歌不仅仅是中世纪神秘主义文学的顶点,它们还标志着犹太人高超的回忆技能的顶点。哈勒维的锡安之歌把渴望驯化成了回忆最为激情的形式。他极其投入地重构了一个早已变成废墟、落入敌对的十字军之手的城市的神圣图景。不管在历史中几度易手,尘世以及天堂的耶路撒冷都在哈勒维的诗行中成了一个永恒之地,人们可以说,找到了它的藏宝匣。

海涅想要保存在大流士的匣子里的东西,具有一种"文化文本"的特性。[①]这种文化文本是有别于修养知识的,两者区别在于文化文本包含着:

——一个选择和决定的象征性行为;有趣的、花哨的东西被置于一个个人的、关乎存在的信仰的对立面,这一信仰的对象是一位诗人和他的作品;

[①] 参见 A. 阿斯曼:《什么是文化文本?》("Was sind kulturelle Texte?"),见《文学典籍—媒体事件—文化文本:跨文化交际与跨文化翻译的形式》(Andreas Poltermann, Hg., Literaturkanon-Medienereignis-kultureller Text. Formen interkultureller Kommunikation und Übersetzung. Göttinger Beiträge zur Internationalen Übersetzungsforschung, Bd. 10, Berlin 1995),第232—244页。

——无论如何要保存下去的道德约束;穿越时间的变幻,牢牢地把握一个来自过去的、已经变得陌生的时期的文本,就像把握一个坚实的基础;

——文本的规定性的力量,这种力量是超乎美学的质量之外的;这种规定性与身份认同的联系使得文本成为自我阐释和生活指南的一个持续的源泉。

当海涅在《罗曼采罗》中用文学手段描绘他的生活危机时,他同时也提出了在现代商品社会中文化的重要性和影响力这一根本问题。随着知识范围迅速地扩张到埃及和中国,传统的联结力瓦解了。现代社会抛弃了传统,把修养打造成为它的后续机构。海涅以他的小匣子内容的选择为例指出了一条道路,这条道路并不是从修养回到传统,而是通向对个人的文学经典的信仰。这条路不是一条简单的回归路,这一点在这部未完成的诗作的最后一部分表现得尤为清楚。这里专门提到了传统,但不是指重建那些堪为楷模的诗人形象,而是指自我定位。在三位西班牙犹太裔大诗人以及在床褥墓穴中奄奄一息的海涅之间插入了一段某"王朝建立者"的逸闻趣事,使得他们之间建立了一个谱系学的联系。这个家谱就是施雷米尔的家谱,这个链条中有联结力的元素就是击中了那无辜的诗人们的长矛。海涅在这里植入的传统是他自己发明的。这一传统把犹太传统和艺术家传统联系起来,把它们都放在牺牲者和被选中的人的谱系里。①

---

① 施雷米尔,希伯来语,意为不幸者。海涅在《罗曼采罗》里把《圣经》中被长矛刺死的施雷米尔·本·苏利沙代称为施雷米尔一世,并称其为"一个无辜的人","也就是施雷米尔一族的祖先。我们就是这位施雷米尔·本·苏利沙代的后裔。"海涅还把上文中提到的三位诗人之一伊本·艾斯拉也称为一个施雷米尔,"他矜然饰在头上的月桂,乃是施雷米尔运命的标识"。海涅的朋友德国作家沙米索(Adelbert von Chamisso)曾创作了名篇《彼得·施雷米尔的神奇故事》,使这个形象变得家喻户晓,得到后世不少作家的仿效。——译注

第三节 可怕的箱子——E. M. 福斯特

第三个箱子,也是一个方舟,同时是一个书箱。出自 E. M. 福斯特一篇早期的短篇小说,写于 20 世纪的头几年。这个故事的开头几句话是:"这是一个可怕的箱子",这句话是在一个偏远省份的小火车站台上说的,说话人是一个行李搬运工,他怀疑地目测这个箱子:"分量很可怕。需要一个推车。"①这个不可能用肩扛、必须放在车上的箱子里面装满了书籍。叙述者接受了一个前往乡间的邀请,希望能在这个地方把他关于希腊语动词叙述方式的博士论文写完。他所需要的所有文件——笔记、资料、书籍——都放在这个箱子里随身带来。

费了一些周折,箱子才被搬到了来火车站迎接叙述者的单驾马车上。在车夫座上坐着安塞尔,他的名字也是小说的题目。他属于这座乡村住宅里的仆人之一,叙述者从青年时代起就经常来这处宅子。现在,他作为 23 岁的牛津大学学生在几年之后又回到了这个地方。和无拘无束的青年安塞尔的关系并不是直线发展的;两个人在半大小子的时候有着一段欢闹的哥们式的友谊,而且很亲密,但是随着年龄的增长,他们开始疏离了。安塞尔从马圈小工升到了园丁,又被提拔为狩猎助手;而叙述者则在一个私立预科学校里学习、毕业,变成奖学金生,马上就要得到博士学位,并且有可能被牛津大学的一个学院聘用。随着马车的行进变得越来越明显的是,两个少年时代的朋友已经没有共同语言了。

安塞尔和第一人称叙述者的发展朝着不同的方向:一个人是

---

① E. M. 福斯特:《安塞尔》,摘自《生命来临和其他故事》(E. M. Forster, "Ansell", in: *The Life to Come and Other Stories*, Harmondsworth, 1975),第 19 页。

胸围增加,另一个人是脑容量增长。肌肉发达但是不善言辞的安塞尔正是头脑聪慧而瘦削的叙述者的反面形象。叙述者在一段很详细的思索中考虑使两个人疏离的东西,而安塞尔却用一个简短的句子就总结出来了,这个句子就是:"那些书。"与那么多书本打交道在叙述者的身上留下了痕迹:肩膀耷拉了,背也驼了,胸脯下陷。"所有好的论文都需要消耗肌肉,尽管希腊语的动词叙述方式消耗特别多的肌肉,但它仍然是一篇好论文。"①

故事的高潮发生在一段陡坡路上,道路变得狭窄,沿着一条有河流的山谷延伸。这时马受惊了,无法再平衡已经倾斜的马车上的分量。道路靠山谷一侧的栏杆断裂了,马车险些就要和它的乘客一起掉入深渊。驾车的安塞尔通过他的技巧和运气控制住了马车。但是书箱子却坠向了深渊。受了惊吓还有点发呆的叙述者看到了书箱坠落的最后一段,就像慢镜头一样:

> 大约在坠向深渊的半路上它碰上了一块前伸的岩石,像一朵睡莲一样打开,把它甜蜜的内容像雨点一样向深渊中抖落。大部分的书籍都很沉,就像流星一样穿过了树丛掉进河里。较小的书中偶尔有一两本胆怯地在枝条上边摇摇摆摆地保持一分钟平衡,然后也滑落下去,消失了。(第 32 页)

这里描述的不像是一次坠落,而像是一次变形。② 书籍们变成了自然,它们成了睡莲、流星、小鸟。描述这些的叙述者惊魂未定。他的意识脱离了,不再有能力来加工这场灾难性的损失造成的影响,他感知到另外一个世界的美。与他的同路人不同的是,安

---

① E. M. 福斯特:《安塞尔》,第 30 页。
② 书籍散落的母题也出现在福斯特的其他作品中。在《塞壬的故事》("The Story of the Siren")中就有很多共通之处,在这篇小说中一个博士论文项目,一个记录着"自然神论的分歧"的笔记本落入地中海海底,并同样经历了一次梦幻般的想象变形,在《霍华德庄园》(*Howards End*)中,坠落的书籍甚至还要了一个角色的命。

第五章 记忆的箱子

塞尔马上又掌控了局面:"书把我们救了。在最后的时刻它们掉了下去。我差点以为它们要把我们拉到深渊里去。"(第32页)这个评论有很多的深意:书籍拯救了人,方法是它们从人那儿脱身。这些负担,意识的重负在这个急转弯处被抛掉了,并且变成了自给自足的自然。

随着这个"可怕的箱子"的坠落,故事也发生了转折;叙述者像被闪电击中了,试图不去意识到自己受到的损失,而安塞尔则变得话多起来,聊起他的日常工作。第二天下了一夜雨之后,有几件东西被从山谷里找了回来,但是写有关于希腊语动词表达方式的博士论文的那些纸却已经被冲向大海,再也无法复得。通过意识的丧失以及越来越多的遗忘,叙述者和安塞尔又开始接近了,安塞尔像一个森林之神一样将他引回了他的世界。小说的结尾处,一个画面把这种沉入遗忘和自然的无意识状态集中表现出来:

> 利德尔和斯考特的词典摊开来躺在突出的岩石上,那是箱子撞上去的地方。天气干燥的时候,一个看不见的形象会敏捷地翻动着书页,急忙地从一个词跳到另外一个词。但是天气潮湿的时候,它的能量就下降了。对这个没有身体的、爱学习的人的想象有些诗意的地方,我要为它写一首希腊语的箴言诗,如果我还没有忘掉那些句子的话。

只有风还能读书,而且在干燥的日子里比在潮湿的日子里读得快些。关于这本找到了一个自然读者的词典的希腊语箴言诗看来是写不出来了,因为为此所需要的词典拿不到了:在这里,遗忘的圆圈合上了。福斯特在1902—1903年所写的关于知识的重负和遗忘的快乐的小说读起来就像尼采的《不合时宜的沉思》第二篇的一个文学展现。尼采在《历史的用途与滥用》(1874)中讨论的历史主义的问题,我们在下一章也会谈到,福斯特则以这一对性格相反的朋友表现了出来。在一篇短篇小说的有限空间中,他想象了一个治疗意识疲惫、头脑不堪重负的时代的方法,那就是遗忘疗法。

这里的安塞尔和叙述者并不是两个独立的、相互对立的人物;无拘无束的青年是牛津大学学生的创造和愿望的投射。他是他分裂的双影人,体现了对另外一种已经忘却的生活的想象。那个设计了这一愿景的人并不是在铜墙铁壁一样的,而是在灰尘满墙的图书馆中设计了它。

这三个箱子像一个棱镜一样集中了西方文化记忆历史上不同的时刻。雨果的方舟构成了中世纪基督教记忆术的顶点和终点,这种记忆术以极大的热忱、完全的注意力和精湛的技巧把具有救赎力量的知识的全部连接成一个巨大的排列组合,并把它在记忆中内化。这个匣子想要储藏的意义重大的书籍只可能是一本;所有的智慧都是与《圣经》完全一致的,对《圣经》的阐释还没有扩展成多种多样的论证,而是还在没有时间的深度上进行探测。随着大流士的匣子我们从神圣的宗教文本跳到了文学文本。但是在海涅那里,匣子的内容被置换了;荷马的俗世文学让位于一位中世纪犹太人的宗教文学。随着这次从巴黎和雅典向耶路撒冷的回归,海涅抛弃了世俗的修养,但并没有改宗为正统的宗教;在中心位置仍然是文学。大流士的匣子里的空间是有限的;这一记忆图像一方面表达了珍视,另一方面表达了文化记忆中选择范围的狭窄。主动进行自我限制和自我约束的紧迫性不仅由于海涅的生活危机而得到加强;它还是整个 19 世纪的一个问题,并且随着爆炸性增长的知识越来越多样、越来越毫无关联,这个问题显然也变得越来越严重。海涅的作品从时间上和题目上离福斯特的小说只有一步之遥,这篇小说把数量庞大的、专门的、反生活的历史知识都塞到一个满满的书箱之中。人们不再能**通过**书籍和记忆而得救,而是要通过**摆脱**书籍和记忆。处于福斯特小说中心的不是记忆的训练,而是学会忘却。到此,记忆的盒子这个主题就转到了它的反面:从《圣经》和记忆作为有救赎力量的凝聚体,到通过甄选和限制来提高它们的价值,直到文化记忆的危机,一个"可怕的箱子"给予了它戏剧化的表达,它的重负足以压抑生命。

第六章　功能记忆与存储记忆

——回忆的两种模式

第一节　历史与记忆

回忆和身份认同之间的联系不仅得到诗人和哲学家，还得到社会学家和历史学家的研究。下面集体记忆的理论家们将出来发言，对他们来说历史和记忆之间的区分成为一个主要区别。也就是说历史和记忆是由它们相互的划界来确定的：一个总是另一个不是的东西。因此人们一方面把批判的历史书写的产生描述成从官方记忆的一种解放，另一方面又在过于强大的历史科学面前支持记忆的权利。

这里首先又要提及弗里德里希·**尼采**，在他的早期著作《历史的用途与滥用》里，尼采用论战式的笔调把对生活有助益的记忆和不食人间烟火的历史对立起来。在他的术语系统中历史主要意味着"回忆"，记忆则意味着"遗忘"。他的出发点是："每一个人和每一个国家……根据目标、力量和需求的不同"，都需要"对过去有一定的了解"。[①] 但从19世纪与历史相关的学科来看，"有一定的了解"已经变成了一望无际的知识海洋，而且还在不断扩大。

[①] 弗里德里希·尼采：《历史的用途与滥用》，见《尼采全集》第一卷，第271页。

他把这一发现看作是一种需要警惕的危机,因为他担心,文化记忆开始渐渐失去它的限制、约束、只保留本质性的东西的能力,从而失去了如他所说划定视域的功能。由于这个记忆的边缘已经在知识无限增长的过程中被淹没,因此本质的、值得了解的,和无关紧要的、随意的这两面之间的界限变得模糊了。对尼采来说,传承与行动和未来之间越来越缺乏实用的联系。传承变成了一团死气沉沉的乱麻,它本应是一种能够适应不断前进的当下的条件和要求的基本装备,现在却失去了这种特性。因为历史的超重,文化记忆失去了它的两个核心功能,即强度和身份认同,或者叫推动力和塑造性的自我画像(formatives Selbstbild)。对于"我们该按什么行事?"和"我们是谁?"这样的问题,它已经没有现成的、有说服力的答案。实际上尼采把两个文化模式对立了起来。这两种模式可以分别用"历史"和"记忆"两个概念来描述。在他认为很有威胁性的第一种情况下,当下处于过去的压力之下;在他盼望的第二种情况下,过去处于当下的压力之下。

莫里斯·哈布瓦赫从完全不同的道路找出历史和记忆的区别。作为实证社会学家他没有文化批判的意图。他的兴趣只在于一个问题:是什么使活生生的人聚合成集体的? 在研究过程中他发现了共同的回忆作为凝聚力之最重要手段的意义。由此认识,他推导出一种"集体记忆"的存在。但回忆不仅使团体稳固,团体也能使回忆稳固下来。哈布瓦赫对这种"集体记忆"的考察表明,其稳定性直接和这个团体的成分和存在相联系。团体一旦解散,那部分使大家作为团体相互确认、相互认同的回忆将从个人的记忆中消失。但一个政治框架的变换也会导致回忆的消除,因为按照哈布瓦赫的观点,回忆没有内在的持久力,而是基本上依靠社会的互动和确认。那些流散的、没有功能的记忆在哈布瓦赫的有构成主义特点的功能主义的记忆理论中没有位置。

哈布瓦赫同样把集体记忆和历史学的记忆严格分开,他尤其强调了以下的区分特点:

——集体记忆保障一个团体的特点和持续性,而历史记忆没有保障身份认同的作用。

——集体记忆和因它们而相联系的团体一样,存在的形式永远是复数,而构成许多不同历史的整合框架的历史记忆则以单数的形式存在。

——集体记忆在很大程度上隐蔽了变化,而历史记忆却是专门于这些变化。哈布瓦赫把他的观点总结为:

> 历史的世界就像一个大洋,所有的部分历史都注入其中……历史可以被看作人类的普遍记忆。可是没有普遍记忆这个东西。每个集体记忆都有一个时间上和空间上受到限定的团体作为载体。人们要想把过去事件的全部组合成一幅唯一的画面,前提必须是:它们曾经保留在某些团体的回忆里,现在要把它们从这些团体的记忆中抹掉;它们曾经与它们发生其中的社会氛围的心理生活相联,现在要把这些联系的纽带剪断,只把这些事件的时序的、空间的模式保留下来。①

存在一个"团体里的记忆",这一点无人辩驳,可是存在一个"团体的记忆"吗?一个团体记忆没有器官的基础,因此从字面意思上看是不可想象的。但它也不完全是隐喻式的。法国历史学家**皮埃尔·诺拉**的研究表明,团体的记忆后面既不是集体灵魂也不是客观精神,而是带有其不同标志和符号的社会。通过共同的符号,个人分享一个共同的记忆和一个共同的身份认同。诺拉完成

---

① 莫里斯·哈布瓦赫:《集体记忆》(Maurice Halbwachs, *Das kollektive Gedächtnis*, Frankfurt a. M. 1985),第 72 页以下。

第六章　功能记忆与存储记忆

了记忆理论中从哈布瓦赫研究的空间上和时间上共同出现的团体到抽象的、由超越空间、时间的符号来定义的团体的跨越。这种集体记忆的载体共享一个共同的身份认同，但并不需要彼此认识。民族国家就是这样一个团体，它通过政治符号系统这一媒介把它毫无道理的统一性具体化。皮埃尔·诺拉把组成民族国家记忆的历史标志和组成历史学科话语的历史书写标志加以区分。鲜活的（团体）记忆和条分缕析的历史书写对他来说处于争斗的状态，他认为这场争斗在现代化的进程中不可避免地走向不利于记忆的结局。

> 记忆，历史：它们根本就不是同义词，而是如我们今天意识到的，从任何角度上讲都是反义词。……记忆是一个永远发生在时下的现象，是一个在永恒的当下中经历的联系，而历史则是过去的重现。……记忆把回忆带入神圣的范畴，历史则把它们从中驱赶出来，历史的使命就是驱魅。记忆产生自一个团体，它为这个团体提供了联系……历史却既属于所有人又不属于任何人，所以它注定要获得普遍性。①

尼采、哈布瓦赫或诺拉的记忆理论都强调回忆的结构主义的、保障身份认同的特点，肯定它在一个客观的、中立的、面向过去的历史学面前的权利。主要的对立在上述三者那里都是有实体和无实体之间的对立，或者我们可以说，是有人栖居和无人栖居的对立：记忆属于带有帮派视角的活的载体，而历史则"属于所有人又不属于任何人"，它是客观的，从而对身份认同来说是中性的。这种对立所表现的范畴可以总结为以下列表：

---

① 皮埃尔·诺拉：《在历史和记忆之间》，第12页以下。

有人栖居的记忆	无人栖居的记忆
和一个载体相联系,这个载体可以是一个团体、一个机构或是一个人	脱离了特别的载体
在过去、现在和未来之间架起桥梁	把过去、现在、将来彻底分开
使用选择性的方法,有些东西记忆,有些东西忘却	对一切都感兴趣,一切都同样重要
传播构造身份认同和行为规范所需的价值	寻找真理,也就消解了价值和规范

第二节　功能记忆与存储记忆

我们尽量明白准确地展示这种对立,但我们同时也不得不认识到,如此理解的记忆和历史之间的对立实际上越来越站不住脚。如今大家已经达成共识,任何一种历史书写同时也是一种记忆工作,也在把赋予意义、帮派性和支持身份认同等条件暗度陈仓。而且在此期间钟摆甚至荡向了另一极:已经有理论家把历史和记忆等量齐观,比如丹·戴纳尔。他是记忆研究核心杂志《历史和记忆》(*History and Memory*)的主编。

不管是把历史和记忆强行对立还是完全等量齐观,对我来说都不是令人满意的答案。因此下面我想建议,把历史和记忆定位成回忆的两种模式,它们彼此并不一定相互对立和排斥。像尼采那样把历史和记忆描述成"强制性的二者择一"(赖因哈特·科泽勒克),这是文化批评的修辞中驱魅的激情所导致的。我想把问题从这个语境中剥离出来,问询如何能把这些概念有成效地关联起来,分析性地加以重新利用。

要超越把记忆和历史或两极分化或等量齐观的关键步骤是,把有人栖居的和无人栖居的记忆的关系理解为回忆的两种相互补偿的模式。有人栖居的记忆我们想称之为**功能记忆**。它最重要的特点是群体关联性、有选择性、价值联系和面向未来。与历史相关的种种学科相比之下是第二等的记忆,是所有记忆的记忆,它收录的是与现实失去有生命力的联系的东西。这种记忆的记忆我建议称之为**存储记忆**。遗忘的不断清理,有价值的知识和有活力的经验无可挽回的逝去对我们来说是再司空见惯不过的事情。在与历史相关学科的大屋顶下面,这些无人栖居的遗留物和变得无人认领的库存可以得到保存,也可以重新得到整理,使它们重新提供与功能记忆相衔接的可能性。

我们可以插入一个心理治疗方面的小例子来解释一下功能记忆和存储记忆的这种交叉。在心理治疗理论的语境中,人们认为,个人的记忆是建构在不同层面上的。一个层面是有意识的记忆,在这个层面上回忆和经验都被安置于某个特定的意义构造中,因而处于随时可以取用的状态。这些意义构造的建立,和洛克的观察相似,和个人的自我阐释和自我确定等同。它显示了一个个人对自己了解多少,对自己如何评价,如何对待自己的经验。对这个个人来说,未来有多少机会对他敞开,多少机会与他无缘,都取决于这个记忆构造。治疗可以帮助重新构造、改建回忆;可以使它的效果更明显、更全面,它可以反思界限的划分,从而减少或消除会导致裹足不前或自暴自弃的障碍。这种治疗方法中很典型的是**故事**(story)这个概念。人"栖居其间"的生活经历,把回忆和经验联系起来,使其获得一种结构,这种结构将作为塑造性的自我画像来决定人生,指导行动。① 记忆经济的另一层是由完全异质的成分组成的:一部分有惰性、无生产力;一部分潜伏着,处于大家注意力的光线之外;另一部分被过度限定,因此妨碍正常地取回;还有一部分充满痛苦或丑闻,所以常常埋藏得很深。存储记忆的成分虽然属于个人,但它们构成了一层沉积物,只是不知出于何种原因,在某个特定的时间点这些沉积物不能使用。为了让记忆能够发挥指导方向的作用,这些成分要被收编起来,也就是说,按照重要性挑选出来,使人能够接触到,并在一个意义结构中得到阐释:"如果人们在这样的故事中组织、阐释……他们的经验,产生的结果就是:这些故事塑造了人的生平和关系。"②

个人功能记忆的这种模型在被选择的、被阐释的、被收编的——简言之,被编入故事位形中的因素,和一堆无定形的、没有被收编的因素之间,划出一条有生产性的,可以移动的界线。功能记忆是有选择性的,因此它每次只能更新可能的回忆内容的一小部分。"随着时间推移,许多来自鲜活经验储备的东西必然会被遗留在这些故事之外,从不被讲起或说出来。它保持无定形的状态,没有秩序和形态。"③

记忆中被赋予意义的成分和意义中性的成分的区分在哈布瓦赫时就开始了。对他来说转化为意义是一个回忆进入集体记忆的

---

① 神学家和心理治疗师迪特里希·利舍尔把这一思想总结为一个基本原则:"我们就是我们可以讲述的自己的故事",参见迪特里希·利舍尔:《医学道德中的"故事"思路》,见利舍尔:《方案:普世教会,医学、道德文集》(Dietrich Ritschl, "Das 'story'-Konzept in der medizinischen Ethik", in: ders., *Konzepte: Ökomene, Medizin, Ethik; gesammelte Aufsätze*. München 1986),第201—212页。

② 米歇尔·怀特,大卫·艾普斯顿:《以治疗为目的的文学手段》(Michael White, David Epston, *Literate Means to Therapeutic Ends*, Adelaide 1989, 20;德文版:*Die Zähmung der Monster. Literarische Mittel zu therapeutischen Zwecken*, Heidelberg 1990)。我在此感谢赫尔姆·施蒂尔林(Helm Stierlin),阿诺·雷策尔和约克·施威策尔向我推荐这篇文章,并谢谢他们给我的启发。

③ 怀特、艾普斯顿:《以治疗为目的的文学手段》,第20页。

第六章　功能记忆与存储记忆

前提条件:"每个人物和每个历史史实在进入这个记忆中时变频成了一个学说、一个概念、一个象征;它包含了一个意义,变成了社会理念系统中的一个成分。"①进入某个意义结构的磁场的回忆与先前的感官数据和经验不同。记忆制造意义,意义巩固记忆。意义始终是一个构建的东西,一个事后补充的意思。

相比之下,存储记忆则是"不定型的一团",是那个包围着功能记忆,堆满了无用的、没有被化合的回忆的场地。因为不能放进一个故事、放进一个可能的意义中的东西,并不会因此就被忘记。这种部分不被意识、部分无意识的记忆因此并不构成功能记忆的反向,而更像它的背景。前台、背景这种模式绕过了两极对立的问题,它不再是二元的,而是跟角度相关。在这个前台和背景的关联中也包含了这样的可能性,即有意识的记忆是可以变化的,位形是可以分解、重新组合的,当前有效的成分会变得不重要,潜在的成分会冒出来进入新的组合。记忆的深层结构中更新的和没有更新的成分之间存在内部的交通,这使意识的结构发生改变和更新成为可能,没有不定型的存量这一背景,意识就会僵化。

对于功能记忆和存储记忆这种相互作用,我们可以以学习过程为例加以说明,政治学家卡尔·多伊奇曾经从控制论的角度这样描述它:"每个学习过程,以及每个目标和价值的变化都产生于一个内部的、心理的新秩序。……一个系统或一个组织的学习能力,也就是说一个真正可能的内部新结构的扩展距离,可以……从这个系统或组织能够使用的没有收编的辅助材料的数量和多样性

---

① 莫里斯·哈布瓦赫:《记忆与它的社会条件》(*Das Gedächtnis und seine sozialen Bedingungen*, Frankfurt a. M. 1985),第389页以下。

来测量得知。"①

关键词"没有收编的辅助材料"暗示了,那些不再、还没有或暂时没有进入功能性意义位形中的知识的储备具有何等的意义。它准备了一种补充知识,是一种记忆的记忆,能够发挥的作用是批判地校正、或在需要时更新或改变现有的功能记忆。它本身不赋予意义,不论证价值,但它可以为这些行为提供或起稳定作用,或起纠偏作用的大背景。

这些从个人记忆中观察到的运行机制也适用于文化记忆。在一个口传的记忆文化中,个人记忆再加上结绳、文身、节奏、舞蹈和音乐等身体或物质的支撑,构成了文化记忆的仓库,在功能记忆和存储记忆之间进行区别是不可行的。记忆的空间是如此有限,记忆的技术如此繁复,根本不可能去保留那些对群体的身份认同或生存并非至关重要的东西。随着文字这种范式性的身体外部的存储媒介的出现,口传记忆文化的界限得以超越,因为用文字可以记录、存储比人记得住的更多的东西。因此回忆和身份认同之间的关系松弛了;存储记忆和功能记忆的区别正是产生于这种松弛之间。文字的**潜力**在于它们可以把离开了鲜活载体的信息编码储存起来,不受制于集体演绎中的更新。文字的**问题**在于它无限制地积累信息的倾向。有了身体外部的、不受制于人的记忆的存储媒介,以身体为基础的活的回忆的界限就被突破了,产生文化档案、抽象知识、被遗忘的传承的条件也就具备了。

在集体的层面上,存储记忆包含有无用的、变得冗余的、陌生的、中性的、对身份认同抽象的专门知识,还有所有错过的可能性、其他可能的行动、没有利用的机会都收录其中。而功能记忆则是

---

① 卡尔·W. 多伊奇:《政治控制论:模型和角度》(Karl W. Deutsch, *Politische Kybernetik. Modelle und Perspektiven. Sozialwissenschaft in Theorie und Praxis*, hg. v. W. Bessen, Freiburg 1969)(英文首版于 1963 年),第 152 页。

一个被占据的记忆,是经过选择、联缀、意义建构的过程——或者用哈布瓦赫的话说,是经过框架建立的过程——而产生的。无结构的、无联系的成分进入功能记忆后就变得有编排、有结构、有关联。从这一建构行为中产生了**意义**,意义正是存储记忆根本不具备的品质。

文化的功能记忆是和一个主体相联的,这一主体认为自己是功能记忆的载体或承担主体。群体性的行为主体如国家或民族通过一个功能记忆建构自己,在这个功能记忆中它为自己架设一个特定的过去的建构。存储记忆则相反,它不是任何身份认同的基础,但它的作用并不因此而变得无关紧要,它的作用在于包容比功能记忆所允许的更多或不一样的东西。对于这个不可限量的档案以及它日益增多的数据、信息、文件、回忆来说,已经不存在它们可以归属的主体,顶多可以十分抽象地称之为"人类记忆"。

功能记忆的任务

功能记忆可以区别为不同的使用形式,我们在这里想要详细描述三种可能性:合法化、去合法化和区分。**合法化**是官方或者政治记忆首要的诉求。这种情况下典型的现象是统治者和记忆结成联盟,这一联盟的表现形式是产生了一些更为细致的历史知识,受欢迎的是谱系的形式,因为统治者需要出身。而谱系学的回忆正好可以填补这一空缺。这种有合法化功能的统治者记忆除了回顾的一面,还有前瞻的一面。统治者不仅要篡取过去,还有未来,他们想要被人记住,所以为此给自己的行为设立纪念碑。他们尽力使自己的行为被讲述、被歌唱、被以纪念建筑的形式永久保存下来、被存入档案。统治者向后使自己合法化,向前使自己得到永恒。古代东方的史料传达给我们的几乎所有信息都属于官方记忆政策这一语境。

官方记忆的困境在于,它倚仗审查制度和人工的模仿。它只能和支持它的政权存在的时间一样长。在这之前,它还会催生出一个非官方的对立记忆,扮演批判的、颠覆性的功能记忆的角色。这样我们就说到第二种功能形式,**去合法化**。

"俗话说(英国历史学家彼得·伯克认识到),历史是由胜利者书写的。也可以说:历史是由胜利者忘记的。他们能够忘记,而那些失败者,对发生的事耿耿于怀,他们注定要不停地思索,重现和考虑当时不那么做的可能性。"① 具有去合法化功能的回忆的一个还很新鲜的例子是:1989 年为伊姆雷·纳吉举行的集体纪念活动,他在 1956 年苏联军队镇压起义期间担任总理,紧接着被处决。对他的怀念被共产党政府从历史课本上删除,小心翼翼地在公众面前掩藏起来。但这种怀念无法被消除,反而由于对它的排斥而被固定了下来。一群持不同政见者 1989 年在巴黎的一个公墓导演了一场象征性的葬礼,同年他被迁葬于布达佩斯的公墓;有仪仗队,极其隆重的仪式和媒体报道。伊姆雷·纳吉,这个被官方销毁的回忆的代名词,成为反面回忆的象征性形象,因而在匈牙利肃清斯大林影响的过程中起到了关键的催化剂的作用。② 反面回忆的载体是失败者和被压迫者,它的动机是使压迫人的权力关系失去合法性,反面回忆和官方回忆一样具有政治性,因为两种回忆都是为了合法化和权力。在这种情况下被挑选、被保存的记忆不是为当下打基础的,而是为了未来,也就是说为了推翻现有权力关系之后出现的当下。

文化记忆的另一种使用功能是**区分**。这里包含为了厘清一个

---

① 彼得·伯克:《历史作为社会记忆》,见《谟涅摩叙涅》,第 297 页。
② 马特·萨博在哈瑞·普罗斯组织的在阿尔高依的威勒尔举行的关于集体纪念的大会上的报告(Vortrag von Mate Szabo anläßlich einer von Harry Press organisierten Tagung in Weiler im Allgäu über kollektives Gedenken),1991 年夏天。

集体的身份认同而动用的所有象征性的表现形式。在宗教领域，目的是通过共同的回忆来传达、通过仪式和节日来更新共同体的形成。节日把人们和一个共同的创建历史的关系"固定"下来。比如犹太教中的逾越节是共同缅怀逃出埃及，以及修殿节是共同回忆洁净第二圣殿。阿提卡的民主或法国大革命也是通过节日以及与其相关的共同参与的场面来建立有宗教元素的政治身份认同的例子。在世俗的领域要提及的是19世纪的民族运动，这些运动通过对共同传统的重构或"发明"，为新的政治行动主体——"民族"创造了身份。在民族运动的框架下，自己的历史、自己的传承，加上又被重新唤醒的风俗习惯，都变成有义务进行回忆的东西。民族记忆不是按民族国家理念重组的19世纪才有的发明；随着它的出现，在欧洲产生了一种新型的记忆政治。民族记忆不局限于"文化"；它可以随时变得像官方记忆一样具有政治意味，尤其是当反面回忆起来反对它，对它建立在纪念建筑、审查制度和宣传上的合法化提出质疑的时候。

存储记忆的任务

功能记忆是与一个政治诉求相联系或是用来厘清一个不同的身份认同。存储记忆则构成文化记忆的这些不同角度的反面。它的作用看得最清楚的是在它完全被控制或被消除的地方，比如在极权社会中，在斯大林统治的苏联，文化的存储记忆被毁坏了，被允许的只有那些能穿过官方教条的针孔的东西。奥威尔在他的小说《1984》中很形象地描述了这种情况，而且如我们今天所知，并没有夸张的成分。

存储记忆可以看作是未来的功能记忆的保留地。它不仅仅是我们称之为"复兴"的文化现象的前提条件，而且是文化知识更新的基本资源，并为文化转变的可能性提供条件。存储记忆作为当前功能记忆的校正参照，对一个社会的当下也是具有重要意义的。由于回忆的内容总是比实际应用的多，功能记忆的边界是很清楚的。功能记忆和存储记忆之间的边界只有保持很高的渗透性，才会使不断的更新成为可能。如果边界开放，成分的交换和意义模式的结构变化就会变得更加容易。在相反的情况下就会出现记忆僵化。如果两种记忆之间的边界往来被一堵墙阻断，存储记忆作为没有利用的机会、其他可能性、矛盾、相对化和批评性指责的潜在保留地被关闭起来，那变化就不可能发生，就会出现记忆绝对化和原教旨主义化的情况。

奥威尔曾设想，只要人们不篡改、删节，存储记忆可以自动、可靠地自己生成，这当然是不符合实际的。存储记忆和功能记忆一样都不是自然生成的，而是需要相关的机构来支持，这些机构的任务是保存、储藏、开发、循环文化知识。档案馆、博物馆、图书馆和纪念馆都肩负着这一任务，研究所和大学也不例外。这些机构抵御着日常记忆中不自觉的对过去的遗忘，还有功能记忆中有意的隐藏。这些机构都拥有一个特别的许可，允许它们不必负担直接的社会使用功能。一个无法拥有这些角落和空间的社会，就无法建立存储记忆。拥有这种许可的语境首先是艺术、科学、档案馆和博物馆。在这种场所里固有的距离感通常会防止一种直接的、工具性的认同联系。正是由于这种距离的保持使得存储记忆对社会具有重要意义；它作为不同于功能记忆的语境在某种程度上构成了它们的外部视域，从这里可以对投向过去的狭隘视角进行调整、批判，更重要的是进行改变。仅从这点来看，推崇一个，打压另一个是毫无意义的。在文字文化中，两种形态都是存在的，对文化的未来来说，两种形态在新的媒介条件下能够同时并存是至关重要的。

这一论点还得到另一个历史学家的观点的支持。卢兹·尼特哈默尔也把历史和记忆当成相关的因素考虑。但他并不让历史和

第六章　功能记忆与存储记忆

记忆唱对台戏，而是把记忆提升为历史学的一个新范式，"把历史改写成记忆隐喻是由于其历史哲学基础的消失，另外也是由于认识到，人们对历史经验、对各种引导性的角度和多种可选择性的需求没有消失，反而增加了"。① 记忆应该为历史提供方向的引导，按照尼特哈默尔的观点，记忆应该有两面，他用史料学的两个概念"传统"和"残片"（überreste）来描述（我们在下文将使用"文本"和"痕迹"[Spuren]两个概念来指这两种史料群）。在尼特哈默尔那儿，传统和有意识的、有意愿的记忆相对应，这种记忆把过去强行纳入一个社会意义结构中。残片则对应一个不再或还没有让人意识到的非意愿回忆（mémoire involuntaire），像从德昆西到普鲁斯特和弗洛伊德这些著名的记忆理论家一样，尼特哈默尔认为："没有什么会被完全遗忘，所有的感知都会在记忆的痕迹中留下一个或苍白，或被压抑，或被覆写的印迹，这些印迹原则上来讲是能够被重新找到的。"② 作为历史学家尤其是口述历史研究者，尼特哈默尔特别关注残片这一记忆层面。他把这一层面看作是集体无意识的物质表现，这种集体无意识既没有被应用到过去的意义生产之中，也没有完全遭到被压抑的命运。它是表面看来没有传承或不被察觉地顺带传承了下来的东西，"位于社会意识到的和丢失了的东西的中间地带"。③ 尼特哈默尔提出的"传统"和"残片"的对立可以翻译成"功能记忆"和"存储记忆"的对立，他的历史书写的计划也可以和这里建议的两个记忆层面的互动相互接轨。他承接

---

① 卢兹·尼特哈默尔:《后现代的挑战，在科学时代历史作为记忆》（Lutz Niethammer, "Die postmoderne Herausforderung. Geschichte als Gedächtnis im Zeitalter der Wissenschaft"），见《历史话语》第一卷:《历史书写史的基础和方法》（Wolfgang Küttler, Jörn Rüsen, Ernst Schulin, Hgg., *Geschichtsdiskurs*, Bd. I: *Grundlagen und Methoden der Historiographiegeschichte*, Frankfurt a. M. 1993），第31—49页;此处第46页。
② 尼特哈默尔:《后现代的挑战》，第44页。
③ 同上书，第47页。

哈布瓦赫和本雅明提出的批判性的历史书写方法,想要找寻过去留下的那些没有在集体记忆的传统形成中找到入口的痕迹,找寻那些通过挖掘另类的知觉和被埋葬的希望而打乱不断趋于僵化和简单化的传统意义建构的痕迹。

我们总结一下,"历史"(从批判的历史书写的角度看)是一个文化细分过程的产品。它通过摆脱"记忆"(从规定性传统的意义上)而得到发展。这种"社会知识存量"(托马斯·卢克曼)的细分,并不像人们担心的那样,一定会导致鲜活的群体记忆的消解(史料学术语称之为"瓦解"[Zersetzung])。取消历史书写的价值而把记忆神秘化,让记忆的两种模式相互排斥,只会给双方带来潜在的难题,而它们的交叉却是对双方都有益的校正措施。因为一个和存储记忆脱节的功能记忆会沦落成幻象,和功能记忆脱节的存储记忆会沦落成一堆没有意义的信息。存储记忆可以匡正、支撑、修改功能记忆,功能记忆可以使存储记忆获得方向和动力。两者密不可分,属于一个兼收并蓄的文化,这种文化向内"接受自己内部的各种差异,向外敞开自己"。①

第三节 与克里斯托夫·波米扬的一场关于历史和记忆的谈话

1994/95 年,一群科学家和艺术家被邀请到加利福尼亚圣莫尼卡的盖提中心,研究记忆这个题目。克里斯托夫·波米扬也有一段时间参加了这个小组,所以在那儿有机会产生了这场对话。对话是 1994 年 12 月 26 日用英语进行的;我在同一天凭记忆把它记录了下来。对话的具体问题是,在巴黎、布达佩斯和比勒菲尔德

---

① 尼特哈默尔:《后现代的挑战》,第 48 页。

进行的记忆研究是不是可以建立联系。在这个关联中也提到了耶尔恩·吕森的大名,他在比勒菲尔德的跨学科研究中心有一个关于"历史意义建构"的研究小组,我在1995年的夏季学期也参加过这个小组。

波米扬:吕森先生不就是那个要把记忆和历史等同起来的人吗?我对此不敢苟同。目前有两种潮流,我觉得它们都有错误。一种想把历史缩减为记忆,另一种想把历史缩减为修辞。这两个情况里边出现的问题我觉得都可以称为历史的扁平化。吕森看来是要追求第一种方向,海登·怀特是第二种方向。但两个人都否认了第三种可能性:即批判的历史书写是一个科学的话语。也许这听起来很无聊又过时,但是我绝不想把像瓦拉这样的学者和其他人馈赠给我们的这个成果弃之不顾,我无论如何都不会放弃它。他们确定了历史真实性的标准,并且发展了能够揭露伪造文献的方法。如果我们抛弃这种批判的历史书写,对我来说就是抛弃了一些性命攸关的东西:那就是客观的、跨主体的真实之标准。

另外还有一点,这些极端的、想要缩减历史书写的趋势看起来好像主要存在于理论的空间之中,但是日常的科研活动在实践中基本上还是在照旧进行。如果有人放弃了这门学科的批判性工具的话,那他还有什么机会能找到一份工作呢?

阿斯曼:这种区分我觉得对我很有帮助,即使我对这个问题有另外的看法。历史书写显然(至少)有三个非常不同的维度:科学的、记忆的和修辞的。我只是怀疑,它们是不是与您估计的一样真正地相互排斥。难道问题不正是出在这些单独的功能和维度被绝对化、被混淆、被用来相互争斗了吗?比如人们可以说,德国的历史学家之争就是这样一个混淆或者绝对化的结果:当时有代表记忆维度的立场,也有代表科学维度的立场。一些人写下了犹太大屠杀的历史,是为了给人类历史上最大的罪行留下证据,并且把它固定在人的回忆之中,另外一些人是想把这个事件进行比较,用因果关系来进行阐明。也许这两种维度,科学的和记忆的根本就无法那么绝对地——也许只会造成双方的损失——割裂开来?在法国不也有相似的趋势要把历史和记忆对立起来吗?我想说的是皮埃尔·诺拉和他的巨大的项目"记忆之场"——难道这不是反对科学的维度、而向记忆维度的回归吗?我想到他的一篇文章,在文章里他把这两个概念相互对立起来,并且一再强调,历史会侵蚀鲜活的回忆。

波米扬:不能这么来看。有两点需要说明。第一,诺拉并没有拿回忆来反对历史,而是完全在科学的历史书写的范围之内活动。他的新颖之处在于,他把纪念碑的历史作为一个历史书写的新对象进行了发掘。这个项目大约从1978年到1992年,一共出了七卷越来越长的书(第一卷《共和国》,第二到第四卷《民族国家》,第五到第七卷《法兰西》),我从一开始就参与了这个项目,通过很多的谈话和讨论课,对诺拉的设想了解得很清楚。第二,要想明白他所说的"回忆被历史科学侵蚀"的说法,人们必须知道诺拉的项目开始之前发生了什么事情:那就是年鉴学派。布罗代尔是我的老师,但不是诺拉的老师,他研究历史不带任何与记忆的关联。他专注于像人口结构和价格波动等必须脱离可感知性、可回忆性,也就是脱离了可编码性的进程。也就是说,他在参与者的背后来研究历史。这最终造成的结果是,历史成为一个高度特殊的事件,跟外行不再有任何的关系。为获得这些新知识而付出的代价是高昂的:历史渐渐地淡出了民众的意识,并且渐渐被排除在学校课程和教学计划之外。诺拉正是从这里开始他的工作的。他想要把历史重新唤回记忆之中,使它重新进入公民的记忆里,他就是以这种方式开始对象征物和纪念碑感兴趣,也就是说,对那些曾经真正在民众的意识中显现的历史的形式,也许现在仍在显现的历史的形式感兴趣。

阿斯曼：所有这些却表明了,历史书写的记忆维度和科学维度并不是相互排斥的,而是以一种复杂的方式相互联系。但是我们是和实证主义的历史书写的代表们完全分道扬镳的,因为我们都认为,历史书写**也是**修辞地进行的,也就是虚构的,意思是人造的,同样**也**与在某一地点的某一人群有记忆的关联。两者都不再是能够从科学话语中完全干净地消除掉的因素,两者更可能被包括在历史书写这一工作的新使命之中。

第二部分

媒　介

第一章　回忆的隐喻

> 过去的图像用一只手的手指数不完，
> 用两只手的手指也数不完。
> ——马里奥·布雷通

在媒介和记忆的隐喻之间存在着紧密的相互关系。因为哲学家、科学家和艺术家为回忆和遗忘的过程找到的图像，分别对应着当时主流的物质的书写系统和存储技术。要重现这些丰富图像的一部分，也就意味着，描述各种记忆理论在和媒介历史相交的部分里的转变。因此，当我们在下文漫步在图像想象的历史博物馆中时，也可以在关注隐喻的同时用**软聚焦**（soft focus）的方式把记忆的不断变换的媒体也同时参观一下。

英国小说作家乔治·艾略特在一本早期的长篇小说中曾经思考过隐喻的意义、可变性以及不可避免性。她历数的那些图像阐明了人类思想的作用方式。对于一篇关于记忆的隐喻的论述来说，这些文字有双重相关的意义，第一是因为它们一般性地描绘了隐喻的作用，第二因为作家提到的这些图像也被当作核心的记忆隐喻使用。

如果人们换了比喻，事情就会变化，这真是令人惊奇。我们一旦把大脑比作一个思想的胃，那个把大脑想象成一个需要用犁耙去开垦的精神土地的整个画面都不能用了。人们也可以跟从权威巨擘们把思想比作一张白纸或一面镜子,在这种情况下关于消化系统的想象又变得无关轻重了。……理智很少能够用语言来表达,经常要逃向图像,我们还没有说出来什么东西是什么,就必须去说什么东西不是什么,这难道不值得悲叹吗?①

艾略特在她的思考的结尾发出的感叹可以当作下列观察的出发点,如果我们把这个感叹变成一个判断,那就是,谁要说起回忆,就不能不提及隐喻。这不仅对于文学的、教育的或者其他前科学的思考是适用的;即便在科学领域中,每个新的记忆理论通常都会带来一个新的图像上的导向。回忆这种现象显然把直接的描写拒之门外,而挤入隐喻之中。图像在其中扮演着思维模式、模型的作用,它们标志出概念的范围以及理论的导向。因此"隐喻"在这个领域不是改写性的语言,而是最先开发和建构其对象的语言。对于记忆图像的探寻同时也是对于不同的记忆模式、它们的历史语境、文化需求和阐释模式的探寻。

关于这个题目哈拉尔德·魏因里希曾经写过一篇简短的、有指向标意义的文章,他在文中写道,在记忆隐喻的领域中,并不像人们揣测的那样存在一大堆五彩缤纷、纷繁缭乱的图像。② 按照他的观点只有两个核心隐喻:黑板和仓库。它们有它们的特殊来源,并属于特定的传统。**仓库隐喻**来自诡辩派和雄辩术的语境,雄辩术在这里是指以一种可以学习的技能来创作富有说服力的演说,在这一框架下,以实用为目的锻炼语言技巧和记忆能力。而被

---

① 乔治·艾略特:《弗洛斯河上的磨坊》(George Eliot, *The Mill on the Floss* [1860], Harmondsworth 1994),第140页。
② 哈拉尔德·魏因里希:《记忆隐喻的类型》("Typen der Gedächtnismetaphorik", Archiv für Begriffsgeschichte [1964]),第23—26页。

柏拉图精细描写的**黑板隐喻**却不是与人工的、而是与自然的记忆有关。这种记忆呈现为一种神秘的、神祇般的天赋，并且被放置在人的灵魂的最深处。

魏因里希把他的命题用下列文字总结出来："记忆图像领域的双雄并立是西方思想史的一个事实。它们大概与记忆这一现象的双重性相关；仓库隐喻主要集中在记忆这一极，黑板隐喻则集中在回忆的一极。"[①]但是这种"记忆现象的双重性"是否能清楚地用德语的词汇来表达？德语是否在给我们提供了近义词"回忆"和"记忆"的同时，也给了我们在概念上进行细分的机会？当然这两个词已经一再为概念上的固着提供了契机。如果我们停留在日常语言使用的层面上，那**记忆**显示的是一种技巧并具有器官上的基础，而回忆是特定内容在记住和唤回时的实时的过程。如果谁把这个搞清楚了，也就会明白，这两个"极"不可能毫发无损地相互分开。把记忆和回忆定义为**对立的概念**，还不如把它们定义为**成对的概念**，作为**一个关联的相互补充的方面**来理解，在每一个模式中都会同时出现。

我们重新提起关于记忆的隐喻的问题，就会冒着把魏因里希描绘的简明而清晰的图画弄得模糊的风险。但是我们并不是要加入无数的随意的记忆的隐喻，而是要在他建议的基础上通过一个系统的扩展而加入另外一个重要的维度。黑板和仓库都是空间性的隐喻；黑板是一个二维的平面，仓库包含着一个三维的空间。但是记忆和回忆从根本上来讲是包含时间的现象，没有**时间这第四个维度**是很难适当地去思考它们的。比如，回忆的暂时的不可支配性和它的建构性的事后性用纯空间性的比喻是很难表达的。相反，这些空间性的比喻暗示了持久的在场和可通达性，而这用在回

---

① 哈拉尔德·魏因里希：《记忆隐喻的类型》，第26页。

忆上面恰恰是很成问题的。在下文中要展示的一系列的例子并不想要为记忆隐喻提供一个系统的或类型上的完整性。从魏因里希的指向空间的图像领域出发,这些例子将形象地展示记忆那让人惊讶的图像生产力以及这些图像的可能性和局限性。因为记忆现象的复杂性并不反映在个别的图像中,而是在许多不充分的图像的交叠、移位和区别里。

第一节　文字隐喻:黑板、书籍、复用羊皮纸

在电子文字发明之前,书写局限于两种基本的技术:把颜料涂抹到一个平整的平面上或者刻到一个可以接收的物质上。由于纸张在13世纪才开始流行,而纸莎草和羊皮纸是稀少和珍贵的材料,因此在古老的文化中文字是写到蜂蜡、黏土和石头上的。这些书写可以等同于镌刻,这也就是为什么希腊语词汇"文字"的意思是刻写的文字的原因。在柏拉图那里记忆被比作一个蜡板,这是古希腊罗马学生学习写字的工具。苏格拉底在对话《泰阿泰德篇》中使用了蜡板的图像,它是记忆女神的礼物,这一图像被用来描述回忆(原图,Urbild)和感知(模仿,Abbild)的关联,这种关联对于可靠的回忆作为认识来说是前提条件。记忆的内容是否能干干净净地印刻到"灵魂的骨髓"里边,是与认识的精确或者混乱相关的。[①] 从刻写到印章只有一步之遥,这个比喻是亚里士多德为记忆使用的。他对这个图像的使用特别具有启发意义,因为他借助这个比喻不仅解释了记忆的作用方式,而且还描述了它的

---

① 柏拉图:《泰阿泰德篇》(Platon, *Theaetet*, 191 c, d.),在对话《斐利布斯篇》中苏格拉底将灵魂比喻为一本书,书写者在书中写入了或真或假的话,这些话又与或真或假的图像相联系;柏拉图:《斐利布斯篇》(*Philebos* 40a d);摘自《晚期对话 II》(*Spätdialoge II*, Zürich/München 1974),第8卷,第53页。

第一章　回忆的隐喻

局限性和缺失：

> 经历，它的存在人们称之为记忆，就像一幅图画，因为进行的动作会留下一个感知图像的印象，就像人们用一个戒指来按下印章。因此那些由于感情或者年龄的关系十分激跃的东西不会停留在记忆中，仿佛运动和印章是被印到了流动的水里。另外一种情况下印象也不会产生，原因是支离破碎，就像老旧的房子，或者是用旧的材料变得发脆一样。因此特别年轻的和特别老的人都没有好的记忆，因为正在成长或是正在消逝的生命就像处于流水般的发展过程中。①

好的记性有赖于特殊的生理的稳定状态，这种想象一直保持到17世纪的医学之中。在莎士比亚那里还能找到对亚里士多德提出的基础的间接指涉，比如在《暴风雨》中对奴隶卡列班的教育都因为他的记性很差而毫无结果："可恶的贱奴，不会学一点儿好。"（第一幕第二场，第351—352行）记忆力和社会机遇在这里被带入了一种相辅相成的关系中。普洛斯帕罗认为那个野人没有学习和发展能力，他作为小岛的殖民者就有权力去奴役他，让他去做最低贱的事情。

"牢牢地记住某事"这句话经常会借用圣经式的语言用"写入心里"这个图像来表达。耶利米让上帝说道："我将把我的律法放入他们的内心，让他们把它写入心中"，这时他想的是"心中的记事板"（耶利米31,33；参见德文6,6）。关于上帝的世界之书的想象首先在美索不达米亚得到了证实，这样一本无所不包的书籍是

---

① 亚里士多德：《自然诸短篇》《论记忆与回忆》（Aristoteles, *Parva Naturalia* 450 a 30 ff, Über Gedächtnis und Erinnerung），见保罗·戈尔科：《亚里士多德：灵魂学说短篇》（Paul Gohlke, Hg., *Aristoteles. Kleine Schriften zur Seelenkunde*, 2. Aufl. Paderborn 1953），第65页。

完全的记忆的象征。① 这本书不像历史书和账本一样记下的只是过去的事情，而且还有所有未来的时间。在第 139 首雅歌中也有相似的描述，这里说到上帝的全知，并且使用了书籍的隐喻。这本书跟一部完全的、穷尽一切的世界历史毫无关系，它并非人类的记忆。它是上帝的记忆，是造物主作为统治者和法官的喉舌。上帝亲手用他的笔管写到纸莎草上的东西具有决定生杀的权力。只有在他的书里记录的才是真实的；被从这些记录之中排除掉的，就跟从没有发生过一样。

这里也应该至少稍微提及一下书写隐喻，它具有特别的、有性别特征的隐含的意思。在性别化的书写情境里，书写工具是有男性内涵的（笔—阴茎），而书写的平面，白纸的"基质"和"贞洁"，是有女性内涵的。② 下边的几句诗出自理查德·罗杰斯的音乐剧《音乐之声》里奥斯卡·哈默尔斯坦二世之口，里边典型地把年轻女子表现为一张没有写字的纸，等待着男人的书写：

> 你还得等待，姑娘，在一个空旷的舞台上，
> 命运将打开灯，
> 你的生命，姑娘，还是一张空空的白纸，
> 等待着，让男人们去书写。

文字作为记忆的隐喻是那么的不可或缺和具有暗示力，但同

---

① 这一书籍隐喻是犹太人从美索不达米亚继承而来的；L. 科卜：《古希腊罗马及基督教中的天书》(L. Koep, *Das himmlische Buch in Antike und Christentum*, Bonn 1952)，另参见汉斯·布鲁门贝格：《世界的可读性》，第 22 页以下有关于犹太教中的大生死簿的思想，以及上天的世界之书中上帝的计划及其在历史上的实现。博尔格斯把这个图像进一步提升，把它描写成上帝化身为一个圆形的"循环之书"这一神秘现象。
② 在几种语言中能观察到回忆和遗忘这些词汇也具有性别特征的内涵。关于希伯来语，雅克布·陶伯斯写道："记忆是一种积极的原则，它与遗忘这一消极的原则对立。记忆在以色列是被划归男性一极的，而遗忘则对应女性一极。Sikaron, 即记忆，是与 sakar = 男性相近的，而 nakab, 即穿孔、筛选是与 nkeba = 女性相近的。"雅克布·陶伯斯：《西方末世论》(Jakob Taubes, *Abendländische Eschatologie*, Bern 1947)，第 13 页。

时也并不完美,并引人误入歧途。因为被写下的东西是持续在场的,这明显有悖于**回忆**的结构,回忆总是不连续的,必然包含着不在场的间歇。眼前的事情,人们是不能回忆的。想要回忆,就必须先暂时脱离某事物并将其放置某处,然后再重新取回。回忆的先决条件既不是持续在场也不是持续缺席,而是多次在场和多次缺席的一种变换关系。文字的隐喻除了以文字形式加以固定之外,还暗含着记忆内容的永久可读性和可支配性,但却没有表达出回忆的结构中这种在场和缺席的变换关系。想要更贴切地表达这种情况,就必须发明一种文字的图像,这种文字一经写下不会马上可供阅读,而只有在特殊的情况下才能再次读懂。

这样一种记忆图像由英国浪漫派作家托马斯·德昆西发明了出来,他在一篇文章中把人的大脑比作一张复用羊皮纸。德昆西精确地描述了复用羊皮纸的技术程序,昂贵的羊皮纸被相继用作不同书写内容的载体:在古希腊罗马时它曾经承载过一部希腊悲剧的手迹,这可以通过仔细的加工清除掉,在古典后期容纳一篇寓意性的传奇,或在中世纪容纳一部骑士史诗。德昆西为他的时代查明了,借助化学和语文学的共同努力能够使遗忘的道路向相反的方向回归,这在当时真是耸人听闻。对于这种回忆的令人惊奇的倒后运动,德昆西还无法使用我们今天很常用的电影回放这种图像,因此他必须要采用神秘的文学的图像:"在一个长长的复归中,我们回溯到每一只凤凰之后,并强迫它去揭示凤凰的祖先,而这祖先正安息在更深层的灰烬里。"① 能够回溯到起源,正是语文学家们的魔法所在,他们能把时序颠倒过来,并且能够倒着去阅读。德昆西在此看到了回忆的逆行这种爆发性力量的图像:"人

---

① 托马斯·德昆西:《人类大脑的复用羊皮纸》,摘自《散文》(Thomas De Quincey, "The Palimpsest of the Human Brain", in: Essays, hg. v. Charles Whibley, London o. J.),第272页。

类的大脑难道不像一张自然的、伟大的复用羊皮纸吗？不可磨灭的思想、图像、感觉一层层柔和得就像光线一样叠放在你的大脑中。每一层新的看起来都会把前边的所有层次掩埋。但实际上没有一层会被消除掉。"①

让德昆西着迷的是已经逝去的东西完全重建的可能性，"已经长眠在尘埃中的东西复活的可能性"。对他来说回忆并非来自某个意愿，也不是一种可以学会的技巧；它在特殊的情况下不期而至。一层又一层的书写内容放置在人类思想的神秘的复写羊皮纸上，新近的内容成为老旧内容的坟墓。"但是不管在濒死的时刻，还是因为发烧或者吸食鸦片，所有这些（图像）都能重新获得它们的力量。它们没有死亡，它们只是睡去了。……在系统经历了一次剧烈的震动时，所有的东西就会反转回到它最早和最基本的阶段。……既没有炼金术，也没有激情或者疾病能够消除这些不死的印象。"②

对于德昆西来说，记忆是一个不死的、永远不会逝去的印象的保存地。这些印象虽然对人来说原则上是不可支配的，他不能控制和统治它们，但是它们却被写入了他的身体。这种对于持久的、但是不可支配的回忆痕迹的想象是与华兹华斯的"回想"根本不同的。回想是一种想象性的重构工作，这种想象是把普鲁斯特的**非意愿回忆**提前表达了，非意愿回忆同样也与心身的持久痕迹的想象密不可分。普鲁斯特认为，"按照报纸写手的哲学，所有的东西都会沦于遗忘，而相反的哲学认为，所有的东西都以某种形式保

---

① 托马斯·德昆西：《人类大脑的复用羊皮纸》，第273页。
② 德昆西在这里表达了一种普遍的信念，即"在正常情况下，整个的人生经历只在生命的最后几秒，即著名的濒死电影里出现。只有那时，人才知道自己是谁。"海纳·米勒：《在民族国家之外》(*Jenseits der Nation*, Berlin 1991)，第71页。

存着。与之相比,报纸写手的哲学极有可能并不是那么正确"。①
他谈到一种"现实,对这种现实的真正认识也许到我们死亡的一刻都不可能得到,但它却是我们的生活"。这种真正的生活人们看不见,"因为它并不想着去接触光线,但是它们的过去里边却塞满了数不清的照相胶片,这些胶片都没有使用过,因为它们的理性并没有把它们'洗出来'"。②

　　弗洛伊德也研究过转瞬即逝的和持久的印记之间的对立。对于记忆中不断变换的在场和缺席这一问题,德昆西将其改写成了复用羊皮纸的图像,而弗洛伊德则用一个悖论的形式表达出来:怎么样才能设想保存和消除这两种相反的功能的同时性?"无限的接收能力"和"持久痕迹的保留"怎样相互包容?③ 德里达描绘了弗洛伊德从(神经的)"痕迹"转向(心理的)"文字"所走的道路。④ 弗洛伊德最终是借助一个隐喻解决了这一记忆悖论,这也展现了,图像并不仅仅是文学性的改写,而且也是科学启发学的工具。他用所谓的"神奇画板"这种文字模型重构了这种心理机制。这种稀松平常的、直到今天仍在儿童房间里使用的玩具帮助弗洛伊德获得了科学上的声誉。因为这种由三个层次组成的书写工具使他明白了持久痕迹和白板共存的秘密:最上面是一层赛璐珞纸,可用来书写和覆写,第二层是一层很细腻很薄的蜡纸,会粘到书写的笔

---

① 马塞尔·普鲁斯特:《追忆似水年华》《在少女们身旁》(Im Schatten junger Mädchenblüte),第 74 页,法文,第 1 卷,第 447 页。
② 马塞尔·普鲁斯特:《追忆似水年华》《重现的时光》(Die wiedergefundene Zeit),第 308 页。
③ 西格蒙特·弗洛伊德:《全集》(Sigmund Freud, *Gesammelte Werke*),第 XIV 卷,第 4 页;同时参见第 II/III 卷,第 543 页:"来临到我们身上的感知会在我们的心理机制上留下一个痕迹,我们可以称其为'回忆痕迹'。……但同一个系统既忠实地保存它的成分的变化,又充满活力和接纳力地去迎接改变的新契机,这显然会出现问题。"
④ "在书写于 1896 年 12 月 6 日的第 52 封通信中,弗洛伊德把他**设计**的整个系统前所未有地用图表式的概念进行了重新建构。如果这与从神经性到心理性的转变相契合,那绝不是一种偶然。"雅克·德里达:《书写与差异》,第 315 页以下。

划上,再往下是蜡板,能够保存持久痕迹(被占据的神经分布),在光线合适的情况下能够看到这些痕迹是一些很细的沟沟岔岔。

弗洛伊德用神奇画板描述的记忆模型与德昆西的复用羊皮纸的模型十分接近。两者都使用了文字隐喻,去展现一个现象的复杂性,在这种现象里可靠的储存能力("不死的印象")和无限的接受能力("柔和得就像光线一样")却能与暂时的不可支配性联系在一起。普鲁斯特和本雅明两人都把不可支配性的时刻(即缺席),或者更确切地说,潜伏状态置于其记忆研究的核心位置,后者是用自传的角度,前者是从历史哲学的角度。瓦尔特·本雅明把解读、可读性这一时刻的不可确定性用"可认识性的现在"(Jetzt der Erkennbarkeit)这一公式包装起来。作为生活在20世纪的人,他用摄影作为记忆的隐喻,代替了文字作为记忆的隐喻,他写道:"历史就像一个文本,在这个文本中过去就像在一张对光线敏感的底板上一样存放了很多图像。只有未来才拥有能够清晰地显示这些图像的化学制剂。"[①]就像在复写羊皮纸上一样,在摄影中也需要有化学制剂参与,才能使一种不可见的文字变得可读,或者一个不可见的图像变得可见。但是不管是在德昆西那儿还是在弗洛伊德那儿,严格地讲,都没有提到文字作为一种符号编码的意义。两个人都把"文字"用"痕迹"来替代。由于这种替代,"写入"的范围被大大扩展了;它还包含了新的记录技术,比如摄影。我们会说**光线文字**,并由此暗示的是,即使图像也出自书写的过程。当然这里没有人在书写;更多的是技术仪器发挥了媒介的作用,借助这一媒介现实的东西可以自行"写入"。比如在苏珊·桑塔格对摄影的描述中,我们可以看出最古老的记忆隐喻的延续:

---

① 瓦尔特·本雅明:《全集》(Walter Benjamin, *Gesammelte Schriften*, hg. Rolf Tiedemann, Frankfurt a. M. 1980ff.),I,3,第1238页。

第一章 回忆的隐喻

"一幅照片不仅是一个图像(就像一幅画是一个图像一样),不仅是对现实的阐释;它同时还是一个痕迹,是现实的直接的模板,就像一个脚印或者一个死者面具。"①

第一次世界大战之后心理治疗师恩斯特·齐美尔曾使用摄影术中的概念来描述战争创伤的现象:一个创伤经历在无意识基质中的自我写入正好对应着摄影中现实片段在胶片中的自我写入。齐美尔写道:"恐惧的闪电留下了一个像照片一样精确的图像。"②英国心理治疗师威廉·布朗同样专门进行战争创伤的治疗,他把通过催眠重新唤醒的潜伏的记忆痕迹比作"一个电影胶片上的相互连接的摄影图景"。③ 他的描述读起来就像德昆西的复用羊皮纸的现代版。不仅如此,技术史和记忆理论之间的精确对应还更加持久。只要摄影和电影这些模拟媒介还在把它们的图像像痕迹一样刻入物质的载体,在普鲁斯特和瓦尔堡直到弗洛伊德的记忆理论中,记忆痕迹的固定性和不可消除性这种观点就会占据主要的位置。在数字媒介的时代,不再进行刻写,而是协调开关,让脉冲流动,我们经历的正是对这样的记忆理论的脱离。记忆不再被看作是痕迹和储存器,而是看作一个可塑的团块,在当下不断变换的角度中被不断重新塑形。

---

① 苏珊·桑塔格:《论摄影》(Susan Sontag, *On Photography*, New York 1979),第154页。
② 转引自沃尔夫冈·夏弗纳:《战争作为创伤——关于阿尔弗雷德·德布林的〈哈姆雷特〉中战争精神病的心理分析》(Wolfgang Schäffner, "Der Krieg als Trauma. Zur Psychoanalyse der Kriegsneurose in Alfred Döblins Hamlet"),见《硬战争/软战争:1914—1945年间的战争与媒介》(M. Stingelin, W. Scherer, Hgg., *Hard-War / Soft War. Krieg und Medien 1914-1945*, München 1991),第34页。感谢伊蕾娜·阿尔伯斯给我这个提示。
③ 威廉·布朗:《情感回忆的复苏及其治疗价值》(William Brown, "The Revival of Emotional Memories and Its Therapeutic Value"),载《英国心理医学杂志》(*British Journal of Medical Psychology* I)(1920),第17页,转引自鲁特·莱斯:《创伤疗法:炮弹休克,让内与记忆的问题》(Ruth Leys, "Traumatic Cures. Shell Shock, Janet, and the Question of Memory"),见《紧张的过去:关于创伤与记忆的文化文章》,第111页。

第二节　空间隐喻

众所周知,古希腊罗马的记忆术这种学说是把不可靠的自然记忆装载到一个可靠的人工记忆之中,从那时起,记忆与空间就建立了一个牢不可破的联系。**记忆术**的核心就在于"视觉联想",即把记忆内容和难忘的图像公式编码,以及"入位"——即在一个结构化的空间中的特定地点放入这些图像。从这种地形学的特点到把建筑物当作记忆的体现只有一步之遥。这也是空间作为记忆术的**媒介**朝向建筑物作为记忆的**象征**的一步。

功德祠、纪念剧院和图书馆是建筑式的记忆隐喻。① 图书馆作为文化记忆的隐喻,我们可以在埃德蒙·斯宾塞那儿找到一个形象的例子,这个作家我们在讲到文学与声望的时候已经见过面。在上文中提到过的他的寓意性的史诗《仙后》(1596)第二卷中,主人公作为四处游荡的骑士也参观了一座宫殿。这座宫殿是阿尔玛的宫殿,阿尔玛是纯洁的、没有因激情而心旌摇动的灵魂的化身,她居住在一个相应健康的躯体中,也就是那座宫殿中。主人公在参观这个寓意性建筑时欣赏了不同的身体功能,最后登上了塔楼。那里有三个小房间可供参观,房间前后相通,里边分别住着三个男人,最前面的房间是朝向未来的;它里边充斥着千奇百怪的杂种怪物、虚幻图像和没有完全成熟的思想。这些东西像一群蜜蜂一样在里边嘤嗡作响。这个房间的居住者也很年轻,他是一个忧郁阴沉的形象,让人觉得他像一个疯子。

---

① 创造这个隐喻的诗人和理论家是 J. L. 博尔赫斯(《巴别塔的图书馆》);T. S. 艾略特和 E. M. 福斯特也在 20 世纪 20 年代指出过图书馆是一种共时性的传统视域。另参见乌尔里希·恩斯特:《头脑中的图书馆》,《文艺学与语言学杂志》第 105 期(1997),第 86—123 页。

第一章　回忆的隐喻

第二个房间的居住者是一个成熟的男人,被描绘为智慧的化身。他的居所是当下,也可以说是:思想集中于当下。墙上的图画记录了责任重大的行动、审判和公开决定的时刻。

第三个房间在第二个房间的后面,给人一种破败的印象。墙皮剥落,墙壁歪斜,它的居住者是一个垂垂老者,已经半瞎,但他身体的衰弱与他思想的清明形成对照:

> 里边住着一个很老很老的男人,已经半瞎了,
> 他虚弱的身体完全垮掉了。
> 但他的思想又积极又活跃,
> 这补偿了他的某些疾患。
> 人们宁可忍受这样的疾患而获得双倍的思维能力。

思维的敏捷主要是与记忆相关。记忆被称作是"无限的",是一个"不死的匣子,东西被牢牢地和永远地保存在里面"。老人的名字叫作**欧墨尼斯得斯**(Eumenestes)。因为他比内斯托(Nestor)和莫图萨勒姆(Methusalem)加在一起还老,他是有史以来所有事情的见证人。他住在他的蜗居里,周围全是过去的文书。他的档案馆里保存的物品上都有着让人肃然起敬的古老年代的痕迹;落满灰尘的两开大书、大开本书和手卷,它们都被虫蛀了,上边布满了霉斑。老人坐在这些宝藏中间,翻着书页("摸索和翻着它们不停歇")。因为他太衰弱了,自己已经无法把这些书本从架子上取下来,因此有一个少年作为图书馆帮工来帮助他。这个灵巧的小伙子,他甚至能找到丢失的和散乱的书籍,他的名字叫"阿纳姆内斯得斯"(Anamnestes)。

我们通过这个描写不难再次认出受到亚里士多德影响的中世纪的官能心理学。这种心理学把人类的思想区分为想象、理性和记忆三个方面,并且把它们放置到三个前后相连的脑室中。斯宾

塞把个人与集体、内心和外界的界限消除了，他把记忆视觉化为一座里边放满了古老大书的图书馆。这种储藏的力量并不是借助于某种超越尘世的神力，也不是出自一种确立价值的行为，而是借助书籍本身以及收藏和保管它们的图书管理员。书籍作为信息载体替代了"赞美者"这一职业群体，他们曾在口头文化中作为职业的永恒制造者负责集体记忆的建立和保存。那些被物化为手卷以及书籍的数据载体虽然每个上面都留有时间的痕迹，但是在斯宾塞的寓意性的塔楼房间里却完整和永久地保存着人类的记忆。

另外，在斯宾塞的记忆隐喻里还可以区分两个角度，分别称为被动的和主动的原则，并且可以归类于本章开头提到的"记忆"和"回忆"这两个相互补充的角度中。被动的记忆的名字叫欧墨尼斯得斯，这个形象代表了储存器，对搜集的数据的无限的存量。积极的回忆的名字是阿纳姆内斯得斯。他代表了寻找和取出的活动的能量，这种能量帮助数据从潜伏的在场变成显现的状态。记忆是储存器，回忆从它之中选取、现时化、取其所需。

记忆的建筑隐喻与多种不同的记忆形式相关。功德祠在一个得到广泛认可的、超越时间的价值的万神庙里将榜样式的人物和作品神圣化和纪念碑化。在功德祠中地方狭小，使得接收的标准变得尤其严格。而被图书馆保留的记忆存量却是不断扩张的。它们是关于过去的知识，是抵御了时间的冲刷被拯救的知识。功德祠是为了未来进行纪念，图书馆则是通往过去和现在的知识的入口。第一种文化记忆的模式让我们联想到经典，另外一种联想到档案。

经典和档案虽以不同的方式，却都包含了组织、经济学、可支配性——所有这些角度都是人工记忆优越于自然记忆的地方。秩序是通过记忆术训练的记忆力的基本原则，而在自然的记忆中却是没有秩序的。我们记忆的一部分可以系统地建造成知识的储藏

第一章　回忆的隐喻

地,另一部分,接收我们的感官知觉和生活经验的那一部分,在任何情况下都是混乱的和未加整理的。与学习记忆(心理学家称之为"语义记忆")相反,经验记忆(或者"短暂记忆")是没有系统的、偶然的和无关联的。经验记忆的关联法则是流散的、个人的联想。弗吉尼亚·伍尔芙就曾经被经验记忆那不可预见的可能性所吸引;她把与之相联系的概念叫作"迷惘"和"神秘"(muddle and mystery)。① 她的凸显女性特点的记忆隐喻是女裁缝和晾衣绳。在这两个图像中都表达了流散性的联想作为回忆的支撑结构的原则:"回忆是一个女裁缝,而且特别情绪化。她拿着她的针一会儿插进去一会儿拔出来,一会儿上一会儿下,一会儿往这儿一会儿往那儿。我们永远不可能知道下一步会出现什么,后面会跟着什么。"日常的行为会不经意地"唤醒成千上万奇特的、不相连的碎片,时而明亮,时而苍白,鼓荡起来,上下翻飞,或者飘飘落落、就像一个十四口之家的衣服晾在晾衣绳上,在清新的微风里熠熠发光"。②

其他的关于未加整理的个人经验记忆的空间隐喻是波兰作家安德烈·施奇皮奥尔斯基发现的。他在一篇我们后面还将更详细地谈到的文章里把自己描绘成一个头发灰白的老人,"肩上扛着一袋自己的经验,大部分都是他一生中保留下来的"(第225页)。关于青少年时期的回忆,他写道:"那早年的经验虽然还活在我的身体里,但是不知在哪儿藏得很深,在堆得满满当当的、满是灰尘的回忆的阁楼上,人们很少去到的地方。"被存放在阁楼上的东西,就会在那儿"不被察觉、经年沉默、不被需要"。③

---

① 弗吉尼亚·伍尔芙:《奥兰朵》,第55页。
② 同上。
③ 安德烈·施奇皮奥尔斯基:《关于事情近况的笔记》(Andrzej Szczypiorski, *Notizen zum Stand der Dinge*, Zürich 1992),第225页。

阁楼也是一个关于潜伏记忆的图像。它具有某种残片的、一种存储记忆的特点，还没有被意义的产生而照亮，但是也没有被遗忘和压抑完全地排挤掉。就像阁楼里边的破烂儿，还存在着，但是很少被检视，这种记忆固着在意识的阴影里。F. J. 荣格尔在他关于记忆和回忆的研究中区分了一种解构型的和一种保守形式的遗忘，他把后一种称为"保存式遗忘"。像"潜伏记忆"或者"保存式遗忘"这一类的概念都可以归入存储记忆的范畴里，里边存放的是互不相连的、没有被连缀入叙述的元素的存量。空间被结构化和整理的地方，我们就会和存储的媒介、隐喻和模型打交道。相反，如果空间被描绘成未加整理、乱七八糟和不可进入的地方时，我们谈到的就是回忆的隐喻和模型。从**记忆术**的空间隐喻转向**回忆能力**的空间隐喻的一步，我们将在下面谈到挖掘的图像时迈出，我们即将看到，挖掘的图像与复用羊皮纸和神奇画板这些文字性图像之间有着极大的相似性。

挖掘

弗洛伊德曾经在一篇文章中把心理分析师的工作与考古学家的工作相比较，心理学家的工作是从一个病人的表现中猜测或者建构被遗忘的东西，而

> 考古学家是要挖掘一个过去的被毁坏的或者被掩埋的居住地或者建筑物。……考古学家能够从残留的墙基构建出建筑的墙体，可以从地上的坑洼来确定柱子的数量和位置，可以从瓦砾中找到的残片重建当时墙壁的装饰和壁画，分析者也是这样，他可以从被分析者的记忆的碎片、联想和积极的表述中得出他的结论。通过补充和拼接保存的残迹来重构，这是

第一章 回忆的隐喻

两者都具有的无可争辩的权利。①

弗洛伊德用挖掘的隐喻强调了心理分析的回忆工作中(重新)建构这一具有创造力的部分。但是对弗洛伊德来说,考古学和心理分析之间也存在着显著的差异。考古学家只在极其罕见的情况下比如在庞贝或者挖掘法老图坦卡蒙的坟墓时找到未遭破坏的古迹,但是心灵考古学家发现的却是,所有重要的东西都保留着,"即使那些好像完全忘记的东西,也以某种方式在某处存在着,只是被埋没了,并且不受个人的支配了"。②

考古发掘的图像就像复用羊皮纸的图像一样在记忆理论里引入了深度这一范畴。深度是与一种空间性的记忆模型相联系的,这种模型不仅把空间与存储能力和秩序联系在一起,而且也与不可通达性和不可支配性联系在一起。德昆西提到过回忆的**层次**,它们层层叠加,看起来像是埋葬了起来,但是实际上只是不可磨灭地存储了起来。德昆西和弗洛伊德一样都很肯定那些心理上埋葬的东西还可以起死回生:"对那些长眠在尘埃中的东西有重生的可能性。"他使用的图像是遗忘的裹尸布,在生与死之间的某一个决定性的时刻将会被拿掉。③

普鲁斯特的非意愿回忆也是被有深度的记忆模型决定着。在他著名的"玛德琳小甜点"的段落中提到大海的深处,而不是土地的深处,埋藏着被遗忘的东西。一个很简单的味觉刺激,被一勺茶

---

① 西格蒙特·弗洛伊德:《分析中的结构》("Konstruktionen in der Analyse"[1937]),摘自《全集》第 XVI 卷,第 41—56 页;此处第 45 页以下。C. G. 荣格曾记录过自己的一个梦,在梦中他身处一座房子之中。他慢慢地一层层下楼,从上面一层带洛可可式家具的客厅,下到底层中世纪风格的房间里,然后到了罗马式的地窖,最终来到一个史前的岩洞中。在这个梦中,他把个体发展的记忆和种系发生的记忆联系在一起。见《荣格的回忆、梦境和思想》(Aniela Jaffé, Hg., *Erinnerungen, Träume, Gedanken von C. G. Jung*, Freiburg 1984),第 163 页。
② 西格蒙特·弗洛伊德:《分析中的结构》,第 46 页。
③ 托马斯·德昆西:《人类大脑的复用羊皮纸》,第 245 页。

和泡软的糕点激发出来,就会突如其来地建立与深藏的回忆层次的联系。身体在此时被置入了一种从未体验过的幸福状态:"我不再觉得自己是一具平凡无奇的、被偶然决定的肉骨凡胎。"① 叙述者在这里短暂地超越了人作为有时限的生命的状态,他经历了一个冥忆的时刻,一个神秘的末日时刻,一个大圆满的时刻,一个完全的在场,将所有被时间抢掠的部分和环节都重新取了回来(re-membering)。但是这一阶段并没有就此结束。在身体之后思想还要回忆起它的那一部分:"我放下杯子转向我的思想。它必须要找到真实情况。"思想上的回忆工作证明自己是一种吃力的、辛苦的、漫长的过程,但是最终这项工作成功了,因为普鲁斯特也发现,所有最主要的东西还都保留着。普鲁斯特的这种高强度的思想上的回忆工作不能称作记忆术,而是一种宗教性的静思修身意义上的冥想。它必须通过一长串的试验链条,直到最终找到那正确的咒语,使得埋藏在深处的回忆的"锚链"能够被"提起",并且帮助它上升到记忆的表面。普鲁斯特以无与伦比的形象笔触描写了回忆的人如何同时既是积极的又是消极的:"(我)感觉到,在我身上有个东西开始颤巍巍地活动起来,并且移动了位置,好像它试图要站起身来,就像在大洋的深处锚链的启动;我不知道那是什么,但是它开始慢慢地在我身体里上升;我感觉到对抗的力量,听到被大步穿过的空间里的哗哗响声和喃喃絮语。"②

即使这里的回忆者完全是一个人,但普鲁斯特的回忆工作并没有唯我论的因素。按照莫里斯·哈布瓦赫的观点,即使这样的回忆也同样与社会的框架相呼应。记忆被外部的世界召唤和挑动,通过外部世界记忆才能肯定自己。如果这种"回忆的氛围"丢

---

① 马塞尔·普鲁斯特:《追忆似水年华》《在斯万家那边》,第一卷,第64页。
② 同上书,第65页。

失并且陷于沉寂的话,回忆就会失去它的建构性的对手而变成一个幽灵。感觉的地震仪仍会开始摆动并记录下震动,但是那些个人成为最后载体的回忆却因为变得孤独而没有了实体。下边的一段文字明显与弗洛伊德式的考古发掘的乐观主义相反:

> 但是如果在一个人死后或东西沉沦之后,其较为遥远的过去中没有存留下任何东西,那么就只有气味和味道还会像游魂一样长久地继续它们的生命,它们更脆弱但更生动,没有实体但是能够保存,坚固不变并且忠诚,它们会回忆、等待、希望,在所有其他东西的瓦砾堆上和一个小得几乎不真实的微尘里保存着回忆的无比宏大的建筑。①

弗洛伊德把分析者和考古学家并置起来,这种做法的缺点是让人误以为精神分析有分析者积极的那一部分和被分析者消极的那一部分的工作分工。瓦尔特·本雅明曾经在一篇题为《挖掘和回忆》的文章中提出了他的所谓思维图像(Denkbilder)的一个,从而避免了这种积极与消极的对立,引进了第三个范畴,那就是媒介。在媒介的概念中积极的重构和消极的处置连接在了一起。

> 语言明确地表示了,记忆不是一种探寻过去的工具,而是媒介。它是经历过的事物的媒介,就像土地是那些被埋葬的古老城市的媒介一样。谁想要接近自己被埋藏的过去,就要像一个挖掘的人一样行动。首先他不能因为总是不停地回到同样的情形里而退缩——把这种情形扬撒掉,就像人们扬撒泥土,翻动它,就像人们翻动泥土。……因此真正的回忆更多地是为研究者能找到它们标明了地点,而不是直接娓娓道来。②

---

① 马塞尔·普鲁斯特:《追忆似水年华》《在斯万家那边》,第一卷,第 67 页。
② 瓦尔特·本雅明:《全集》,IV,1,第 400 页。

本雅明的这个图像表明了回忆是没有事实上客观的特性的；即使将它们从层层的遮盖和屏蔽中剥离出来、挖掘出来，它们也绝不会完全地脱离这个氛围。在普鲁斯特的"玛德琳小甜点"的段落里，对回忆过程的描写比起对回忆结果的描写长了一倍。通往回忆的道路，那积极的前行，"那小心翼翼的试探性的铲取"，偶然的发现，和目标，和要清点、收藏的战利品是不可分离地联系在一起的。晚于本雅明四十多年，爱尔兰诗人谢默斯·希尼把文学创作看作是个人记忆和文化记忆的一种工作，它遵循的是相似的道路。他也用挖掘的图像描述了这种记忆工作。"文学创作就是用铲子挖，用铲子挖掘宝藏，最终挖到的却是植物。'铲取'或者'挖掘'，确实也是我的第一首诗的题目，我相信在这首诗中我的感觉找到了词汇表达。……这是我第一次感觉到自己做了比把文字安排到纸上更多的事情：我感觉到在挖掘一个通往真正生活的竖井。"他的诗《挖掘》（Digging, 1964）的最后一段是：

> 在食指和拇指之间
> 停歇着羽毛笔，正跃跃欲试。
> 我将用它挖掘。①

第三节 时间性的记忆隐喻

在挖掘的图像中，记忆的空间隐喻具备了越来越多的时间性。在加强时间因素的时候，遗忘、非连续性、损毁和重构也就来到了前台。重点渐渐地推移到回忆的原则性的不可支配性和突然性，这些甚至会变成新生事物的进入之门。

---

① 谢默斯·希尼：《语言的统治：散文与讲义》（Seamus Heaney, *Die Herrschaft der Sprache. Essays und Vorlesungen*, München. Wien 1992），第7—8页。

吞咽、反刍、消化

"只要我们将大脑比作一个精神的肠胃",乔治·艾略特写道,其他的图像就会变得不能使用。记忆作为肠胃这个图像的生成要追溯到奥古斯丁,他在4世纪的《忏悔录》中写了下面这段文字:

> 记忆仿佛是心灵的肠胃,快乐和悲伤就像甘甜的和苦涩的饭菜;一旦交付记忆,它们仿佛是进入了肠胃,虽然肠胃能够保存它们,但是却不能尝出它们的味道。……就像反刍的时候饭菜会从胃里出来,这些东西在回忆的时候也会从记忆中走出。但是人们在说话时,也就是回忆时,怎么不会在意识的口腔中尝出快乐的甜美和忧郁的苦涩呢?也许其中有不相似的东西,因为相似性并不是完全的一致?①

奥古斯丁在这儿形象地展示了借助图像来思考记忆是怎么一回事。图像对他来说具有试验的性质,它们把一个事情的某些方面加以明示,但是也能够掩盖其他的方面。肠胃是与藏宝箱相反的物体:是一个通过的地方,而不是持久的地方,是一个加工和转换的地方而不是储存的地方。这个器官只有在某种特殊的生理条件下才能够作为记忆的隐喻来使用。在拉丁语的背景下,动词"ruminare"既意味着思索也意味着反刍,因此在这儿当然主要是指一头牛的胃而不是一个人的胃,牛的胃有把尚未消化的内容重新送回嘴里进行再加工的功能,这是一个对于记忆来说令人惊讶的图像,它与流行的文字、空间和建筑的隐喻相反,特别地展现了回忆行为的时间维度。时间维度的提出,在回忆这种现象中凸显

---

① 奥古斯丁:《忏悔录》(Augustinus, *Bekenntnisse*, Frankfurt a. M., Hamburg 1955),第183页。

了新的角度。奥古斯丁首先指出了一种损失、或者一种减弱。这与普鲁斯特不同。普鲁斯特在他的心身回忆时特别强调了味觉，而对奥古斯丁来说味道在记忆中消失了。味道在这儿意味着欢乐的甜美和痛苦的苦涩，是经验的一种感官特性，与当下紧密相连而不能得到超越时间的拯救。在实时的经验和回忆的经验之间有一个不可逾越的区别。这个图像强调了回忆的事后性，这是经验和它在回忆中的再现之间出现的断层。奥古斯丁借助反刍这一动作特别强调了回忆具有积极塑造的生产性的一面，这明显有别于记忆术中的取回过程。奥古斯丁关于胃的图像是记忆在缺失和在场之间的潜伏状态的图像。

在一个不同的记忆理论的背景下，尼采把胃的图像重新激活了。在关于道德谱系的第二篇文章中他发展了遗忘的积极力量这一命题，这种积极力量是针对19世纪末的一种超载的和过于精细的历史意识。他把健忘称作一种"发挥反作用的力量"。这种力量

> 不是纯粹的惰性的力，就像肤浅的人以为的那样，它更是一种积极的，在最严格的意义上正面的阻碍能力，它的这种阻碍能力作用于那些只有我们自己经历过的、感受的、收纳到我们之中的东西，这些东西在消化的状态中（人们可以把它称为"纳入灵魂的过程"）很少会进入意识，就像我们的身体接受营养的过程，即所谓的"纳入身体"的繁杂之极的过程一样。①

物质交换是身体把握的东西，并且没有意识的参与也能毫无阻碍地进行，对尼采来说这成了思想转换过程的榜样，他希望这些

---

① 弗里德里希·尼采：《道德的谱系》（*Zur Genealogie der Moral. Eine Streitschrift*），摘自《全集》第五卷，第291页。

过程能够以相似的不假思索的准确性来进行。消化不仅是一个意识减负的图像,而且是卸去一个无穷疯长的记忆重负的图像。有人因为没有机制能够定期抛弃这些重担,就得带着这些不断增加的重负生活,尼采把他这样的人比喻为一个消化不良症患者。这个人不能完成任何事情,"他什么也搞不'完'"。历史主义、闲适和无聊对尼采来说都是一种文化消化不良的结果。"现代人体内装了一大堆无法消化的、不时撞到一起嘎嘎作响的知识石块,就好像童话故事里讲的那样。"①

能让消化过程重新启动的不二法门,对尼采来说是"一种强烈的激情"。② 尼采用男性性欲的范式来表达这种激情,在它的照耀下世界重新获得了轮廓特征。在这种可靠的直觉推进的激情中,力量、遗忘和不公正遇到了一起:"能够生活,并能够忘记生活和不公正一直就是融为一体的,这需要巨大的力量。"③

冷冻和解冻

另一些包含时间的记忆隐喻同样也强调了潜伏是回忆的一个核心方面。想要使这个概念更加清晰,就必须区别两种不同形式的遗忘:一种消解的、解构的遗忘和一种保存性的、储存的遗忘。潜伏就像上文强调的那样,是与这种储存性的"保存式遗忘"(F.G.荣格尔)相提并论的。当黑格尔说起"遗忘的竖井"时,他想到的是一个中间存放地,在这里回忆只是暂时不能通达,并没有变得从根本上说不可修复。

鲁特·克吕格尔的自传体小说《继续活着》中,有一段文字向我们展示了这个方面是如何用隐喻得到展现的。她在五十年之后

---

① 弗里德里希·尼采:《历史的用途与滥用》,见《尼采全集》第1卷,第272页。
② 同上书,第253页。
③ 同上书,第269页。

将她在不同的集中营和死亡营中的经历的回忆诉诸笔端。在她写作的过程中突然遇到了一个不期而至的障碍:她想不起来她和她母亲在二战结束前在下西里西亚逃亡时使用的假名了。此时已经八十七岁的老母亲还记得那个名字,"而且在短暂的迟疑之后把那储存的名字唤回到她的记忆屏幕上:我们在假证件上姓卡里什。……开始这个名字对我来说毫无意义。卡里什。它像刚从冷冻室里拿出来的菜肴,既没有气味也没有味道。在解冻的过程中慢慢地发出了一种淡淡的香味。我从遥不可及的地方品尝着它,慢慢地咂摸着滋味。因为它是冷冻的,现在重新解冻,所以它保存着1945年2月的风的气味,当我们一切都成功的时候。"①

在克吕格尔那儿和在普鲁斯特那儿一样,味道和回忆不可分离地联系在一起。在后者身上,感官是重现失去的回忆的核心参与者;在前者身上,它们是真实回忆的核心成分。在下文我们将从这些现代的例子跳回到古典时期的后期,并借助一个灵知派的神话谈一谈回忆的核心性的时间隐喻的问题,届时菜肴和味道可以为我们发挥桥梁的作用。

睡眠和觉醒

一股末世论的、灵知论的异化世界的浪潮曾经在中世纪与近代之交从地中海地区远播到东方,把整个世界看成是时间的、转瞬即逝的、恶的、黑暗的和死亡的领地。在这种背景下,灵知派的救赎戏剧得以排演起来。这个戏剧里的两个对手叫作遗忘和回忆。

> 通过他们的诡计和我纠缠在一起,
> 他们还给我尝他们的菜肴。

---

① 鲁特·克吕格尔:《继续活着:青春回忆》(Ruth Klüger, *weiter leben. Eine Jugend*, Göttingen 1992),第179—180页。

第一章　回忆的隐喻

> 我忘记了我是一个王子，
> 竟然为他们的国王服务。
> 我忘记了它，那珍珠，
> 我的父母是为了它才把我派来的。
> 由于他们那难以消化的(饭食)
> 我坠入深深的睡梦之中。①

　　这个灵魂戏剧中的母题皆来自于神话和民间传说。遗忘的危险出自一个恶魔势力的袭击，是敌人的欺骗战略的一部分，在这个骗局中"遗忘"(vergessen)是和"饮食"(essen)相联系的。人物被强力和诡计留在一个他不属于的世界里；人们用噪音来掩盖来自另外一个世界的喊声，用迷醉使意识变得模糊。希望在于，噪音本身能把它的受害者从他昏沉乏力的状态中拉出来，使他清醒："当他们的声音传入亚当的耳朵，他从睡梦中醒来并抬头望向光亮的地方。"(第30页)

　　遗忘和回忆、麻醉和解救、陌生人与归途、死与生这些灵知戏剧中的成分构成了每个异化故事的基本模式。除此之外它还成了政治修辞中的一种效果显著的成分。革命运动总是把自己理解为"来自彼岸的呼唤声"。② 这种声音想要在一个僵化的糟糕世界中帮助有活力的新生事物达到突破。民族国家的运动可以当做一个例子，这些运动想要通过与旧事物的直接连接引导出新的东西来。

---

① 《多马行转》中的灵魂颂歌，转引自君特·波恩卡姆：《多马行转》(Günther Bornkamm, "Thomas-akten")，见《新约伪经德译本》(E. Hennecke. W. Schneemelcher, Hgg., Neutestamentliche Apokryphen in deutscher Übersetzung. Tübingen 3. Aufl. 1964)，第二卷，第350页以下。参见汉斯·约纳斯：《灵知与古典晚期的精神》(Hans Jonas, Gnosis und spätantiker Geist, Göttingen 1934)，第114页；汉斯·莱瑟冈：《灵知》(Hans Leisegang, Die Gnosis, Stuttgart 1955)，第365页以下。

② 约纳斯：《灵知与古典晚期的精神》，第124页，另参见第126页。"我是永恒的黑夜里唤醒沉睡的呼声。"这个呼声的任务是"唤醒睡梦中的人，让他们起身。它们应该唤醒那些离开了光明之地的灵魂。它们应该呼唤、摇醒他们，让他们抬起脸朝向那光明之地"。

在一篇关于莱比锡民族之战(1813)的纪念意义以及道义的文章中,约瑟夫·戈尔斯按照救赎历史的模式重构了德意志民族的历史。他的历史设计是三段式的[①]:

一　第一阶段　理念和寓言——中世纪的帝国,在这一帝国中德国人在国王和皇帝的领导下统一起来,并且其伟大和重要性都超过其他的民族;

二　第二阶段　诅咒和遗忘——政治的分裂使得德国人在17、18世纪失去了权力,并成为霸权王朝相互争夺的对象;

三　第三阶段　重获和圆满——通过民族的统一来驱逐拿破仑并摆脱外国占领者的重负。

政治目标的实现需要它的愿景,革命的冲击力需要有震撼力的神话。而后消极的当下就变成了在伟大的过去和一个同样伟大的未来之间的过渡期,回忆和希望是连接这两者的成分。回忆变成了一种政治力量,它树立起与现行标准相对抗的标准。凭借这个能量应该超越糟糕的当下并且迎来新的时期。对于黑格尔以及后来的本雅明来说,觉醒都是"回忆的典型案例"。[②]

觉醒这一母题如此强有力地控制着政治话语,使得 W. 孔策用"唤醒民族主义"一词来描述它。[③] 相似的还有19世纪的文学史书写,其中遗忘的睡眠和回忆的觉醒这种公式被以变化多端的形式表现出来。就连马克斯·舍勒也把第一次世界大战夸赞为

[①] 参见弗尔克·塞林:《德国 19 世纪的民族意识与分裂主义》(Volker Sellin, "Nationalbewußtsein und Partikularismus in Deutschland im 19 Jh."),见扬·阿斯曼、托尼奥·霍尔舍:《文化与记忆》(Jan Assmann, Tonio Hölscher, *Kultur und Gedächtnis*, Frankfurt a. M. 1988),第 244 页以下。

[②] 黑格尔:《全集》(Hegel, *Gesammelte Werke*, hg. v. H. Büchner und O. Pöggeler, Hamburg 1969),第 4 卷,第 491 页。

[③] 维尔纳·孔策:《族群演变与民族国家建立——以中东欧为例》(Werner Conze, "Ethnogenese und Nationsbildung-Ostmitteleuropa als Beispiel"),载《族群演变研究》(*Studien zur Ethnogenese*, Opladen 1985),第 202、204 页。

第一章　回忆的隐喻

"摆脱像铅一样沉重的迟钝睡眠状态的一个近乎形而上的觉醒"。①

人们不禁要问,这种政治的觉醒神话和犹太人以及灵知派的回忆有什么关系?其中一个共同点是,它们使记忆这一主题在历史的框架下,确切地说,在教会历史的框架下得以发展。当下在这些历史中表现为无望的时代,只有借助回忆才能够超越。区别在于,宗教的救赎历史指向一个非历史的未来,而政治的合法性的历史则要求在历史的时间内实现拯救。伊马努埃尔·萨基斯延茨建议对政治救赎故事中的"革命神话"(Revolutionsmythen)和"回转神话"(Re-volutionsmythen)进行区别。头一种神话按照犹太人的救赎历史,是朝前的,朝向弥赛亚的;而后一种则遵循灵知派的救赎历史,是指向过去的。在灵知派的神话中是一步步地将堕落的历史倒推回去,回归到天堂的源头之中;同样,在政治的回转神话中,车轮也是倒转回理想化的开端的。

招魂

与在犹太教—灵知派—基督教的语境中回忆的觉醒所具有的意义相似,在"异教徒的"语境中唤醒、神秘的激发和起死回生也具有相似的意义。这里有两种元素尤其应该归属于重新生发的记忆力之中:那就是水和火。

在古典时代的世界中,饮水的图像既跟遗忘的行为也跟回忆的行为相联系。水具有一种自相矛盾的意义。忘川把所有东西不

---

① 马克斯·舍勒:《战争之神与德意志战争》(Max Scheler, *Der Genius des Krieges und der deutsche Krieg*, Leipzig 1917),第 4 页。在历史、政治领域中关于睡眠和觉醒的其他例证参见 H. D. 齐特施坦纳:《瓦尔特·本雅明的历史主义》(H. D. Kittsteiner, "Walter Benjamins Historismus"),见《拱廊街》(Norbert Bolz, Bernd Witte, Hgg., *Passagen*, München 1985),第 163—197 页。

可挽回地冲走,是一条使我们和我们的存在的较早时期分离的河流,就像冥河使我们跟生命本身分离一样。而生命和回忆之水却是从一孔泉眼中流出。卡斯塔里亚是德尔斐的神泉,在罗马时代被看作是诗人之泉,它的水是具有预言能力的。① 在这种有灵性的水那里,预言和回忆的对立模糊了。因为诗人宣告的东西,是从缪斯,即回忆的女儿们那里接收到的。没有回忆就没有创造性的传说,没有饮用缪斯之泉的水就没有在传统之外的文学创作。

在《奥德赛》的第十一段中描绘了下降到冥界的情景,它是史诗的主人公必须要进行的旅行项目之一。从荷马到黑格尔,从弗洛伊德到荣格,回忆的冒险之旅都是朝向深处的旅行。这种充满危险的、下降到黑暗之国的旅程直到浮士德下地狱去寻找母亲们为止,总是与对另外**一种知识**的想象相联系,这种知识处于回忆和预言之间,也许用本雅明的悖论性的说法"对新生事物的回忆"来描述最为合适。奥德修斯遇到的死者都沉默不语;他们失去了回忆,也就失去了语言。为了能与他们交流,他必须先暂时还给他们这两种东西,即语言和回忆。奥德修斯宰了羊,把羊的黑血灌到一个为献祭死者而挖出的坑里。他手执宝剑守在这个坑旁,只有得到他的恩准的那些死者魂灵才能饮用。泰雷西亚斯可以作为第一个人去饮用鲜血,因为奥德修斯希望从这个先知那里了解到他的迷航结局如何。但在他能够望见未来之前,过去却以艾尔佩诺尔这个伙伴的形象开口说话了。他的灵魂不能安息,因为没有人为他举行葬礼并为他哭泣。在奥德修斯许诺给他一个墓碑之后,母亲的灵魂想作为第二个人跟他说话,但是她必须等待,直到泰雷西亚斯向他宣告他的命运之后。

奥德修斯的招魂仪式把我们引向回忆的更广阔的图像世界的

---

① 《简明保利百科全书》(*Der Kleine Pauly*),第三卷,第 150 页。

第一章　回忆的隐喻

核心,那就是(表面上的)起死回生。人们可以说文艺复兴是把起死回生这个题目作为它们整个时代的工程。这个工程叫作:怎么样才能使过去的时代起死回生?在一首诗中(《歌集》,53),彼特拉克把已经坠入沉睡的古老的罗马城召唤出来;周围都是废墟、坟墓以及断壁残垣,但是在颓倒的纪念碑里仍然住着旧时的幽灵,等待着解放。犹太人要遵守回忆的律令,因为这是他们身份认同的保障,灵知派信徒则把回忆看作是召唤他们回归的预言的途径。但在这首诗中这些都是无法想象的。在这里不再有统一的、就像犹太民众或者灵知派的灵魂一样的主体作为回忆的载体。它的位置被唤醒的律令所取代,后世应该唤醒前世,新的唤醒旧的,活着的人唤醒死者,越过时间的深渊。

　　这条通向过去深处的路同时也是语文学和考古学之路。必须挖掘,才能把丢失的、隐藏的地层暴露在天光之下。在所谓的文艺复兴时代,挖掘的图像世界和招魂的图像世界开始接触,并与一种起死回生和转世轮回的文化乌托邦联系在一起。① 穿透地层意味着(就像在德昆西的复用羊皮纸那儿一样),一个穿越时间的逾越。挖掘的活动不仅仅与地层相关联。语文学家也成了考古学家的同谋;两者都把自己看作是时间的对手和回忆的高手,两者都在纪念碑和文本上疗治时间造成的创伤。书商和复制者维斯帕西阿诺·达·彼斯缇奇(Vespasiano da Bisticci)曾被他的同时代人夸赞为第二个艾奥斯库拉普(Aesculap),就像这位诗人能够唤醒死者一样,那位复制者帮助古希腊罗马的作家获得了新的生命:"要感谢你,使希腊蔑视忘川的河水,使罗慕路斯的语言不用惧怕冥河的神灵。幸运啊,那有能力把许多死去的古代纪念碑重新带回生

---

① "有一个图像推动了人文主义的文艺复兴,并仍然限制着我们对其的感知,那就是考古学、神秘主义关于挖掘的隐喻,发掘也意味着复苏或转世或重生。"托马斯·M. 格雷那:《特洛伊之光:文艺复兴诗学中的模仿与发现》,第92页。

命的光明中去的人；幸运啊，那能够从灼人的火焰中拯救有神性的诗人那逝去的名字的人！"①

激发回忆的任务也落到读者身上，他们要去阅读那些过去的、但是在文艺复兴时期被抬升为经典的必读作家们的作品。这种新的阐释学把读者变成了**激发过去的人**；读者的精神力量，他的记忆的卡里斯玛使得死者重获生命。这种吃力的任务的背景是人们对于过去的过去性产生了一种新的意识。为了把过去的作为当下的取回，需要一个起死回生的招魂的力量，它的象征是**火花**。柏拉图《在第七封信中》（341 C 5）描写了火花的意义："突然，就像跳跃的火花点燃了火，在灵魂之中产生了物体的原初图像。"火是一种突然出现的、不受支配的认识的象征，这种认识正是在一个潜伏的回忆的基础上点燃的。作为回忆的象征，火和水一样地自相矛盾；因为它既表达了忘却和被时间侵蚀（"灼人的火焰"），又显示了回忆以及失去的东西的更新。

引燃已经被忘却的回忆的火星代表了一种既主观又突然，既零星又棘手的能量。在欧洲与古典时期相遇时，唤醒这种回忆形式是范式性的。比如，歌德的《罗马悲歌》中显露的欣喜若狂还在受到这一魔法般的回忆方案的滋养：过去能够**存活**的时间就是火星迸射的时间，就是兴奋能够保持的时间。这种唤醒的隐喻中包含着一种新的历史意识。这一点我们接下来在本章的结尾处将用两个例子加以说明。

古代史研究者约翰·雅克布·巴赫奥芬在他关于古希腊罗马死者信仰研究的主要著作《坟墓象征学》中开辟了一条不通过文本就能进入古希腊罗马的道路。在一篇自传性的笔记中他给我们

---

① 波利提安的拉丁文文本转引自托马斯·格雷那《特洛伊之光》，第164页。美国15、16世纪的印刷匠、编者、翻译和书商把自己描述成普罗米修斯，听起来与其相似。

第一章　回忆的隐喻

留下了一个记忆能够释放出激发性的魔力的令人信服的证据。"通向每个认识都有两条道路，一条是较远的、较缓慢的、较吃力的理解的集合，另一条是较短的，用闪电般的力量和速度走过的，是想象的道路，这些想象在看到或者直接接触古老残留物的时候被激发，不需要中间环节，就像被电击一样一下子就把握了真理。"①

巴赫奥芬的"认识的较短的道路"指向了另外一种回忆理论，这个理论不是受到语言和文本的启发，而是受到图像和象征的启发。艺术史家阿比·瓦尔堡对用语文学的方法重构长的、繁复的传统线索特别熟悉，他对直接接触和局部的放电现象有着极大的兴趣。"触发性魔力"这个概念就是出自他之手，这个概念描述了通过直接的接触引发潜伏的回忆内容的释放。我们可以这么总结，通过历史时间的道路越长，对于缩短道路、直接接触和直接联系的想象的兴趣就会越大。回忆的火光象征——从火花和闪电到电击——在历史主义的视域中又获得了新的传播力量。

潜伏时间有点像正在流动的沙漏，只是人们不能确定或者控制这一时段结束的时刻。暂时呈现惰性的回忆披上了遗忘的外衣，直到它们再次被取回或者重构。如果相关的回忆包含着一种强烈情感潜力的话，这种潜力又不能够装载进保存性遗忘之中，而只能通过压抑把它排斥在意识之外，那么这个回忆的回归就会表现为一种恶魔式的事件。在这种情况下对意识的有意的控制会失灵，回忆的过程遵循着一种内在能量的节奏。回忆的这种非自愿的强迫性的过程结构被用鬼魂的图像描绘出来。

按照弗洛伊德的说法，在压抑的行为之后就会产生一个不可

---

① 约翰·雅可布·巴赫奥芬：《人生回顾》（Johann Jakob Bachofen, "Lebensrückschau"），见《母权与原始宗教》（H. G. Kippenberg, Hg., *Mutterrecht und Urreligion*, Stuttgart 1984），第 11 页。

避免的后果,那就是被压抑的东西的回归。这种"没有得到满足的遗忘"(哈拉尔德·魏因里希)的表现形式就是不得安息的死者,他们或是被谋杀或是没有得到埋葬。① 他们借尸还魂或者以鬼魂的形象回来。因此奥德修斯必须要在访问冥界的时候保证先去照料那些没有完成的事情,并把伙伴艾尔佩诺尔以符合身份的方式埋葬。

一个没有得到满足的过去会突如其来地复活,并且像一个吸血鬼一样对当下进行突袭。对海纳·米勒来说,《麦克白》中班戈的鬼魂或者是《哈姆雷特》中在宫殿露台上胁迫儿子的鬼魂本身就是一个记忆的隐喻——对于"没有完成的事情"的图像,一个没有做完的、没有清偿的过去,不曾说出来并被作为禁忌在一代又一代人之间继续传递。尼采认为过去的重负是可以抖掉的,并且可以通过一种具有男性力量的自信的遗忘消除掉,而海纳·米勒却与尼采相反,他所寻找的创伤性的过去不仅是构成噩梦、而且是构成文学作品的材料。他的题目是集体创伤,是被社会压抑的罪责,在他的剧中,他把这些罪责强行唤回到一个遗忘了过去、遗忘了先人的当下的记忆中。他把被压抑的东西的回归用惊悚小说的风格排演出来,就像是死者的突然来临,死者诈尸还魂,作为鬼魂来压迫活着的人。

> 因为鬼魂不会睡觉,
> 它们最喜欢的食物是我们的梦境。

他在《蒙森雕像》这首诗里这样写道。② 但是不仅鬼魂会突然

---

① 关于"没有得到满足的遗忘"这一概念参见哈拉尔德·魏因里希:《忘川——遗忘的艺术和批评》,第168—174页。
② 海纳·米勒:《蒙森雕像》("Mommsens Block"),载《意义与形式》(Sinn und Form 2 [1993]),第210页。我感谢亨德里克·维尔纳给予的指点。

第一章　回忆的隐喻

拜访活着的人,诗人也去追踪那些鬼魂:一方面诗人寻找着"被忘记的**先人的血迹**",另一方面他尝试着把自己"从死去的氏族的噩梦中"解救出来。① 海纳·米勒像瓦尔特·本雅明一样对文化记忆的政治维度感兴趣;对他来说,回忆是革命性的,而遗忘是反革命的,这种评价是和犹太的以及灵知派的传统相一致的,它们把遗忘和罪责并置,而流亡则和回忆以及救赎等同。米勒不仅把文化记忆政治化了,还把它妖魔化了。他的招魂的隐喻带着惊悚、暴力和激情,为本雅明的历史哲学注入一种戏剧性的特点。"死去的并没有在历史中死去。戏剧的一个功能就是招魂——与死者的对话不能中断,直到他们交出跟他们一起埋葬的未来。"②

"我描写的恐怖来自德国。"米勒的这句话是对埃德加·爱伦坡的一句话的改写,爱伦坡在他的《怪异故事集》的前言中写道:"我的恐怖不是来自德国而是来自心灵。"浪漫派作家爱伦坡的意思是:我的恐怖不是来自一种文学传统,而是直接源自心灵。鲁特·克吕格尔却切身地感受到了来自德国的恐怖,她还是个孩子的时候就被押送到特莱西恩施塔特和奥斯维辛。鬼魂也曾是它的不速之客。她在《继续活着》中为她的回忆找到的语言具有居于叙述和招魂之间的色彩:

> 回忆是招魂,有效的招魂是巫术。我没有信仰,但是迷信。我有时候当笑话说,但是我确实不相信上帝,而相信鬼魂。要想跟鬼魂打交道,人们必须用当下的肉来当诱饵。向他们伸去擦子,逗他们离开他们的安息状态,让他们活动起来。从今天的冰箱里拿出来的铁擦子是用来对付早年的根茎的;汤勺在我们父辈酿造的汤中搅动着我们的女儿的作料。

---

① 海纳·米勒:《黑话》(*Rotwelsch*, Berlin 1982),第105页。
② 海纳·米勒:《误会全集》(*Gesammelte Irrtümer 2*, Frankfurt a. M. 1990),第64页。

魔法是充满动力的思考。如果我能够和志同道合的女读者一起，也许甚至还会加上一两个男读者，那我们就可以像交换菜谱一样交换招魂的咒语，并且一起品尝历史和古老的故事给我们的东西，我们可以把它重新放到火上热一热，心情惬意，就像我们的既能工作又能起居的厨房里允许的那样。（第79页）

这个探索性的比喻清楚地表明了图像并不仅仅是描写，而且是回忆的媒介，更是回忆疗法的工具。语言和图像的驯服力量在这一段里头再清楚不过了，在这一段里从"伤口"（也就是创伤的另一种说法）到舒适之间架起了一座棘手的、讽刺的桥梁。

鲁特·克吕格尔的招魂和鬼魂与海纳·米勒的鬼魂并没有什么相似之处。克吕格尔的图像是女性的，讽刺性地召唤母系社会的统治空间——汤锅和女巫的魔汤罐，围绕着这些情景她的话能够召唤起女性之间同谋一般的团结一致的氛围。而米勒看到鬼魂的时候，总是会滑向正在杀人的麦克白这种病态的想象。**他的**鬼魂以集体罪责为滋养，而**她的**则舔舐着个人的悲伤，因为："没有坟墓的地方，哀悼工作就不会停止。"（第94页）这里指的是她最亲的人，那些被谋杀却没有得到埋葬的人，她的父亲和兄弟，克吕格尔在语言中想为他们创造一个能够得到片刻安宁的地方，但她也完全清楚，她的文学的语言魔力也只能达到自我安慰的短暂效果。

上述例子的序列和多样性都展示了记忆问题已经深入到图像之中。这些图像按照瓦尔特·本雅明的观点应该理解为思维图像，它们尝试不断把记忆这个特别复杂的现象从新的角度加以照亮。这些图像的数量从根本上说是无限的，即使这些隐喻的类型只有为数不多的几个。除了蜡板作为记忆的隐喻，柏拉图式的回忆图像或者一种对原始文字的再造，在中世纪的阿拉伯世界中还

第一章 回忆的隐喻

出现了镜子这一图像,强调了在回忆时的主动成分,因为易于生锈而可能变得模糊的金属镜子需要不断地抛光。① 当然不是每一个新的图像都一定会引进一种新的思维模型。

各种图像的根本区别在于,它们是否能明示"人工的"记忆(术)或者"自然的"记忆(力)的特点和过程。它们之间的区别是巨大的。记忆术以及存储的技术方法所追求的都是所存放的记忆内容和取回的内容保持一致;但是在自然记忆中,两个行为却区分开来。经验和回忆从来不会完全一致。在两者之间有一个位移,在这个位移中记忆的内容被推移、遗忘、变形、重新装载或者重构。记忆隐喻越能够表达回忆的这种内在动力,它们就越是强调时间维度是决定性的因素,并且把再造当做是根本的问题。在空间的记忆模型和以时间为主的记忆模型之间,是那些以文字的图像或者痕迹的图像为参照的模型。它们是不受时间影响的,因为它们的前提是一个不可磨灭的痕迹留下的印记;同时它们又是包含时间的,当它们谈及暂时的丢失、遗忘和再造的艰辛这些问题的时候。以时间为指向的记忆模型强调了时间的非持续性,它们以遗忘的优先性和回忆的不可预测性为起点。记忆的心理历史也正是从这个问题开始。奥古斯丁和尼采、华兹华斯和德昆西、弗洛伊德和普鲁斯特都为此写下了重要篇章。

引人注目的是,文字这个基本隐喻以及更普遍的痕迹这个基本隐喻以令人吃惊的持续性贯穿着文化史的不同时期。同时显而易见的是,物质文化和技术水平的变化竟然也使这些记忆隐喻的意义发生了很大的改变。在图像经历的不断的现代化中,文字的书写之后出现了摄影的光线文字或者阴影文字这一新的主导隐喻,但是它也没有最后的决定权。痕迹、刻入、写入的图像性现在

---

① 关于镜子作为记忆的隐喻,我感谢伊斯兰研究者威廉·希提克的指点。

已经从实体的承载者过渡到了电子的承载物。在这一过程中什么恒久不变,什么变化了,利奥塔总结道:

> 肯定的是,必须不断地写入(inscrire),不管是在大脑皮层中,还是在我们曾经称为——如果翻译成社会文化学的术语的话——"书写"(écriture)的东西那里。如果思考没有写入,就是没有支撑,这是不行的。这个支撑可以是任何东西。目前在支撑物的问题上正在发生变化。也许人们还没有拥有"真正的"支撑物。也许这些屏幕都是糟糕的支撑物,因为它们相对于手迹和黑板来说还是太具模拟性。……不管怎样,最起码的前提条件是写入。①

随着电子数字化书写的发明,我们来到了文字隐喻的极简主义的终点。这个图像不再是能够从感官上刺激我们的想象的图像了。在这一点上我们离开了乔治·艾略特在本章开头引用的那段话里边提到的图像具有生产力的泛泛图景。我们的主导隐喻最近发生的范式改变让我们开始关注网络,网络与在上文里检视的图像相比是一个非感性的、虚空的隐喻。在网络里,书写缩减为电子脉冲的改变,这一点对于电脑和对人脑来说都一样。也许在技术和生理学靠得如此之近之后,各种各样的图像一直追求去跨越的那个距离实际上已经消失了。网络作为外化的覆盖全球的神经系统,与所有迄今为止把回忆这一现象翻译成技术的、物体的和实践的隐喻相比,既有其优点又有其缺点。随着网络的出现,回忆的隐喻达到了一个极限,在这个极限上想象发生了内爆。谁如果从这一点出发,就肯定会觉得,我们刚刚进行的穿过回忆隐喻的历史博物馆的漫步更加值得关注。

---

① 利奥塔:《文化革命》1987年第14期中的声明(Lyotard, "Statement in *Kultur-Revolution*" 14 [1987]),第10页以下。

第二章　文　字

> 文学是碎片的碎片；
> 发生的和说出的东西只有极少数被写下来，
> 被写下来的又极少能够保留下来。
> ——歌德:《威廉·麦斯特的漫游时代》

> 向用碎布造纸的发明者致敬；
> 不管他埋在哪里,向他致敬！
> 他比世界上所有的君王
> 对我们文学所做的都多,
> 整个的文学从破布开始
> 又常在废纸里结束！
> ——赫尔德:《关于促进人性的通信》

> "写吧！"那个声音说,先知回答:为谁？
> 那个声音说:"为死者写吧！
> 为那些你在前生喜爱的人。"——"他们会读我写的东西吗？"
> ——"会的！因为他们会回来,作为后世。"
> ——赫尔德:《关于促进人性的通信》

> 没有思想里没有鬼魂。
> ——T. E. 休姆:《沉思集》

> 若要长相忆,请君常动笔。
> ——德国邮政公司

斯蒂芬·格林布拉特在他的著作《莎士比亚式的商榷》第一句话就说:"我开头就要提到的是我与死者对话的愿望。"①他用这句话提醒他的同事们,也就是那些拿工资的职业读者和文学教授们,提醒他们早就深深遗忘的东西:他们从根本上来说是萨满,是与祖先的声音和过去的精灵进行长期对话的人。他们不仅从技术意义上来讲与媒介——也就是与文本和演出打交道,他们本身从玄妙的意义上讲**也是**媒介,因为他们为了大众的福祉与过去的先验世界建立和保持着联系。格林布拉特在他那些有启发性的文章中集中地描述了能够使死者的声音回响起来并且在事后能够听到它们的技术媒介;他提到"文本痕迹",在这些痕迹中"社会能量"在流通,这种能量组成了"生命",这一生命是文学作品在它们的作家死后和它们的语境消失之后保存下来的。当格林布拉特谈到"从文艺复兴时期**幸存**下来的文本痕迹"时,他使用了一个隐喻,这个隐喻显示了黑色的文字中隐藏着一种内在的生命萌芽。但他的研究的主要内容是,问询文学文本的这种所谓的生命的物质条件是什么,他将从市场的社会范畴中,或更确切地说:从市场自由贸易的体系中去寻找。他用谈判、交换、转手这样的概念来描绘一般的文化实践和物质利益,其中艺术的交换被他视为始终包含着

---

① 斯蒂芬·格林布拉特:《莎士比亚式的商榷》(Stephen Greenblatt, *Shakespearean Negotiations*, Oxford 1988),第 1 页。

"社会能量的流通"。

格林布拉特关于和死者的对话这个核心问题不仅关涉到我们这个学科的核心,而且关涉到普遍意义上的文化的核心——交际和沟通的渠道、传统的解剖、文化记忆的结构。这些都不是新提出的问题,而是被一代又一代人不断重新提起的问题。其中被格林布拉特称为"文本痕迹"的东西最为重要,也就是说字母(litterae),它作为文学行为的核心里一个被遗忘的维度,进行着自己不起眼的工作。① 一个对于记忆媒介的研究必须要从文字出发,并且不仅要从它的社会和技术维度,而且要从它的记忆的成就出发,这种成就当然在不同的文化和不同的时期里会得到不同的评判。在字母上附着的想象、希望和失望对于近代文化记忆的结构转型是一个重要的索引。在下文中我们将从文艺复兴时期的文字观念入手,这一时期也是对这种媒介进行文化上的极高评价的时期。然后我们会简短地概览一下从18世纪开始的文字的衰落,这种衰落当然不是从文字的社会意义出发来看,而仅仅是从对它的文化价值的估量上来看。最终我们将探寻在一个大众媒体和电子科技的时代文字与文化记忆的命运。

第一节 文字作为永生的媒介和记忆的支撑

在上文中已经谈到过文学的声望功能,现在要补充的是,除了诗人的语言艺术之外,文字的媒介性也参与了永生的工作。古埃及人早就把文字称颂为最为可靠的记忆媒介。当他们跨越千年,回望自己的文化史时,已经意识到宏伟的建筑和纪念碑将变成废

---

① 雅克·德里达在他的《论文字学》中,挖掘了文字维度的哲学意义,但他在哲学话语关联中不把文字看成一个被遗忘的、而是一个被压抑的维度。雅克·德里达:《论文字学》(*Grammatologie* [orig. 1967], Frankfurt a. M. 1974)。

墟,而那个时代的文本却会继续被抄写、被阅读和被学习。他们断定,在脆弱的纸莎草上的黑色墨水的痕迹与奢侈的墓穴和丰富的陪葬品比起来,是一座更能持久的纪念碑。公元前13世纪的一张纸莎草上的内容就把坟墓和书籍的储藏能力进行了比较,并且得出结论,文字是抵御社会性的第二次死亡(即遗忘)的更有效的武器。关于死者这里写道:

> 肯定,他们已被埋葬,但是他们的魔力
> 还在感动着所有读他们的书的人。①

这一发现提高了一个新的精英阶层的自我感觉,这个阶层是能识文断字的很小的一个阶层,即学者阶层,他们想要由此来表达,他们不需要国家垄断的、法老的记忆政策也能使自己的永生得到保障。

在后来的学者那里,这一设想凝固成了一个固定的惯用语,即文字将不受到时间的损害,是永生的唯一的媒介。莎士比亚在他的第55首十四行诗中追随贺拉斯的思想,贺拉斯在他的颂歌的结尾诗中把诗称作一座纪念碑,这座纪念碑比矿石还要保存得更久远,贺拉斯在这里也对埃及的金字塔进行了一次回顾:

> 我建立了一座纪念碑,它比铁还要保存久远,
> 甚至超过那雄伟的金字塔,
> 任大雨滂沱,北风肆虐,

---

① 切斯特·贝提纸莎草卷轴 IV(Papyrus Chester Beatty IV, verso 3),第 9—10 页,参见扬·阿斯曼:《石头与时间:古埃及的人与社会》(*Stein und Zeit. Mensch und Gesellschaft im Alten Ägypten*, München 1991),第 177 页。

第二章 文字

> 任数不清的岁月流转,时光飞逝,都无法将其毁坏。①

Non omnis moriar,我的一切不会都死去——诗人贺拉斯在这里继续写道。把一个人的某个永生的部分分离开来的想法找到了文字这个搭档。因为文字这种记忆媒介将通过持续的可读性来保证自我的永生。这个物质上的条件贺拉斯并没有明白地说出来,在下文中他提到了墨尔波墨涅和德尔斐的橄榄枝,但是并没有提到文字。与其相反,奥维德却清楚得多地提到了不死的物质条件,他在他的《变形记》最后几句诗中把贺拉斯的"完成的作品"(opus exegi)作为一种永不消亡的创造物召唤起来,它能够抵御朱庇特的愤怒、刀剑、火焰以及时间的力量。但即使有着强烈的反抗情绪,奥维德在诗的结尾处并没有显出洋洋自得之情,而是用一个繁复的插入句小心翼翼地表达了限制条件:

> 罗马人的势力在被征服的国家扩张到哪里,
> 那里的人就会读我的著作,并且我将在所有的岁月中——
> 在先知的预言里有一些真实的东西——在荣誉中永生。②

值得注意的是,在奥维德那里还是通过耳朵(ore legar populi)而不是通过眼睛来阅读的。关于口头和文字作为声誉的媒介这一

---

① 贺拉斯:《颂歌与长短句集》(Q. H. Flaccus Horatius, *Oden und Epoden*, übers. v. Bernhard Kytzler, Stuttgart 1978),第XXX卷,第182—183页。关于声望与媒介的关系参见戈奥尔格·施坦尼采克:《声誉/缪斯之链:文艺学中关于"媒介"的两个传统难题》(Georg Stanitzek, "Fama/Musenkette. Zwei klassische Probleme der Literaturwissenschaft mit 'den Medien'"),见《奇境中的语文学:德语课上的媒体文化》(Ralph Köhnen, Hg., *Philologie im Wunderland. Medienkultur im Deutschunterricht*, Frankfurt a. M., Berlin, Bern 1998),第11—22页。
② 奥维德:《变形记》(Publius Ovidius Naso, *Metamorphosen*, XV, 878-880, übers. v. Erich Rösch, München 1952),第598—599页。

问题在莎士比亚的《理查三世》的一个小场景中得到了讨论。这场对话发生在年轻的王子、白金汉和葛罗斯特之间。葛罗斯特正要作为理查三世登上王位。为了达到这个目的他让人把还是少年的王子带进了伦敦塔,王子后来在那儿被杀害了。但在这个场景中论及的并不是孩子对死亡的恐惧,而是关于荣誉的基础条件。王子突如其来地问,是不是尤里乌斯·恺撒建造了这座塔。白金汉告诉他,是恺撒开始建造的,但在后来的时代又被新建和改造了。王子想具体知道,这个知识是由文字还是口头流传的(《理查三世》第三幕第一场,第72—73行)①,他得到的回答是,对此有文字性的记载。这个回答鼓励年轻的王子提出了一个新的问题,即便只是反问的语气:

> 但是,我认为即使没有历史记载,
> 事实还是会代代相传,
> 让后人知道,
> 直到世上一切全消逝的日子。
> (《理查三世》第三幕第一场,第75—77行)②

在这里,葛罗斯特突然用一句尖刻的表白插入了谈话:"据说,早慧过人,早见死神。"然后他大声地回答了王子的继续询问:"即使没有文字,荣誉也会活得长久。"但这看起来不能让王子信服,因为他换了一种方式再次表达了自己的观点,并开始强调文字凭据的功能。他把这一点放在一首赞颂他的伟大的表率尤里乌斯·恺撒的颂歌里,他跟恺撒的共同点是,恺撒也是被阴谋杀害的。

---

① 威廉·莎士比亚:《理查三世》,第214页。
② 威廉·莎士比亚:《理查三世》,德文译本,第338页。

第二章 文字

> 尤里乌斯·恺撒就很有名。
> 他以他的武功丰富了他的才智,
> 又以他的才智使他的武功不朽。
> 死神征服不了这位征服者,
> 因为他躯体虽灭,声名犹存。
>
> (《理查三世》第三幕第一场,第84—88行)①

  王子即将被剥夺他年轻的生命,但他还少年老成地发表了一通关于永恒的荣誉和它的媒介,即口头传统和文字证据的观点。把自己与恺撒相比暴露了即将就死的少年的无助,他既没有机会完成永生的事迹,也不能进入充满荣光的历史文献。恺撒不仅是他自己的历史学家,他另外还有卢坎,描写罗马时期内战的史诗作家。在其历史著作的第九卷中,卢坎强调了英雄和歌者之间那说不清道不明的共谋关系:"哦,诗人付出的神圣的、伟大的努力,将要把你从(衰落的)命运中拯救出来,并且赋予你这个俗世的人以永生!""因为如果拉丁姆的缪斯能够给予许诺的话,人们就会像敬重士麦那的诗人一样,将来的人都会读我的诗句也就是你的事迹,直到天长地久;法沙鲁斯之战将会作为我们两人的事迹鲜活地保留下来,没有一个后世的人会让我们陷入遗忘。"②

  "Venturi me teque legent"——后来的人将在读我的书时也读到你的事迹!这个句子表达了在一个以文字流传为基础的文化中诗人的高度自信。诗人被看作是荣誉的可靠媒介,但这些媒介从他们的角度来讲并不是独立自主的。因此这儿说起的永恒(aevum)也受到某些条件的限制;只有文化的阅读传统被保持下

---

① 威廉·莎士比亚:《理查三世》,德文译本,第338页。
② 卢坎:《内战》(M. Annaeus Lucanus, *Bellum civile / Der Bürgerkrieg*, IX, 980-986, hg. und übers. v. Wilhelm Ehlers, Darmstadt 1978),第464—465页。

来,荣誉才能够持久。英雄依赖于诗人,诗人又依赖读者,读者是决定荣誉是否持久的人。

奥维德以及比他早的卢坎都认识到了荣誉的三个先决条件:第一是具有艺术性的作品;第二是这部作品是书写下来的,使一种持久的阅读成为可能;第三是罗马帝国的连续的政治统治。文艺复兴的欧洲文化创造了条件,使得古罗马的作家在罗马帝国灭亡之后仍能够被人读到。文本的生命就像在埃及一样超过了纪念碑的生命。这种经验英国人罗伯特·伍德也经历过,他在1750年参观了帕尔米拉古城。在那儿他意识到,古希腊罗马的城市不是存留在废墟里,而是保存在书中:"城市的自然的和普遍的命运是,对它们的记忆将比它们的废墟长久。特洛伊、巴比伦和孟斐斯今天对我们来说只是来自书中的一个概念,它们没有留下一块石头,能够标志它们的地点。"①

但是文字不仅是永生的媒介,而且是记忆的支撑。文字既是记忆的媒介又是它的隐喻。书写和写入的过程是记忆最古老的、经过漫长的媒介历史仍然最常用的隐喻。尽管书写和镌刻的动作与记忆是如此相似,它可以被看作最重要的记忆隐喻,但是文字这种媒介却又被看作是记忆的对跖者、对手和毁坏者。也许正是因为如此?因为这样也产生了一种危险,使得记忆的行为和功能被转移到文字身上,托付于它并由此外化。人觉得从此可以避免用不完美的和费力的方式去练习和操作,媒介可以更好更简单地做到这些事情。这也就是说,文字会助长记忆冷漠。

众所周知,柏拉图第一个对文字表示了严重的怀疑,在这里再

---

① 罗伯特·伍德:《帕尔米拉废墟》(Robert Wood, *The Ruins of Palmyra* [1753], I),转引自彼得·盖默尔:《艺术的过去——18世纪事后性的策略》(Peter Geimer, *Die Vergangenheit der Kunst-Strategien der Nachträglichkeit im 18. Jahrhundert*, Diss. Marburg 1997),第64页。

次倾听这位大师级人物的话是必不可少的。他教导我们,把文字和记忆当做对立面去思考。《斐德罗篇》结尾处的一个著名的故事里讲到了文字的发明人托伊特,他骄傲地认为自己发现了一种用于智慧和记忆的万能灵药,但他的这种骄傲被有远见地持怀疑态度的国王塔姆斯挡了回去:

> 你现在作为字母之父,出于父爱说出来的东西正好与它们的作用相反。因为那些学过字母的人,遗忘会侵入他们的灵魂,因为他们忽视回忆,因为他们信任文字所以从外部借助陌生的字母而不是从内部由自己的心中来汲取回忆。你不是为回忆,而是为记忆发明了一种万能灵药。①

回忆(mneme)和记忆(hypomnema)这两个关键词——也可以用我们在本书开头时进行区别的"术"和"力"以及用"回忆"和"存储"来表达。在存储功能中文字可能会超过记忆,但是按照柏拉图的观点,它永远也不能取代回忆功能。记忆中有能量的、有生产力的和不可支配的部分在柏拉图那里与"冥忆"(Anamnesis)的概念相联系,这一部分是文字作为媒介根本不能接触的,更不可能取代的。因此这种新发明按照怀疑者的判断并不能保证它担保的事情。它的诉求只会把人引入歧途。因为它不能提供真正的智慧而只能提供智慧的表象,不能提供真正的回忆而只能提供一种可怜的物质上的支撑。文字的预言是虚幻的:它只能让有知识的人回忆,却从不能教育无知识的人。在这一点上苏格拉底扮演了塔姆斯的角色,把文字与绘画相比。因为两者都是沉默的。"绘画作品放在那儿栩栩如生——但是如果你问它们些什么,得到的却是充满尊严的沉默。写下来的话也是一样:你可能以为它们会像

---

① 柏拉图:《斐德罗篇》,摘自《柏拉图全集》第二卷(*Phaidros* 275 D;hg. v. Erich Loewenthal, *Platon*, *Sämtliche Werke*, Band 2, Heidelberg 1982),第475页。

有理性的东西一样说话——但是如果你满怀好学的激情问它们什么,那它们说出的总是同样的东西。"

理查德·德·伯瑞在他的《书之爱》(1345)中赞颂了文字和书籍,尽管他不可能读过柏拉图,但这读起来却像是对柏拉图的一个直接反驳。在柏拉图那里文字意味着外化和庸俗化,而在伯瑞那里却是可视化和感性化:"只存在于思想中的真理是隐藏的智慧和一个看不见的宝藏;但是在书中闪烁的真理却能让每一个愿意学习的人认识到。"①

柏拉图的第二个批评意见也被伯瑞扭转了过来。书籍并不是沉默的,甚至是更好的老师,"它不用笞帚和鞭子给我们上课,不说愤怒的话语,不需要衣服和钱财。当你去找它们的时候,它们从不在睡觉。当你问它们并仔细研究它们时,它们从不退缩。如果你误解了,它们从不怒斥你,如果你有所不知,它们也从不嘲笑你。"②

如果在文艺复兴时期,柏拉图对文字和回忆、对去身体化和写入灵魂的这两种二分法肯定会再次遭到不理解,因为当时的人们确信它们可以起到相互稳定的作用。当时不仅存在着一种对于文字的储存能力的乐观信任,这些信任滋养着野心勃勃的对于荣誉和精神上的死后生命的抱负,还存在着一种对文字作为自己记忆力的支撑这种实用功能的基本信任。莎士比亚在他的第 77 首十四行诗里提到了这种实用的"字母的记忆力"。

> 镜子会向你昭示衰减的风韵,
> 日晷会向你指出飞逝的青春,

---

① 理查德·德·伯瑞:《书之爱》(Richard de Bury, *Philobiblon*, hg. v. M. Maclagan, Oxford 1960),第 18 页。
② 同上书,第 20 页。

第二章 文　字

　　这空白册页留有你心灵的轨迹，
　　你会从中细味妙谛相伴的人生。
　　镜里的皱纹丝丝，可数可辨，
　　让你时时记得（memory）开口的墓门。
　　凭借日晷你心知星移斗转，
　　世间的脚步正蹒跚地走向永恒。
　　看，凡不能长驻你记忆（memory）的东西，
　　都可以在这些空白的纸上留存。
　　你会看到你头脑哺育出的儿女，
　　又再次魂交你自己的心灵。
　　你若能常对明镜看日晷、写心声，
　　自会受益匪浅，这手册也价值倍增。①

　　这首十四行诗是写在一种所谓"桌面手册"（table book）里的文字，里边的空白页供册子的主人把别人和自己的思想写到里边。这首诗把三种物体放在一起，这三种物体在当时的静物画中也占据着重要的地位：它们就是镜子、时钟和手册。诗的开头是对于这些不同的物件怎么使用和如何评价的说明。头四句把这几个不同的物体引进来，关于镜子和钟各占一行，而对手册用了两行的文字。镜子和钟都被看作是人生无常（vanitas）的象征——更具体地说：当做生命无常的疗治。

　　镜子会向你昭示衰减的风韵，
　　日晷会向你指出飞逝的青春，

两种工具都被赋予了与它们的实用功能相反的特点；用于化

---

① 《莎士比亚十四行诗》，英德对照版，卡尔·克劳斯仿作（*Shakespeare's Sonette. Englisch und deutsch, Nachdichtung von Karl Kraus*, Basel 1977），第160页。

妆的镜子却展现了美貌的易逝,用于掌握时间、协调行动的钟表却成了对于时间不停流逝的警告。这两件物体的实用性能都被掩盖了,而让位于它们的象征性的表达生命无常的意义。紧接着这两个物体被放在另外一个物体的对立面上,那就是手册。

> 这空白册页留有你心灵的轨迹,

一本空白的手册不是用于阅读的,而是首先用于书写。英文原文中甚至提到印上(imprint),但是这里印上的不是印刷工的字盘,而是册子的所有者的思想。因此这本册子就成了一种工具,可以把内心的、封闭的和不可触及的东西外化;借助于空白的册页可以使这些东西敞开来,拿到外边并变得可读。像镜子和钟表这另外两个象征性的物件一样,手册除了它的实用功能还有一个更深的意义,这在第四行里提及了,但还没有展开:

> 你会从中细味妙谛相伴的人生。

这首诗与一幅静物画相似,描述了对物体的冥想,第二段完全集中在描写上边提到的物体的象征性意义。

> 镜里的皱纹丝丝,可数可辨,
> 让你时时记得开口的墓门。
> 凭借日晷你心知星移斗转,
> 世间的脚步正蹒跚地走向永恒。

在诗的开头被压缩在两行里的内容,现在在双倍的空间中展开。这里人生无常的标志被用更大的直观性和穿透力加以描写。值得注意的是,这些诗行中的重点落在两个词上,即"记得"和"永恒"。孤立起来看,这两个词表达了这几行表述的意思的反面。因为在这里既没有提到纪念也没有提到永久。这两个隐含的抱负实际上都被反复提及的人生无常的警告耻笑了。

第三段内容完全集中在册子上,让论证急转直下。

> 看,凡不能长驻你记忆的东西,
> 都可以在这些空白的纸上留存。
> 你会看到你头脑哺育出的儿女,
> 又再次魂交你自己的心灵。

在原文中"memory"这个词在很短的距离中再次出现,并且连接了两个诗段,使得其中的对立更加明显。因为这两个"memory"并不是同一个意思;在一种情况下它意味着警告式的提醒,在另一种情况下意味着知识能力以及回忆的能力。我们由此从传统的人生无常的领域回到这之前被排除在外的实用行为的领域。在这个地方把手册也看作是一种人生无常的象征恐怕再合适不过了;同时代的静物画中不厌其烦地显示了这种意义。① 与镜子和钟表正好相反,手册上面附着的、象征性的人生无常的意义由于实用的功能而被遮蔽掉了。诗中建议它的读者,超出回忆的承载能力的东西,应该将其托付于这本手册的空白页上。这首十四行诗中最令人惊讶的句子出现在用"看……你会看到"开始的要求之后。对自己思想的记忆术式的记录被翻译成了出生、养育和重新认识这些图像。这意味着,文字在这里不像我们自从卢梭、黑格尔、索绪尔和胡塞尔以来所习惯的那样让人联想到死亡和僵化,而是完全相反,联想到新的生命和成长。人生无常的角度暗示着消逝、死亡和坟墓,却在莎士比亚的十四行诗中、在文字和手册的面前停下了

---

① 扬·比阿罗斯托茨基:《智慧之书与虚荣之书》,见《范·格尔德(1903—1980)纪念文集》,第37—67页。感谢默舍·巴拉什的指点。"书作为物体其多义性是固有的……书的一种声誉指的是一本包含真理的宗教之书——《圣经》,也可能指人类学习用书,被看作学识和文化得到欣赏,但它也可能意味着被鄙视为反复无常和转瞬即逝的凡人的学识,没有真正持久的价值,将随着时间消失。因此书籍一方面显现为短暂性的复杂类比,另一方面它们又表现为被圣人和哲人执于手中的形象"(第42页)。

脚步，在这个背景下，文字和手册作为一种赋予生命和连续性的力量得到更大的突出。这些空白的书页由此变成了另一面镜子；容颜会不可逆转地变老，但思想却会在阅读曾写下的东西时进行回忆并因此得到更新。文字和书本也是更好的钟表，因为它们记录下了盈利而不是损失。由此，文字被以一种独特的方式排除于通常的人生无常的条件之外；它们刚好保存了从普遍的衰败和消逝的角度来讲人根本不拥有的东西；那就是对时间进行生产性更新的机会。

文字在莎士比亚的十四行诗中不仅是一种辅助手段。与柏拉图相反，它没有被描绘成一种技术性的书写媒介，而是一种自我交际、自我对话关系的媒介。写下的思想虽然确实按照柏拉图的想象从内心到达了外部；但是它们并没有因此而死亡并变得不可理解，而是在外化的时候才获得了面对自我和塑造自我的新的形式的可能性。文字并没有阻碍对话，它使跨越较长的时间间隔的内心对话成为可能。对柏拉图来说，外化了的文字代替了记忆的位置并摧毁了它，而对莎士比亚来说，互动的文字却能刺激记忆。以这种方式柏拉图的记忆毒药又变成了记忆灵丹。

第二节　关于文字和图像作为记忆媒介的竞争

文字作为能量储备

哲学家汉斯-格奥尔格·伽达默尔在他的著作《真理与方法》（1960）中关于文字的储存力量如此写道："来自过去的呈现在我们面前的流传没有一样能与之相比。过去生活的残留、建筑的剩余、工具、坟墓的内容都被从它们上面吹过的时间风暴侵蚀了——而文字的流传则相反，它们被破译、被解读，是如此纯净的思想，就

第二章 文 字

像在眼前一样对我们讲话。"① 我们下面想要展示的是，文字作为"纯净的思想"这种说法来源已久。它来源于文艺复兴时期关于图像和文字作为相互竞争的记忆媒介的话语。文字作为记忆媒介的独特性通过给它树立一个对手而得到了巩固，因为这个对手在这场竞争中表现得较差。作为文字对手的是那些图像、雕塑和建筑物。它们都具有以下特点，即它们表现的东西都不能有效地防止时间的侵蚀，"时间风暴"从它们身上吹过，把它们作为被剥蚀的废墟留了下来。而在文字的维度里则相反——按照几个文艺复兴时期人文主义者的命题——那里没有和废墟相提并论的东西，因为它们的能指并不会遭受相似的侵蚀过程。

在这个语境中的关键概念叫作"思想"。文字被看作是与思想比肩的媒介，因为思想的非物质性与文字的透明性相对应。文字拥有一种与思想的特别的相似性，即它的虚拟的透明性——字母作为物质的能指"在阅读时就像残渣一样脱落"。这里把文字和思想相提并论，语言被掠过了，语言是思想和信息编码过程中的有声的媒介，众所周知它可能是陌生的、不可通达的，并随着时间变得不可理解。这里隐瞒了产生这种模糊情况的条件，放在核心位置上的是文字的奇迹，文字被看作一种可能重新复活的信息。身体和思想存在于不同的时间里，一段是毁坏性的，另一段是更新性的。在提到图像作品时，时间的毁坏力量就会被繁复的修辞手段召唤回来。物质性的图画和雕像以及建筑物在时间之内被毁坏了，和它们表现的凡人躯体遭受同样的命运。而哪里提到文字，哪里就会有永生的诉求得到满足；这里表达的是时间的无差别性，或者说是时间的更新力量。

---

① 汉斯-格奥尔格·伽达默尔：《真理与方法》(Hans-Georg Gadamer, *Wahrheit und Methode. Grundzüge einer philosophischen Hermeneutik*, Tübingen 1960)，第 156 页。

以上我们用最简短的篇幅勾勒了伽达默尔的话中包含的文字隐喻的基本特点,并且将其与文艺复兴的话语联系起来。这些话本身就是一个传播史的文献,它展示了传播史中描述的在文艺复兴时发展起来的文字形而上学直到今天在某些语境中仍然在场。在18世纪,文字的这种形而上学被深深地遗忘了;文字与思想脱离,并作为某种陌生的东西成为它的对立面,它变成了惰性的容器,变成了残渣,死的空壳,无法让鲜活的感觉和思想的力量得到保存和保护,而是在最深的内部威胁着它们。

关于记忆媒介的相互竞争的问题本身就是一个常见的话题。贺拉斯在一首颂歌中(Ⅳ,8)将诗句作为比宏伟的纪念碑更加优越的记忆媒介尽情描述,莎士比亚在他的十四行诗中继续突显了这些论据。纪念碑最坚硬的材料像金属和大理石会被时间腐蚀,而脆弱的纸张和几滴黑色的墨水却能抵抗时间,这种悖论被诗人用高超的技法进行了不同的表述。编码越是非物质化,永生的可能性显而易见就会变得越大。

弗朗西斯·培根和约翰·弥尔顿

弗朗西斯·培根也谈到过文字的记忆力,但他不是从诗人的角度而是从科学家的角度出发的。培根把对于连续性和持久性的需求看作是一种人类学的普遍现象。从这一点出发他把追求永生的愿望解释为一种最基本的人的愿望,而文字是这种愿望得以实现的最优秀的媒介。在关于学术之进步的著作的第一卷结尾,他详细地对字母进行了论述。在下面的话中他也提到了那个众所周知的惯用说法:

> 我们看到,思想和知识的纪念碑比起权力和手艺的纪念碑都更加持久。荷马的诗句不是已经存在了25个世纪并还要继续存在下去,并且没有丢掉一个音节或者一个字母吗?

第二章 文字

而在同样的时间段里无数的殿堂、庙宇、宫阙和城市不是都被毁或者颓败了吗?①

培根在这里主要关注了文字作为传统的物质保障这一点。荷马的史诗保留了"25个世纪",不是因为人不断地回忆它们,而是因为它们有物质上的保障,"没有丢失一个音节或者一个字母"。培根可能是看到了乔治·查普曼在1611年他翻译的《伊利亚特》的序言中表达的想法,即写下的文字比画下的图像更有优势。这篇译序里写道:

> 一个诸侯的塑像,不管它是由大理石雕成
> 或者是由钢铁或者黄金铸造,并为了更好的保存
> 矗立在高高的柱头或金字塔上,
> 这个雕像终将被时间变成毫不起眼的废墟。
> 但是如果他那充满美德的形象被博学的诗句描绘
> 那他的荣耀就会从遗忘的棺椁中响起,
> 直到坟墓被它们的响声震破,死者起死回生。②

这些句子虽然没有直白地提起文字,但是文字却是前提。诗句的生命力就像声誉的号角声,能够在棺椁的最深处响起并且使死者起死回生,诗句的物质上的保证使这一生命力又得到了大大

---

① 弗朗西斯·培根:《学术之进步》(Francis Bacon, *The Advancement of Learning*)第 I 卷 VIII,第6页,《学术之进步与新大西洋洲》(*The Advancement of Learning and New Atlantis*, hg. v. Thomas Case, London 1974),第70页。关于培根的记忆理论参见德特勒夫·蒂尔:《文字、记忆和记忆术:论弗朗西斯·培根对图形的使用》(Detlef Thiel, "Schrift, Gedächtnis, Gedächtniskunst. Zur Instrumentalisierung des Graphischen bei Francis Bacon"),见《记忆术:关于1400—1750年间记忆术的文化史意义》(*Ars memorativa. Zur kulturgeschichtlichen Bedeutung der Gedächtniskunst 1400-1750*, hg. v. Jörg Jochen Berns u. Wolfgang Neuber, Tübingen 1993),第170—205页。
② 乔治·查普曼:《荷马的伊利亚特(1611),献诗》(George Chapman, *Homer's Iliad* [1611], *Epistle Dedicatory*),第62—68行。

的加强。图画和雕像会被时间毁坏,而(用文字固定下来的)荷马的诗句却会毁坏时间并且保障一个永恒的(死后的)生命。与这些诗句相比引人注目的是,在培根那里这种惯用的说法增加了论证的精确性,并且摆脱了常见的宣言式的激情。在下边的句子中,培根从理论方面阐述了图像和文字作为记忆媒介的区别,他的描写更加详尽:

> 想要制作居鲁士、亚历山大、恺撒或者后世的国王和伟大人物的精确画像或塑像是不可能的;因为原型并不是持久的,复制品只能传达生命和真实的越来越弱的余辉。而人类思想和知识的画像却保存在书本里,它们在那儿可以免于时间的损害,并且能够不断地被更新。文字不是描摹的图像,因为它们总是具有生产力的,它们能把它们的种子播到新的头脑中,使其成为新的、未来的行动和观点生发的原因。①

对于培根来说,字母和图像不是等价的记忆媒介。图像因其回顾性的固定形式总是指向过去的东西,并且只能展示原作的一个越来越弱的翻版,而文字作为汩汩涌出的思想却指向未来。视觉的媒介中丢失掉的生命和真实,都在文字中得以保留,文字传达的不是"弱化的"再造,而是自己成为"再造的工具"——具有那种"奇异的"能力,不仅保存旧的,而且能生发新的东西。把文字称为外部的储存媒介是不确切的,因为它同时也可以激活记忆。对于培根来说就像对莎士比亚一样,文字的"活力"在于一个互动的过程:一个被储存起来的思想对他来说必定是一个更新了的思想。因此字母不仅储存思想,还让它们不断地重新诞生到世界上。柏拉图所担心的记录和知识的分离在这些描写中完全被排除在外,

---

① 弗朗西斯·培根:《学术之进步》,第70页。

第二章 文字

因为这些描写是从文字的记忆力出发,并且把它当做一种能量储存来看待。

文字的储存能力与它更新老的思想的生发力一样大。这种观念在当时的静物画中被变成了图像的展示。大卫·德·希姆的一幅静物画里就展现了两个半身像和一个死人头骨。左边是孩子的塑像,右边是一个年轻人的古典式的头像,它们中间是一个头骨,头骨被略微放大,置于前景,而且是唯一正面朝向观察者的。在头骨的额头上缠绕着一顶桂冠,桂冠四周是一个松散的成熟麦穗编就的花冠,这些麦穗低垂到在头颅左侧堆起来的一摞书上,书旁边还有一支羽毛笔。在头骨下边固定的纸条上面写着:"Non omnis moriar."("我的一切不会都死去。")① 这句贺拉斯的语录被用图画诠释了。"我的一切不会都死去",只要在书中还留有重新阅读的种子。在这个用图像来表达的惯用说法中没有圣徒保罗所言的能导致死亡的文字的位置。正相反,字母被颂扬为具有萌发力和生命力,并且是开明的人文主义者所能接受的唯一形式的魔力。这种魔力能够从死亡的东西里生出新的生命,并且保证在数百年的遗忘之后还能有经验的连续。这正是"文艺复兴"视其为基础的那个野心勃勃的项目,或者更确切地说:正是那个时代的神话。这种起死回生的魔力,有一些人文主义者认为,并不能赋予图像,而只能赋予诗句或更进一步地(赋予)文字。培根把图像也仅仅视为模仿;这就意味着对他来说它们是外在的和没有生命的,就像对于柏拉图来说文字不能理解"有活力的逻各斯"一样,因此柏拉

194

---

① 扬·比阿罗斯托茨基:《智慧之书与虚荣之书》,见《范·格尔德(1903—1980)纪念文集》,第37—67页;此处第45页以下。另参见 R. 维特科维尔:《马腾·德·佛斯的一幅画作中的死亡与复活》(1949)(R. Wittkower,"Death and resurrection in a picture by Marten de Vos"[1949]),见氏著《类比与象征的迁移》(*Allegory and the Migration of Symbols*, London 1977),第159—166页(参见本书第235页注释①)。

图把文字比作图像,图像也只能暗示一种生命力的幻觉,实际上却是又聋又哑的。文字对于培根来说却是双重意义上的记忆媒介:个人记忆和集体记忆的,此时,文字是被双重定义的,一方面作为记录媒介,另一方面作为对思想的激发。培根关于象形文字的说法,也可以用到一般意义的文字上:"它们保留了很多的生命和活力"。① 他用一幅图像来加强他的论证:"船舶的发明得到如此的推崇,因为船舶可以把珍宝和货物从一个地方运到另外一个地方,并且令相距最远的人都能通过享受彼此的产品相互联系在一起,那么字母应该得到更多的赞美,它们像船只一样驶过时间的大海,把相距甚远的时代联系起来,让它们交换知识、感悟和发明。"②

今天,我们比培根更加清楚地认识到,建设可以到达远方的交通道路和交流网络不仅有利于互动而且有利于新形式的压迫和殖民剥削。莎士比亚还生活在一个手写体的文化中,还宣告文字具有永生的力量,同时还提到黑色的墨水,但培根想的却已经是印刷用的黑色油墨了——他把油墨与指南针和火药并称为近代的基石。世俗的培根使用宗教的图像来称赞印刷术的功绩;他把图书馆称为"安息和保存着古老圣人的遗物及其神秘力量的圣物箱,里面没有骗人的魔法"。对他来说在宗教的欺骗之后来临的是科学的真理;文字的魔力代替了仪式的魔力。这种魔力不再受到可疑的僧侣的管理,而是受到一个新学科的学者的管理,这个学科被称为"语文学"。经典化的圣人的位置也被经典化的文本所取代,或者再次用培根的话说,"被作家们新的版本所取代,印刷更加精美,翻译更加可信,阐述更加透彻,注释更加详尽,等等"。③

"语文学"的意思是"对语言的爱",但是这里重要的不是精神

---

① 弗朗西斯·培根:《学术之进步》II,IV,3,第 98 页。
② 同上书,第 I 卷,VIII,第 70 页。
③ 同上书,第 74 页。

中心主义(Logozentrismus),而是文字中心主义(Graphozentrismus)以及对书籍的敬奉(Bibliolatrie)。在踏入印刷时代时,培根看到第二个中世纪的危险消失了,"对人类回忆消失的恐惧"也被驱散了。由此为进一步的知识积累铺平了道路,也就是为一个线性的**学术之进步**铺平了道路。①

约翰·弥尔顿1644年在议会发表的关于出版自由的讲话,同样也是围绕着书籍的内在力量。他在这个讲话中得出结论,书籍具有它们特有的生命力的形式,既可以成就好事也可以成就坏事。"因为书籍不是完全没有生命力的物体,而是包含着一种生命的力量,就像产生它们的心灵那样积极而有效。正相反,它们像一个外壳一样,保存了那个产生它们的鲜活的思想最纯粹的力量和精华。"②

弥尔顿在这里使用了炼金术的语言,把文字描写成思想的提取物。提取物是能量最纯粹和最凝聚的形式;弥尔顿也不把文字当作一个抽象的记录系统,而是看作"能量储备"。为了强调这一点,他从炼金术的图像转换到另外一个神话的图像:"我深知,它们就像那些传说中的龙牙一样有生命力和活力,如果播种这些龙牙,就会跳出全副武装的人来。"③像培根一样,弥尔顿也强调写下的文字内在的生产性,把它们比作种子,可以穿越时间保留它们的发芽能力,并可以一再地发出芽来。因为书是一个思想的鲜活印记,这个思想随时都会重新苏醒、起死回生,这也可能是一种很难抵御的危险。但弥尔顿无论如何并不把审查制度看作是合适的手

---

① 参见伊丽莎白·艾森斯坦:《克里奥与克罗诺斯》(Elizabeth Eisenstein, "Clio and Chronos"),载《历史与理论》(History and Theory)5(1966),第46—48页。
② 约翰·弥尔顿:《论出版自由》,摘自《弥尔顿散文集》(John Milton, "Areopagitica", in: Malcolm W. Wallace, ed., Milton's Prose, London 1963),第279—280页。
③ 同上书,第280页。

段,因为这种手段让好书也沦为牺牲的可能性太大了。好书被弥尔顿抬高到圣物的高度;为了让这样的书罩上禁忌的和神秘的光环,用怎样的修辞都不为过:"谁杀了一个人,他就杀害了一个理性的生物,上帝的平等的图像。但是谁要是毁坏了一本好书,他就杀害了理性本身,也就是毁掉了上帝的图像的眼睛。有些人活在世上只是累赘;一本好书却相反,它是大师的思想最珍贵的生命之血,为此生之后的生命涂上香油,细心地保管起来。"①

就像培根一样,(好的)书籍不仅被弥尔顿抬高到最宝贵的文化遗产的高度,它们甚至被真正地封了圣。人文主义者们把文字和书籍评价为积极的文化象征,弥尔顿的评价又大大提高了。在弥尔顿那里还同时漂浮着一种宗教改革家式的激情,这种激情把书籍(而不仅是《圣经》!)当做抵御国家机构的权威武器。在弥尔顿那儿比在培根那儿更加清楚的是,伽达默尔关于文字是"纯净的思想"这一惯用说法的来源具有一种非常特别的历史语境。这种惯用说法本身就是路德新教的文字文化与天主教的图像文化之间的政治斗争的一部分。书籍在印刷时代成了对付教会机构的最有力的武器,弥尔顿的讲话在这个宗教政治的过程中也派系鲜明。图像崇拜被用这种方式与书籍崇拜对立起来,使得文字又增加了魔力的特点。在这种论战的条件下它远不止是一种纯粹的记录形式,人们把它与根本的生活、充满神秘的精髓和不死等同起来。因此弥尔顿把毁坏一本书称作谋杀(homicide)。谁反对书籍,"他不仅是杀害了一个本质的生命,而且是毁坏了那种以太的精髓,毁坏了精神的呼吸本身,他杀害的不仅是某个有生命的东西,而是某个永生的东西"。②

---

① 弥尔顿:《论出版自由》,第280页。
② 同上。

第三节　文字的没落——伯顿,斯威夫特

在这里发过言的文艺复兴时期信仰新教的英国作家们都宣传"活生生的字母"这一模式,这个模式并没有把文字从记忆剥离开来,把文字看作是记忆的对立面,而是把文字和记忆放在一起考虑,作为激发性的思想记录、作为精神的痕迹、作为能量储备。但是在文艺复兴时期也已经出现了对于文字不那么信服的评价。其中有一个文本把再造的希望描绘得特别渺茫,把毁坏和无法挽回的损失的意识描写得特别庞大,那就是杜·贝莱的十四行诗组诗,题目叫作《罗马怀古》(1558)。在这部献给法国国王的组诗中,作者提出了警告,不要重蹈罗马文化的覆辙,他用千篇一律的手法描写了罗马曾经的辉煌是如何败落成了一堆瓦砾。[①] 在这个文化的残留永远地变成了瓦砾和灰烬之后,过去的亡灵在一个招魂仪式上被一个三重的召唤所呼唤,以保障它们得到荣耀的身后之名(第十四行诗第一首)。其后的十四行诗描绘罗马败落成了一片废墟和瓦砾,其中只有一首是关于文字的储存能力的,文字可以超越这样的毁坏(十四行诗第五首)。罗马在这首十四行诗中被描绘成一个有身体和思想的生物,而这两个拟人化的因素都不可挽回地被埋进了黄土。唯一超越这个结局、还存留着的,是文字(ses escripts)和荣誉(son loz)。但是两者并不保证一个实质性的"身

[①] "如果神祇赋予您足够的幸运,使您得在法兰西建立如此宏伟之城,我将很乐意用您的语言将其颂扬",杜·贝莱:《罗马怀古》(Joachim Du Bellay, *Les Antiquitez de Rome*, übertragen von Helmut Knufmann, Schriften der Universitätsbibliothek Freiburg, Freiburg 1980),第12页。参见芭芭拉·温肯:《终于被掩埋的城市:杜·贝莱的〈罗马怀古〉》(Barbara Vinken, "Die endlich begrabene Stadt. Du Bellays Antiquitez de Rome")见《声音、形象》(Aleida Assmann, Anselm Haverkamp, Hgg., *Stimme, Figur, Sonderheft der DVjS*, Stuttgart 1994),第36—46页。

后之名",而是召唤出了一个鬼魂:

> 但是他的文字,超越了所有的时间,
> 从坟墓中抢回了他的荣誉,
> 却召回了他的鬼魂,在各地徘徊。①

文艺复兴时期的语文学家们不仅召唤着文字的生命力,也强调了它们欺骗的特性。瓦拉和卡索邦用新的语文学的手段揭露了不少建邦立国的文书和号称是远古流传下来的东西原来都是伪造。还有和语文学家并肩前进的古物研究者,他们也越来越少地把注意力集中在被称为"纯净的思想痕迹"的文字上,而是集中在文字的历史的物质性上。在莎士比亚那里已经有一些充满怀疑的段落,和他常使用的声誉惯用语形成鲜明的对照。在一段露克丽丝的话中他尽情描绘了文字和书本的材料是多么地柔弱易碎:

> (时间的光荣)
> 是让庄严的丰碑长满虫蛀的窟窿,
> 是把衰朽的一切送进永恒的遗忘,
> 是给古书染上污迹,演变它的内容。②

这里文字不再是时间的毁坏工作的神奇例外。不仅材料的持久的机会被从根本上否定了,而且提到了不断的造假和改变。留着时间齿痕的古书也许还是一个令人肃然起敬的年代以及一个更加符合原初真理的象征,但是这种联想的可能性被破坏掉了,因此作者在这里明确地提到了古书内容的可变性,诗中的"记忆"(memory)和"造假"(forgery)是同样的韵脚。

---

① 杜·贝莱:《罗马怀古》,第 22—23 页。
② 威廉·莎士比亚:《露克丽丝遭强暴记》(*The Rape of Lucrece*, vv),第 946 页以下。

第二章 文 字

一个新的职业群体撰文来反对这样充满怀疑的联想,他们重新强调了他们对于文字作为长久的保证以及人类记忆的配置的信念。贺拉斯的名言"我的一切不会都死去"以及"言语易逝——文字长存"之类的宣言在印刷匠的标记中重新出现。被印刷的文本比起其他所有的文化痕迹将更加牢固,让它们相形见绌,印刷匠和出版商指出了这一点,以表达他们对自己职业的新地位的自豪感。他们把人文主义者的口号直接地用在产品的宣传上,按照这一口号,文字和印刷是流传的必不可少的承载者,因此也是文化的柱石。比如17世纪一个德国巴洛克戏剧集的编者如此写道:

> 如果想到,各种材料的金字塔、柱石和各种材料的雕像随着时间都变得破损,或者被强力损坏或者是自然地破败……整个的城市会沉默、衰落并被水淹没,而文字和书籍则相反,它们摆脱了这样的厄运,因为在一个国家或地方消失和毁坏的书籍,人们可以在许多其他的和数不清的地方轻易找到,人所知的东西里没有比书籍更长久、更永生的东西了。[①]

托马斯·杰弗逊曾经搜集了弗吉尼亚法律的历史文献,他也很清楚地把(手写)文字的保存力量和印刷术的保存力量加以区分。他问道:"古希腊罗马多少珍贵的文献已经遗失,因为它们只作为手稿而存在;但自从印刷术使得副本的制作和传播成为可能以后,还有哪一本书再遗失了吗?"并由此得出结论,民主地复制和传播对文本来说是最好的保障形式:"遗失的东西不能重新找回;因此让我们拯救还存留着的东西;不是让我们把它们锁起来或者放进保险箱,不是阻止公众来观看或使用,让它随着时间毁

[①] 雅可布·艾瑞尔:《戏剧集》(Jakob Ayrer, *Dramen*, hg. v. Adelbert von Keller, vol. I, Stuttgart 1865,第4页),转引自瓦尔特·本雅明:《德国悲剧的起源》(*Ursprung des deutschen Trauerspiels*, Frankfurt/Main 1963),第153页。

坏,而是通过大量复制它的副本,使得不幸的事件也不能损伤它们。"①

在他的《忧郁解剖学》(1621)前言中,医生和百科全书式的学者罗伯特·伯顿从一个读者的角度观察了新的印刷产品,他并没有充满激情地欢迎新的书籍,而是在突然增加的知识的复制中看到了观点的四分五裂:"每天都出现新的书籍、新的文章、挨户投递的广告印刷品、故事、五花八门的几卷本商品目录、新的悖论、意见、分裂、让人迷惑的学说、在哲学和宗教领域中的不同意见等等。……在今年,在整个的时间里,我们的法兰克福书展,我们本地的其他书展曾经推出过怎样庞大的一部新书目录啊!"②

伯顿引用了人文主义者斯卡利杰和格斯纳的话,他们怨声载道地抱怨了新的印刷时代的糟糕景况。"那些刚刚能握住羽毛笔的人,都非要写书,非要成名!""他们写书,是为了让印刷匠忙碌,或者只是想要显示自己还活着。"印刷行业本来追求声誉卓著,现在却屈从于一种普遍的自己获得永生的压力。被弥尔顿美化的**印刷**产品在斯卡利杰的严厉的眼光中,在伯顿的讽刺视角中成了**垃圾**产品。不仅图书馆和书店中充斥着被污损的纸张,夜壶和茅坑里也都是。人们写作不是出于知识和学问,而是出于虚荣、贪财和溜须拍马。被写到纸上的东西都是无关紧要的东西、垃圾和废话(第23页)。

在倾向于英国圣公会和对国王忠心耿耿之人的阵营中,在印刷时代开始后的150年里,认为"文本痕迹"能够保存和更新过去

---

① 托马斯·杰弗逊:《致乔治·怀特的信》(Thomas Jefferson, Brief an George Wythe),转引自伊丽莎白·艾森斯坦:《印刷机:现代欧洲早期的文化革命》(*Die Druckerpresse. Kulturrevolution im frühen Europa*, Wien/New York 1997),第74页。
② 罗伯特·伯顿:《忧郁解剖学》三卷本(Robert Burton, *The Anatomy of Melancholy*, 3 Bde, hg. v. Holbrook Jackson, London 1961),第一卷,第18、24页。

第二章　文字

的生活的这种肯定的态度也并不是那么牢不可破。莎士比亚在第 55 首十四行诗中还对他的情人保证说：

> 你高视阔步面对死亡和弥天之恨，
> 纵然千秋万代之后，世人的双眼
> 都还会读到我这记录对你的颂扬，
> 哪怕那时候人类的末日已来到世上。

后世越来越从永恒的保证者变成了对于持久来说最可怕的威胁。在一个经济化和工业化的市民时代，文学写作和阅读的条件不仅发生了变化，而且荣誉的条件也改变了。文本被写入的维度越来越不是声誉和记忆的长时段，而是越来越多地变成了有短暂繁荣的节奏的文学市场。印刷行业瞄准的是一个匿名的读者群易变的需求。在这种氛围中对于字母确实具有保障持久的潜力的幻想烟消云散了。诗人的永恒保证也在越来越快的革新和过时的循环中淹没了。弗朗西斯·培根在他 1625 年出版的《散文》前言中还期望，这个世界上的书籍存在多久，这个（拉丁文的版本）就能够保存多久。① 乔纳森·斯威夫特在他关于一只桶的童话的前言中（《一只桶的故事》，1710），仅仅希望他的书"能够至少保存到我们的语言和我们的品味发生下次变化之前"。②

这种保留意见可以归因于变化了的时间意识。由于威胁斯威夫特的文本的变化明天就可能出现，文本就不再能够提供抵御时间的袭击的保护，而是成为它直接的标靶。由于它是处于如此显

---

① 弗朗西斯·培根:《散文》(*Essays*),摘自《文集》十四卷本(*The Works*, hg. v. James Spedding, Robert Leslie Ellis u. Douglas Denon Heath, 14 Bde, London 1857-1874),第 VI 卷,第 373 页。
② 乔纳森·斯威夫特:《一只桶的故事》(Jonathan Swift, *A Tale of a Tub. Written for the Universal Improvement of Mankind* [1710], hg. v. A. C. Guthkelch und D. Nichol Smith, Oxford 1958),第 3 页。

眼的位置,所以它需要一系列的边缘文本如前言、辩护、献词和诗体书信来作为掩护。一只桶的故事的一个边缘文本的标题是:"献给王储陛下后世王子的献词"。人们从这首诗体书信中了解到这个王子还是一个孩子,生活在一个残忍的执政官的监护之下。这位监护人不是别人,正是克罗诺斯爸爸——也就是时间本人,他被斯威夫特用华丽的巴洛克风格的象征装饰起来:

> 我请大家注意那巨大得让人恐惧的大镰刀,这监护人习惯于把它带在身边。你再看一下他的指甲和牙齿的长度、强度、锋利度和硬度!还不用说他那可怕得让人厌恶的鼻息,能传染、能腐蚀,并且威胁着所有的生物和材料。然后鉴于这些武器以及时间的作用,您再问一下自己,是否这一代人所拥有的尘世的墨水和纸张中有一块能够抵挡这些?①

一边是时间的毁坏工作,另一边是文学对永恒的诉求,这一对古老的对手在斯威夫特的作品中通过后世这个年轻的王子连接起来,这位王子在步入成年之后将取代可怕的监护人——时间。由此斯威夫特用对后世的召唤替代了文学的这种传统的对永恒的诉求。"当然永生是一个伟大和有权力的女神,"他写道,"但是她对我们的祈祷和献祭都置之不理。"用不太符合神话的话说,写下的东西的持久不再能够抵御一个神话的时间的反抗,而只有与后世的读者联合起来才能做到这一点。尽管文学作品像斯威夫特表述的那样"本身就足够轻巧,可以永远地漂浮在永恒的表面上",但它们却缺乏内在持久的任何能力。因此它们要倚仗一个社会结构、一个跨代际的协议的支撑。不是文本的内在力量而仅仅是后世的投票来决定它是否能够持久。

---

① 乔纳森·斯威夫特:《一只桶的故事》,第32页。

第二章 文 字

但在王子成人之前,还是可怕的执政官时间的统治,这是一个凶残和任性的暴君,因他而造成了"每年在这个城市生产的好几千本书到了下一年没有一本还有人知道了"。① 书籍的复制和传播在 17 世纪还被评价为它们的持久的保证,但现在却被看作是它们衰落的原因:"确实是这样,尽管它们的数字庞大,它们的产品多种多样,但是它们又被很快再次挤走,使得它们从我们的记忆和我们的视野中消失。"②

在这儿人们能够清楚地看到,斯威夫特用传统的寓意的图像——即贪吃的时间(Tempus edax)为一个十分现代的机构画了幅漫画:图书市场的有组织的短暂性。斯威夫特继续写道,他曾希望能够为王子编一份最新出版物的目录,但是没几个小时之后他已经找不到这些书的踪迹了:"我向读者和书商们打听,但是白费力气;关于它们的回忆被消除了;它们在哪儿也买不到了。我被人耻笑成一个笨蛋和学究,没有品位以及应对如今的业务的能力,对宫廷和城里的习俗一无所知。"③斯威夫特把他的讽刺的螺丝又拧紧了一圈。他问道:"用于生产这许多书的大量纸张都变成什么了?"回答是,书籍就像人一样,从同一条道路来到这个世界上,但是从很多条道路离开这个世界。它们的物质残余在许多地方悄无声息地不断消失:它们被在公厕里使用,在炉子中焚烧,它们被用来糊妓院的窗户,被用来修补灯罩。

斯威夫特对于图书市场的描写尖刻地表明了文字的痕迹仅凭自身是没有内在的对抗衰败和遗忘的力量的,它们的继续存在,要依靠社会性的约定。文字对于永恒的要求和对于永恒的许诺都建立在两个基本的设想之上:第一个是文本的物质形态是有保障的,

---

① 乔纳森·斯威夫特:《一只桶的故事》,第 33 页。
② 同上书,第 44 页。
③ 同上书,第 34—35 页。

第二个是文本的可读性是有保障的。斯威夫特展示了,这两种设想在18世纪中叶的时候都不再是理所当然的了。随着生产的增加,变革的频率也提高了,历史变迁的经验使得文化记忆中文本的保留的可能性变得越来越小。在时间的普遍侵蚀中,文字能够作为奇妙的例外存在这一想象开始消失,让位于所有被写下和被印出来的东西都要服从历史变迁的规律性,以及更新和变旧、生产和垃圾的辩证法。一个世纪之后爱默生明确说,所有被写下来的东西,"都会坠入那不可避免的深渊,这深渊是新生事物的创造为老旧的东西打开的"。①

斯威夫特还能够保证,他刚写下的东西在同一个时刻还是真实的;"但是当这些东西经过无数的辗转直到一个读者看到时",他就无法再作出估计了。一个世纪之后,散文家查尔斯·兰姆以相似的方式意识到了写下的文字的短命特征,他在题为《远方来信》的文章中把他和一个澳大利亚朋友通信的经历诉诸笔端。"需要特别的努力才能跨越如此远的距离来建立一种通信关系。我们之间,水那慵懒的世界重压在我的思想之上。很难想象我写下的文字能跨越如此一段距离。自己的思想会达到如此的远处,我总觉得这样的设想很狂妄。我觉得,自己好像在给后世写信。"②

兰姆也认为,在写下的当时真实的东西,当到达它的接收者那儿的时候还能保持真实是不大可能的;相反,一个稀松平常的虚构在经历了长长的旅行后会成熟,变成一个有根有据的真理。真理不仅有它们的半衰期,它们还会改变自己的质量;用兰姆的话说:

---

① 拉尔夫·瓦尔多·爱默生:《圆》(1841),摘自《随笔与演讲》(Ralph Waldo Emerson, *Circles* [1841], in: *Essays and Lectures*, hg. v. Joel Porte, New York 1983),第403页。
② 查尔斯·兰姆:《远方来信》(1823),《伊利亚随笔》(Charles Lamb, "Distant Correspondents" [1823], *The Essays of Elia*, London 1894),第142—148页;此处第142页。

它们有一种自我去实质化的趋势(to unessence herself)。① 兰姆的散文是培根关于文字的观点的一个值得注意的反面,培根曾夸赞文字是时间海洋上的英勇旅行者,他相信文字能够把相隔数百年的作者和读者连成一个团体。而文字在兰姆那里却完全失去了它们作为能量储藏体的灵韵,这个能量储藏体本来可以在另外的地方和另外的时间里轻易地重新激活。培根强调了文字的联合的效果,而兰姆则强调了它们造成距离和"异化"的效果。

第四节　从文本到痕迹

一个时代与过去的关系在相当程度上取决于它们和文化记忆的媒介的关系。在文艺复兴时期,大家仍充满信心,认为文本中可以毫发无损地保存永远消失了的东西的一个很小、但是关键的片段,保存作者不朽的思想。后世的读者只要感到与这个作者精神相通,就可以跨越很大的时间、空间,在一个由文字支撑的同时性的空间中交流。在18世纪,对于文本的无限储存能力的信任消失了。由文字支撑的同时性的、那种与"古典"现象相契合的、超历史地共时化的空间骤然黑暗了下来。② 与此同时,过去却没有变成一个我们没有护照便不能前往的陌生国度。紧接着损失的经验而来的是接近和直接等新的经验。仍然有一座过去的桥梁能够跨越遗忘的深渊,但是这座桥梁的桥墩不再是文本,而是遗留物和痕迹。

威廉·华兹华斯

19世纪那种对于文字的牢固性和再生产力的牢不可破的信

---

① 查尔斯·兰姆:《远方来信》(1823),第143页。
② 关于这个题目更详细的讨论参见阿莱达·阿斯曼:《时间与传统:持久性的文化策略》。

任感结束了。培根还曾经很肯定,在印刷术发明之后,对于第二个中世纪、对于人类记忆再次断裂的恐惧就被驱逐了,但1800年左右这种恐惧正四处流行,这是从未有过的现象。这一点威廉·华兹华斯可以作证,他在他的诗体自传《序曲》(1805/1850)的第五卷中专门描绘了书籍,那些书籍对于"他的诗人心灵的成长"(就像作品的副标题所说的那样)发挥过影响。关于书籍的这一段开头是一段思索和一个梦境。思索的内容是人的知识的易逝性。持久的、二维的文本文献和易逝的、三维的纪念碑之间的区别被放弃了;书籍在华兹华斯那里同样会遭受在世间被消灭的命运,而超越时间的特权在他那里转移到了大自然的身上。人类神性的灵魂和不死的精神都在没有时间的大自然中找到了它们的对应物,而不是在包含时间和依赖时间的文化之中。

> 人类,你也有自己的创造,为了
> 人与人之间的交流,你也写出了
> 有形的言语,指望它们永世
> 不死;然而,我们感到——不可
> 避免地感到——它们终将消逝……
> 然而,只要我们仍将是
> 泥土的孩子,会为自己拥有
> 这些作品而热泪盈眶,因为也可能
> 失去它们,而自己继续活着——
> 凄凉,沮丧,孤独,没有慰藉。①

华兹华斯在这里引用了莎士比亚第64首十四行诗里的一个短语,这首十四行诗的最后两行是:

---

① 威廉·华兹华斯:《序曲》,第137页。

第二章 文 字

> 这念头犹如死亡,它别无选择,
> 只能为它所害怕失去的而悲咽。

通过这句引言,华兹华斯接受了巴洛克的人生苦短的气氛,其实这种气氛和浪漫主义的人生易逝的气氛并不完全相同。在人世沧桑的观念(mutabilitas)和历史主义之间是有着深刻差别的,这些差别并不完全在于对文字作为记忆媒介的评价中。文字在1800年左右不再是稳固的数据载体;人类文化的历史性和易逝性对于华兹华斯来说是毋庸置疑的。他认为只有大自然才拥有重生的力量,他设想,大自然在经历了一次普遍的灾难之后,会以神奇的方式重生。大自然是被一个神性的存在统治的,会作为"活着的实在"(living Presence)缓慢地、但是肯定地、并且一定会取得成功地、慢慢让自己重新站立起来,而文化,人类思想的成就却没有希望得到一个相似的复兴。弥尔顿把文字赞颂为"人类思想的提取物",伽达默尔把它称为"纯净的思想痕迹",华兹华斯却相反,他抱怨道,这个思想并没有一种持久的、与之契合的媒介可支配:

> 啊,心灵为何不能
> 将其形象印在与它气质相近的
> 元素中?为何,它发出如此的力量,放出如此的能量,
> 却将其倾入如此薄弱的容器中?
>
> (《序曲》第五卷第45—49行)

在华兹华斯那里文字不再是对抗时间之侵蚀的神奇武器,而是一个特别易碎的匣子。在这段思索之后的梦境把这段思考用世界末日的色彩形象地描绘出来:一个阿拉伯人带着两本书逃亡,他穿过沙漠,这两本书被用梦的语言视觉化为石头和贝壳;石头象征了数字的牢固知识,贝壳则象征了史诗吟唱的和谐。他希望能把两本书埋藏起来,以使它们免遭即将来临的世界末日的洪水,但这

是一个不可能的工程,把这个阿拉伯人变成了一个堂吉诃德式的冒险家。做梦的人不得不眼看着人类的知识和人类的文化无法超越时间和毁灭,被一种牢固的形式加以拯救。

托马斯·卡莱尔

文本不再能够保证过去、现在和未来的联合,这种认识尤其被历史学家越来越强调,他们不仅质疑书面文献的可靠性,而且还质疑他们自己的描述传统。在1833年的一篇关于历史书写的文章中,托马斯·卡莱尔表述了这种新的历史意识:"我们今天到底还能对我们称为'过去'的东西有多少了解,这个过去现在已经变得沉默,而在当时可是能够大声听到的当下?它的书面信息在到达我们这里的时候是一种可以想见的残缺状态:被造假、被彻底销毁、被撕破、被遗失。来到我们这里的,不过是一些残片,一点痕迹,而且很难阅读,几乎不能辨认。"①

传统的光明的过去是建立在牢固的文本和有保障的可读性之上的;这种文本传统又通过经典化和阐释得以巩固。历史的黑暗的过去则相反,在它密实的状态中既陌生又不可接触。卡莱尔的过去的图像就是一幅密实的织物的图像、一个多层的状态、一堆数据的缠绞、一张几乎无法辨认的复用羊皮纸。② 对卡莱尔来说,历史不应该按照保存了什么,而应该按照丢失了什么来衡量自己:"我们的出发点必须是,我们的历史中更重要的部分已经不可挽

---

① 托马斯·卡莱尔:《再论历史》(1833)("On History again"[1833]),摘自《论文与杂文》五卷本(*Critical and Miscellaneous Essays in Five Volumes*, London 1899),第三卷,第168页。一种类似的态度在17世纪就已经形成了,当时被称为"历史皮浪主义"。参见阿纳尔多·莫米利亚诺:《通往古代世界的道路》(Arnaldo Momigliano, *Wege in die Alte Welt*, Berlin 1991),第88页。
② 托马斯·卡莱尔:《论历史》(1830)("On History"[1830]),摘自《论文与杂文》,第二卷,第86页。

第二章 文字

回地丢失了。"①在看到帕尔米拉的废墟时旅行者罗伯特·伍德早于卡莱尔80年就提到了历史的谜一样的沉默。②那些浪漫主义作家还试图用他们的想象填充的空白处,在卡莱尔那里变得对我们称之为历史的文本具有建构的意义。通常被称为历史的东西,是一个剧烈的"数据压缩"的结果,它不受意识的控制,而是由时间性的毁坏的随意性造成的。我们能够看到的历史的部分,不过是一个可怜的残片。这种把过去的现实急剧压缩为可怜的残片的做法并没有遭到卡莱尔的抱怨,而是得到他的夸赞。因为如果文化史的所有数据都能够可靠地储存起来,对他来说那将意味着记忆的终结。因为众所周知在记忆中存在着空间缺乏的问题,所以要进入记忆的东西都必须任人剧烈地缩减。毁坏和遗忘能够压缩历史的数据。这种压缩是对记忆有好处的,因为没有它,人们哪怕把一个星期发生的事情保留在记忆中都不可能。③ 回忆和遗忘,卡莱尔接着写道:"就像白天和黑夜,相互依存,像在我们这个奇怪的二元的生活中所有其他的对立面一样;遗忘是空白页,回忆用它的荧光笔在其上描画,遗忘是黑暗的背景,使得这些文字能够被阅读。如果只有光线,那人们看到的东西就会像在纯粹的黑暗之中一样少。"④

"信息消失的慈悲"(哈拉尔德·魏因里希)使得回忆和历史书写成为可能。这里边隐含了一个文化记忆的深刻的结构转变:在传统的基础上人们用写入和存储来决定记忆,现在人们却在历史意识的框架中用消除、毁坏、空缺和遗忘来规定记忆。由此出现

---

① 托马斯·卡莱尔:《论历史》,第87页。
② 罗伯特·伍德:《帕尔米拉废墟》,转引自彼得·盖默尔:《艺术的过去——18世纪事后性的策略》,第64页。
③ 托马斯·卡莱尔:《论历史》,第172页。
④ 同上书,第173页。

了一个后果严重的"从文本到痕迹"的文化记忆的媒介的重点推移。人们在文字和文本那里还是以过去的信息可以完全重新激活为出发点,但在痕迹那里只有过去意义的一个很小的部分能够被修复。从这种意义上说,痕迹是一种双重符号,它们把不可分割的回忆与遗忘编结在一起。这是一种对于存在于痕迹内部的遗忘的认识,这种遗忘扯断了从过去通过现在、通往未来的连续的历史线索,并且让过去变得陌生。

痕迹打开的那条通往过去的入口,与文本打开的那条完全不同,因为痕迹中还包含了一个过去文化的非语言的表达——废墟和残留物、碎片和残块——还有口头传统的残余。"古希腊罗马的历史学家遗漏的东西,可以被现代的古物研究者挖掘出来。"① 历史学家雅各布·布克哈特借助文本和痕迹的对立来定义他的文化史的研究。他把"文本"理解为编码的信息,因此是一个时代的有意识的表达,包括所有与之相连的(自我)欺骗的倾向。他把"痕迹"理解为间接的信息,记录了一个时代没有被修饰的记忆,这种记忆不受审查制度和篡改的影响。这位文化史学者完全在马塞尔·普鲁斯特的意义上对痕迹进行寻找,他的找寻工作集中在一个过去社会的无意识的记忆上。痕迹对他来说比文本更宝贵,因为这些沉默的、间接的证人被赋予了更高程度的可信度和原真性(Authentizität),在布克哈特那里甚至有最高程度的肯定性——"primum gradum certitudinis"。②

---

① 阿纳尔多·莫米利亚诺:《古代历史和古物研究》("Alte Geschichte und Antiquarische Forschung"),摘自阿纳尔多·莫米利亚诺:《通往古代世界的道路》,第85—86页。
② 雅各布·布克哈特:《观察的艺术:关于造型艺术的论文和讲演》(Die Kunst der Betrachtung. Aufsätze und Vorträge zur Bildenden Kunst, hg. v. Henning Ritter, Köln 1984),第175页。

第五节　文字与痕迹

文字和痕迹常被当作同义词,但是它们根本就不是一个意思。文字是把语言编码成视觉符号的形式。这个定义不能用在痕迹上。痕迹既不具备语言的关联也没有编码的符号特点。但是它从标引性符号(indexikalisches Zeichen)的意义上来说又是可读的,而标引性符号并不以编码为基础。① 代表性的符号被一个印记或者印象的直接性所取代。

在回忆的隐喻中痕迹的概念从古希腊罗马起就扮演着重要的角色。我们上文中提到了亚里士多德;柏拉图也详细阐述过这一点,他曾把记忆和回忆的模型比作蜡板。他写道:

> 如果某个人心灵的蜡层特别的结实,并且既厚实、又平整、还柔软适度……那这些人身上所有的来自感知的、被写入的印记也会持久,因为它们纯净并且具有足够的深度,这样的人第一很好教,第二还有很好的记性,另外他们还不会搞混感知的印记,而是总是设想得很正确。②

但是当"灵魂的精髓粗糙或者肮脏"时,亦或"太潮湿或者太坚硬的话",那印记就会不清晰,并且很快会变得不可辨认。谁如果在他心灵的蜡板上没有原初图像的干净的印记,不能正确地回忆的话,他不仅会看错和听错,他还会想错。

---

① 查尔斯·桑德斯·皮尔士(Charles Sanders Peirce)把标引性符号定义为"一种有关对象的符号,它由于真正地受到对象的影响才给予其名称。"参见《皮尔士选集》八卷本(*Collected Papers*, 8 Bde, hg. v. A. Burke, Cambridge, Mass., 1966),第二卷,第 248 页。
② 柏拉图:《泰阿泰德篇》,摘自《柏拉图全集六卷本》(*Theaitetos*, in: ders., *Samtliche Werke in 6 Bänden*, übers. v. Friedrich Schleiermacher, Hamburg 1958),第四卷,第 194c—195a,第 162—163 页。

19世纪，痕迹的概念在实验记忆心理学上又获得了新的荣誉。柏拉图的回忆的形而上学被现实的物理学所代替。人们认为，"现实的痕迹"既能"写入"摄影底片的银盐之中，也能写入大脑的物质之中。痕迹由此成了一个文字和图像的概括性的上位概念，这个概念尤其适用于那些生理学和物理学的过程，在这些过程中没有人的手和人的思想在起影响作用。理查德·赛蒙发展了"记忆印记"（Engramm）的概念，这个概念又被艺术和文化学家阿比·瓦尔堡加以生产性地接受。① 卡尔·斯帕梅尔在1877年把痕迹定义为"在一个没有被赋予生命的物体上施加一个力量作用"，这个物体可以将这种能量固定在自己身上。记忆和痕迹由此成为了一个同义的概念。斯帕梅尔写道，人们可以说"所有器官性材料的记忆，或干脆说材料的记忆，意思是指，某一些影响力会留下或多或少持久的痕迹在其上。就像石头保留着击中它的锤子的痕迹一样"。② 按照这个观点，就像柏拉图的蜡板一样，存在着痕迹能力较大，也就是记忆能力较大的材料或者记忆能力较小的材料。液体通常情况下不具备痕迹能力，因为它们的表面会自动地再次变得平整，再次填满和封闭所有的空洞。因此忘川之水成了遗忘的最核心的隐喻（今天的物理学家却向我们保证有些液体也具备痕迹能力以及记忆能力，这就是所谓的非牛顿流体）。

痕迹的概念使"写入"的范围超越了文本，扩大到摄影照片以及对于物体或者通过物体进行的力的作用。作为过去的重要证人，从文本到痕迹和残留物这一进程是和另一个进程相对应的，即

---

① 恩斯特·贡布里希：《阿比·瓦尔堡：一个学者的生平》（Ernst H. Gombrich, *Aby Warburg. Eine intellektuelle Biographie*, Frankfurt/Main 1981）。

② 卡尔·斯帕梅尔：《心灵·生理学》（Karl Spamer, *Die Physiologie der Seele*, Stuttgart 1877），第86页，转引自曼弗雷德·索默尔：《转瞬间的证据》（Manfred Sommer, *Evidenz im Augenblick*, Frankfurt a. M. 1987），第149页以下。

第二章 文 字

从文字作为有意图的语言符号到痕迹作为物质性的印记这一过程,这些印记尽管不是符号,但是事后却可以作为符号阅读。

纵观其整个历史,文字经历了四个重要的阶段,但是并没有把每一个较早的阶段自动排挤掉。从象形文字引出了一条通往字母文字的道路,从字母文字又引出了一条通往痕迹的模拟文字的道路,从这里又有一条路通往数字文字。最后的这一过程相关的是一种带有编码的文字,而且是一种极简主义的编码,只有两个不同的元素组成。也许在这里人们更应该称其为一种"结构性的文字",因为它们是由脉冲组成的,并不具备符号特点,自己也并不能再现任何东西。与象形文字相比字母文字已经极大地提高了抽象的程度:符号数量的急剧减少,使得用这种媒介来再现每一种自然语言成为可能,因此也就超越了文字和语言先期的联系。数字文字再次提高了这一抽象过程:它进一步减少了它们的元素,并且有能力去编码不同的媒介。如果说字母文字是跨语言的,那数字文字就是跨媒介的——它用同样的编码能够写下图像、声音、语言和文字。

文艺复兴时期的学者们,就像我们看到的那样,认为文字是一种具有能量的媒介。这些作家们根本不会产生死亡的字母的想法,而把最大的关注力放在被写下的东西的内在力量上,难道他们不是以某种方式提前提出了电子书写的方案?有一个相似性是肯定的,即这两种方案都不是将书写缩减成一种事后文字(Nach-Schrift),而是让其具有一个事前文字(Vor-Schrift)的特质,这正好可以和编程相提并论。文本痕迹不仅是跟从思想之后,它也在它之前出现,作为一个信号、一种激发,或者一个指令。

如果人们问起字母的记忆力的话,那区别马上就会变明显了。曾被文艺复兴时期的理论家们如此强调的文字和记忆的这种联手,却被电子文字消解了。这也就意味着它们取消了为人类思想服务的、工具性的角色,相反开始把人类的思想工具化。人和技术之间的等级关系自从文艺复兴以来就被从根本上改变了。电子文字的能量走上它自己的道路,并且不再服从于人类的交际功能,这一点在文艺复兴时期还是毋庸置疑的。文字在文艺复兴时期尽管得到了各种夸张的美化,但仍然局限在其工具性的、传递性的功能上。① 它一直是人的一种工具,能帮助人扩展思维和行动的空间,把他的蓬勃野心和希望化为现实。尤其是它使人之间的交际超越了遗忘的深渊得以保存并变成可能;换句话说:它一直起着记忆支撑物的作用,完全就像柏拉图的神话中文字发明者托伊特认为的那样。随着电子书写的产生,文字这种与人类身体和记忆的关联被打断了。被电子书写的东西,也只能用电子来阅读;人成了这一过程的边缘人物,因为他有赖于把这些电子符号翻译回人类中心主义的图像和文字的编码形式。由此电子文字就像柏拉图预言的那样,把自己从情节中删去了,并且留下了不管是托伊特还是塔姆斯连做梦都想不到的痕迹。

电子文字借助它们的"非物质性",也就是电子能量,成为一种流动性的文字。因此它们也就失去了文字成为一种暗示性的记忆隐喻的那些最重要的特征:起固定作用的刻入被图像瀑布和信息洪流所取代,正如 S.J.施密特表达的那样,这些东西"植根于遗忘程度很高的序列性"。覆写的垂直的层次使潜伏状态成为可能,现在却被纯净的、闪闪发光的屏幕表面所取代,没有深度、背景和埋伏。存储和删除的功能在电子文字那里的距离极端接近,它们只隔着一个指尖按动的距离。"进行判断的回忆,"S.J.施密特写道,"回忆的前提是在信息的持续流中有一道裂隙,而这变得不

---

① 需要强调的是,这里提到的作家都代表了一种人文主义的文字方案,这种方案是在文艺复兴时期发展起来的,但并没有占据完全的统治地位。我还要提到的另外一种完全不同的方案是犹太神秘主义的文字模型,这种模型让字母充满了上帝的能量,使其脱离凡人的交际和支配。

大可能并且不招人喜欢了。"①这个回忆当然肯定还存在,但是它在电子的条件下不再能够像迄今为止在书写的技术方法中一样能用隐喻来反映。在这个框架下它最多能够用一种反向的方法被图像化,即作为"信息持续流中的裂隙"。

第六节 痕迹与垃圾

当针对遗忘去写作和阅读的做法不再通行,而遗忘本身被评价为传承过程中的一个根本元素时,传承的难题——也是文化记忆的难题——就变得十分复杂了。在兴趣从**文本向残留物**转移的过程中,发生了一个记忆媒介从"说话的"证人向"沉默的"证人的转变。人们要使沉默的证人再次开口说话。在兴趣从**残留物向痕迹**转变的过程中,重要的工作是用那些不是要流传后世、并且不是注定要长久的证明来重构过去。它们应该传达的是通常在传承中不被提及的东西:即那不起眼的日常生活。这就提示了从**痕迹到垃圾**②的道路:多亏文化历史学家和"过去侦探""对不重要的东西的凝神"③,使得垃圾变成了信息。这最后的一步我们将用托马

---

① 西格弗里德·J.施密特:《媒体的世界:媒体观察的基础和角度》(Siegfried J. Schmidt, *Die Welten der Medien. Grundlagen und Perspektiven der Medienbeobachtung*, Braunschweig/Wiesbaden 1996),第 68 页。
② 米歇尔·汤普森:《垃圾理论:价值的创建及销毁》(Michael Thompson, *Rubbish Theory. The Creation and Destruction of Value*, Oxford 1979)。汤普森展示了从一个社会学家角度发展出来的垃圾理论。对该书的详细评论参见乔纳森·卡勒尔:《框住符号:批评及其机构》(Jonathan Culler, *Framing the Sign. Criticism and Its Institutions*, London 1988),第 168—182 页。从文艺学角度对污物的历史的描述参见克里斯蒂安·恩岑斯贝格尔:《试论污物》(Christian Enzensberger, *Größerer Versuch über den Schmutz*, München 1968)。
③ 罗兰·肯尼的一部著作的题目就叫作《谟涅摩叙涅作为计划:乌泽内尔、瓦尔堡和本雅明著作中关于无关紧要之物的历史、回忆及沉思》(Roland Kany, *Mnemosyne als Programm. Geschichte, Erinnerung und die Andacht zum Unbedeutenden im Werk von Usener, Warburg und Benjamin. Studien zur deutschen Literatur*, 93, Tübingen 1987)。

斯·品钦的一部长篇小说来阐明,并且把文字的记忆力的问题放到我们当代文化的门前来讨论。

在西方文明中,文化记忆的问题在新的媒介的压力下变得突出,这些媒介一方面释放了不可想象的巨大的存储能力,另一方面使信息在越来越快的节奏中流通。越来越密集的交际网络使距离最远的地区也能联合成一体。收音机和电视不停地、并且思路敏捷地通过地球周围的卫星发送着它们的节目。新的数据载体和档案的存储能力冲破了文化记忆的轮廓。电视的图像洪流使得文字作为核心的记忆媒介变得可有可无;新的存储和信息技术是以另外一种文字为基础的,即数字文字,它的流动的形象与老旧的写入动作不再有任何关系。这种文字不再对回忆和遗忘进行明确的区分。

美国作家托马斯·品钦在他的长篇小说《第 49 号拍卖品》里就涉及了一个极权的媒体政权的情况,这个政权控制着全社会的回忆和遗忘。这部长篇小说提出的问题是:在一个不断收紧它的媒体之网的文化中,还存在着一个没有被编程的生命的痕迹吗?答案是:在垃圾里。

电子的大众传媒把某些在印刷时代已经开始显露的趋势大大地增强了。这里包括被斯威夫特记录的创新和崇古之间的辩证法,或者说是生产和垃圾的辩证法。但是斯威夫特并没有完全放弃希望,即能跨越时间的深渊与死者对话,并通过与后世的协议来保障这种对话。① 在托马斯·品钦描写的一个被大众传媒网格化的世界中,我们徒劳地寻找一个类似的希望。有一点上大众传媒文化和极权国家这两种对立的体系却有些接近:它们都威胁记忆,

---

① 尼采把"荣誉"定义为"对于所有时代的伟大之物的关联性以及连续性的信仰",定义为一种"对于家族的变换及短暂性的抗争"。

不管是通过残暴的限制,还是通过信息的赘余。在奥威尔描写的极权世界中,哪怕最小的能够使目光通往过去的缝隙也要被填上,因为这道目光会使一种修正当下极权统治的行为成为可能。而在被西方大众媒体组织的世界上,记忆将在生产和消费不断加快的循环中自我消解。品钦展现的大众传媒的世界是一个有组织的健忘症的世界,在这个世界中传媒制造着集体的幻想。与此相对的是记忆,记忆联系着两种反抗的能力:个人的身份认同意识以及现实意识。品钦的长篇小说中的女主人公不厌其烦地搜集着证据和痕迹,这些东西一步一步地向她展示了一个名叫 W. A. S. T. E. (垃圾)的非主流的网络,一个非官方的对立文化,这是一个没有发表的、秘密的、沉默的世界,处于官方的交际渠道之外。欧迪帕·玛斯发现自己的英雄的宿命是,在一个遗忘的世界中必须去回忆:"但是她好像命中注定,必须回忆。她对这种可能性加以关注……她战战兢兢地尝试了一下:我注定了要去回忆!"①

她的景况与奥威尔的《1984》中去寻找被毁灭的过去的温斯顿·史密斯的景况相似。值得注意的是,欧迪帕和温斯顿一样都关注垃圾,并把它们当做非官方记忆的最可靠的载体。温斯顿·史密斯在这儿发现一片纸,在那儿发现一块垃圾,它们都是偶然地逃脱了所谓的记忆空洞、那巨大的痕迹毁灭机制。欧迪帕·马斯发现了一块垃圾,这对她来说成了记忆的象征。那是一个濒死的水手的床垫,床垫中"吃不饱的填充物"对她来说突然变成了一个珍贵的宝藏:"那个床垫的吃不饱的填充物在这么多年里头浸透了多少的盐渍?就像是一个计算机的数据库储存着那些迷惘之人的数据,那里边保存了一个人在噩梦中流下的汗水的痕迹,在无助

---

① 托马斯·品钦:《第49号拍卖品》(Thomas Pynchon, *Die Versteigerung von No. 49. Deutsch von Wulf Teichmann*, Hamburg 1973, *The Crying of Lot 49*, Philadelphia, New York 1965),第118页。

的恐惧中每次膀胱失禁的痕迹,每一个在泪水之中哭醒的罪恶的梦境的痕迹。"①

欧迪帕并没有在一个过去时期的文化残留物和碎片中找到她寻找的那些痕迹,而是在身体的残留和排泄物中:骨头、汗液、精液,化学的盐分对她来说把旧床垫的填充物变成了一个**所有丢失的东西**的数据库。在飞速增长的储存技术和数据库的时代里,品钦的女主人公发明了一种地震仪,一种记录不能够牢牢把握的东西的记录仪,因为这些东西是没有编码的:它们是最为短暂、昙花一现的东西。这个发现是觉悟的时刻,是与现实密切接触的短暂瞬间。数据库——回忆的象征,变成了遗忘的象征。如果这个床垫消失,"世界将不再拥有这个生命的其他痕迹":那无数的在上边睡过的人们,不管他们的生命历程如何,也就真正地同时停止了存在,并且是永远地停止了,当她吃惊地凝视着那个床垫在火焰中消失,就好像她刚刚发现了一个不可逆转的过程。"②

"与死者对话的愿望"就像人类一样古老。晚近的理论家们却教导我们去压抑这种返祖的愿望。罗兰·巴特批判了"想尽方法让死者说话"的阅读方式,米歇尔·福柯抗拒"19 世纪的历史超验的传统",因为这种传统是从"作品的持久,从它超越死亡的存留,从它谜一样的富余力"出发的。③ 如果人们把记忆媒介的物质性本身也一起观察的话,包括每个时期都以不同方式与它们相联系的文化的期待、希望和放弃,那问题就会显出另外的样子。我们在上文进行的历史概览把我们从文字引到痕迹,再引到了垃圾。

---

① 托马斯·品钦:《第 49 号拍卖品》,德语第 108 页,英语第 126 页。
② 托马斯·品钦:《第 49 号拍卖品》,德语第 110 页,英语第 128 页。
③ 罗兰·巴特:《批评与真理》(Roland Barthes, *Kritik und Wahrheit*, Frankfurt a. M. 1967),第 71 页。米歇尔·福柯:《作者是什么?》("Was ist ein Autor?", in: *Schriften zur Literatur*, München 1974),第 14—15 页。

第二章 文字

这个概览只想要标志出重要的重点变化,并不想唤醒一种直线的"发展"的假象。不同的记忆媒介并不是简单地相互取代。它们并存在一起,并且在文化记忆中针对不同形式的持续性和断裂。与过去的关联绝不是而且在任何时间点上都不是统一的。更可能的是一种不同记忆层次的越来越复杂的层叠和交叉的结构:文本的层次、残留物的层次、痕迹的层次和垃圾的层次。

记忆的媒介自身并不是决定性的,起决定作用的还有和它们一起发展起来的不同的阐释方法。我们在这里可以把通向不同过去的入口称为路径。一条是古典文本的路径,人们保证这些文本被存储在文字的永不消失的物质性里,并且将在一个跨历史的共时性的共识中被阅读。在这条文艺复兴时期的人文主义者开创的路径中今天的一位哲学家还能够行走。另一条路径是批判的历史书写的道路,它把文本置于残留物之下,并且带着不断增加的时间距离的意识来阅读它们。第三条路径是历史想象的道路,它使残留物在诗学的重构中重新"获得生命"。还有一条是电子信息技术的路径,它使得越来越简单、越来越完备的记录技术成为可能,并同时使我们对那些不可储存的、那些永远丢失的东西的感知变得敏锐。

从根本上讲,这段历史,如果它是一段历史的话,可以让人得出结论,对于回忆和遗忘的复杂的相互作用的意识增强了。数码媒介时代的文化记忆的状况显出如下的特点,即回忆和遗忘越来越失去了它们明显的区别。在这一点上,文化记忆的结构与下意识的结构相接近,在下意识中,也如大家所知,两者没有清楚的区分。这种状态乔伊斯早就已经观察到了,他尤其喜欢使用口误、文字游戏和双关语等现象在无意识的语言生产的世界中展现回忆和遗忘之间的无差别。他还提醒我们注意,字母这个词(letter)有一个很近的亲戚,那就是垃圾(litter)。

第三章 图　像

> 消失的东西的照片就像一颗星星的光线一样碰触到我。
> ——罗兰·巴特:《明室》

> 不是吗,这就像一个诅咒,这种形式的回忆,
> 这种对于图像的固执,遮蔽了投向今天和现在的目光。
> ——约尔根·贝克:《缺失的残余》

我们再回忆一下在文艺复兴时期关于文字和图像作为存储媒介的质量的争论中所提出的最重要的证据。培根不相信图像能够忠诚地再现和牢固地保存原形。他把文字和图像放置到不同的时间关系中。绘画被看作是物质的,因此处于一个毁坏性的时间之中,而文字被看作是非物质的,或者处于一种生生相继的时间中,或者根本就在时间之外。另外还有一个观点,即二维或三维的图像被看作是对原始图像的模仿。它们从开始就标志了一种存在的距离,由于这些图像在时间之中遭受到物质上的侵蚀,这种距离进一步扩大了。而文字则不同,它被看作是思想的溢出,是重新激活思想的一种手段。在图像那里会出现一种一次性的、不可变更的"脱离肉身",而在文字那里是可以任意重

复返回肉身的机会,就像把文字作为种子这种很普遍的隐喻所证明的那样。这种争论既反映了文艺复兴时期不同艺术门类的激烈争论(Paragone),也反映了不同派别在教会政治上的冲突,这些派别分别把文字和图像作为核心的大众文化媒介。那些推崇文字贬低图像的人,追求的是文化政策的目的。培根的观点是得到哲学和科学的论证的;他对于文字的颂扬与对于图像的拒绝相对应,他把图像看作对来自远古的人格特性起巩固作用的元素来斗争。弥尔顿的观点是得到神学上的论证的;对他来说思想的民主化要通过文字这个媒介,图像不包含可与之相比的启蒙性的力量,因此在天主教会的手中很容易就会被用于对大众施加影响的目的。

诸如可读性和透明性这些特点使得文字成为文艺复兴时期的某些理论家们优先选择的记忆媒介。把文字置于优先地位显然是强调记忆的认知功能。这种有利于文字的选择在西方文化中切切实实成了一种影响历史的力量,它直接进入了被称为"历史"的东西的概念之中。比如兰克在他的《世界史》中就认为历史开始的地方是"纪念碑被理解的地方,存在可信的书面记录的地方"。① 这种观点后来却经历了极端的变化。当下的历史学家在这里却看到一个巨大的需要补课的地方,并且发现了图像也是历史的资料来源。赖因哈特·科泽勒克研究了政治性的死者崇拜的纪念碑和仪式,以及骑士阶层图像的市民化。皮埃尔·诺拉希望能够发现进入历史的一种新型的道路,这些道路关注的是象征性的东西和

---

① 列奥波德·冯·兰克:《世界史》第一部分(Leopold von Ranke, *Weltgeschichte*, erster Teil, Leipzig 1881, 2. Auflage),前言,第Ⅳ页。

想象的世界。① 另外口述历史也以它的方式参与了给图像恢复名誉的工作。卢兹·尼特哈默尔在图像中看到的是一种为回忆提供原初的、未经加工的原材料,因此就像是记忆的坚实的核心:

> 某些惯常行为和状态因其曾经十分重要会留在记忆之中,它们显然是通过图像来回忆的。因此如果一个感兴趣的听众通过询问使它们脱离了日常的琐碎状态,也许甚至通过指责为它们的重构铺平道路,人们常常能够很详细地描绘它们。在这里人们也许还会联想到历史;但这些描写本身却不具有叙述的结构,并且不倾向于一个意义表达。②

但在兰克的时代就已经有了相反的运动。在一个整合的文化史的氛围下,人们开始怀疑文字性的流传,并且开始发现通过图像和纪念碑可以找到通往过去的新的入口。在此之前,直接性都是一个只赋予文字而对图像保留的称号,现在像雅各布·布克哈特或阿比·瓦尔堡都开始要求把这一称号归还给图像。这种直接性当然已经不再像在文字那里与透明性相联系;对于图像和象征来

---

① 赖因哈特·科泽勒克,米夏埃尔·叶斯曼编:《政治性的死者崇拜》(Reinhart Koselleck, Michael Jeismann, Hgg., *Der politische Totenkult*, München 1994),阿尔图尔·E. 伊姆霍夫:《看历史》(Arthur E. Imhoff, *Geschichte sehen*, München 1991),以及其《在历史绘画大厅中》(*Im Bildersaal der Geschichte*, München 1991),皮埃尔·诺拉:《在历史和记忆之间》,参见我的文章:《在历史与回忆的中间地带:评皮埃尔·诺拉的〈记忆的场域〉》("Im Zwischenraum zwischen Geschichte und Gedächtnis: Bemerkungen zu Pierre Noras 'Lieux de mémoire'"),见《记忆之场和记忆之地,论其法国模式和德国模式》(*Lieux de mémoire, Erinnerungsorte. D'un modèle français à un projet allemand*, hg. v. Etienne François, Les Travaux du Centre Marc Bloch, Cahier 6, Berlin 1996),第19—27页。
② 卢兹·尼特哈默尔:《问题—回答—问题》("Fragen-Antworten-Fragen"),见《我们现在是不一样的时代":在后法西斯主义国家寻找民间的经验——鲁尔区1930—1960年间的生活经历和社会文化》(Lutz Niethammer und Alexander von Plato, Hgg., "*Wir kriegen jetzt andere Zeiten*". *Auf der Suche nach der Erfahrung des Volkes in nachfaschistischen Ländern. Lebensgeschichte und Sozialkultur im Ruhrgebiet 1930-1960*, Berlin, Bonn 1985),第三卷,第405页。

第三章　图　像

说,更重要的是非透明性、不可约减的矛盾性。文字曾经被阐释为思想的直接的溢出,图像则被解释为一种强烈情感或者下意识的直接表现。图像的力来自于它们不可控制的情绪潜能,使得那些把文本看作能导致假象的证据的人抛弃了文本,把图像这种记忆媒介看作文化下意识的更优先的载体。如果说通过文字引导的传统是光明的话,那通过图像和痕迹引导的传统却是黑暗的和令人困惑的。与文本相反,图像既沉默**又**被过分限定;它们可以完全地封闭自己,或者比任何一个文本都滔滔不绝。这两种媒介的不可比较性是与相互的不可翻译性相联系的,但又带着相互翻译的强烈诉求为特点,它们的生理学机制分别处于处理语言和处理图像的脑半球中。这种双重媒介性和交互媒介性的结构是个人记忆以及文化记忆的复杂性和生产力的重要原因,这两种记忆都不停地在意识和无意识的层面之间穿梭运动。

图像首先出现在记忆中无法用语言来加工的地方。尤其是那些创伤性和前意识的经验。当医生和画家卡尔·古斯塔夫·卡鲁斯(1789—1869)写回忆录时,他就注意到,"在最早的时间里只有个别的图像还存留着",因此他得出结论,"最早的回忆能够挖掘出来的绝不是一个思想,而总是某个或另一个感官想象,它们就像银版照相术一样被极其坚固地保存下来"。① 在这个表述中也很清楚地表明了,对于记忆的描述和媒介技术是多么密切地联系在一起。因为像文字一样,图像也同时既是记忆的隐喻又是记忆的

---

① 卡尔·古斯塔夫·卡鲁斯:《生活回忆与值得纪念的事物》(Carl Gustav Carus, Lebenserinnerungen und Denkwürdigkeiten, Leipzig 1865/1866),第 1 卷,第 13 页。参见安东·菲利普·克尼特尔:《回忆的图画书:〈一个老人的青春回忆〉在其时代语境中》(Anton Philipp Knittel, "Bilder-Bücher der Erinnerung. 'Jugenderinnerungen eines alten Mannes' im Kontext ihrer Zeit"),载《魏玛评论:文艺学、美学与文化学杂志》第 42 期(Weimarer Beiträge. Zeitschrift für Literaturwissenschaft, Ästhetik und Kulturwissenschaften 42[1996,4]),第 545—560 页。

媒介。那些被"银版照相术"固定的印象既指头脑中的图像,也指早年的照片,它们从外部支撑着回忆。

德昆西在照相术发明前不久提到过人的大脑的复写羊皮纸,一个生活历程的经验图像一层一层地堆积在那里,事后会通过修复者的化学制剂突然重新变得可读。被德昆西当作奇迹描写的幻想通过照相术变成了一种日常的技术,这种技术就像罗兰·巴特提醒的一样,也归因于化学。感光乳胶的化学特性创造了一个奇迹,这个奇迹就是把物体反射的光线物质化。就像德昆西提到过在死亡、发烧或者被鸦片迷惑的时刻,死去的图像和印记会得到重生,罗兰·巴特也把照相术的魔法称为死者的起死回生。照片却不仅作为回忆的类似物而起作用,它还成了回忆最重要的媒介,因为它们被看作是一个已经不存在了的过去的最可靠的证据,被看作是一个过去的瞬间继续存在的印象。照片保存了这个过去时刻中的现实的一个痕迹,当下则通过临界和接触与这种现实相联系:"按照字面理解,照片是一种被照相的对象的溢出。从一个曾经存在的现实物体上有光线出发,这些光线到达存在于此时此地的我的身上。"①这一点使照片超越了迄今为止的所有记忆媒介,因为它能够通过它的索引性的特点提供某个过去的犯罪学一样的存在证明。这个回忆助手确实细腻并且轮廓清晰,但它却是不说话的。因此,只要交际的叙述文本的框架断裂,而这个文本是唯一可以把外部的记忆图像翻译回生动的回忆的途径,那摄影

---

① 罗兰·巴特:《明室,论摄影》(*Die helle Kammer. Bemerkungen zur Photographie*, Frankfurt a. M. 1989),第 90 页以下。参见安瑟尔姆·哈弗尔坎普:《光影——摄影术的图像记忆:罗兰·巴特和奥古斯丁》("Lichtbild-Das Bildgedächtnis der Photographie: Roland Barthes und Augustinus"),见《记忆:遗忘与回忆》,第 47—66 页;对于巴特的"照片的本体现实主义"(ontologischer Realismus des photographischen Bildes)这一神学前提的思考,参见格特鲁特·科赫:《图像作为过去的文字》(Gertrud Koch, "Das Bild als Schrift der Vergangenheit"),载《艺术论坛》(*Kunstforum*)第 128 期(1996),第 197—201 页。

术的出众的、永不枯竭的记忆很快就会变成一种幽灵回忆并自行其是。

第一节 能动意象

图像就像文字一样从古希腊罗马开始就被与记忆联系在一起。柏拉图阐述了记忆与文字的关联,而古罗马的记忆术则强调了记忆与图像的关联。记忆术被看作是修辞学的一个亚系统,发展了一套视觉的记忆文字。与字母文字相反,它是纯表意的;它不是由字母组成而是由图像组成,即所谓的"意象"(imagines),这些意象被安置到特定的、被想象得很具体的位置,即所谓的"地点"(loci),就像被写到一个书写平面上一样。图像化的记忆文字是按照字母文字的模型创建的另一种替代物。西塞罗阐释道,把记忆术的"意象"写到"地点"上,"就像把字母写在蜡板上"一样,罗马记忆术的一位不知名的教师,著名的《修辞学》的作者,把回忆的两个行为,即印记和唤回,都明确用写和读来比喻。①

在埃及的象形文字在历史中走向衰落之后,修辞学记忆术的发明人重新发现了图像文字。他们把这种图像文字加以"心理化",不是把它写到石头上或者纸莎草上,而是直接地写入记忆中。他们心理化这些图像符号的办法是,尤其关注那些能够以特殊的方式来刺激想象的、因此也就具有特殊的印记能力的画面。它们的图像与文字所依循的再现的逻辑不同。决定性的区别在这里不是随意或有意,或者是相似或不相似,而是能给人留下深刻的、抑或苍白的印象。在古希腊罗马的记忆术中对此有一个概念,

---

① 西塞罗:《论演说家》(Über den Redner, De Oratore, übers. und hg. v. W. Merklin, Stuttgart 1976),第 433 页。

即"能动意象"(imagines agentes),那是效果强烈的图像,它们通过其印象力使人难以忘怀,因此可以作为较苍白的概念的记忆支撑。在这个意义上,强烈情感(Affekt)就被称为古希腊罗马的记忆术中对记忆最为重要的支撑:

> 当我们在日常生活中看到那些细小的、熟悉的和庸常的东西时,我们通常都不记得它们,因为思想没有被那些新的东西或神奇的东西所激发。但是如果我们看到一些特别低俗的、可耻的、不寻常的、伟大的、难以置信的或者可笑的东西时,这些东西就会长时间地印记在我们的记忆中。……我们应该选取这样的在我们的记忆中保留时间最长的图像。因此我们就必须寻找尽量引人注目的比喻,也就是不选取那些沉默和模糊的图像,而是选那些**积极**有效的图像(si non mutas ac vagas sed aliquid agentes imagines ponemus)。我们必须赋予这些图像极度的美感,或者赋予它们无与伦比的丑陋,我们必须把它们用王冠和紫衣堂皇地装饰起来,要不就用血迹、烂泥或者刺目的红色来让它们变得丑陋不堪。①

古罗马记忆术里的记忆象形文字让人觉得有些超现实,他们用杯子来把"毒药"具体化,用发音相似的"公羊睾丸"(testes)来代替"证人"(testis),这种做法和梦境使用的象形文字与它的句法惊人地相似,两者都用替代、扭曲和变形的手法来服务于增加强度的目的。这些手法在梦境中是为了绕过清醒意识的审查,在记忆术中却是为了提高印象,也就是符号的印记力。那些"能动意象",我们可以理解成"积极的"或者"有效的图像",对于古罗马记

---

① 《古希腊雄辩术》第三卷(*Rhetorica Ad Herennium*, III, XXII, hg. von Theodor Nüßlein, Zürich 1994),第174—177页。参见弗朗西斯·A. 叶芝:《记忆的艺术》(Frances A. Yates, *The Art of Memory*, London 1992),第25—26页。

忆术来说比文字还要重要,这不是归因于它的自然性或者直接性这些后来人们赋予象形文字的特点,而是归因于它们内在的记忆力量。与弗洛伊德潜意识中的图像不同,记忆术中图像的这种强烈情感的力量不仅被释放,而且被肆意地工具化。公羊睾丸,这个应该在记忆中再现法庭中出庭证人的图像,确实是一个令人难以接受的、因此也就不可忘怀的图像。这个图像被用来通过声音上的联想与目标概念之间建立起一座记忆桥梁。但由此在图像中写入的情感成分的多余部分又马上被中性化了,联想的不可控制的多样性又被立刻锁定了。图像不是依据它的爆发性的暗示力来"行动",而是仅在它的起连接作用的、对记忆起支撑作用的功能框架之内。如果"能动意象"本身的意义范围和丰富的联想有可能发挥的空间的话,那记忆术很快就会变成一段引起幻觉的旅程、一场梦境或者一个詹姆斯·乔伊斯的文本。换一种方式说:在古罗马的记忆术中术使用力,但它使用的方式是让术来控制力。①

"能动意象"在现代修辞学中也起着作用。比如英国浪漫主义作家托马斯·德昆西把修辞学定义为一种"放大的艺术",这种艺术借助与众不同的、吸引人的想法来加强一个真理的一些方面,这个真理因为本身不受到突发情感的支撑,因此要依赖于人工的帮助。② 在一个敏感性即将枯竭的时代,德昆西把风格完全理解为一种人工的刺激手段,因此也是对于感知丧失的补偿。对德昆西来说风格要完成的任务是,"重建一个物体的印象的强度,这个物体对于感知来说已经变得可有可无"。③ 在现代,由于技术的变

---

① 在关于身体作为记忆媒介的章节中,我们将更详细地讨论图像的情感潜力,因为参与的强烈情感总是以心身为基础的。
② 《托马斯·德昆西选集》十四卷本(Collected Writings of Thomas de Quincey, hg. v. David Masson, 14 Bde., Edinburgh 1889-1890),第10卷,第92页。
③ 同上书,第260—261页。

化和与此相连的时间加速，人的感知积极性发生了变化，这一点也得到了波德莱尔这个德昆西的忠实读者的证实。他把现代性定义为一种与时间的新型关系："是一种暂时的、正在消逝的、偶然的关系"，是"艺术的一半，另一半是永恒的和不可变更的"。[①] 修辞学的记忆术将时间过滤掉，把空间变成回忆的核心维度。波德莱尔问道，在时间的压力下以及摄影这种现代技术形成的图像的印象之中，感知和记忆会如何变化？他发现了一种新的记忆术的形式，一种新的记忆与想象互动的形式。那些在图像中发挥作用的力在波德莱尔那里成了一种能够立足于不断流逝的时间之河的记忆力。在一篇关于康斯坦丁·居伊的文章中，波德莱尔展开了他的现代记忆术的方案。他把康斯坦丁·居伊称为"现代生活的画家"，居伊用"一个物体的顶光和高光的本能力量来作画……用一种对于人类记忆来说有用的夸张来作画——因为观看者的想象力屈从于这种暴君似的记忆术"。[②] 这个对于古希腊罗马记忆术的图像方案的回顾表明了，艺术和力量的角度，即"术"（ars）与"力"（vis）的角度在记忆中能够多么密切地相互作用。

第二节　象征与原型

撇开记忆术的传统脉络不谈，我们来看看象征这个概念，这个概念在19世纪和20世纪早期处于一种能量文化理论的中心位置。由此我们也从对个人记忆的心理状态的了解向跨个人记忆的

[①] 夏尔·波德莱尔：《现代生活的画家》（Charles Baudelaire, "Der Maler des modernen Lebens"），摘自《波德莱尔选集》（*Gesammelte Schriften*, Darmstadt 1982），第四卷，第286页。
[②] 夏尔·波德莱尔：《现代生活的画家》，第292页。参见曼弗雷德·科赫：《美的记忆术：浪漫派与象征主义的文学回忆研究》（Manfred Koch, *Die Mnemotechnik des Schönen. Studien zur poetischen Erinnerung in Romantik und Symbolismus*, Tübingen 1988）。

第三章　图　像

想象迈出了一步,这种跨个人记忆的根源在远古时代。我们在这里再次使用古代研究者约翰·雅可布·巴赫奥芬的话,他在给他的老师萨维尼的一封关于他的生平的信中写下了这些话。这位法学史家在寻找远古的心理层次的痕迹时研究了古老的文化留下的证明,他注意到了在坟墓的语境下的象征这一问题。在坟墓这种文化地点那里,风俗在"神圣的、不可移动的、不可改变的"势力范围内把坟墓的形式尤其加以固定并加以禁忌。"在坟墓里产生了象征,或者至少是最长久地保存了它。在坟墓旁边所思、所感、或静静祈祷的东西,都不能用言语表达,而只能用在永远一成不变的静穆中安息的象征物来让人产生想象,隐约地暗示它们。……罗马人把象征从他们的法律生活中剔除了出去,这显示了他们与东方的千年文化相比是多么地年轻。"①

在无法重构传统脉络的地方,想象力就必须起来(帮忙)。我们在这里再次回忆一下上文讲述的关于文字和痕迹的区别,以及它们在巴赫奥芬的描述中被称为直觉的、短的道路和理性的、长的道路的说法:"通向每个认识都有两条道路,一条是较远的、较缓慢的、较吃力的理解的集合;另一条是较短的,用闪电般的力量和速度走过的,是想象的道路,这些想象在看到或者直接接触古老的残留物的时候被激发,不需要中间环节,就像被电击一样一下子就把握了真理。"两种道路与流传的两种模式和两种记忆媒介相联系:直接的冥忆,在图像的接触或者**图像的毗连**(Kontiguität der Bilder)中起作用,以及间接的传统,即建立在**文本的连续性**(Kontinuität der Texte)上的传统。流传的一种形式越是衰落,另一种形式就越会获得更大的重要性。

图像的内在的记忆力量也是阿比·瓦尔堡和以他为核心的圈

---

① 约翰·雅可布·巴赫奥芬:《人生回顾》,见《母权与原始宗教》,第 11 页。

子的研究重点。他们假设,"图像与整个文化是不可分离地编结在一起的",使得这种研究方向与当时已经确立的学院派的艺术科学分道扬镳。① 阿比·瓦尔堡并不像他的大多数同事那样认为图像是一种理所当然的存在,而是追问图像生成以及传承的条件。他和志同道合的朋友和同事一起开始建立一种图像理论,这种理论首先想要阐明图像作为记忆媒介的问题。瓦尔堡的计划是要写一部欧洲图像记忆的历史,这个项目尤其应该阐明"文艺复兴的文化问题的心理角度"。② 古希腊罗马在文艺复兴时期的重生对他来说不是通过文本而是通过图像来保证的。他更愿意把古希腊罗马的身后之名解释为一种心灵上的必须,而不是文艺复兴时期有意识地增加学养的意愿以及对古典的规定性榜样的重新接受。为此目的,他建议远离那种有意识地主观体验的形式,"而深入到人类思想那层层叠叠的物质以及其充满欲望的纠缠不清的地方。只有在那里人们才会注意到把异教徒的激动心情的表达价值铸成硬币的地方,也就是那放纵的原初经验的出处:即狄奥尼索斯的崇拜者团体"。③ 瓦尔堡认定文艺复兴的艺术家到处都在使用古希腊罗马的图像公式,以试图增加其图像的感染力以及表现力。这一观察促使他对于近代艺术中的古希腊罗马的图像公式所表现的内容进行一次详细的分析。他把图像理解为凝固的姿态,这些姿态不仅固定了以它们为基础的崇拜行为或者暴力行为中的激情潜

---

① 埃德加·温特:《瓦尔堡的文化学概念及其对美学的意义》(Edgar Wind, "Warburgs Begriff der Kulturwissenschaft und seine Bedeutung für die Ästhetik"[1931]),见阿比·瓦尔堡:《选集及纪念文章》第三版(*Ausgewählte Schriften und Würdigungen*, hg. v. Dieter Wuttke, Saecula Spiritalia 1, dritte Auflage, Baden-Baden 1992),第401—417页;此处第406页。
② 弗里茨·萨克斯尔:《造型艺术中的表达姿势》(1932)(Fritz Saxl, "Die Ausdrucksgebärden der bildenden Kunst"[1932]),见阿比·瓦尔堡:《选集及纪念文章》第三版,第426页。
③ 同上书,第430页。

第三章　图　像

力,而且有能力一再重新释放这种潜力。

图像对于瓦尔堡来说是范式性的记忆媒介。他自己将其称为"激情公式",指的是某些一再重复出现的图像公式,比如被薄纱裹住的水中仙女的动人形象,这一形象每次重新出现都会唤醒原初在这个形象中所刻下的激情潜力。随着一个图像公式重复被唤醒的,不仅是某一特定的母题;图像的穿透力也包含着它们的能量的重新启动。这种从根本上来说具有自相矛盾的多余力量的象征被瓦尔堡称为一种"能量储备"。图像在人类的记忆中发挥的是一个继电站的功能,在这个继电站中它们会被重新充上能量,或者在某种情况下它们的意义会被颠倒,也就是能量发生倒换。按照埃德加·温特的说法,回忆对于"研究象征的历史学家来说是核心的历史哲学问题:不仅是因为它本身就是历史认识的机构,而且因为——在它的象征物中——同时也创造了力量的储备,这些力量在某种情况下会释放出历史的力量"。①

弗里茨·萨克斯尔清楚地表明,这种历史的延展可以有多大。他的话也许让人想到维柯和赫尔德,但更直接地是受到了达尔文关于《人和动物的情感表达》这部著作的影响:

> 给人启发的是,图像的姿态语言与通常的语言相反,它可以把远古时代积累的东西传达给后世。那些野蛮民族是天生的哑剧演员,他们能够活灵活现地模仿他们想要的所有东西,并由此展示他们根本的思维方式。……造型艺术的那些原始模型正是从这种鲜活的表情和姿势的传统中汲取了力量。这一思想过程暗示了,在人的表达的历史中,变成图像的姿势被赋予了怎样重要的意义。它会永远作为人类文化早期阶段的

---

① 埃德加·温特:《瓦尔堡文化学图书馆指南》(*Einleitung in die Kulturwissenschaftliche Bibliothek Warburg*),第 X 页。

保存者出现在历史中。①

文化传承不仅是通过有意识地建立传统而连续进行的,而且可以下沉到更深的层次中,在那里文化传承像迷宫一样分岔,并构成了不可进入的空洞,这种想象早在瓦尔堡和巴赫奥芬之前就已经对浪漫派产生了持续的吸引。这样的思想过程引导人们从文本作为核心的文化存储媒介和传承载体过渡到图像。图像发展了——这也是为什么巴赫奥芬和瓦尔堡把注意力集中到象征的原因——一种与文本完全不同的传播动力学。用一句简单的话说,它们与记忆的印记力更为接近,与历史的阐释力相距遥远,它们直接的影响力很难疏导,图像的力量总是寻找它们自己的流传途径。这种认为图像比文本更重要的想象应该用一个例子来加以描述。属于英国浪漫主义追随者的散文家查尔斯·兰姆曾经借助一本插图本的儿童《圣经》积累了很多这方面的相关经验。这个斯塔克豪斯版的两卷本放在他父亲的书柜里,除了《圣经》故事以及教义问答的论证模式之外还有一些图画,这些图画对于孩子的想象力比任何一个文本都产生了更为深远的影响。② 一幅给这个男孩留下尤其深刻印象的图画是撒母耳被一个女巫从深渊里召唤出来:

> 那幅描绘女巫把撒母耳拖向高处的图画……我并不把我深夜中的恐惧、我童年的地狱归因于此——但是那些恐惧对我发起突袭的形式和形象却来源与此。……只要我跟这本书在一起,我就会整天在清醒的状态下想象书里的形象,夜晚时,如果我可以这么说的话,我会从睡梦中惊醒,并且发现我

---

① 弗里茨·萨克斯尔:《造型艺术中的表达姿势》,第425—426页。
② 托马斯·斯塔克豪斯:《圣经历史》两卷本(Thomas Stackhouse, *The History of the Bible*, 2 Bde., 1737),关于恩多尔的女巫的故事在《国王之书》第一卷《撒母耳记》中(*Buch der Könige*, 1. Samuel 28),第7—21页。

第三章　图　像

的想象变成了现实。……并非书籍、图画或者愚蠢的仆人讲的故事造成了儿童想象中这些可怕的形象。它们充其量可以给这些恐怖想象指明方向。①

图像与文本对于潜意识的风景的适应方式不同,图像和睡梦之间的界限是流动的,图像会升级成幻象,并且被赋予自己的生命。在跨越了这个界限之后,图像的状态就发生了改变;它就会从观察的客体变成了袭击的主体。兰姆相信,心灵中来自远古的恐惧不是某些图像或故事造成的,而是事先存在的,只是从这些图像和故事中得到了它们特殊的装扮。那些在梦中"唤起"图像的力量,被兰姆称为"原型"(Archetypen)。

"蛇发女怪、九头蛇怪和恐怖的幻想——克拉诺和鸟身女怪的故事,这些在一个容易接受迷信思想的头脑中很容易繁殖——但它们在此之前就已经在那儿了。它们只是抄本,副本(Typen),原型早已经在我们的身体内并且是永恒的。"(第94页)按照理性的原型——请大家想一下柏拉图主义者的"理性萌芽"(logoi spermatikoi)或者"与生俱来的思想"(innate ideas)——浪漫主义者发现了想象的原型。它们最为强烈的情感既不是来源于具体的本身的经验,也不是来源于听到的故事和看到的图画。它们比我们的身体能达到更远的过去,并且植根于——作为我们心灵装备的一部分——尘世之外的事先存在的世界(第95页)。对兰姆来说,原型是跨主体的事先印入的图像,它们属于人类的遗传配置。没有它们,某些图像和想象的作用力对兰姆来说是不可解释的。对他来说这些力量通过某些具体的图像和讲述与某些人类学的基本

---

① 查尔斯·兰姆:《巫婆与其他深夜骇影》(1823),摘自《伊利亚随笔》("Witches and Other Night Fears"[1823], in: *Essays of Elia*, hg. v. N. L. Hallward, S. C. Hill, London und New York 1967),第93页。

配置的重叠才能产生,这些基本配置的来源是心灵里事先引入的东西。

在下一节中,我们将用三个例子来进一步阐释文化和个人记忆中图像的意义。重点将放在对女性的圣像化和演绎上。

第三节　男人记忆中的女人形象

蒙娜丽莎作为大母神(瓦尔特·帕特)

当爱尔兰诗人威廉·巴特勒·叶芝接到任务,编辑《牛津现代诗选》时,他在他的诗集开头选了一首题为《蒙娜丽莎》的诗。这不是一首写成的、而是一首被找到的诗歌;发现这首诗的地方是瓦尔特·帕特1873年出版的著作《文艺复兴》中关于列奥纳多·达·芬奇的一章。① 被选中的段落从某种意义上来讲其边界已经被划定了,因为用迷狂的语言表达的想象明显地与周围文本的批判性、思辨性的笔法形成对比。帕特关于意大利文艺复兴时期的艺术中的图像的一些冥想就像瓦尔堡圈子的研究一样是关于欧洲的图像记忆的,他们的出发点都是对于一种无意识的集体记忆的猜测。个人和文化传统从这个视角来说都是一个总的人类记忆中的元素。在历史的线性发展的维度中时代和文化相互占领、相互摧毁和相互遗忘,但在分层的记忆的维度中它们却会堆叠在一起,并作为忆念的内容再次被搜集和联系起来。人类记忆的这个档案

---

① 瓦尔特·帕特:《文艺复兴:艺术与文学研究》(Walter Pater, *The Renaissance. Studies in Art and Poetry*, Portland 1902)。参见卡罗琳·威廉姆斯:《历史的神话:蒙娜丽莎》(Carolyn Williams, "Myths of History: The Mona Lisa"),见威廉姆斯:《转型的世界:瓦尔特·帕特的美学历史主义》(*Transfigured World. Walter Pater's Aesthetic Historicism*, Ithaca und London 1989),第111—123页。

第三章 图　像

馆被帕特称为"美之家",其中储存了那些伟大的艺术作品。在蒙娜丽莎的肖像中观察者发现了这种积累记忆的具体形式,它密集成了一个谜。这里与其说是档案馆,不如说是一个文化时期的复用羊皮纸更为精确,这里复用羊皮纸的意义就像是德昆西在他关于人类大脑的复用羊皮纸的文章中发展的思想一样;文化阶段一个接着一个,它们并不开口于被一个有意识的传统表达的记忆中,但是也没有被完全遗忘。"世界上所有的思想和经验都参与塑造了这些面部特征,赋予这高贵的表情以可见的形式:古希腊的兽欲、罗马的肉欲、中世纪的梦幻生活,加上对天堂的野心,以及骑士的浪漫爱情,异教徒的感性世界的回归、博尔吉亚家族的罪孽。"①

紧接着这一句话的就是被叶芝截取的文本,并且叶芝把它变成了下列的形式:

> 蒙娜丽莎
> 她比她置身其中的岩石还要古老;
> 像一个吸血鬼,
> 她已经死去多次
> 并且了解了坟墓的秘密;
> 她曾潜入过大海的深处,
> 并把它沉沦的日子保存在自己身上;
> 她与东方的商人买卖异国的织物;
> 她曾是勒达,
> 特洛伊的海伦的母亲,
> 她曾是神圣的安娜,

---

① 瓦尔特·帕特:《文艺复兴:艺术与文学研究》(1873)(New York /Toronto 1959),第90页,此处转引自 W. 硕勒曼在《祸水红颜—吸血鬼—蓝长袜:性与统治》中的德文译文(W. Schölermann in: *Femme fatale-Vamp-Blaustrumpf. Sexualität und Herrschaft*, hg. v. Gerd Stein, Frankfurt a. M. 1985),第67页。

> 玛利亚的母亲；
> 所有这些对她来说不过是希腊古琴和笛子的声响，
> 只存在于
> 高超的技巧之中
> 这些技巧塑造了那可变的面部特征
> 并且给眼帘和双手温和地着色。①

这个事后被解释为诗歌的文本继承了文学性的图画描写的传统(Ekphrasis)，这种描写把图像媒介放回文字之中，采取的方式是把文字的可读性向图像的暗示力开放。这首诗的内容不是一幅画的描写，而是这幅画对于一个沉思的观察者的作用力，我其实想说的是：在一个男性观察者的眼中对一个女性形象的建构。②达·芬奇的蒙娜丽莎在这个目光中变成了一面文化无意识的镜子。这个以神秘的方式心照不宣地微笑着的女性画像变成了一个玄妙的媒介，这个媒介在冗长单调的描述中唤醒了永恒母性的精灵。

图像观察在这里被用作一种冥想——或者说催眠技术，完全如瓦尔堡所言可以把人向下引入无意识的集体记忆的地下区域。观察者让一种画像的水下照明(在摘录的帕特的文本之前几行中提到过"就像在海底的昏暗的光线中"[as in some faint light under sea])将自己置身于发烧似的幻想中，在这种出神的状态下，蒙娜

---

① 《牛津现代诗选》(*The Oxford Book of Modern Verse 1892-1935*, hg. v. W. B. Yeats, Oxford. Aufl. 1936, 1966)，第 1 页。

② 乌苏拉·莱纳在她的文章《蒙娜丽莎——"谜一样的女人"作为世纪末男人的女性幽灵》(Ursula Renner, "Mona Lisa-Das 'Rätsel Weib' als 'Frauenphantom des Mannes' im Fin de Siècle")，见《露露、莉莉、蒙娜丽莎：世纪之交的女性形象》(*Lulu, Lilith, Mona Lisa. Frauenbilder der Jahrhundertwende*, hg. v. Irmgard Roebling, Pfaffenweiler 1989)，第 139—156 页。其中还列举了其他例子来证明蒙娜丽莎被固化为现代社会的一个偶像。她写道："也许'蒙娜丽莎'是一幅肖像升级为现代社会对神话的需要的投射图像的最典型的例子。"(第 189 页)

丽莎的形象变成了一个大母神(magna master)的肉身,大母神形象在这可以与超历史和远古等特点等同。与文化中的男性成分形成鲜明对比的是,男性成分是以不可混淆的姓名和得到历史证明的事迹被写入有意识的文化记忆的——这首诗对这些闭口不谈,但这个维度应该作为参照物同时在头脑中加以想象——文本把女性与没有开端、过渡性和持久等特性相提并论。永恒女性同时也是永恒持久的,是一个前历史和后历史的形象,是历史的之前和之后(Vor und Nach der Geschichte)。

  这段诗的头七行把所描述的形象置于时间和空间的维度之中:"她比她置身其中的岩石还要古老。"历史上复兴的力量,能够克服遗忘的力量,被理解为一种玄妙的力量,这种力量把帕特的蒙娜丽莎变成了与吸血鬼和借尸还魂者比邻而居的人。他们都是可怖的形象,因为他们都了解坟墓和深处的秘密。在这种与黑暗和魔性的东西的联系中既包含着不可逾越的陌生感,又包含着女性的吸引力。女性的陌生感与海洋联系在一起,正是"她"曾对海洋垂直的深度和平面的辽阔进行过丈量:"她曾潜入过大海的深处,并把它沉沦的日子保存在自己身上,她与东方的商人买卖异国的织物。"接下来的九行把被描述者放置于神话和艺术的维度中。女性不仅成为男性的文化记忆中被褪掉、被丢失、被遗忘和被压抑的东西的化身,女性还干脆成为他者。女性这位他者首先是作为从前的也就是永远无法再追回的东西,她是原始的基础,男性的文明建立在这个基础之上。作为勒达她"生出了"特洛伊的衰落和罗马的建立;作为圣安娜她"生出了"基督教的历史。古希腊罗马、中世纪和文艺复兴的文化圈变成了同心圆,并围绕着这个永恒女性的原始基础的形象联合在一起。在这个形象中开始和结束也合在了一起:"在这里'世界的末日将要来临'被颠倒过来",这是一句影射《科林斯书》第一卷第 11 节的话。她是一个后历史的形象,是所有历史的总和,也是走出历史的出口。在远古的开端与美学反思已经完成的事后性相融合的地方,所有的过去将变成永恒的当下的共时的储藏室。

这首诗的最后一句展现了一个角度的变换;观察者的目光在蒙娜丽莎那沉重的、疲惫的眼睛上停留了足够长的时间之后,现在它被允许用这双眼睛来观看一下。这是一种从无限的远处投来的目光,它能够感知不断重复的历史的最深处以及人类心灵最深处的震撼,对这个目光来说苦难和暴力的体验都化解成了温柔的声响以及装饰性的线条:"所有这些对她来说不过是希腊古琴和笛子的声响。"在终点上是历史的苦难宝藏发生了实体转换,变成了艺术,艺术用美来为生活辩护。它在向图像的回归中、在对精致和完美细节的倾心中表现自己:"只存在于高超的技巧之中,这些技巧塑造了那可变的面部特征,并且给眼帘和双手温和地着色。"这个向美学升华的转变同样与"对于不起眼的东西的静思"相对应,也就是说,它对应着一种面相学上的目光,这种目光追求的目标是在寻常的细节中探测不可接近的"深度"和陌生形象的"本质"。

图像与文字在这里走入了一个奇特的联合。通过一个帕特式的文学性的图像描绘,图像被赋予了意义,并且附加上了回忆。通过相应的话语某些图像被选择出来,被赋予意义并且固着在文化的图像记忆之中。蒙娜丽莎这个被修饰成了现代艺术的世俗偶像的形象就是一个给人留下深刻印象的例子。但正是这种禁忌化把她变成了圣像毁坏行为的标靶,这些行为不是针对图像本身,而是针对它们在艺术杰作之万神庙中的地位。当马塞尔·杜尚把这幅画的一幅复制品画上了两撇八字胡时,他就一下子把这幅画上积累的文化记忆的重负清空了,这些重负是很多像帕特的文章一样的文本贡献出来的。

情人作为收藏者(马塞尔·普鲁斯特)

达·芬奇的画,像一幅处于梦幻和历史之间的画,谜一样吸引着帕特。这种现实与想象的交织对帕特来说却不是首先在观察者的目光中产生的,而是在艺术家的目光中产生。在上下文中他对于画家和模特的关系进行了思考:"那个活生生的佛罗伦萨女人和画家的思想里创造出的形象是什么样的一种关系?人和梦是在怎样一种神秘的亲密关系中同时生长的——既相距遥远,又如此接近?"①这个问题可以被当作图像记忆的下一个例子的标题,这个例子引自普鲁斯特的长篇小说《追忆似水年华》第一部分。在这个文本中描绘了犹太唯美主义者斯万对奥黛特的爱情。长篇小说描绘了一个作为艺术爱好者和艺术收藏家的恋爱中的男人的画像。斯万对这个不是特别有修养并已经半老的交际花的爱情的特别之处在于,吸引力的源泉并不是在这个人身上,而是在想象的情景之中得以发现的。想象的吸引力的一个源泉是嫉妒,嫉妒把这个被爱的女人戏剧化为一场密谋串通的参与者,另一个源泉是把恋人用艺术的手段理想化。当奥黛特有一次俯身去看一幅斯万带给她的版画时,发生了这样的事情,恋人很放松地观察时偶然摆出的一个姿态突然变成了另外的一个形象:"突然斯万意识到,她与西斯廷小教堂一幅壁画中的叶忒罗的女儿西坡拉的形象惊人地相似。"②就这样,正在观察一幅画的人自己变成了一幅画。在这幅画的感知框架下,斯万眼中的恋人被罩上了一层新的光线:"现在他欣赏奥黛特的脸并不是因为那长得还不错的脸蛋,或者因为它那纯肉感的柔软……而是作为一个出自大师之手的、由优美的线

---

① 瓦尔特·帕特:《文艺复兴:艺术与文学研究》,第131页。
② 马塞尔·普鲁斯特:《追忆似水年华》《在斯万家那边》,第二卷,第297页。

桑德罗·波提切利,叶忒罗的女儿西坡拉在喷泉边

第三章　图　像

条组成的作品,他的目光追随着这个作品……好像为她勾勒了一幅肖像,她的形象特征变得清楚明朗了。"(第298页)

普鲁斯特的"出自大师之手的、由优美的线条组成的作品"让人想起帕特的"技巧"和"可变的面部特征"。在这个把女人变成艺术品的过程中,发生的并不是牺牲掉所有特殊的和有个性的东西,而将其变成普遍的和理想的东西这种意义上的理想化,而是这种特殊性本身被提高到了普遍性的状态。艺术和生活的交融叠合变得可能,因为艺术家也是在模仿这种"现实与生活中的个性特点",叙述者把这一特点称为"某种现代气息"。① 图像和活生生的人在想象中发生的交换是相互的;图画可以包含对活人的"事先的和使其变得年轻的暗示",而活人则通过图像达到一种"更普遍的意义"(第298页)。与之相应的是,理想化也不是指把某个意义从A置换到B的位置,而是A和B交互地在语义学或者是情欲方面相互补充能量:"毫无疑问,他非常重视那个佛罗伦萨画家的作品,只因它见之于她的身上,但是这种相似性却赋予了她一种特别的美感,并且增加了她的宝贵性。"(第298页)爱情在这种画与人的曲折和变形之中被点燃、更新。它由摩擦而带电,这种摩擦的产生是因为目光没有直接投射到欲望的客体上,而是被想象中的情景所指引:斯万追求的人曾经在波提切利的眼中也显得值得崇拜,他的欲望能够通过他的"最精细的艺术品味"来表达,对于这点他觉得很满意(第299页)。但是就像叙述者评论的那样,这里主人公忘记了,在从观察过渡到接触,在美感的距离成为爱的渴望的障碍时,美学的感知框架和情欲的感知框架就会相互排斥。如文中所说,斯万"忘记了",艺术和生活在某些点上必须要分开到

---

① 很给人启发的是,帕特在同一处也提到了现代性。叶芝从诗中截取的一段的最后一句是:"当然蒙娜丽莎夫人可以作为古老幻想的体现,现代理想的象征。"

底意味着什么。

圣像化所带来的好处对于斯万来说还在另外一个方面；那就是在一个周围的人都表示怀疑的领域获得一种肯定。"'佛罗伦萨的大师级作品'这个头衔帮了斯万（就像所说的那样）一个大忙。"（第299页）圣像化首先意味着获得肯定和权力。通过把一个活生生的人转译成一个圣像，活人身上的那些让人不安的多样性就被固定下来，能够被整合到男性想象的排列组合中。另外圣像化也意味着升值；通过把活人转译为圣像，斯万能够肯定，他想要占有的东西具有最高的价值，而具有最高价值的东西将被他占有。人际关系的这种根本上的难以估量性就被转译成了价值和占有这样的市民性范畴。转译同时也意味着代替：

> 他把叶忒罗的女儿这幅画的复制品当作奥黛特的照片放在他的书桌上。……当我们被吸引到一幅大师级的作品面前观察它时，往往会产生一种不可名状的好感，现在他既然知道了叶忒罗的女儿那幅画有血有肉的原型，好感就变成了一种占有欲，这种占有欲是奥黛特作为肉身显现时不能在他身上激发出来的。每当他久久凝视这幅波提切利的画，他就会想起"他的"波提切利，觉得他自己的更美；于是他把西坡拉的画片拉近身边，仿佛是把奥黛特搂在了怀里。（第300页）

文本在这里把艺术享受与爱的欲望之间的壕沟多重化了，叙述者曾经声称，这个壕沟被斯万"忘记了"。肉体的占有被艺术收藏家的占有所代替，情人被艺术爱好者的原作代替，这个原作又被置于艺术家的原作之上。没有比这更绕远的了：斯万把一张照片搂在胸前。这张照片复制的是一幅绘画的原作；但是绘画的原作在他的眼中不过是那个叫奥黛特的原作的复制品，并且被爱人所拥有。艺术在它的技术的可复制性的年代里就这样变成了原真体验的代名词。

重构性和爆发性的图像记忆(詹姆斯·乔伊斯)

在詹姆斯·乔伊斯的短篇小说集《都柏林人》(1914)中有一篇小说题为《死者》,文中出现了图像记忆的一种完全不同的形式,并构成了情节的顶点。偏好细节的乔伊斯给大家讲述了一场晚会,这场晚会是由都柏林的两位上年纪的女士和她们的侄女每年都在除夕夜为她们的朋友举办的。在大家最为期盼的客人当中有加布里埃尔·康罗伊和他的妻子格莉塔。加布里埃尔是唯美主义者和当地的艺术记者,他有一种对于更高的东西的渴望,他在这个晚上又一次成功地表演了节目,他照顾着那些有些心不在焉的客人,并且作为晚会的高潮发表了对三个女主人的一场讲话,引起普遍赞叹。

我们把注意力集中在小说的最后一段上,这一段聚焦在康罗伊夫妇身上。午夜已过去很久,大家正要散去。在笑声和喧闹声中门前正有一部马车离去。加布里埃尔已经穿上了大衣、围上了围巾,但还站在台阶的下面。他在半明半暗之中看到台阶的上面有一个人影,他定睛再看,才认出是自己的妻子。"那是他的妻子。她倚在栏杆扶手上,在听着什么。加布里埃尔见她一动不动的样子,感到惊奇,便也竖起耳朵去听。但是除了从门廊里传来的笑声和对话声他基本听不到任何东西,还有从楼上传来的几个在三角钢琴上敲出的和弦,以及几声男子的歌唱声。"①

加布里埃尔一边努力想听出所唱的歌的旋律时,一边充满享

---

① 詹姆斯·乔伊斯:《死者》(James Joyce, "The Dead"),摘自《都柏林人》(*Dubliners* [1914]. Harmondsworth 1976),第 207 页。

受地沉浸在对自己的妻子的观察中。"在她的姿势中有些优雅和神秘,好像她是某种东西的一个象征。他问自己,一个女人靠在台阶上,站在阴影中,倾听着远处的音乐,她是一个什么样的象征呢?如果他是一个画家,他就会把她的这个姿势画下来。她的蓝色毡帽可以在幽暗的背景上衬托出她青铜色的头发,她的裙子上的拼花深浅错落、相映成趣。他要把这幅画叫作《远处的音乐》,如果他是一个画家的话。"(第207页)当屋门被关上之后,声音能听得清楚点了,那是一首古老的爱尔兰歌曲,歌中唱到下雨、寒冷、爱情和死亡。唱歌的男高音由于嗓子十分沙哑,在这个晚上也许根本不想唱歌,正用不肯定的声音哀怨地强调着旋律,一方面是因为他不在状态,另一方面因为他歌词记得不太清楚了。当从屋门口回来的人们注意到这首歌时,他突然停止了歌唱。而后是一场关于下雪、寒冷和感冒的谈话,加布里埃尔并没有加入这场谈话,而是继续沉浸在对他的妻子的凝视中。在他眼里她显得有些奇怪地精神恍惚,但也就更加让人产生欲望。

下面一节是乘车回旅馆。读者以兴致盎然的加布里埃尔的视角经历了这一段,他的联想和回忆都集中在期盼着的与爱人的结合上。但是正在这个结合应该完成的瞬间,在夫妻之间却裂开了一个深渊。加布里埃尔苦涩地了解到,正是在这个他感觉与所爱的人完全合一的瞬间,这个爱人却与他相距甚远。因为他发现,那首古老的爱尔兰歌曲格莉塔年轻时的乡下男友曾经唱过。现在这首歌又把男友的眼睛这个已被深深遗忘的图像带了回来,这个图像在经过这么多年之后并没有失去它的穿透力。她又看到那个瘦弱的青年站在自己面前,当时与她即将分手,青年生无可恋,在雨中站了一夜,这最终要了他的命。"我看到那双眼睛就在我眼前——那么清楚,那么清楚!他站在墙的尽头,那儿有一棵树。"(第218页)树是一个流散的细节,在整个句子的句法中像是很笨拙地挂在上面,在叙述的逻辑中它没有任何意义,但在图像记忆的逻辑中它很重要。因为它证实了重新建立的感知图像的精确和真实性。在这里我们再次回顾卢兹·尼特哈默尔的话:被深深印刻的图像"常常能够很详细地描绘";但它们本身"却不具有叙述的结构,并且不倾向于一个意义表达"。①

乔伊斯的这部小说题为《死者》。其中的一个死者是迈克尔·富里,那个充满激情的年轻男友。如果用这位死者的激情强度来衡量的话,那活着的人就像是死人。加布里埃尔·康罗伊是他的反面形象,这个形象具有不自信、自我保护以及占有欲等特点,可能是受到契诃夫的短篇小说《套中人》的启发。乔伊斯在他的小说中让两种图像记忆的对立形式相互撞击,我们可以把一种归类于尼采的记忆理论而另一种归类于弗洛伊德的记忆理论。加布里埃尔的记忆图像追随的是一种有意回忆的原则;它们被意识塑造并被意志引导。把他的妻子转型成为一幅题为《远处的音乐》的图画,这一点就表明了他是一个有心计的安排者。情欲的心境使他内心的一串串图像排列起来,流向这个预期的事件。他充满兴致地回忆起那些滋养着他的激情的情景,但是也有意识地忘却了与他目前的激情相对立的那些回忆。"他们二人世界的秘密瞬间像星星一样迸发在他的回忆中。……他急于想让她回想起那些瞬间,让她忘记那些他们沉闷地共同活着的岁月,而只记住这些心醉神迷的瞬间。"(第210页以下)加布里埃尔对待他的记忆的方式是被他的愿望和行为左右的:"把记忆用意图的更亮的光

---

① 卢兹·尼特哈默尔:《问题—回答—问题》,见《"我们现在是不一样的时代":在后法西斯主义国家寻找民间的经验——鲁尔区1930—1960年间的生活经历和社会文化》,第三卷,第405页。

线遮蔽住",就像乔治·艾略特曾经一针见血地表达的那样。① 这种图像记忆对应着墨勒忒（深思女神），对应着朝行为这一目标绷紧的意识状态，它只把过去的、能够滋养未来的渴望的成分召唤到现实中来。② 加布里埃尔完全控制着他的图像记忆，他是他的感知、回忆和激情的自主的导演。尼采把这种记忆的特点用男性性欲的范式来加以固定并非偶然。对于权力的意志以及对于性交的意志并非那么不同；两者都在一种典型的"迷雾中"开始发展自己："想象有一个男子被一种激情——不管是为了一个女子还是一条理论——所左右和驱使：他的世界大大改变了！……如果一位行动者，用歌德的话来说，没有良心，他也就没有知识；他忘记大多数事情，只要做一件事。对于被他甩在身后的事物来说，他是不公正的。他只知道一种权利——未来事物的权利。"③

在这篇小说的戏剧化的高潮之时，格莉塔从男性渴望的客体变成了一个回忆的主体，具体地说：变成了她自己突发的回忆的客体。格莉塔被一种非意愿回忆所袭击。回忆本身变成了意愿，突如其来地闯入意识之中，并且冲破了意志和愿望的所有模式。这样的回忆的发动机是一个被压抑的罪责。按照弗洛伊德的说法，"对于印象、场景、经历的忘却"常常会缩减为"对其的'禁闭'"。④ 如果说加布里埃尔的回忆被变成静止状态、并在美感的距离上被所注视的图像引导的话，那格莉塔的回忆则是被声音听觉的信号

---

① 乔治·艾略特：《弗洛斯河上的磨坊》(*The Mill on the Floss* [1860], Harmondsworth 1994)，第315页。
② 关于墨勒忒——谟涅摩叙涅的女儿之一，参见莱因哈特·赫尔佐克：《关于记忆女神的谱系》(Reinhart Herzog, "Zur Genealogie der memoria", in: *Memoria, Poetik und Hermeneutik XV*, München 1993)，第3—8页，赫尔佐克将墨勒忒解释为"思考什么"。
③ 弗里德里希·尼采：《历史的用途与滥用》，见《尼采全集》第一卷，第254页。
④ 西格蒙特·弗洛伊德：《回忆、重复、检讨》("Erinnern, Wiederholen, Durcharbeiten")，摘自《弗洛伊德选集》(*Gesammelte Werke*) 第10卷，第126—136页。

所刺激。乔伊斯把这两种回忆形式排演成一种具有性别特征的组态,有意愿的回忆是通过男性的眼睛,而非意愿的则是通过女性的耳朵来激发的。耳朵是较为被动的器官;它保证感官印象直接的进入,而眼睛却更加自由,它们可以对它们的对象进行改造。就像声音的印象会钻进耳朵,被深深遗忘的图像也会不可抗拒地从心灵深处升起,在一个瞬间被投射到意识的表面。这个回忆已经封闭了数十年,但被一个突如其来的激发所释放。加布里埃尔在小说的结尾处惊叹:"这个躺在他身边的人,怎样在心头珍藏着她的情人告诉她说他不想活下去时那一双眼睛的图像。"(第219页)这里储藏在记忆中的是曾经以最高的强度经历的东西,没有意识的支持,在遗忘的范围之外存留,直到它突然由于一个情绪震撼而被取回。

图像回忆既是"气氛塑造者"也是"气氛激发者"。① 不管是乔伊斯的能够充满享受地篡改他的回忆的加布里埃尔·康罗伊,还是普鲁斯特的能够通过想象的排演来激发自己激情的斯万,回忆都被描写为在一个男性主人公的主动支配之下。这种回忆可以称之为"墨勒忒",并与尼采的记忆理论相联系。与重构性记忆相反的一极是爆发性的记忆,这是一种回忆经验的被动形式,可以用乔伊斯的格莉塔·康罗伊这一形象作为例子来展示。它的弱化的形式是被普鲁斯特寻找和研究的非意愿回忆。在由罪责和压抑导致的回忆缺失变得更加深入的地方,弗洛伊德的记忆理论就开始发挥作用了。对于被遗忘的和被压抑的回忆的能量学的共同兴趣使瓦尔堡与弗洛伊德联系起来。弗洛伊德除了他的晚期著作《摩西与一神论》(1939)以外,把研究都局限于个人身上,而瓦尔堡则要开发这个现象的集体层面。他把艺术学中感受型的观察用一个信

---

① 埃德加·温特:《瓦尔堡的文化学概念及其对美学的意义》,第406页。

条取代,那就是将"一个早就被埋没的复杂结构"重新揭示出来。艺术学家不仅要观察,他还要回忆。瓦尔特·帕特对于蒙娜丽莎的想象可以被看作是经过回忆的入口通往图像的例子;但是这个入口却在一个行家的冥想中变得模糊,与瓦尔堡和他的朋友圈子所特有的艰苦的科学方法鲜有共同之处。

第四章 身 体

> 腿和胳膊里都充满了浅睡着的回忆。
> ——马塞尔·普鲁斯特:《追忆似水年华·重新找回的时间》

> 昨天是无法逃避的,
> 因为昨天塑造了我们,
> 或者被我们塑造。
> ——塞缪尔·贝克特:《普鲁斯特,三个对话》

第一节 身体文字

我们在本书的开头讲述过西蒙尼德斯的故事,这个故事曾被西塞罗推崇为记忆术的创建传奇。另外还有一个故事同样把一个房屋倒塌的母题和一种不同寻常的记忆能力联系起来,但这个故事没有西蒙尼德斯的故事那么有名。墨兰波斯(Melampus)的故事据我所知还从未与西蒙尼德斯的故事联系在一起过。墨兰波斯具有先知先见的能力,他的兄弟求他去偷伊菲克勒斯(Iphiklos)的牛。他同意了,并且很清楚这个举动将会使自己坐上一年的监牢。在阿波罗陀洛斯的版本里故事是这样继续的:"当这一年快要结束的时候,他听到在屋顶的一个隐秘的地方有蛀虫(在聊天)。其中一个蛀虫问道,屋顶的椽子已经有多少被咬烂了。其他虫子回答说,基本上不剩什么了。他马上要求搬到另外一座房子里去。他刚到那里,他先前住的那个地方就倒塌了。"

在这个故事里,第一部分房顶倒塌和神奇的得救之后也有第二部分。这一部分是关于一个记忆难题以及它的解决办法。伊菲克勒斯的父亲匹拉科斯,在这时注意到了先知墨兰波斯,并许诺让他获得自由,前提条件是他设法治愈自己的儿子的不育症。墨兰波斯发现不育症的原因是一个被压抑的回忆,就建议了一种有效的治疗方法。

> 匹拉科斯对此十分惊奇,当他看到那个最优秀的预言家就站在他的面前,他就让人放开他,要他说出他的儿子伊菲克勒斯怎样才能得到孩子。墨兰波斯保证会给他一个答案,但是前提条件是他要得到一些牛。然后他宰了两头公牛,把它们剁成碎块,召唤着能预言的神鸟。这时出现了一只秃鹫,他从这只秃鹫那里听到了下面的故事:有一次,匹拉科斯在田野里阉割公羊,然后就把带血的刀放到了伊菲克勒斯身边。当时还是小男孩的伊菲克勒斯受了惊吓逃走了;匹拉科斯于是把那把刀插进了神圣橡树的树干里,树皮遮住了那把刀。

先知揭示了一个儿童早期的创伤经验,这个经验被压抑了很多年,它的相关物是被封进橡树里的那把刀。那把刀既在橡树里是显现的,同时又是看不见的,使得回忆像被锁进了意识的"地下墓穴"中一样,既不可接近,又变得牢固。这个隐藏的记忆的痕迹就是不育症这一身体上的症状,这种不育症是由孩子的阉割恐惧造成的。这个身体记忆的案例几乎只能用弗洛伊德的概念来描述;但是治疗的方法却与心理分析没有多少关系:"如果找回那把刀,秃鹫说道,他应该把上面的铁锈刮下来,让伊菲克勒斯喝上十天,然后他就会生出一个儿子。这就是墨兰波斯从秃鹫那里听到的事情。那把刀找到了,伊菲克勒斯把刮下来的铁锈连喝了十天之后,得到了一个儿子。"①

身体文字是通过长时间的习惯、无意识的积淀以及暴力的压力产生的。它们同时具备牢固性和不可支配性。按照不同的语境,人们对它们的评价或者是真实的、顽固的,或者是有害的。在对它们的描述中,记忆的物质结构扮演着一个特别的角色。柏拉图和亚里士多德就已经认识到一个刻入行为的可靠性和持久性是取决于材料的坚硬程度的。蜡可以马上重新变平,不留痕迹,陶土必须要烧制,石头的加工最为费力,也就保存得最为长久。但是就算是被刻入石头的文字也会被风雨剥蚀,或者被强力消除,只是消除行为本身也会作为一个可见的痕迹保留下来,就像埃赫那吞(Echnaton)的王名圈一样,他的名字在埃及所有的纪念碑上都遭受了被公开销毁的命运。在希伯来的《圣经》中如果提到一个可靠的记入,所用的表达不是"灵魂的骨髓",而是"心灵的石板"。被写入心灵的石板最深处的东西,被看作是不可销毁的,因为它是从不外露的。从这个意义上讲,耶利米把心的图像作为书写的平面,他让上帝说道:"我将把我的命令放入他们的身体,并写入他们的内心。"(《旧约·耶利米书》31,33,参见德文本6,6)

在莎士比亚的《哈姆雷特》中这种内记忆(Inwendigkeit)在一个戏剧化的场景中变成了外记忆(Auswendigkeit)。在这一场景中回忆的内在过程通过书写行为的客观对应物形象地表达了出来。

---

① 《希腊传说世界》,阿波罗多洛斯藏书(*Die griechische Sagenwelt*. Apollodors Bibliothek,übers. v. Christian Gottlob Moser und Dorothea Vollbach, Bremen/Leipzig 1988),第32—33页。感谢格尔哈特·鲍迪(Gerhard Baudy)对译文的修改。

但是这个过程发生的方式,是把最为内心的东西变成了最为外在的、最为陌生的东西。在哈姆雷特那里,心灵的石板对应的是一个笔记本,这个维腾堡大学的学生总是随身携带着这个笔记本,在剧中一个决定性的时刻,他把这个笔记本作为备忘录(aide mémoire)从口袋里抽了出来。这时记忆的文字隐喻实实在在出现在了剧情中。在哈姆雷特夜遇死去的父亲的亡灵时,他成了一个很复杂的信息的接收者,这个信息最终变成了一个复仇的任务。而后亡灵与哈姆雷特告别,留下的话是:"再会,再会,哈姆雷特,记着我。"哈姆雷特在这一时刻失去了意识;他必须赋予自己力量和勇气,才能不在这个鬼魂显灵和他的话语的"印象"之下崩溃:"坚持、坚持,我的心!"而后他从心这个记忆的更深的驻地又转头:"记住你!啊,可怜的鬼魂,只要记忆还在这个混乱的星球上存身。记住你!"这还不够,他把鬼魂告别的话大致地重复了两遍之后,还要亲手把它们写下来。记忆行为在这里变成了一个书写场景。这些诗句在海纳·米勒的翻译中变成了下面的样子:

> 记住你!
> 啊,可怜的鬼魂,只要记忆还在
> 这个混乱的星球上存身。记住你!
> 是的,我将从我记忆的石板上擦掉
> 所有愚蠢的报告
> 书里学来的道德,过去的印象和痕迹
> 所有幼稚的想法和观察的记录
> 你的命令是唯一鲜活的
> 写在我头脑之书的每一页上
> 不与其他低贱的东西混淆。①

---

① 海纳·米勒:《莎士比亚工厂二》(*Shakespeare Factory 2*, Berlin 1989),第30页。

第四章　身　体

在哈姆雷特提到"我的记忆的本子"(table of my memory)的时候,他也同时把这个隐喻变成了实在的行为。他从口袋里拿出了书写的东西,这些东西被他称为"我的本子"(my tables)。关于这样的"桌面手册"我们在谈到莎士比亚的第77首十四行诗时曾经提到过;那是当时宫廷文化对有空白页的册子的称谓,大家相互赠送,可以在里面记下各种各样值得回忆的警句和诗句。哈姆雷特的这个"桌面手册"在莎士比亚的剧情中却不仅仅是一种记忆的工具,而主要是一种记忆的隐喻。因为哈姆雷特到底把什么写在了纸上呢?当他已经被头脑中出现的其他想法转移了注意力——他不得不想到他的杀人犯叔叔:"那个微笑来微笑去,却又是个罪犯的人",哈姆雷特不嫌麻烦地记下了这几句话"再会,再会,记住我"。观众在这个地方会问自己,就这么简单的几句话,真的值得这么费事地写下来吗?对于这个场景的解释在当时的一篇关于忧郁症的论文中可以找到,莎士比亚很可能知道这篇论文。文章里面提到,忧郁性格的人具有冰冷、干燥、并因此而坚硬的大脑,"这样的大脑适合把曾经刻入的东西保存下来,因此它与其他的性格不同,凡是它接受的东西,都会像一颗钻石一样保存起来。忧郁的人要付出更大的努力才能记住东西,但是他们记住的东西却能得到更为妥善的保存。"[①]由此就出现了在信息和书写过程之间的荒诞的比例失调,这也使得这个行为的强迫症的特点明显地表露出来。那些话是那么地简短朴素,但它们的心灵强力显然是无与伦比的,它们就像一颗流星穿透了哈姆雷特记忆的外膜,并且摧毁了它的结构。这种强度的写入同时表现出了强大的消除力量。因为要想把这个非同寻常的信息写入他的记忆的本子中,哈

---

① 蒂莫西·布莱特:《论忧郁》(1586)第二十二章(Timothy Bright, *A Treatise of Melancholy* [1586], Kap. XXII),第129页。

姆雷特就要把其中经年积累的所有文字擦掉。他迄今为止的整个存在和身份认同都受到了父亲这个回忆命令的质疑。这个独霸一切的记录不愿意被整合到其他的记录之中,消除了其他所有的东西,这样的记录显然具有创伤性的特点。父亲的命令"记着我"使得儿子成为一个被动的书写平面,成了白板。

在耶利米的心灵的石板上镌刻的是上帝的律法,在莎士比亚那里,心灵的本子中刻入的是父亲的命令,同时也展现了这个创伤性的写入使儿子遭受了心灵上的伤害。这种对于一种内心的、内记忆的心灵文字的想象,尼采又对它再次进行了重大改变,并由此把记忆的文字隐喻放置到了一个新的基础之上。众所周知,他抛弃了传统观念中身体和灵魂的对立,这种对立认为灵魂是身体的俘虏,而且反过来又把心灵称为身体的狱卒。① 对这些传统的抛弃对于尼采的记忆方案产生了后果,他没有把心和灵魂,而是把敏感的和易受伤害的身体称为书写平面。在他的名作《道德的谱系》中,他对自己提出了一个问题,人们为什么会建立一个"意志记忆"(Gedächtnis des Willens),这种记忆不仅是消极地保存某个"曾经被刻入的印象",而且还积极地参与某种特定的记忆内容。他把这种意志记忆称为良心,并且认为良心是各种文化固定它们的道德和责任感的基础。因此按照尼采的观点,在这种记忆中写入的不是个人生平的经验,这种记忆中充满了一种文化文字,这种文字被直接地、不可磨灭地写入身体之中。随着这个转折,尼采把记忆理论从内心的和个人关联的线索之中解放出来,第一次把它与权力和强力的机构联系在了一起。

---

① 按照奥斯卡·王尔德的说法,这个思想出自乔达诺·布鲁诺(Giordano Bruno):"灵魂是不是一个被囚禁在罪恶外壳中的影子? 还是身体真的被囚禁在灵魂中,就像乔达诺·布鲁诺认为的?"奥斯卡·王尔德:《道林·格雷的画像》(Oscar Wilde, *The Picture of Dorian Gray* [1891], Harmondsworth 1994),第70页。

第四章 身 体

尼采关于"痛苦是记忆术最为有力的辅助工具"的论点是用一个简单的问答形式来表述的。他提出的问题是:"怎么才能让这种人类动物产生记忆?他们半是混沌、半是顽固,只能抓取片刻的理性,这个遗忘的化身,怎么样才能让他们记住些东西,让这些东西如在眼前?"对这个问题的回答是:"人们要让一些东西留下烙印,才能把它们留在记忆中。只有不停地**疼痛**的东西,才能保留在记忆里。"①因此从广泛的意义上来讲,社会化的机构以及监督和惩罚的机构也都应该属于文化的身体写入,因为所有这些机构的任务都是让人们牢记某些价值和共同生活的规范,尼采称之为"固定的观念",并且凭借记忆来把这些东西保持在眼前。人类学家皮埃尔·科拉特雷斯对于痛苦和记忆的关联举出了尤其让人印象深刻的例证,那就是文身的习俗,但是他还提出,即使是在痛苦消失之后,一种身体的记忆也会固定在痕迹和伤疤之中:"在文身之后,当疼痛早已被遗忘,还有东西留下来,那是一种无法挽回的剩余物,是刀或者石头在身上留下的痕迹,是伤口留下的疤痕。一个文身过的男人是一个做了记号的男人……记号阻碍着遗忘,身体本身承载着回忆的痕迹,身体就是记忆。"②

这位人类学家在这儿描写的文身习俗也完全适用于士兵的身体,这些身体上的伤口和伤疤在骨肉中保存了对于战争的记忆。在《亨利五世》中莎士比亚让国王在大战前夜发表了一通爱国主义的演说,以此来鼓舞胆怯的士兵的士气。他向他们保证,这次战役的伤痕终将变成可贵的回忆印记:

  今天这个日子叫作克里斯品节:

---

① 弗里德里希·尼采:《道德的谱系》(*Zur Genealogie der Moral. Eine Streitschrift*),摘自:《全集》,第五卷,第 295 页。
② 皮埃尔·科拉特雷斯:《国家敌人:政治人类学研究》(Pierre Clastres, *Staatsfeinde: Studien zur politischen Anthropologie*, Frankfurt M. 1976),第 175 页。

> 凡是经历了今天这一关还能活下来平安还乡的人,
> 以后只要听人提起这个日子,就会站直身子感到自豪,
> 并且一听到克里斯品这个名称就觉得振奋。
> 谁要是能够活过今天并且安享晚年,
> 那么年年每逢这个日子的前夕,
> 就会摆酒宴请他的左邻右舍,
> 说:"明天就是克里斯品节了!"
> 然后他就卷起袖子,露出伤疤,
> 说:"这些伤都是我在克里斯品节留下的。"
> 老年人都健忘,然而即使一切
> 都被忘记了,但他仍会记得——
> 而且带些增饰——他在这一天
> 曾做出的英勇事迹。

(《亨利五世》第四幕第三场,第40—51页)

伤痕和伤疤代表的身体记忆比头脑的记忆更可靠。头脑的记忆在老年时将变得不再牢固,当这一现象如期而至时,身体的记忆却不会失去它的力量:"老年人都健忘,然而即使一切都被忘记了,但他仍会记得!"

尼采在讨论记忆时,不仅提到了存储的难题,而且提到了持久地保持记忆的显现(Präsenthalten)的难题。被托付给记忆的东西,不仅要不可遗忘,不能消除,而且还要持续地保持显现。要求**记忆**不停歇地、不中断地持久显现,这是违反**回忆**的结构的。回忆总是不连贯的,并且必定包括不显现的间歇。那些显现在当下的东西,人们不会回忆它,而是体现它。创伤记忆在这个意义上来讲可以被称为一种持久的身体文字,这种文字是与回忆相对立的。

为了描述身体的写入这一现象,不仅可以援引文字,也可以援引摄影。在摄影的暗喻中,它被看作现实的一个痕迹,强调的是刻

第四章　身　体

印的直接性。这个直接性的角度在普鲁斯特那里尤其得到强调。他用闪电的原型摄影式的图像来描绘一个印象:"这个印象不是我的理智写入我的身体的,我的狭隘的思想也不曾使它变弱,而是死亡本身,对于死亡的突然顿悟,就像一道闪电,以超自然、超人类的图像把它埋入我的身体,就像埋入了一个神秘的双重痕迹。"①普鲁斯特在强调一个回忆的不容置疑的真实性时,总会努力用生动的图像来描述印象和痕迹,与这种身心的真实相比,理智只能生产一个逻辑上的真理,"一个可能的真理,我们仍能随意对其进行选择。那本被埋入我们身体的书,里面不是我们自己写入的文字,它是我们唯一的书。……只有印象是真实的一个标准,不管它的本质显得多么的稀薄,它的痕迹是多么的难以捕捉"。② 摄影的隐喻不仅进一步强调了一个印象的直接性,而且强调了敏感的材料所受的破坏。由此摄影与创伤之间就产生了一种交流:人们把摄影将现实片断自行写入化学底片的银盐上的过程与创伤经验自我写入无意识的基质相比。我们已经引用过心理分析师恩斯特·齐美尔的一句话,他用摄影的图像来描述创伤性的"印象":"恐惧的闪电留下了一个像照片一样精确的图像。"③摄影这一媒介的图像强调的恰恰是媒介性的反面,即一个印象的确确实实的直接性,这看起来像一个悖论。灵魂或者身体并不具备阐释和防御等思想性的技术,就像摄影使用的底片一样是一个纯粹的媒介,对于普鲁斯特来说这种接受体的无遮无拦的被动性是一个真实的标准,但是对于当时的心理治疗师来说却是一个病理学的标志。

---

① 马塞尔·普鲁斯特:《追忆似水年华》,德文版第4卷,第222页以下;法文版第2卷,第759页。
② 马塞尔·普鲁斯特:《追忆似水年华》《重现的时光》,第287页;法文版第3卷,第880页。
③ 见上文第173页注释②。

身体文字在不同的语境中不断被提起，依其遵循的不同的形而上学，也就得到不同的阐释和评价。柏拉图和耶利米提到的文字能够直接写入灵魂的骨髓或者心灵的石板，他们仍然不能摆脱魔咒，不能放弃记忆是真实的、内在的、直接的和不可丢失的这一理想。与此相反，尼采把身体和灵魂的优先权掉转过来，他不再提起内心和直接性，而是身体的规训，提起痛苦、伤口和伤疤。① 只有这些才能保证可靠的持久的痕迹不会被暂时的遗忘所中断。在德昆西、普鲁斯特和弗洛伊德那里，人类思想的复用羊皮纸上写入的回忆同样是被无法消除地刻入了，尽管它们通常总是被遗忘所掩盖，因此不可支配。哈姆雷特这个例子表明，身体文字的来源不仅是远古时代的习俗，还可能是身体暴力的经验。远古的文身习俗通过暴力的作用给身体写入文字，目的是为了形成一个持久的身份认同，与此相反，创伤记忆的身体文字却会毁坏建立身份认同的可能性。接下来的三节中，我将会把强烈情感和创伤经历作为记忆的不同形式来阐释，这些形式中都有身体的参与，同时有思维能力的意识远离开来，但参与和远离的程度却各有不同。其中一节的内容是关于回忆的变形和造假，以及回忆得到社会性重构的不同框架条件。

第二节　回忆的稳定剂

匈牙利作家乔基·孔拉德在他的长篇小说《精灵的节日》中

---

① 彼得·斯洛特戴克：《来到世界—找到表达：法兰克福讲座》（Peter Sloterdijk, *Zur Welt kommen-Zur Sprache kommen. Frankfurter Vorlesungen*, Frankfurt a. M. 1988）。作者用这些身体文字打造一个诗学的计划。他的说法是："哪里有烙印，哪里就应该产生语言！"另参见杰弗瑞·哈特曼：《言语与伤口》（"Worte und Wunden"），见《文本与阅读：文艺学的视角》（Aleida Assmann, Hg., *Texte und Lektüren. Perspektiven der Literaturwissenschaft*, Frankfurt a. M. 1996），第105—141页。

第四章 身 体

写道:"我让保存在时间的琥珀中的故事起死回生。"① 我想接着问,有这样一种时间的琥珀吗?或者:我们的回忆有相应的存储氛围吗?如果有的话,那人们可以猜测,只有在特殊的个别情况下才会有。因为回忆就如我们大家所知,属于最转瞬即逝、最不可靠的东西。因此自古以来在不同文化中的人们都会求助于物质的稳定剂,包括实物的和图像的记忆技术以及文字。但是我们这里要谈的不是这些(部分来说)记忆之外的稳定剂,而是主要谈记忆内部的机制,这些机制能够抵御普遍存在的遗忘的趋势,并且使某些回忆与那些转瞬即逝的相比变得更加难以忘却。

当我在这个关联中提到"稳定剂",也许从某个理论的角度来说有些问题。神经生理学的大脑和记忆研究迄今已经完成了一个明确的定位理论,并且从1970年左右就讨论一个记忆的假想,"在这个假想中,基于'开辟'神经结构的信息储存扮演着重要的角色"。② 这个引导性假设的位移如今被结构主义的理论家们夸张成了一个范式转换,并且把当下通行的写入和储存等记忆隐喻当作不允许发生的造假来批判。静态的存储模式与一种动态结构性的、不断变形的模式对立起来,按照这个模式,记忆富有弹性地按其功能不断使过去适应当下。③ 也许意志的强力或者当下的强力

---

① 乔基·孔拉德:《精灵的节日》(György Konrád, *Das Geisterfest*, Frankfurt a. M. 1989),第7页。
② 辛里希·拉曼:《回忆的琥珀》(Hinrich Rahmann, "Die Bausteine der Erinnerung"),载《科学的图像杂志》(*Bild der Wissenschaft*, 19. Jahrgang, Bd. II, Heft 9. 1982),第75—86页;此处第84页。
③ "记忆的内容从这个角度来看不再是把已经编码的信息提取出来,更确切地是在依附于当下的回忆形成的过程中**创造**出来。"(黑体字为阿莱达·阿斯曼所标)于尔根·施特劳卜:《文化转变作为集体记忆结构性转型:关于文化心理学理论》(Jürgen Straub, "Kultureller Wandel als konstruktive Transformation des kollektiven Gedächtnisses. Zur Theorie der Kulturpsychologie"),见《文化转变的心理学角度》(Christian G. Allesch, Elfriede Billmann-Mahecha, Alfred Lang, Hgg., *Psychologische Aspekte des kulturellen Wandels*. Wien 1992),第42—54页;此处第50页。

对于记忆的作用是近乎无限的,但是它们发挥作用的空间却受到另外一个因素的局限,那就是身体这个因素。专家已经向我们证实,写入身体的经验和伤痕是存在的,它们摆脱了唯意志论的篡改,因此在我看来,关于记忆的完全的变化和适应能力的论点过于笼统,并且沦落到存储模式的另外一个极端。回忆总是在当下之中,并且在其特殊的条件下得到重构,这一观点是令人信服、无可争议的,但是如果假定回忆完全只依赖于当下,而"不依赖于过去",那这个论点在我看来就有些过分了。① 这一想象的结果只会是把过去这个现实存在的物质和思想的难题取消掉,因此在这里我们要再次讨论一下回忆的(不)可靠性这一问题,并且更进一步问询回忆过程中的定型以及稳定的力量。

首先一定要提到的是语言,语言是回忆最有力的稳定剂。我们曾经用语言表达过的东西比那些从未找到语言表达的东西要容易回忆得多。我们回忆的不再是事件本身,而是我们对它们的语言表达。语言文字的作用就像名字,我们可以用这些名字来唤回物体和事件。在克里斯塔·沃尔夫的一部作品中有一次提到一个情况:"已经过去了十一年,像在另一次生命中。对此的回忆,如果他没有把它们用语言固定的话,它们早就消失了。借助语言他现在可以——只要他愿意——让那个经历重新复苏。"② 通过语言,个人的回忆得到稳定和社会化,莫里斯·哈布瓦赫已经指出了

---

① 施特劳卜:《文化转变作为集体记忆结构性转型》,第52页。
② 克里斯塔·沃尔夫:《茫然无处》(Christa Wolf, *Kein Ort. Nirgends*, Berlin/Weimar 1980),第25页。沃尔夫也批评了语言对回忆的固化。在一篇关于《读与写》("Lesen und Schreiben",1968)的文章中能找到这样的句子:"童年就在那一时间结束了,所有人都相信这一点,这种说法因为经常讲述而被擦得锃光闪亮,这种说法特别煽情,在保存奖牌的柜子里有固定的位置以及它的签名:'童年的结束'。"克里斯塔·沃尔夫:《作家的维度:1959—1985年间的散文、杂文、讲演及对话》(*Die Dimension des Autors. Essays und Aufsätze. Reden und Gespräche 1959-1985*, Darmstadt und Neuwied 1987),第463—503页;此处第479—480页。

第四章　身　体

这一点,他强调,我们作为一个集体的成员如果没有给物体一个名字、没有服从集体的传统和思维的话,就无法感知任何物体。除语言之外还有其他的身体性的稳定剂,下文中将介绍其中的三种,并举例说明:它们是强烈情感、象征和创伤。这些概念中的两个都不同程度地包含了身体这个媒介;在谈到第三个关键词象征时,我们将要讨论把身体的经历翻译成"意义"的问题。

强烈情感

就像在关于修养的效力那一章里已经阐释过的一样,强烈情感在记忆术历史中扮演着特别重要的角色。因为这种人工的记忆必然要从自然记忆的特点出发,因此它就要利用自然记忆的潜力。"如果我们看到一些特别低俗的、可耻的、不寻常的、伟大的、难以置信的或者可笑的东西,这些东西就会长时间地印记在我们的记忆中",在关于记忆术的著作《古希腊雄辩术》中如是写道。因此书中建议选择积极有效的图像作为记忆的支撑:"我们应该选取这样的在我们的记忆中保留时间最长的图像。因此我们就必须寻找尽量引人注目的比喻,也就是不选取那些沉默和模糊的图像,而是选那些积极有效的图像。"① 为了提高图像的印记力,书中建议把它们用王冠和紫衣装扮得富丽堂皇,或者用血迹、泥污或刺目的红色把它们变得面目可憎。古希腊罗马记忆术专家的这些观点与最先进的认知心理学的研究结果惊人地相似。在一个实验中,美国心理学家向两组受试者展示了两组相同的、平平常常的幻灯片,其中一组只看这些画面,而给另外一组的,除了这些画面之外还附带了一个戏剧性的、甚至有点血腥的故事。结果是,第一组在观看后只记得很少的一部分图像,而另外一组记住的图像的比例要高

---

① 《古希腊雄辩术》第三卷,第 177 页。

得多。① 尽管在这个例子中不是图像而是文本作为强烈情感的载体,但这个实验也证实了强烈情感对于回忆的印记力的意义。

在古希腊罗马的记忆术中,就像在现代的心理学实验中一样,记忆的可篡改性都引人注意。回忆和强烈情感在这里不是主动地联系在一起的,而是有意地、甚至高度随意地被捆绑在一起。但是如果我们从人工的记忆技术转到个人的生活回忆,情况就会发生改变。在后一种情况下,回忆和强烈情感会融合成一个不可分割的复合体。哪些回忆被这种起稳定作用的力量"赋予强烈情感",恰恰是个人的支配力无法决定的;也就是说,某些回忆的强烈情感部分是**不**能够被个人操控的,正是这种不可支配性使卢梭把强烈情感称为回忆的一种十分重要的稳定剂。他的《忏悔录》是一种以主体的回忆为最重要来源的文体,卢梭大概是第一个把可信度这一批评性的问题针对自己提出来的人。② 在自传性回忆的情况下这就意味着回忆者要针对自己展开调查。但是如果一个事件没有另外的证人,没有外部的标准作为校正的帮助的话,在这种回忆的领域中能够树立起一个回忆的可信度的标准吗?在寻找这样一个标准的时候,卢梭撞见了强烈情感。他很清楚他不能把过去的事件精确地重构,因此他从一开始就驳回了对他的回忆提出的客观真实性的要求。但是他却接受了对强烈情感的真实性的要求,

---

① 丹尼尔·夏科特:《记忆变形:意识、大脑和社会如何重构过去》(Daniel L. Schacter, Hg., *Memory Distortion. How Minds, Brains, and Societies Reconstruct the Past*, Cambridge, Mass./London 1995),第 264—265 页。

② 而不是像通常那样假设读者会提出这个问题,并通过相应的发誓使这样的问题失效。奥古斯丁针对他的读者写道:"我不能向他们证明,我坦白的都是真的,但是有些人会相信我,因为爱使他们的耳朵张开。"(X, III.3) 奥古斯丁不是为他同时代的人或是后人写下忏悔,而是为了上帝,因此他认为造假是不可能的:"不管我是谁——主啊,对你来说我无论如何是透明的。"(X, II.2) 奥古斯丁:《忏悔录》(*Bekenntnisse*, hg. von Kurt Flasch und Burkhard Mojsisch, Stuttgart 1989),第 252、251 页。卢梭在他的《忏悔录》中像召唤缪斯一样召唤记忆女神,这个缪斯吟唱的是真是假,他并不感兴趣。就我的观察,在卢梭之前自传作家从未怀疑过他们自己的回忆的真实性。

他认为强烈情感的真实性是植根于"情感的链条"之中的:

> 我搜集了很多文件,让它们来补充我的回忆,并在做这件事情的时候引导我,但它们全都落到了别人的手里,并且不再会回到我的手中了。我只有一个忠实的引导者,我可以信任它,那就是情感的链条。这些情感一直陪伴着我的存在的发展,通过这些情感我才能回忆起事件的链条,这些事件是这些强烈情感的原因或者效果。我很容易忘记我的不幸,但我绝对忘不了我的错误,我更不能忘记我的美好的感情,对它们的回忆对我来说无比珍贵,我不能让它们从我的心中消失。我可以在事实中留下空白,颠倒它们,搞错日期,但是**我不能对我感觉到的东西产生错觉**。①

在古希腊罗马的记忆术中,强烈情感被看作是一种工具性的记忆增强剂,到了卢梭那里它成了回忆的坚硬内核。对此让·斯塔罗宾斯基写道:"感情是记忆的坚不可摧的中心。……卢梭想告诉我们的真实并不是他的生平事实的精确定位,而是指向他与这些过去保持的关系。……这描述了一个范围更为广阔的真实,当然这个真实是不能服从矫正规则的。我们不再处于**真实**(Wahrheit)、真正的历史的范畴之中,而是跨入了**原真**(Authentizität)的境地。"②

我觉得这里除了客观真实和主观真实性之间的区别以外还有一些值得注意的东西。强烈情感记忆的基础是心理生理的经验,它不仅摆脱了外部的矫正,而且不允许自己修改。这一点应该再用另外一个自传作家的例子来描述一下。她同样对自己的回忆的

---

① 让·雅克·卢梭:《忏悔录》(Jean-Jacques Rousseau, *Confessions* VII),第 274 页。
② 让·斯塔罗宾斯基:《卢梭:一个充满对抗的世界》(Jean Starobinski, *Rousseau. Eine Welt von Widerständen*, München 1988),第 294 页。

可靠性进行了思索。她叫玛丽·安汀,1881年生于白俄罗斯的波罗茨克,在20世纪初随家人一起移民美国。[1] 在那里年方28岁的她在1909年写下了自传,也就是她在东欧犹太环境中的生活片段,这段生活随着移民无可挽回地结束了。

她自己的回忆开始于4岁时她祖父的葬礼。在很程式化地描写了守灵的情景之后,她突然中断叙述,提出了一个问题:"我真的记得这个小小的场景吗?"然后她继续写道:

> 最可能的是,我在当时的那个时刻对于我祖父的遗骸根本没有任何精神上的兴趣,只是在后来,在寻找第一个回忆的时候,把这个场景加工了出来,包括我在其中扮演的角色,为了满足我对于戏剧化特点的感觉。如果我因此真的被指认造假,那对我来说也很合适,我并不在意,因为我现在,在这本书的开头就要否认我的回忆的真实性。[2]

在此处,安汀讽刺地、游戏地对待她的回忆,使读者产生不必要的怀疑,并且把个人回忆的纯结构性的特点加以强调,但在有些段落中她却用让人吃惊的固执来坚持她的回忆的真实性。而且她比卢梭更近一步,她甚至要**不顾事实**,也就是说,以经验证据为代价来维护这种真实性。她用一个特别的回忆图像来阐释这个问题;具体地说是那些深红色的、应该开放在邻居花园里的大丽花。对此安汀固执地写道:

---

[1] 玛丽·安汀:《被承诺的土地》(Mary Antin, The Promised Land),1912年首次作为小说连载于《大西洋月刊》(The Atlantic Monthly),1940年第一次作为单行本发表。我在下文中引用的是1969年出版于波士顿的第二版。莫妮卡·吕特斯让我注意到玛丽·安汀,并给了我很多启发。莫妮卡·吕特斯:《特弗耶的女儿们:19世纪东欧犹太妇女的生活愿景》(Monica Rüthers, Tewjes Töchter. Lebensentwürfe ostjüdischer Frauen im 19. Jahrhundert Lebenswelten osteuropäischer Juden, 2, Köln, Weimar, Wien 1996)。

[2] 玛丽·安汀:《被承诺的土地》,第80页。

第四章 身　体

关于**我的**(黑体字为阿莱达·阿斯曼所标)大丽花的事情,人们已经告诉过我,那些是罂粟花而不是大丽花。作为可靠的历史学家我必须在这儿传播每一个传言,但是我也保留权力,固执于我自己的印象。事实上我必须坚持那是大丽花,只有这样我才能为我的回忆挽救那个花园。我已经在那么长的时间里相信它们是大丽花,如果让我想象那些墙头上的色块是罂粟花的话,那么我的整个花园就会分崩离析,将我跟一堆灰色的虚无抛下不管。我肯定没有什么要反对罂粟的,但是我的想象对我来说比起现实还要真切。①

罂粟或者大丽花——为什么安汀要把这个无关紧要的细节强调出来?这个细节对于她的讲述风格完全无足轻重。我并不想假设安汀是一个后现代认识论的维护者,把"她的"主观的真实置于经验上得到确定的、客观的经验世界之上。我宁可认为,她的解释涉及的不是现实的结构而是回忆的结构。当她坚持**她的**大丽花时,她主要强调的是强烈情感回忆的不容置疑的特点。这些回忆是不容更改的,因为它们带有鲜活的特点以及直接的印象的强度,与之相伴相生。如果放弃了这一点,就等于没有留下任何东西。

这个与过去的鲜活关系的证明同时还具有一种历史的见证价值,即使这种价值与历史学家的那种见证价值不同,这位自传作家拿自己和历史学家相比:"你们可以给我拿来波罗茨克的最为详尽的描写,并向我证明我在哪儿搞错了——但是我仍然是更好的(游客的)引导者。你们可以向我证明我冒险的道路通向虚无,但我可以用我加快的脉搏和一串串生动的联想来证明,在

---

① 玛丽·安汀:《被承诺的土地》,第 81 页。

这儿和那儿我遇到了什么样的事情。人们会相信我,而不是你们。"①

象征

莫里斯·哈布瓦赫在他开创性的关于记忆及其社会条件的著作中这样写道:"每个人和每个历史的事件都在它们进入这个(指社会的——阿莱达·阿斯曼)记忆时被兑换成了一个学说、一个概念、一个象征;它获得了一个意义,成为社会的思想系统的一个成分。"②哈布瓦赫认为对于集体记忆,也就是说社会相传和共享的记忆有效的东西,对于个人记忆来说——我认为——也同样有效。在一篇题为《对一个老人的回忆》的文章中,波兰作家安德烈·施奇皮奥尔斯基描写了象征作为回忆的稳定剂的角色。这里的老人指的是嘉布遣会的长老阿尼切特,他本名叫阿尔伯特·柯步林。他1875年生于东普鲁士的弗里德兰,1893年在阿尔萨斯加入嘉布遣会,1900年在克里菲尔德成为神父。1918年他来到华沙,一直作为有选举权的波兰人自愿住在那里。他积极地参与赈济穷人和社会工作,属于华沙最受尊敬的教团神父之一。1940年他在纳粹政府面前自称是波兰人。1941年他被带往奥斯维辛,并于同年死于那儿的毒气室。

施奇皮奥尔斯基,就像他在他的文章导言中认定的,将他个人的回忆证据放置到了一个特定的机构性的回忆框架之中。在波兰大主教宫,当时举行了一个纪念这位长老的大会,大会有一个具体的原因作为背景:嘉布遣会在梵蒂冈为阿尼切特长老申请加入宣福礼程序。施奇皮奥尔斯基认识长老的时候还是一个少年,

---

① 玛丽·安汀:《被承诺的土地》,第84页。
② 莫里斯·哈布瓦赫:《记忆与它的社会条件》,第389页以下。

第四章 身　体

1938—1941年间他曾经当过长老的弥撒助理,对于长老的身世、意义和命运他一无所知。从那个时代固着下来的对于图像、场景和对话的回忆仅仅局限于从一个少年的视角得到的一个很小的感知片段。这种回忆信息的不起眼的数量与施奇皮奥尔斯基在事后回想他的生活历程时赋予他跟长老相遇的意义不成比例,因此他一开始就提醒他的听众:"从根本上来说,我在这儿说的所有话都是一个信仰的表白,是我的精神历程的描述。"①他关于阿尼切特长老能说出的话不多,但关于自己却能说出很多。施奇皮奥尔斯基在这里十分清楚地把他在童年时的回忆和在白发苍苍时的回忆进行了区别。这个白发苍苍的老人,就像他不断表明的,"肩头上背着一口袋自己的经验,已经走过了他的生命时间的大部分"(第225页),对于少年时代的回忆他写道:

> 少年时期的经历尽管存活于我的体内,但它们深深地隐藏在某处,隐藏在那塞得满满的、满是灰尘的回忆的阁楼里,人们很少到那里去。……阿尼切特长老肯定也在那儿的什么地方,但是不被察觉,这么多年一直保持沉默,没有被需要。在我的回忆中……他是一个——如果他真的在什么地方的话——身材矮小、驼背的老人,穿着相当不整洁,光脚穿着拖鞋,再多的关于他的事情我真的不知道了。(第225页以下)

阁楼是一个潜伏记忆的生动的图像:乱七八糟、被忽略、零零碎碎的物体胡乱摆放在那里,作为破烂儿它们仅仅是被放在那里,是一些被剔出来的、被忽视的物品,既没有功能也没有目的。潜伏回忆就像破烂儿一样存在于一种悬置状态,它们或是从这种状态

---

① 安德烈·施奇皮奥尔斯基:《事态记录》(Andrzej Szczypiorski, *Notizen zum Stand der Dinge*, Zürich 1992),第224页。本文中的引言均出自该版本。

中下降到被完全遗忘的黑暗之中,或者被取出来放置到重新回忆的光线里。施奇皮奥尔斯基能够讲述的每个小故事都带着某种强烈情感的印记:虚荣、侮辱、惊讶、陌生和神秘都在发挥着作用,使得感知被固定成经验,而经验被固定成回忆。

关于老年时的回忆,施奇皮奥尔斯基仔细地与少年时的回忆加以区分,他写道:

> 在我后来的生活阶段中他才又回来了。今天对我来说他是我的精神冒险中的一个核心的、无论如何都很重要的角色……实际上我想说,阿尼切特长老是一个在我的回忆中、在我的思想成熟过程中从某方面来说事后演绎的英雄;他填补了想象的一个空白,而不是经历过的现实的一个空缺。阿尼切特是一种精神的需要,一个道德律令,对于我的说实话相当复杂的人生来说。(第225页以下)

对于少年的回忆起作用的是强烈情感,对于老年时的回忆起作用的是象征。强烈情感和象征是形式完全不同的稳定剂。获得了某个象征的力量的回忆是在对自己的生活经历进行回顾性的阐释工作时获得的,并被放置在某个意义位型的框架之中。施奇皮奥尔斯基十分精确地描写了,他后来的回忆工作中产生的阿尼切特不是那个历史人物的重构,不是"他的生活、他的行为以及他的影响,而是作为某种象征的阿尼切特,作为被我的想象提升到象征的高度上的一个命运。……我在这儿讲到的东西对我来说很重要,是我的事情,是**我的**阿尼切特,但不是现实的、真实的阿尼切特,那曾经走过华沙的街道,并死在奥斯维辛的铁丝网之内的阿尼切特。"(第226页以下,黑体字为阿莱达·阿斯曼所标)如果仅仅因为它们如上所述跟历史的真实没有什么关系就要把这个凝固成了象征的回忆称为虚构或谎言的话,那就有些操之过急。这是一种"通过其间获得的阐释模式"而进行的回忆,其重要性人们不应该低估。① 这样的转义阐释,就像这个例子显示的,根本不能与"篡改"相提并论,而是在建立个人身份认同时对回忆进行加固的工作中发挥着重要的作用。与强烈情感不同,象征的意义不是存在于感知和回忆之中,而是事后补充上去的。是否能够补充发明这样一个意义,我们相当大部分的回忆的牢固度都取决于这个问题。补充这样的意义不仅顺应人类的心理需求,而且适应人类的特点;这不仅是一个适应环境的问题,而且是一个自我定位的问题。"对于生活意义这个问题,每个人都用他自己的生平来作答",乔基·孔拉德在上文引用的长篇小说中这样写道。② 一个生平是由客观上能够矫正的生活数据组成的,而一个生活历程却是以被阐释的回忆为基础的,这些回忆合在一起成为一个可回忆和可讲述的形象。这样的塑造我们称之为意义:它是活生生的身份认同的脊梁。

创伤

文学研究者劳伦斯·朗格尔也许会把施奇皮奥尔斯基把回忆转换为一个象征的行为归类为一种"英雄记忆"。朗格尔从事的工作是收集犹太大屠杀幸存者的口头证据,并用录像的形式记录下来。对他来说"英雄记忆"是"非英雄记忆"的对立概念。这里的"英雄记忆"与尼采的"伟大"和他的"纪念碑式的记忆"或者"墨勒忒(深思女神)"不能混为一谈,而是以一个整合的自我为前

---

① "他1940年或1941年在我的生活中扮演了一个什么样的角色也许并不重要,唯一重要的是,他今天扮演什么样的角色,他今天对我来说是个什么样的人,到我的生命的终点时还将是一个什么样的人,这个年老的驼背男人,我早先对他一无所知,后来才用我的回忆碎片拼接成了我自己的变化和精神成熟的象征。"施奇皮奥尔斯基:《事态记录》,第235页。
② 孔拉德:《精灵的节日》,第7页。

提,具备自我尊重、自由意志、思想行动、未来、积极的价值观和获救的修辞等特点,而非英雄记忆则是不可更改地与这些资源切断了联系。属于非英雄记忆的,如朗格尔所说,是一个被损害的自我(diminished self),它失去了任何身体和精神上的对于自己的环境的控制,它的语言也失去了所有积极掌控的内涵。朗格尔发现,在大屠杀幸存者的语言中存在着"一大批概念的意义错位,这些概念本来应该巩固整合的自我,比如:选择、意志、思维能力、满怀期待"。① 朗格尔认为,非英雄记忆记录了,通过事后阐释对恐惧进行克服是不可能的,因为为此所必需的精神和心灵的前提条件和价值都已经在纳粹的恐怖统治中丧失殆尽了。朗格尔不想用治疗的方法来矫正被损害的自我,而是为这种自我争取权利,努力使人认可它是一种特有的存在方式:"这种被损害的自我要求一整套的重新阐释和新的认知,一种观察语言和道德的可能性及其边界的现代化或者现代主义的视角,这些边界不必局限在犹太大屠杀的事实上。"②

非英雄记忆和被损害的自我的起因都是创伤的形成,犹太大屠杀的受害者们无力将这些创伤事件转化成有拯救力量的象征。由于这个超越了人的心理、生理承受程度的经验,一个整合的自我建构的可能性紧接着也被打碎了。创伤巩固经验,使意识无法通达到那里,只能在这个意识的阴影中作为一个潜伏的存在而固着

---

① 劳伦斯·朗格尔:《大屠杀证词:记忆的废墟》(Lawrence Langer, *Holocaust Testimonies. The Ruins of Memory*, New Haven und London 1991),第 177 页。
② 朗格尔:《大屠杀证词》,第 177 页。在这里我不想讨论是否有可能从死亡营这种例外状态的经验中推导出人的更为普遍的基本感受——即把大屠杀幸存者某种程度上当做现代人的范式;我只肯定,经由这条道路可以再次让人注意到象征的策略,它使某个被回忆起来的情况变成某个与其没有直接关联的东西的符号。

第四章 身 体

下来。① 鲁特·克吕格尔曾经经历了特莱西恩施塔特、奥斯维辛、克里斯蒂安施塔特等集中营,她在她的人生记录中一再对创伤性的经验是否能够翻译成语言这一问题进行探讨。在书的开头她就描写了她的堂兄汉斯被纳粹刑讯的过程。汉斯曾经被纳粹施以酷刑,她让汉斯给她详细描述了所有经过,展示了他的伤疤,然后她继续写道:"但是他讲述的细节使这一苦难变得平常,只有从他的语气中人们可以听出来那些异样的、陌生的、恶意的东西。因为刑罚不会离开被施刑的人,绝不会,一生也不会离开。"②语言不能把创伤接收进来。因为语言属于所有的人,因此那些无与伦比的、特殊的、绝无仅有的东西都无法进入其中,更不用说一种绝无仅有的持续的恐怖经历了,但是恰恰是创伤需要言语,对于克吕格尔来说这些言语不是回忆和讲述的言语,而是招魂和巫术的言语:"回忆是招魂,有效的招魂是巫术。"(第 79 页)她在她的书中不是与回忆打交道,而是与鬼魂。"没有坟墓的地方,哀悼工作不会停止",她写道(第 94 页)。在她的话语和诗歌中她尝试为那些被杀害却没有被埋葬的人——她的父亲和她的兄弟——创造出他们能够得到安息的地点,但她也很清楚地知道,这种工作只能是一种自我安慰。

十二岁的时候,她在奥斯维辛集中营就写过一首关于死亡机器的诗,尝试了语言和诗句能够达到的效果。对此她事后评论说:

---

① 对于儿童早期经验形成的创伤来说,被回忆的是事件的质量,而不是它们的语境。没有语境但充满恐惧的联想不能获得地点和时间上的定位。感情是在一个感觉运动的层面上没有地点和时间的关联被储存起来的。因此它们翻译成象征或用语言的手段来召唤它们都很困难。见塞尔·A. 范·德·科尔克,昂诺·范·德·哈特:《皮埃尔·让内以及心理创伤中适应的失败》(Bessel A. van der Kolk, Onno van der Hart, "Pierre Janet and the Breakdown of Adaption in Psychological Trauma"),载《美国心理治疗杂志》(*American Journal of Psychiatry* 146:12 [December 1989]),第 1530—1540 页;此处第 1535 页。

② 鲁特·克吕格尔:《继续活着》,第 9 页。

"人们必须看穿那个狡猾的做法,我突发奇想,把在奥斯维辛的那几周的创伤经历都倾倒到一些诗词格律中,那是小孩子写出的诗,它们严格的格律应该能够制衡混乱,那既是一种诗学的也是一种治疗的尝试,尝试着在我们沦落其中的毫无意义的和破坏性的马戏表演的对面,建立起一个由语言构成的完整的、押韵的对立物;这其实是最古老的美学的目的。"(第 125 页)

对鲁特·克吕格尔来说,最鲜活、最刺目的回忆是她目睹对她母亲的侮辱。在用她特有的简洁而精确的语言描述了整个过程之后,她补充道:"我以为我无法写出这件事,本想用一句话来代替这个描写,那就是有些东西我无法写出来。现在这些话白纸黑字地放在那儿,就像其他的话一样稀松平常,并不需要搜肠刮肚。"(第 137 页)这个例子尤其清楚地表明了跨主体的言语与主体的经验之间的差异。对于作者来说最为切肤的经验对于读者来说却是一个和其他场景一样的普通场景。对此的言语描写就像其他言语一样平常,也就是说,这些言语用一层普遍化和通俗化的薄纱遮蔽了这一经验。它们把这一经验的尖锐性去除,它们不再切肤蚀骨,不再像那个回忆一样不停地让人感到痛苦。言语不能重现这种身体上的记忆伤口。语言对于创伤的表现是自相矛盾的:有有魔力的、美的、具有疗救作用的话语,它们是有效的,对于生命来说至关重要,因为它们可以驱除恐惧;也有苍白的、普遍化的和通俗化的语言,它们只是恐惧的空洞的外壳。

鲁特·克吕格尔也讲到了非英雄记忆的问题,这种记忆阻碍了创伤经验的整合,破坏了可能的身份认同的建构,她本人拒绝把她的名字跟奥斯维辛紧密地联系起来,因为创伤并不像出身一样对人产生深远的影响:

> 奥斯维辛这个词今天有一种光芒,即使是一种消极的光芒,这使得它能够相当大程度上决定对于一个人的看法,如果

第四章 身 体

人们知道这个人曾经经历过奥斯维辛的话。也有些人在提及我时,想要说一些关于我的重要的事情,就说我曾经到过奥斯维辛,但这并不是那么简单,因为不管你们想的是什么,我不是从奥斯维辛来的,我出生在维也纳,维也纳是不能从我的身上褪去的,人们可以从我的语言中听出来,但是奥斯维辛对我来说本质上是陌生的,就像月亮一样。维也纳是我的大脑结构的一部分,并且能从我的身心发出声音,而奥斯维辛是我曾去过的最为奇异的地方,在我的心灵中永远是一块异物,就像身体里一颗无法开刀取出来的铅弹。奥斯维辛只是一个可恶的偶然。(第138页)

身体里一颗无法开刀取出来的铅弹这一图像形象地展示了创伤的悖论式的矛盾性;尽管它是人的不可丢弃的一部分,但是它却不能被同化进人的身份认同结构之中,它是一个异物,冲破了传统逻辑的范畴:它既是外在的又是内在的,既是在场的又是不在场的。创伤的这种矛盾的特点也得到了法国哲学家让·弗朗索瓦·利奥塔的强调,他对于创伤以及其在集体和历史维度上的重现感兴趣。他关于"犹太人"的历史心理分析性的文章讨论了欧洲的屠犹、历史上的可叙述性和集体的可回忆性之间的(非正常)关系。利奥塔在此援引了弗洛伊德的压抑的概念,压抑不是一种遗忘的形式,而是一种特别顽固的保存形式。① 但是弗洛伊德把压抑看作一种希望能通过治疗来消除的东西,而利奥塔则以一种悖

---

① 更新的心理治疗论文避开了(在虚假回忆论争中已经声名狼藉的)压抑的概念,而主要用分裂(Dissoziation)的概念来描述其过程。在这样一种情况下本能的生存策略是分裂。一个创伤经验的受害者从自身割去一部分,这部分不再有强烈感情反应,置身事外并生产与自我结构可以协调的掩饰性回忆(Deckerinnerungen)。被搁置的是强烈情感,因其强度太高而无法整合到个人的认知及感情系统中,长期来看会通过综合症状形成以及冷漠地显现出来。治疗师的任务是把遭受创伤打击时分裂成几部分的心理重新联合起来,使强烈情感的层面与认知的层面重新建立联系。

论的方式把压抑提升到标准的级别,他把创伤化称为唯一与大屠杀相匹配的形式。这是他在寻找回忆的最为可靠的稳定剂时得出的结论。纪念碑对他来说是"再现"的形式,再现是为记忆减负,实际上是遗忘的策略。就连以文字的形式加以固定也不是一种抵御遗忘的有效的方法。这一点柏拉图就已经知道了,他把记录看作是一种遗忘的形式。因为一旦被写下来的东西,也就可以被推翻或被消除;但是那些从来没有获得符号的形式,获得可回忆的象征的东西,按照利奥塔的观点也就不能被否认、遗忘。他写道:

> 通过描写,一个内容被接收进入回忆,这种写入也许看起来是一种抵御遗忘的好措施,但我认为,实际正好相反。按照通行的观点,被遗忘的只有那些被写下的东西,因为一旦被记录下来,也就可以被消除掉。而那些由于缺乏书写平面、缺乏地点、缺乏持续时间来存放等原因,而没有被写下来的东西——这些东西不具有合成性,不管是在统治者的空间还是时间里,还是在自信的精神的地形或者历时性中都找不到立足之处——我们也可以说:那种不可能形成经验的材料是无法被忘却的,因为经验建立的形式对此既无用又不合适——即使这种经验是无意识的,会带来次生的压抑——它不给遗忘提供击入点,"仅仅"作为一个强烈情感过程保持在场,人们不知道怎样才能够对其进行定性,因为它是精神生命之中的死亡的状态(comme un état de mort dans la vie de l'esprit)。①

---

① J. F. 利奥塔:《海德格尔与"犹太人"》(J.-F. Lyotard, *Heidegger und "Die Juden"*, Edition Passagen 21, Wien 1988),第 38 页。罗兰·巴特对于"知面"(studium)和"刺点"(puctum)的区分与其方向相似:"我可以指名说出的东西,不可能贿赂我。无力指名说出正是内心不安的一个肯定的表现。"罗兰·巴特:《明室》,第 60 页。

第四章 身 体

　　无空间性、无时间性和无符号性——所有这些否定的定性所描述的犹太大屠杀这一历史创伤的关联形式对于利奥塔来说是唯一合适的,这些定性凝聚成了一个"生中之死"的神秘公式,这个公式带有某种宗教的底色,并且又是一个象征,这一次是一个反抗任何形式的意义赋予的象征,一个不可消解的"剩余"的象征,一个"不可忘却的遗忘"(oubli inoubliable)。利奥塔的创伤概念显然与朗格尔的创伤概念完全不同,后者是与具体的创伤经验和犹太大屠杀幸存者被摧毁的记忆和意识状态这些真实的发现打交道,而利奥塔则是用一种"照方得病"的悖论姿态,建议西方思想界把创伤作为与犹太大屠杀这一集体罪行的一个集体的相关形式,由此使得人所能遭遇的最为极端的迫害的典型变成一种选择可能性。利奥塔建议把创伤当作与犹太大屠杀回忆相适合的稳定剂。随着利奥塔把创伤概念集体化和升级化,它也变成了一个隐喻;它以这种形式找到了进入文学理论的入口,并且在那里预示了一种普遍的"再现的危机"(Krise der Repräsentation)。利奥塔的分析对于记忆理论的一个范式转变是很典型的。他是创伤的维护者,他把创伤看作一个未曾满足的遗忘,因为他的出发点是,只有以这种形式才能在文化记忆中实现犹太大屠杀的牢固的连续性。对于个人来说,利用治疗的方法来清理创伤经验可以达到一个满足的回忆或者满足的遗忘的效果,但是这种卫生学的观点在社会层面上却被掩盖了。那里出现的是一个完全相反的做法,60年代的政治主导概念恰恰不是战胜过去而是保存过去。① 这种态度的前提条件是,在社会层面上没有与个人层面上的满足的遗忘相似的东

---

① 在文艺学之外创伤概念的崇高化的典型例子是:米歇尔·罗斯:《反讽者的牢笼:记忆、创伤和历史建构》(Michael Roth, *The Ironist's Cage. Memory, Trauma and the Construction of History*, Columbia University Press 1995),以及《紧张的过去:关于创伤与记忆的文化文章》。

西,建立纪念碑和增加纪念场馆的数量,本是为了牢固记忆,但从这个角度来看,却被怀疑成一种放弃、一种外置、一种掩饰性回忆。

一个遭受过童年性侵犯的人为了描述她的创伤状态的闪回,使用了如下的隐喻:"当这些回忆出现时,我在那儿,不在这儿……重新经历了一些一直不能理解的事情和一直没有获得意义的事情——只是经历和进入,就像放入了一块突然裂开的琥珀中……"①上面研究过的三个关键词让我们认识了稳定的不同形式,我们可以把这三种形式定位于病理的外部决定和自由的自我决定的三角形的中间。**强烈情感**作为认知的能力激发者保存了一些回忆的元素,这些元素只作为部分、而不是整体,作为被折叠起来的微型叙述进入到存储记忆之中,并且在那里毫无关联地摆放在一起。② 这种前语言性的和原型叙述的记忆内核位于身体的"写入"和象征的编码之间。在朝向象征的编码的方向上,它们构成了叙述性和阐释性的稳定这种次级的过程的材料。在这里必须再次阐明一下回忆的语言化的意义。回忆会变成**逸事**,通过不断地讲述,这些逸事得到不断的擦拭。在这个过程中,稳定的力量渐渐地从强烈情感转移到了语言公式上。对于逸事来说重要的是,"它的笑料或戏剧性在交流中得到保存,或者正是在交流中得以

---

① 罗伯塔·卡尔伯森:《写入身体的回忆,超验与讲述:重新历数创伤,重新稳固自我》(Roberta Culbertson, "Embodied Memory, Transcendence, and Telling: Re-counting Trauma, Re-establishing the Self"),载《新文学史杂志》(*New Literary History* 26 [1995]),第169—195 页;此处第 187 页。
② 但从心理分析的角度对(至少是负面的)强烈情感所发挥的稳定作用的评价是不同的。此处指出了,"压抑过程——像把冲突情况变为无意识的许多机制一样——正是把强烈情感从其所属的情景分离的过程。这些强烈情感堆积在'错误的'情景上,引发神经性的症状。只有在分析过程中这些'错误的'连接才会被取消。"我这里引用的是伊尔卡·坎图的一封信。参见坎图:《创伤与历史:对于大屠杀幸存者自传性叙述的阐释》(Ilka Quindeau, *Trauma und Geschichte. Interpretationen autobiographischer Erzählungen von Überlebenden des Holocaust*, Frankfurt a. M. 1995)。我在与希尔德斯海姆博士生院的一次讨论也得到了相似的结果,对他们启发性的建议我在此表示感谢。

形成"。① 逸事和**象征**在这里代表着叙述的不同形式:在逸事里,回忆在一个不断重复的言说行为中得到稳固,而在象征里,回忆则在一个诠释性的自我阐释的行为中得到固定。一种叙述的特点代表了值得记住的(das Merk-Würdige),也就是代表了记忆,另一个则代表了阐释和意义。由此我回到我刚才提到的三角形。当强烈情感超过了有益的程度,转而变成了一种过分,那它就不再能稳定回忆,而是会打碎它。**创伤**就是这样一种情况。创伤直接把身体变成了印记平面,经验由此脱离了语言的和阐释的加工。② 创伤是叙述的不可能性。创伤和象征相互对立,相互排斥;身体的强力和结构的意义显然构成两个极端,我们的回忆在它们之间移动。

我们再回顾一下开头提出的回忆的牢固性和无限可变性的问题:我们已经看到,回忆的可塑性是得到了证实的,不仅因为回忆是在每个当下的特殊压力下被重构的,而且是在特定的机构框架下被重构的,这些框架操纵着对于回忆的选择,并且设定它们的轮廓;因此我们逐个地分析了自传性的、教会的、法律的、心理治疗的和历史书写的框架。这些框架永远不可能完全重合,这也是回忆相对于它们的社会的和文化的接受具有附加值的原因。既然承认了回忆的可塑性,我们就要预计到回忆的阻碍性以及富余性等特点,这一点是与某种观点相违背的,这种观点认为能够在共识这条平坦的道路上"重新创造一个崭新的过去"。③ 人们已经认识到对

---

① 卢兹·尼特哈默尔:《问题—回答—问题:关于口传历史的方法经验以及思考》,见《"我们现在是不一样的时代":在后法西斯主义国家寻找民间的经验——鲁尔区1930—1960年间的生活经历和社会文化》,第三卷,第405页。

② 罗伯塔·卡尔伯森区分"编码"(encoding)和"编写"(encrypting),参见她的《写入身体的回忆》,第194页。鲁特·莱斯区分"创伤性回忆"(traumatic memory)与"叙述性回忆"(narrative memory),参见她的《创伤疗法:炮弹休克,让内与记忆的问题》,见《紧张的过去:关于创伤与记忆的文化文章》,第120页。

③ 于尔根·施特劳卜:《文化转变作为集体记忆结构性转型:关于文化心理学理论》,见《文化转变的心理学角度》,第42—54页;此处第52页。

于过去的阐释和加工永远不会终止,但这种认识不会导致人们去否认正在发生的不公正和已经遭受的苦难的不可支配性、既成性和切身性,以及已经接受的印记所产生的深远效果。

第三节　虚假的回忆

回忆的(不)稳定性的问题是和它的(不)可靠性不可分割的。因此在这个关联中我们还要讨论一下"虚假的回忆"的问题。这一问题在过去的十年中越来越引起人们的注意。回忆是不可靠的,这一点不断得到强调。这种不可靠性不仅来源于回忆的一种弱点、一种缺陷,而且至少同样多地来源于那些塑造回忆的积极的力量。理论家们先是把记忆想象成一种储存器,现在他们又提出了重构性的回忆这一论题。他们强调,回忆总是处在当下的命令之下。当前的强烈情感、动机、目的是回忆和遗忘的守护者。它们来决定哪些回忆对于个人在当下的时间点上是可通达的,哪些不能被支配。它们还给回忆涂抹上不同的价值色彩,有时是道德上的厌恶,有时是怀旧的美好,有时加重强调,有时则混为一谈。关于回忆的事后变形的理论并不是我们时代的神经心理学家们发明的。按照弗洛伊德的说法,回忆的变形来源于**罪责**(Schuld),罪责掌握着记忆的经济。与此相对应,心理分析正是要把那些失去的、变形的回忆从压抑和伪装的状态取回的"记忆艺术"。按照尼采的说法,变形的原因是**意志**,意志掌握着记忆的经济。尼采是墨勒忒斯理论家。这种回忆服务于目标坚定的、随时准备行动的意识。他引用歌德的一句话:"行动者总是没有良心的",也就是"没有知识的"。① 他的意思是说,人在行动的时候只能使用他的知识和他

---

① 弗里德里希·尼采:《历史的用途与滥用》,见《尼采全集》第一卷,第254页。

的回忆的一部分。"他忘记大多数事情,只要做一件事,对于被他甩在身后的事物来说,他是不公正的。他只知道一种权利——未来事物的权利。"①尼采认为,文化针对这种不公正的回忆建立起了道德和良心,但是良心也并不可靠多少。因为良心需要记忆的支撑。但是记忆却是一种过于虚弱的力量。在一段著名的箴言中他把这一问题压缩成了一个微型戏剧:"'这是我干的'——我的记忆说。'这不可能是我干的'——我的虚荣心说,并固执己见。终于记忆屈服了。"②我们在这儿看到了一个"心灵之战"的简写本。尼采在蒙田那里就能找到这个思想。蒙田写道:"每一个有尊严的人都会无意识地选择没有美德的人交往。"这一思想显然体现了一种道德学的传统,这种道德学的一个特殊题目就是关于人的矛盾性的可疑的人类学理论。

　　对对于证人证词的可信度感兴趣的人来说,比如法律界人士和口述历史研究者,虚假的回忆这一问题就具有直接的、实际的重要性。受到修正回忆的可能性这些技术性问题的推动,这个问题尤其对心理治疗变得急迫起来,但也对文学产生了影响。在这些不同的语境中提出的问题有:有一种检验回忆的真实性的通用标准吗?存在一种主体回忆的特殊的真实性吗?发散性的回忆与唯一的权威性的历史真实之间的关系是什么?回忆的可塑性支持一种"后现代"的认识论吗?这种认识论对"现代性"中铁板一块的真实进行质疑吗?或者虚假回忆的重要性主要是由于我们在一个变得不清楚、不明了的世界中对人类经验的基本可信度这一问题的根本假设产生了一个值得怀疑的扩展?

---

① 尼采:《历史的用途与滥用》,第 254 页。
② 弗里德里希·尼采:《善恶的彼岸》(*Jenseits von Gut und Böse*),见《尼采全集》第五卷,第 86 页。

美国的"虚假回忆论争"

如果讨论身体作为记忆媒介的话,那就应该想到,我们要讨论的某些回忆不是听命于自由的意志,因此也就不能随意地篡改。人非圣贤,记忆有时也会出错,这是一个很平常的事实。但是如果科学家能够证实,正是那些最基本的和创伤经历相联系的回忆是虚假的,那就是另外一回事了。这些纠结在一起的难题,曾经在美国作为"虚假回忆论争"而掀起轩然大波,在这里我们简短地回顾一下。① 这个论争的核心是关于回忆的可信度以及不可信度的问题。另外,这是一个私人的回忆问题变成了一场公开的法律论争,两个阵营针锋相对。他们各自给自己取了缩写的名字,一方是MPD派,他们是心理治疗师,他们用"多重人格障碍"(Multiple Personality Disorder)这一概念进行工作,这个概念大致的意思是人格组成部分发生了病态的分裂。人格分裂的一个特别重要的原因就是所谓的"创伤后紧张症"(Post-traumatic stress disorder),这是一个专业术语,是一种严重的精神紊乱,作为创伤经历的长期效果出现。对于"创伤后紧张症"的官方诊断1979年才出现,当时这个概念被收录进了美国心理治疗手册。这种医疗诊断具有法律上的后果。1980年美国有21个联邦州都取消了某些申诉的七年的失效期。这些首先与那些受害者是未成年人的罪行相关,他们还是孩子因此不可能找到起诉人,因为这些罪行通过保密或者数十

---

① 这场论争的最后一波可以在《纽约书评》1994/1995年之交的三期中读到(*The New York Review of Books*, XLI, no.19, Nov.17 [1994], no.20, Dec.1 [1994] und XLII, no.1, Jan.12 [1995])。弗里德利克·克鲁斯(Frederick Crews)用他的分成两部分发表的文章《被压抑之物的报复》("The Revenge of the Repressed")重新激起了讨论。这场论争的源头却早得多;对其对立观点的概括性描述1993年就已经发表在美国首屈一指的家庭治疗杂志《家庭治疗网络》(*Family Therapy Networker*)9月/10月份的一期上。我在下文中均援引此处。感谢赫尔姆·施蒂尔林给我的指点。

年的压抑被保护了起来。这种与儿童发生乱伦和儿童性侵犯的罪行的保护期 1980 年在美国到期了。与法律上的认定同时,出现了一个"乱伦复苏运动"(incest recovery movement),这是一场切切实实地揭露被压抑的回忆的运动,这些回忆是在治疗过程中或者自我经验交流小组中,也有的是通过相关文献的阅读,甚至观看相关电视节目时被激发起来的。①

对立的阵营也通过一个字母组合来标识自己:他们有一个组织,这个组织称自己为 FMSF,意思是"虚假回忆综合症基金会"(False Memory Syndrome Foundation)。这个组织的成员主要是被他们的孩子指控性侵犯的父母,他们拒绝这样的指责。他们认为这一新的揭露运动是追杀女巫的现代变种,这里面起着牵头作用的不再是宗教裁判所,而是心理治疗师行会。他们指责这个行会诱导了疾病,而不是治疗了疾病。心理分析师在"合伙编造"(Konfabulation),就像当时的关键词一样是与病人一起制造了虚假的回忆,好让这些回忆变成一个解释一切问题的简单而又令人信服的原因。儿童性侵犯经验的再次揭露因此变成了治疗所有后来出现的生活迷茫、行为障碍、婚姻不幸、抑郁症,以及暂时的厌食症等一系列问题的关键。

孩子和父母在这样一种阵型中相互对立,并动用了法律援助,引起了媒体的关注,这时美国白人家庭之中产生了明显的裂隙。但是我在这里关注的不是这个题目的政治化的问题,而是在这场论争中彼此不同的记忆理论。因为属于 FMSF 这一团体的不仅是被指控的父母——这些与揭露运动直接相关的人,还有回忆研究者和回忆批评家,这些人挑起了一场大规模的对立斗争,来打击他

---

① 艾伦·贝斯和劳拉·戴维斯:《勇于痊愈:给经历儿童性侵犯的女性幸存者的指南》(Ellen Bess and Laura Davis, *The Courage to Heal. A Guide for Women Survivors of Child Sexual Abuse*, 3. Aufl. New York 1994)。

们称为"被压抑的回忆的神话"的东西。伊丽莎白·洛夫特斯是这个组织最有名望的建立者之一,她不属于被指控的人群,而是作为回忆研究者加入的。她的工作领域是**认知心理学**,她在实验回忆研究中被看作是美国第一权威,并且在司法程序中作为专家来判断证人证词的真实成分。她的特别研究领域是回忆的不可靠性,这一点她不断地用新的、越来越新奇的实验来加以证明。她不但一再证明了人类记忆的不准确性、可变性和可影响性,而且还在她的实验室中给一个成年人真正地植入了一个五岁的时候经历的创伤性经验这一虚假记忆。①

显而易见,在迅速增长的心理治疗这一专业中,就像其他职业一样,会出现"渎职"的情况,这种不良现象因为能够产生深刻的人性以及社会性的结果,所以不仅仅要从真正相关人士的利益出发给予最为尖锐的批评。从回忆研究的角度上讲,我对于美国这场论争感兴趣的还有其他东西:这场论争表明了,回忆是在一定的机构框架下被重构的,这些框架在不同的情况下可能是相互对立的。

治疗的框架的特点是完整性、合作以及保持距离的移情。心理分析师那受过训练的怀疑针对的不是揭露病人,而是要治疗他。重要的是,穿过障碍和假装展示一个人的主观真实,其客观的明证是他的引人注目的痛苦。最为重要的真理标准是这种痛苦的压力,这个压力的大小尤其要用病人在多大程度上陷入其中来衡量。与此相对立的是在**法律的框架**下,其方法的特点是公开性、怀疑和批评。这一话语的前提条件是真实与谎言的清楚的"非此即彼",这种判断要借助外部的证明来加以确定,并且必须导向一个或有

---

① 伊丽莎白·洛夫特斯等:《幻觉回忆的真实性》(Elizabeth Loftus et al. "The reality of illusory memories"),见丹尼尔·L. 夏克特:《记忆变形:意识、大脑和社会如何重构过去》,第47—68页。

第四章　身　体

罪、或无罪的判决。

换句话说,在法律的框架下不能够进行治疗,在治疗的时候不能完成判决。回忆在不同的道德标准下的不同氛围中被不同地重构。一个心理治疗师曾表达了这一点,别人要求他在工作中不去理睬那些"不依赖于外部修正可能性的回忆",这被他拒绝了。他写道:

> 我对这样的任务没有兴趣。我是一个治疗师,而不是侦探。当病人来找我,并且冒着真正的风险来揭示、研究他们生活的基本难题,这只能在一种治疗的关系中发生,这种关系是充满了信任、私密和安全的。我想用"圣人遗骨保存室"来称呼它。我工作的领域是令人震惊的经验的事后影响。我对于我的病人们的每个回忆细节是否像针尖一样确凿和准确不感兴趣,而是对那些慢性的、使人颓唐的事后的疼痛感兴趣,我并不是要搜集、拼凑法律的证据。作为研究者、侦探、律师或者历史学家来跟踪病人的生活,这是远远超出治疗师的协议之外的。①

上文中对一场当下的论争的剖析向我们展示了,即使是最为私密的回忆,当它们在相应的机构的框架下被重构时,也会产生相当严重的社会和政治后果。这场论争也展示了对于回忆的稳定性这一问题的对立观点;创伤治疗师的出发点是,回忆真的会得到数十年的保存并被重新发现,而认知心理学家则从根本上质疑这种存留的可能性——像结构主义者一样——而认为它们有着无限的可塑造性和可变化性。

---

① 大卫·卡洛夫(David Calof):《家庭治疗网络》,1993年9月/10月,第44页。

口述历史中回忆的可信性的标准

像卢梭或者安汀一样的自传作者可以轻松地面对客观事实与主观真实性的分裂,而这种分裂对于另一个记忆专家的职业人群来说却是不能成立的。我指的是通过口述历史进行研究的历史学家。他们将史料的范围扩展到个人的回忆,并且将"回忆访谈"变成了一种新的研究手段,这种回忆必须也要符合其客观性的标准,并且生发出相应的校正方法。他们要完成的是高难度的工作,因为他们作为访谈的一方要扮演**双重的**角色,这两个角色就像我们之前断定的那样是在虚假回忆的论争中不可和解地相互对立的:他们必须一方面为了激发回忆,采用移情的跨主体的方法,创造一个人与人之间相互信任的环境;另一方面,为了作为科学家使用这些材料,他们必须采取批评的方法,来检验这些回忆的历史证词价值。卢茨·尼特哈默尔,德国口述历史研究的重要代表曾这样写道:

> 回忆不是过去的事实或者感知的客观镜像。回忆访谈更多地受到如下因素的影响,即记忆进行选择和总结,回忆的元素通过其间获得的阐释模式或者适合交流的形式重新组合,并且得到语言上的加工,回忆将受到社会所接受的价值的变化以及访谈中社会文化性的互动之影响。[①]

因为众所周知,主体回忆的真实性是不可靠的,因此没有历史学家会把访谈作为获取数据的技术来使用,如果能获得更接近客

[①] 卢兹·尼特哈默尔:《"人们不知道应该拿这些年怎么办":鲁尔区的法西斯主义经历——鲁尔区1930—1960年间的生活经历和社会文化》(*Die Jahre weiß man nicht, wo man die heute hinsetzen soll. Faschismuserfahrungen im Ruhrgebiet. Lebensgeschichte und Sozialkultur im Ruhrgebiet 1930-1960*, Band I, Berlin, Bonn 1983)第一卷,第19页。

观事实的史料的话。口传历史的访谈是基于一种不可简约的紧张关系——即访谈者的真实与被访谈者的真实之间的鸿沟上的。提问的人既不能简简单单地相信他的谈话对象,也不能完全地怀疑被讲述内容的真理含量。对于口传历史研究者来说,他的回忆访谈主要是要获取"参与者的主观性",这种主观性总是被"历史"这一科学性的抽象建构排除在外。口传历史研究者想要把这种主观性"引入历史之中",这一举动的预期效果是,"被一致化的历史概念"在多样化的历史的压力下"重新破裂开来"。① 为了能够发挥口传历史作为"记忆对于历史研究的干预"作用,口传历史不仅需要一种特别的史料批评方法,一种对于回忆访谈的方法性的使用和评价,访谈者尤其应该明白的是,他自己由于在场、提问和作出反应,因此是积极地参与了(重新)建构性的回忆工作的。

除了一种详尽的文本批评与诠释方法以外,尼特哈默尔还建议使用下列几个基本规则作为校正标准:

——如果出现某些不一致的地方,或者在激烈的强调或细节的准确性方面与情况的框架之间出现了明显的分歧,这些都可以认为是"对隐藏起来的回忆内容"的突发性和原真性的证明。

——访谈者用询问某种经验的**第一次**的方法,来接近原真的回忆。因为这种方法的出发点是,第一次的新鲜感会具有更强烈的印记力,因此能保证回忆更大的可信度。

——但是,按照口传历史研究的观点,某个回忆的真实度不仅会通过强烈情感的力量和经验的突出性得到加强,而且还会通过惯常行为和重复得到加强。日常生活的庸常会因为缺少被提及的

---

① 卢兹·尼特哈默尔:《问题—回答—问题:关于口传历史的方法经验以及思考》,见《"我们现在是不一样的时代":在后法西斯主义国家寻找民间的经验——鲁尔区1930—1960年间的生活经历和社会文化》,第三卷,第392—445页;此处第400页。感谢乌特·弗雷威特的指点。

机会而把回忆闭锁起来。那些从不被谈起的事情,也就不会被转译阐释;它们会固着在一种潜伏状态中,这种状态保持着回忆的"童贞"。① 在这种潜伏状态中,那些曾经重要的惯常行为和状态将作为图像被回忆,没有被附加上一个叙述的结构或者一个意义言说。②

——相反,一种强烈的表现形式可以归因于回忆在事后的加工模式中以及对通行的价值体系的适应中得到了变形。

这种口传历史研究的秘密保护神名叫马塞尔·普鲁斯特,他在回忆的领域中引入了有意的和非意愿回忆这一基本的对立(mémoire volontaire/mémoire involontaire)。就像对于普鲁斯特一样,对那些与口头资料打交道的历史学家来说,回忆的可靠性也依赖于它们的牢固性以及纯洁性。对于历史学家来说,对于心理分析师也一样,那些最少受到意志塑造、而是被它的强烈情感内容或者潜伏状态加以稳定的回忆最为有用。

对**非意愿回忆**的兴趣在口传历史研究中是完全可以和结构主义研究的前提相结合的。就像哈布瓦赫提出了回忆的"社会框架"(cadres sociaux),尼特哈默尔提出了"约定"(Settings)以及"社会文化约定的特殊性",在这种约定中回忆在互动中生成,并得到评价。尼特哈默尔用他对这些框架情形的系统描述证实和细化了下列论点,我们在讨论虚假回忆论争之后也提出了这一论点:当我们从心理分析的框架转到法律的框架时,回忆的性质会发生改变。

心理分析的约定的特点

"是被隔离于公众之外并受到保护的",以促进对下意识的感知和转译的能力。当事人是自愿并且付费来进入这一关

---

① 卢兹·尼特哈默尔:《"人们不知道应该拿这些年怎么办"》,第 29 页。
② 卢兹·尼特哈默尔:《问题—回答—问题》,第 405 页。

系;分析者的工作是一种双重角色,他通过理论上的学习、但是更要通过丰富的对于这种情形的个人经验才有资格来扮演这种双重角色……被分析者的回忆的真实性存在于对自己的(通常是童年的)生活经历的某些部分进行更大范围的自我感知,并且取得与分析者相一致的对于其意义的理解。

法庭的审讯与其相反,是

一种与特别的事件相关的信息过程,这一过程由国家的代理人在施行国家的垄断性权力之前来实施,相关人通常是不自愿地必须服从这种权力。……回忆的真实性与回忆者无关,是通过一种有规则的侦查和证明方法由他人建立起来的,并且得到多重传承和合理论证的保障。

在社会调查的采访中

动议是由研究者发出的,研究者是与公众、科学的机构或者比较特殊的评价兴趣相联系的,并且想要生产一个相应地能够得到评价的文本。被询问者不被问起其个人身份,而是通常作为他的社会数据关系的一个媒介,来表达他的意见、行为方式或者他的表述方式。……访谈中的所有表达都包含有记忆的工作,但是它们通常让人感兴趣的,不是它们的内容,即作为被主体证实的关于过去的表达,而是它们具有当下特征的社会关联。①

虚假回忆的"真相"——四个案例

第一个案例——我们要再次提起玛丽·安汀,那个来自波罗

---

① 卢兹·尼特哈默尔:《问题—回答—问题》,第 397、435 页。

茨克、后来移居美国的犹太人，她顽固地坚守着她的"错误的"回忆。她在她的生活经历的一个很重要的点上，即她祖父去世时，恰恰用讽刺的语气揭露了这第一个回忆，把它描述成一个可能是事后重构的产品，而在一个完全无关紧要的地方十分固执地坚持着她的回忆的清晰真实。她再一次毫无必要地质疑她的回忆，这一次她却坚持说就是这样而不是别样。这有关一个花园以及花园里的花：是大丽花还是罂粟花？大丽花必须要栽种，它们装饰着一个乡村的或者彼得迈耶风格的精巧花园；而罂粟花则开在田野上，任风吹散，随处可见。安汀为她在波罗茨克的花辩护，实际上是间接地为她回忆中的花园辩护，在这个花园周围她建起了一道看不见的篱笆。在这里不允许任何东西事后再吹进来，图像也不允许任何更改，更不允许罂粟花生长在里面，因为众所周知罂粟花是遗忘的象征。回忆对她来说首先是保存，无论如何牢牢抓住，即使要付出更清楚的知识的代价。我再次引用一下安汀的话：

> 事实上我必须坚持那是大丽花，只有这样我才能为我的回忆挽救那个花园。我已经在那么长的时间里相信它们是大丽花，如果让我想象那些墙头上的色块是罂粟花的话，那么我的整个花园就会分崩离析，将我跟一堆灰色的虚无抛下不管。我肯定没有什么要反对罂粟的，但是我的想象对我来说比起现实还要真切。（第81页）

当我在圣莫尼卡的盖提中心所作的一场报告中讲述这个例子的时候，在这一点上爆发了一场严重的分歧。当时在听众中的苏珊·桑塔格表明了一种鲜明的立场。她强烈地反对客观的真实被主观的回忆侵蚀，并且认为其有义务担当历史的见证。桑塔格用她特有的坚定表述了这一意见："如果她的那个花园没有大丽花

第四章 身 体

就要分崩离析,那就让它分崩离析好了!"

这一论证说明了很多问题。这里我并不想强调现实的主观相对性,而忽视一个客观有效的、普遍通行的真实标准。但是,在这种对于大丽花而不是罂粟花的强烈信仰表白中还隐藏了一个回忆的作用方式的真理,如果人们把这个问题建构在"真实的或非真实的"二分法之上的话,就不可能发现这一真理。我们从安汀的虚假回忆之中能够读出来的真理,就像我上文建议的一样,与强烈情感回忆的不容置疑的特点相关。它们是不容更改的,人们不能跟它们商量什么,因为它们与强烈印象的鲜活性同生共灭。① 在圣莫尼卡的讨论使我注意到了非真实的回忆的真实性这一问题。在这样的情形下,我开始对相似的案例变得敏感,在这些案例中明显虚假的回忆都提出了真实性的要求。后来我又碰到了三个相似的案例,在此一并加以介绍。

第二个案例——多里·劳卜,一个心理分析师,他主要作为"犹太大屠杀证词的录像档案"的采访者在耶鲁大学工作,在这个工作中他描写了以下的经验。他跟一位女士进行一次访谈,这位女士作为犹太人被送进了奥斯维辛集中营,并且报告了她在那里的经历。这位女证人年近七十,用一种很单调的声音开始她的讲述。当她说到 1944 年 10 月起义的事件时,她显然变得有了生气。她的讲述中突然出现了强度、激情和色彩。"她突然精力集中起来",劳卜描写这次访谈,"'极其突然地',她说道,'我们看见四个烟囱着了火,爆炸了。火焰冲上天空,人们四

---

① 参见马丁·瓦尔泽(Martin Walser),他强调:"用后来获得的知识来教诲回忆",这对他来说是不可能的。见马丁·瓦尔泽:《谈起德国》(*Über Deutschland reden*, Frankfurt a. M. 1988),第 76 页。

散奔逃。真是不可思议'"。①

多里·劳卜在这个地方从一个专职的医生和历史记录者变成了一个证人。他在他的文章中的这个地方,在女证人的证词之上又补充了接受这个证词的证人的证词。第一级的证词变成了第二级的证词,一个关于证词的证词。首先他在想象中把女证人讲述的场景形象化来支持她的证词,其次他十分详细地记录了在访谈情况下的这一刻发生的事情。

> 房间里出现了一片宁静,一片死一般的宁静,在这片宁静中刚才听到的话语回响着,好像它们携带着胜利的回声,这个胜利的声音在铁丝网后面爆发出来,尝试着逃脱的人们的脚步声、喊声、枪声、战争的呼喊声、爆炸声。奥斯维辛那死气沉沉的无时间性消失得无影无踪,过去那炫目的闪光时刻呼啸着穿透了沉默的、像坟墓一样的风景那冻结的寂静,带着流星一样飞快的速度,在它撞击的时刻飞溅出一片图像和声音。但是来自过去的流星飞走了。这位女士再次沉默了,瞬间的混乱变得苍白。她又恢复了她的颓唐的态度,她的声音再次沉入了一种毫无生气的、几乎是单调的控诉音调。奥斯维辛的大门被关上了,遗忘和沉默的面纱既压抑又让人窒息,又重新降了下来。紧张和活力的彗星、生命力和反抗的爆发又变得苍白了,并且消失在远方。(第59页)

多里·劳卜在他的描述中强化了报告的效果,这给人留下了深刻的印象。不仅起义的情景被用鲜活的色彩再次描画、呈现给

---

① 硕珊纳·费尔曼和多里·劳卜:《证词:文学、心理分析和历史中的证据危机》(Shoshanna Felman und Dori Laub, *Testimony. The Crisis of Witnessing in Literature*, *Psychoanalysis and History*, New York and London 1902),第59页。多里·劳卜的那一章的标题是:《证词与历史的真实》(Testimony and Historical Truth)。

第四章 身 体

读者,而且还记录了报告的戏剧化与报告人获得活力之间的精确对应,这种获得活力又被描写为一种回忆的撞击,它带着流星般的自然强力穿透这位女士的身体,使她再次经历了那一时刻。回忆的隐喻使用的一方面是流星、彗星、爆炸、反抗等图像,另外一方面是冷冻的寂静、毫无生气和死亡般的寂静等,这些都和被报告的事件即这一起义相似,并且把集中营中的事件和在访谈情况下的事件叠映在一起。这一文中的描写是如此形象,使得读者也受到回忆的喷发的感染。

几个月之后,一些历史学家在一次会议上对这篇报告进行了讨论,他们却表现出完全不同的反应。他们认定这位女士的证词不正确。1944年10月在奥斯维辛不是四个,而是只有一个烟囱被炸掉了。一个错误的回忆将失去它所有作为证据的价值。它的目击证人报告也就不会再被认真对待,因为正是在这件不断被修正主义者质疑的事情上,最大的精确性是很重要的。

多里·劳卜从他的角度评论了这个评价,并且得出了结论:他虽然和历史学家面对着同样的问题,但是接近这个问题的方式却不尽相同。他针对历史学家的宣言是用第三人称写的。他坚称:

> 这位女士证明的,并不是爆炸的烟囱的数量,而是一些完全不同的东西,一些更为极端的、更为核心的东西:即一个不可想象的事件的真实。在奥斯维辛被炸掉的一个烟囱和四个烟囱同样让人不可思议。数字与事件本身相比并不那么重要。事件本身几乎是不可想象的。这位女士以她的方式见证了一个事件,这个事件冲破了奥斯维辛的所有强制性的框架,因为在奥斯维辛还从未出现过犹太人的武装起义,并在任何其他地方也没有出现过。她见证了这个框架的破裂。而这正

是历史的真实。(第60页)

在后面的文字中他精确地标明了一个心理分析访谈和一个历史学访谈之间的界限。其中决定性的是如何对待沉默。作为分析师他总是努力适应他的访谈对象的知识和感觉的有限,而不会用他自己的更加全面的事后知识来与其对峙。只有在保持被访谈者和访谈者的知识领域这一界限的情况下,才能出现一个证词的真正的机会:"我很明白,只有在付出了尊重的代价,尊重这些沉默的强制和界限的情况下,才能让这位女士以某种方式知道的、而我们以这种方式都不知道的东西,也就是她的特殊证词被用语言表达出来并被我们听到。"(第61页)

第三个案例——这里又是有关一个访谈,只不过完全不同。在1995年5月7日,第二次世界大战结束五十周年前一天,来自康斯坦茨博士生院的学生亨德里克·维尔纳与海纳·米勒进行了对话。他的题目是私人回忆和公共纪念的机制和强迫。在这一背景下他问米勒是否打算写一部自传。米勒的回答如下:

> 真正的回忆是需要表述工作的。这样就有可能产生完全不同的东西,也许是考据学上立不住脚的,但是却会产生真正的回忆那样的东西。举一个例子,我能很清楚地回忆起在《没有战役的战争》中描述的那个时候,那是1953年6月17日,我在盘口①看到斯特凡·赫尔姆林抽着烟斗从地铁站里出来,地铁那天不运行。赫尔姆林一再表示,他那天在布达佩斯,根本不在柏林,也许他是对的。……我无从解释这一点,但是这是一个也许由不同的其他印象、回忆和事实组合起来的回忆。这个回忆对我来说是真实的,比赫尔姆林当时在布

---

① 东柏林的一个城区,民主德国的政要、文艺界名人多居于此。——译注

第四章 身 体

达佩斯要更加真实。①

米勒在对待他的回忆的入口时,也明确地与历史学家划清界限。对于他来说,回忆不是文献记录的碎片,不能连缀成一个相关联的完整历史画面,而是在其历史时刻的强烈情感的压力下的经验的密集。回忆的真实性也许真是产生于事实的变形之中,因为这种变形就像夸张一样,记录了气氛和情感,这些是无法进入任何客观描述的。即使回忆有明显的错误,但在另外一个层面上却是真实的。当然气氛的真实不能简单地代替"考据学的真实"。它不具有可与历史真实相提并论的无可争辩的证据性;需要一个心理分析家或艺术家才能够领会。

第四个案例——萨尔曼·拉什迪在关于他的长篇小说《午夜的孩子》的叙述者萨利姆·西奈的一篇散文中用一种非同寻常的明确性讨论了虚假的回忆。他说的也是他自己,描述了他个人的回忆,所用的言语就像是从海纳·米勒和玛丽·安汀那里借用的一样:

> 我自己记得很清楚,我在中印边界冲突时在印度。我"回忆起"我们当时有多害怕,我"记得",当时有人说起一些讨厌的小笑话,说现在是要学习一些汉语基本词汇的时候了,因为人们估计中国军队不打到德里不会罢休。但是我知道,我在那个时刻根本不可能在印度。我很吃惊地看到,**即使在我确定我的记忆跟我开了一个玩笑之后**,我的大脑仍然拒绝改弦更张,它死抱着虚假的回忆不放。并且比起那简单的、不容修饰的事实来说,它更喜欢那虚假的回忆。这给我上了很

---

① 《管理档案不会产生经验》(Verwaltungsakte produzieren keine Erfahrungen)——关于超级纪念年(Supergedenkjahr):海纳·米勒与亨德里克·维尔纳的对话(1995年5月7日于柏林),第41页。

重要的一课。(黑休字为原文所有)①

拉什迪把从自己的回忆中学到的东西在文学中加以实践。他并不像运用"不可靠的叙述者"这种文学手法一样进行故意的和有目标的安排,而是渐渐的和勘查性的,就像新的叙述技巧被发明那样。一开始,他由于人们发现了他的错误而恼怒,而后他改变了态度:"错误的显得很正确",他在文中写道。错误因此被保留下来,而且更加突显,在其他地方他甚至引入了新的错误:"我花了些力气,把事情翻转过来。"读者是可以识别出不可靠的叙述者的,读者可以看透他,并且有意识地偏好叙述的变形,而拉什迪的叙述者却是一种新式的不可靠。比如他在印度神话和孟买的公共汽车线路系统中犯了错误,他在巴基斯坦军队的军阶上和香烟牌子上发生混淆,大部分读者都不会怪罪他,因为他们永远不会发现这些错误。但是这种拉什迪在他的散文中开诚布公地展示的写作方式,他们也很难去积极地认可。

他关心的是一些至关紧要的东西:他在一个句子中称其为回忆的真实(memory's truth)。在寻找回忆的真实时,萨尔曼·拉什迪把自己认定成马塞尔·普鲁斯特的合伙人。当然,现代的讲述者和后现代的讲述者在重要的一点上还是有区别的。普鲁斯特想要描写的经历和他自己之间只有时间相隔,而拉什迪和他讲述的事情却隔着时间以及移居。那把他与他的描述对象分离的幕布因此也就更加地厚密,想要让个别的回忆穿透这层幕布的希望,对他来说越来越成为一个愿景:

---

① 萨尔曼·拉什迪:《勘误表或〈午夜的孩子〉中不可靠的叙述》(Salman Rushdie, "'Errata': Or, Unreliable Narration in Midnight's Children"),见《想象的故乡:1981—1991年间的散文与杂文》(*Imaginary Homelands. Essays and Criticism 1981-1991*, London 1992),第22—25页;此处第24页。

当我写这部小说的时候，我的工程带有普鲁斯特的性质。时间和移民在我和我的叙述对象之间设置了一个双重的过滤器。我希望，如果我能够足够生动地设想这些东西，我能够穿透这些过滤器，那我描写的就好像这些年从未流逝，就好像我从没有为了到西方而离开印度一样。但是当我继续写下去的时候，我发现，我对这些过滤器越来越感兴趣。这时我的工作改变了，我不再去追忆逝去的年华，而是研究我们使用什么样的方式和方法来改造过去，以满足我们当下的需求，在这种情况下我们是把回忆当作一种工具使用的。（第24页）

第四节　文学中的战争创伤

创伤在这里被理解为一种身体的写入，这种写入没有渠道转化成语言和思想，因此也就不能获得回忆这个状态。对于回忆来说与自我保持距离的关系是有建构意义的，这种自我关系使得自我相遇、自我对话、自我双重化、自我观照、自我变形、自我演绎、自我经历成为可能，但是这种自我关系在创伤的情况下无法产生，因为创伤使某种经验与人密切地、不可脱离地和不可消除地联系在一起。对于这种复杂情况的隐喻是"身体的写入"。创伤的一种特殊的变种是战争创伤（battle shock），这在第一次世界大战期间第一次被作为一种男性歇斯底里的流行症状而得到医学上的确诊和治疗。沙可、让内、弗洛伊德和布洛伊尔在19世纪80和90年代开始实验用催眠的方法来治疗歇斯底里，后来出于对谈话方式的青睐又部分放弃了这种治疗方法，20年之后催眠方法又经历了一次回潮，这时的原因是为了使遭受心理障碍的士兵能够重新战斗，以及让战争退役军人能够被重新社会化。心理障碍表现为失忆症、失眠、丧失方向感、抑郁以及失明和失聪等症状，这种身体上的综合症状都可以在被压抑的情感中找到原因。人们的出发点是,就像女性歇斯底里患者一样,在战争中获得创伤的人受到某些回忆的压迫,这些回忆由于分裂变成了不可通达的,但是通过类似入定的方法,将恐惧场景重现,可以释放这种记忆,并且将其强烈反应消除。用这种治疗方法尽管可以很快达到使士兵"重拾男子气概"的效果,但是专家们却发生了分歧,因为有些专家认为催眠治疗和感情净化疗法并不是一种把回忆意识化的方法,而是将回忆排除掉,因此是一种遗忘疗法。①

下文中我们将讨论三个文本,在这三个文本中战争创伤都处于核心的地位。第一个文本出自胡戈·冯·霍夫曼斯塔尔之手,是有关第一次世界大战的,即使他采用了一种特别间接的方式。然后是两部美国长篇小说,两者都以十分明确的形式指向第二次世界大战。其中一部的作者是一位生活在东海岸的男子,他出身于德国移民家庭;另一部出自一位女性之手,她生活在新墨西哥州和亚利桑那州等地区,出身于拉古纳普韦布洛印第安人。

创伤与神话——霍夫曼斯塔尔的《埃及的海伦》

胡戈·冯·霍夫曼斯塔尔从1920年起就在寻找一种艺术形式,以期能够将战争一代的核心的震惊体验进行加工。就像那个时代的其他艺术家一样,他在这种情况下重新发现了古典的神话。荷马的遥远的古老故事在最贴近和最压抑的经验的光线下获得了一种崭新的现实性:"一种好奇占据了想象,这种好奇指向这些神话形象,就像指向活着的人,对其生活人们只知其中一部分,对于

---

① 鲁特·莱斯:《创伤疗法:炮弹休克,让内与记忆的问题》,见《紧张的过去:关于创伤与记忆的文化文章》,第103—145页。

第四章 身 体

一个重要的时期来说只能依赖于组合。"① 尤其是海伦和墨涅拉奥斯的形象点燃了霍夫曼斯塔尔的好奇心,因为他们的故事在荷马流传下来的形式中显现了一个醒目的空缺。希腊人屠杀特洛伊人,而墨涅拉奥斯却把他美丽的海伦作为最重要的战利品重新抢夺了回来,后来忒勒马科斯在寻找他的失踪的父亲时在斯巴达墨涅拉奥斯的宫殿里做客,目睹了这对已经不算年轻的夫妻平和、普通的家庭生活。在获胜的希腊人冲进燃烧的特洛伊的那天夜里,我们从荷马那里无法知晓,在此期间到底发生了什么,故事中的这个空白是材料中的一个断裂,在霍夫曼斯塔尔之前已经引起了欧里庇得斯的注意;他在战争的恐怖和家常的田园生活之间营造了一座桥梁。这座桥梁是以下的结构:海伦这个形象被复制出了一个假象,这个假象跑到了战争的对手那边,成为帕里斯和其他特洛伊人的情妇,而她的真身被神祇保护起来,免遭暴力和动荡,并且安排到了希腊,得以保全贞洁,等待她回归的丈夫。欧里庇得斯的这种填补空白的方法遵循的是一种典型的男性想象的模式。女人被双重化或者分离成为对立的两半,即娼妓和女神。那个沦落到特洛伊的海伦对应的是迷人的美女的形象,她能激发男性的欲望和暴力,并且要为一个文明世界的彻底毁灭负责。而被赫尔墨斯诱拐并被普罗透斯在埃及保护起来的海伦则对应着忠实的妻子的理想图像,她远离行动和战争的地点,像珀涅罗珀一样清心寡欲,耐心地等待着回家的丈夫。

  欧里庇得斯提供的这个解决办法在于把一个创伤性的回忆降级成为"虚假的回忆"。墨涅拉奥斯被切断了和他创伤性的过去

---

① 胡戈・冯・霍夫曼斯塔尔:《埃及的海伦》,摘自《霍夫曼斯塔尔选集》十卷本,《戏剧》第五卷《诗剧》(Hugo von Hofmannsthal, "Die ägyptische Helena" [1928], in: *Dramen V: Operndichtungen. Werke in zehn Bänden*, Frankfurt a. M. 1979),第498—512页;此处第499页。

的联系,方法是取下了他的回忆的重负,而提供给他一个纯洁的、没有负担的现在。他在特洛伊经历的一切,所有的侮辱、暴行、报复行为都不过是一些虚幻的鬼影。尽管他自己开始还惧怕这个方案:"比起你我更加信任我曾经遭受的苦难!"但最终墨涅拉奥斯接受了这一方案,因为在回忆的驱魔之后对他来说剩下的别无其他,只有那个新的埃及的海伦。那些在战争之后会埋葬他今后的生活和未来的可能性的回忆被从他身上取走了。现在两人可以轻松地返回家乡。和墨涅拉奥斯相反的是,霍夫曼斯塔尔不能接受这个具有诱惑力的克服过去的方法。在一篇关于他的剧作的文章中,他对此发表了自己的看法。他先复述了欧里庇得斯的版本,然后继续写道:

> 以上是欧里庇得斯的写法。但是因为一个魔影的缘故就打特洛伊战争,而这个埃及的海伦是唯一真实的海伦,那特洛伊战争就是一个可怕的梦,整个故事分裂成了两半——一个鬼故事还有一个田园故事,两者之间没有任何关系,这一切没什么意思。我又忘掉了欧里庇得斯的想法……但是我的想象力却不停地围绕着这双双归家的夫妇的段落,并且想象着在两人之间到底发生了什么可怕的、最终和解了的事情。①

对于霍夫曼斯塔尔来说那个在新的海伦这一万能解决办法之后出现的空缺比任何时候都显得更具阴谋性,这激发他更加深入地思考这对不同寻常的返乡夫妇可能的故事。他的"神话工作"变成了一个针对战争创伤的工作。其中相关的难题对他来说显现为一个悖论的形式:当被保存的"曾经经历的剧烈的痛苦"摧毁了人的身份认同并且摧毁了人摆脱这些痛苦的可能性,人怎样才能

---

① 霍夫曼斯塔尔:《埃及的海伦》,第502页。

第四章 身 体

继续活下去？霍夫曼斯塔尔在墨涅拉奥斯这个形象上认识到，如他所说，一个战争创伤的典型案例。"他的灵魂一定是遭受了十分可怕的障碍！这么多命运转折，这么多的纠缠和负罪——他可只是一个凡人啊。"① 然后他又写道："他不是一个疯子，但是他处于完全震惊的状态，这种状态会持续数日或数周，人们可以在许多战地医院中，在那些经历过特别可怕的情况的人身上每天每夜观察到。"② 借助于古希腊罗马的神话霍夫曼斯塔尔把战争创伤这一现实问题加以戏剧化，在这个剧中是关于一个被摧毁了的正常状态以及重新社会化的（不）可能性。他的问题听起来具有普遍意义：那些处于一个极其恐怖的过去的魔力之下的人，怎么样才能有面对未来的能力？他们怎样才能带着他们的回忆继续活下去，而不会在压力下变形？

霍夫曼斯塔尔重新讲述了这个战后还家者的故事，并且是从创伤和心理分析的最新经验的角度，他用一个两幕诗剧的艺术形式来讲述这个故事。就像其他现代诗人一样，他确信，神话和音乐以其魔力和面具能够与无意识的心灵戏剧靠得更近，比起那些按照"天然性"的标准创作的心理戏剧来说。第一幕发生在一个礁石岛屿上，这对遭遇了沉船的夫妇漂泊到那里，是山林仙女埃特拉的力量帮助了他们，埃特拉像莎士比亚《暴风雨》中的普洛斯帕罗一样嘱咐精灵，把这对患难的人引到这个岛屿上。在戏剧的开头，墨涅拉奥斯正准备割断海伦的咽喉，用的是他杀死帕里斯的同一把匕首。在发生了这么多事情之后，他无法再要回他的妻子；尽管他很爱她，但却被迫将她献祭，以祭奠那许多的死者。他多次向海伦发起攻击，想要以此摆脱那折磨人的过去，但是岛屿上的女巫师

---

① 霍夫曼斯塔尔：《埃及的海伦》，第502页。
② 同上书，第506页。

282　三次阻止了他,第一次是通过一场风暴,在这场风暴中两个还乡人的船沉了;第二次是通过帕里斯和海伦的幻影,墨涅拉奥斯在盲目的强迫性重复的控制之下追踪着这个幻影;第三次是通过一种麻醉魔汤,这种魔汤麻痹了他要对他的女人施行的进攻欲望。海伦也尝到了女巫埃特拉的这种毒品,并且马上跟她形成了联盟:

> **侍女**
> 半世忘却
> 会变成柔软的回忆
> 你感觉到内心深处
> 又重新赋予
> 你的纯洁的生命。①
>
> **埃特拉**
> 以使恶,
> 终被遗忘
> 并安歇吧,在
> 光亮的门槛之下
> 直到永远!
>
> **海伦**(和她一起,像是祈祷)
> 以使恶留在下面,
> 被埋葬在
> 光亮的门槛之下
> 直到永远!

---

① 霍夫曼斯塔尔:《埃及的海伦》,第 442 页,参照第 429 页。

第四章　身　体

通过使用这种毒品的遗忘疗法,这对夫妇十年之后终于再次身体上结合在一起。这一迷醉场景被推到了一个人迹罕至的沙漠地区,这暗示了一块白板,一个完全崭新的开始的可能性。这时只是第一幕结束,整个剧本身没有结束。因为就像剧情马上展示的那样,遗忘根本没有解决任何问题。遗忘虽然使他们的爱的结合成为可能,但是墨涅拉奥斯却认不出他的海伦了。看到他的宝剑,他的身份认同的一部分才回归到他身上,他马上抓起宝剑,跑去狩猎羚羊,但是他杀死的却不是羚羊,而是一个被误认为情敌的人。创伤强迫着他,一再重复地去完成对帕里斯的报复。遗忘是不能引他走出这个怪圈的,只有回忆才有可能。因此海伦这次抓起了另外一个小瓶子,仙女误以为这个小瓶子里装着遗忘魔汤而送给了她:

> 海伦(十分确定地)
> 这是我需要的魔汤!
> 回忆!……
> 那从下面
> 再次来临的东西,
> 是唯一有利于
> 这位英雄的东西!

然后是一段对话,这段对话不再出自于神话,而是来自于心理分析的治疗过程:

> 海伦
> 没有山洞可以让我们隐身避免我们的命运,
> 我们必须要面对它——
> 你对帕里斯的憎恨是罪恶的
> 因为他已经走入坟墓

> 你还在世界上追踪着
> 他那无罪的画像
> 你误以为一棵风中的树
> 或者一个男孩是他——但这不是为了复仇,
> 这是唯一可能的路
> 去接近——墨涅拉奥斯,告诉我,接近谁?

墨涅拉奥斯

> 接近她,她已经死了,接近所有的死者,
> 他们为我而死,还没有得到感谢!

海伦

> 她,还活着,和她在一起
> 是你的心的唯一渴望。①

这还不够,海伦如此能言善辩地解密了墨涅拉奥斯那下意识的愿望,她把回忆魔汤也递给他,冒着他的清醒以及自己死亡的风险。但是他却扔掉了宝剑,把海伦搂在怀里,这个被欧里庇得斯神话性地分成了两半的海伦在这一刻被他重新组合在一起:

> 哦,你这么靠近我,
> 不可接近的人,现在看起来
> 两者都变成了一个,
> 把你合二为一!②

喝了莲花汤之后,这对夫妇才成了"死活人",喝了回忆魔汤之后他们变成了"活死人"。他们不再执着于他们身体文字的重复强迫,这身体文字迫使他们不断地去发泄一种无意识的文本,他

---

① 霍夫曼斯塔尔:《埃及的海伦》,第481页。
② 同上书,第488页。

们引导着创伤跨过那"光亮的门槛",并且把它作为有意识的回忆重新接纳到自身之中。埃及的海伦对于战争归家者来说不是一个解决办法;用一个没有过去的无辜幻影是不能够实现从过去和当下进入未来的跨越的。但是通过埃及的海伦作为过渡阶段,却能够找回希腊特洛伊的海伦,通过遗忘和回忆的双重的魔汤,却能够冲破过去的魔圈走向未来。霍夫曼斯塔尔的诗剧演示了一个跨越门槛的习俗,这一习俗帮助人们从战争的现实调整过渡到平民的战后日常生活。这部剧作展示了,这个门槛在否认和压抑的思维下(就像在第一幕中一样)以及在回忆和认可的思维下(如在第二幕中一样)是如何被跨越的。

创伤与想象——库尔特·冯内古特的《第五号屠宰场》

"战争的一个最重要的影响可能是,人们不再有需求去做一个有个性的人。"[1]美国作家库尔特·冯内古特在他的长篇小说《第五号屠宰场》中如此写道,在这本书中他将自己对于第二次世界大战的回忆进行了文学加工。我们在这里也许可以把"有个性的人"与"行为的人"等同,伯格森对其是如此定义的:"行为的人的特点是他具有一种能力,可以唤醒有关的回忆,而为那些无关联的回忆在意识的门槛上竖立一个不可逾越的障碍。"[2]

行为的人——伯格森在这里想的肯定是行为的**男人**——的特点是对自己的回忆拥有积极的使用权,我们曾把这称为墨勒忒,尼采将之描述为意志对于记忆所拥有的统治。库尔特·冯内古特在小说的第一章里将自己描绘成了一个这样的行动的人,他也介绍

---

[1] 库尔特·冯内古特:《第五号屠宰场或者儿童十字军:一场遵循义务的死亡之舞》(Kurt Vonnegut, Jr., *Slaughterhouse-Five or The Children's Crusade. A Duty-Dance with Death* [1969], London 1991),第 119 页。

[2] 亨利·伯格森:《物质与记忆》(Henri Bergson, *Matière et mémoire*, Paris 1896),第 166 页。

了自己和自己的计划。还是少年时他就作为美国军队的"步兵侦察排"的一员被派往法国,而后他被德军俘虏,并和其他战俘一起被带到了德累斯顿,在那里他和其他人一起经历了1945年2月13日夜里的空袭。对于作家冯内古特来说,他自然要把这段人生经历进行文学的加工:"当我23年前从二战中归来,我想,对我来说写下关于德累斯顿的毁灭是很容易的事情,我只需要写下我自己看到的就行了。我还想,这会成为一部杰作,至少会让我变得富有,因为这个题目是如此伟大。"①

但他很快就清楚了,这个题目,"太大了",无法穿过回忆和叙述的小小针眼。海明威在第一次世界大战中实验过的精准的、没有感知的观察和报告的手法在这里无法使用。置身事外的观察者的形象与男性的坚强、禁欲和耐力等理想一起破碎了。冯内古特的长篇小说作为文学性的创伤加工产品是很有意义的。它产生于60年代那一文化价值转换之时,这种价值转换是与反对越南战争以及和平运动的反对派相联系的。随着这种价值转换,战后时期结束了,战争的过去可以重新提起——也就是说可以从某种角度重构、塑造起来。这篇战争长篇小说以巴洛克式的手法起了一个很长的题目,占据了整个标题页,下面就是这个标题:

第五号屠宰场/或者/儿童十字军/一场遵循义务的死亡之舞/作者/小库尔特·冯内古特/第四代德裔美国人/现在生活在很好的家境里/住在科德角/(抽烟太多),/他作为美国的步兵侦察排/"离开了战场"/作为战俘,/在德国德累斯顿/"易北河边的佛罗伦萨",/很久之前,经历了/空袭并且为了讲述这个故事活了下来。/这是一部长篇小说/其中有一些电报式的精神分裂/似的故事/发生在特拉尔法玛多尔星球,/那

---

① 冯内古特:《第五号屠宰场》,第2页。

第四章 身　体

里是飞碟的来源地。/和平。①

冯内古特在小说的开头就写到他的计划的失败。一开始他曾像伯格森的行动的人一样尝试着去掌控他的回忆，因为回忆是生成这部自传体长篇小说的素材，因此他出发去寻找它们。他联系上了一位战友，让这位战友来帮助他回忆。小说中描写了两个退役军人是怎样一起尝试着收集他们的回忆："我们尝试着回忆起战争……但是我们没有一个人能够拿出一个能用的回忆。"（第 10 页）他们的回忆的全部收获只是一捧无关紧要的细节，用这些细节是写不出书来的（It wasn't much to write a book about）。他们想从被唤回的回忆走向长篇小说，却发现这是一条死胡同。

这一方面是由于有意再生产出来的回忆是如此之少，另一方面是由于长篇小说的形式规则。冯内古特作为职业作家的能力突然变成了一个妨碍。他没有料到，所有想把回忆的素材进行虚构化的努力都终将归于失败。"我像一个小贩一样已经多次设计过德累斯顿的故事，设想了它的高潮和让人精神一振的地方，以及性格塑造，还有美妙的对话以及充满张力的效果，还有戏剧化的相遇。为此所做的最好的方案，或者最漂亮的，我都把它们画在一卷墙纸的背面。"②

他所熟知的虚构的传统以及套路在这种情况下不再能够帮助

---

① Slaughterhouse-Five / or / The Children's Crusade / A Duty-Dance with Death / by / Kurt Vonnegut Jr. / a fourth-generation German-American / now living in easy circumstances / on Cape Cod / (and smoking too much) , / who, as an American Infantry Scout / "hors de combat" / as a prisoner of war, / witnessed the fire-bombing / of Dresden, Germany, / "the Florence of the Elbe", / a long time ago, / and survived to tell the tale. / This is a novel / somewhat in the telegraphic schizophrenic / manner of tales / of the planet Tralfamadore, / where the flying saucers/ come from. / Peace.

② 冯内古特：《第五号屠宰场》，第 4 页。

作者。恰恰相反，就像他一再意识到的，它们充满了危险，诱惑他去造假。不是他所学的手艺抛弃了他，而是他必须努力去放弃这门手艺，如果他想写他的德累斯顿之书的话，这本书显然与所有其他的长篇小说不一样，对他提出了完全不同的要求。

但是还可以走哪条路呢，如果个人回忆和虚构这两条道路都关闭了的话？历史的和个人经历的创伤要求一种完全不同的文学技巧，一种极端的实验。这一实验也与所谓"新"小说和先锋小说的文学技巧和实验不同。冯内古特在这里不能简单地使用某种现成的文学方法和传统，他必须要发明他自己的描写创伤的形式。这种形式"既短又杂乱，因为关于大屠杀没有什么有智慧的东西可说"（第14页）。作家在引言那一章问道，人们能要求一本书什么呢，如果这本书是由一个因向后望而化成了盐柱的人所写的？作家继续携带着那种沉默，它出现在大屠杀之后，只有鸟儿才能够打破它。"波—啼—唯特"的鸟叫声是这部小说的最后一句话。但是小说描写创伤的形式却是有其方法的。这种方法可以用两个关键词来描述：拼贴和科学幻想。

拼贴——虚构这个被打消的模式与叙述的传统技巧有关。叙述是一个故事线索，一个情节结构，是将一串事件按线性建构起来的，其步骤亚里士多德称为开端、中段和结局。叙述的这种结构是如此基础，没有人能够避开；它们的强迫性即使用最大的努力也难以摆脱，因此要抵御这种基本结构就需要一种相反的模式。冯内古特对于叙述的反模式就是拼贴，拼贴是一种空间性的秩序原则，可以把（或者强迫）异质的东西放在出其不意的相邻的位置。拼贴作为方法不仅带有偶然性，而且带有强力的性质，或者说它是由强力介入而产生的，这种强力在言语的某种暗喻中留下了痕迹：它"击碎了"叙述的脊梁，那种按时间顺序的序列，它"扯断了"事件的关联，并且自由地安排整理那些碎片。拼贴不仅是一种失去秩序的形式而且是一种震撼秩序的形式。

冯内古特为他的长篇小说发明的主人公叫比利·皮尔格里姆（Billy Pilgrim），他遭受着战争创伤的痛苦。他的心理疾病的特殊形式是，他失去了时间意识。这个人物无法在时间中找寻方向，也不可能持续地在一个时间空间中运动。通过不可控制的身心联想，从一个时间阶段通往另一个时间阶段的大门都向他打开。过去、现在和未来以这种方式被同一化了。于是这本小说成了一个向前、向后、交叉和横穿的时间旅行，多个情节线索和经验故事就像复用羊皮纸一样层层叠叠地摞在一起，并且以十分轻巧的手法从一个时间层面步入另一个层面：1944、1945年在法国和德国的战争时期，1948年在一所心理治疗医院，1967年主人公的女儿结婚，他遭到一架飞碟里的飞行员劫持，1976年2月13日他过世，冯内古特把这天定在德累斯顿遭毁灭的31周年纪念日。

创伤被冯内古特演绎成了在时间中的无依无靠。这种奇怪的病症的第一次来袭与主人公在一个比利时村庄附近被德国士兵抓获是同时发生的。创伤经历导致了一个感知的扩展，使得意识和回忆的边界被打破了。比利·皮尔格里姆在这一时刻荡回了他出生前的一个状态，又向前摆到了1967年，当时他正驾驶着他的凯迪拉克去参加一个狮子俱乐部的聚会。"比利在钻出灌木丛时的微笑至少和蒙娜丽莎的微笑一样特别，因为他既在1944年在德国徒步行进，同时也在1967年开着他的凯迪拉克。"（第43页）在一部战争小说中，在主人公被俘的戏剧性高潮时能够提到达·芬奇的蒙娜丽莎是一个让人惊讶的细节，这标志了这部小说的狂欢化的写作方式。蒙娜丽莎的微笑却不仅是战争中间的一个古怪元素；如果我们在此想到帕特对于这个微笑的描写，那它也是超越历史时间的一个信号，是隐秘地跨越时间界限的一个信号。

角色因为战争创伤而获得的心理疾病被诊断为时间痉挛,作为"时间痉挛症患者",他不由自主地不停地从一个时间层面滑入另外的时间层面,时而向前,时而向后。由此可以看出,创伤的强力打破了时间的连续,因为时间的连续是一个脆弱的、社会的建构。小说的主要人物被从他的时间固着点上爆破了出来。谁如果从一个时间阶段滑向另外一个,并且跨越了出生和死亡的门槛,那他就会失去他的所有联系、希望和恐惧。他就会变成——用美国哲学家 R. W. 爱默生的话说——"一个透明的眼球",变成一个失去了与身体和土地的联系的漂浮的眼球。在时间中任意穿越时,比利·皮尔格里姆可以向后和向前回忆;他已经经历了所有的事情并且还没有经历任何事情:比如轰炸德累斯顿时将要发生的灾难,以及后来的飞机失事,或者他自己的死亡。

这种让人想起 LSD 毒品的意识的模糊状态是与一种描写原则相联系的,这种原则判定主人公要保持被动,并且把他变成了他的随意的回忆和预知的没有意志的展示场。这种形式的冷漠正好是伯格森和尼采所描述的行动的人的相反状态。自愿将注意力集中于回忆的力量完全被关闭了,取而代之的是不可控制的回忆冲动淹没了个人。个人就像通过一个旋转门一样被从一个空间—时间的层面推入另一个空间—时间的层面。这种旋转门的作用是由某种回忆来完成的,这些回忆不断地回归,密集成了语言上的引导主题。身体的、不自觉的回忆,比如一条狗的叫声或者被冻得青白的双脚,都是其中的例子,这些回忆带着强制性的联想反射的逻辑将认知/回忆/叙述推向另一个时间层面。

科学幻想——科学幻想是一种把时间旅行作为典型手法的文学题材。冯内古特并不害怕用这种通俗体裁的俗套来把战争创伤的心理综合症工具化。这样在脱离时间的情节之中又加入了脱离地球重力的情节。主人公被暂时劫持到另外一个星系,接受了超越时间的外星人的世界观。那里写成的书都不再用时间线索联系在一起:"没有开端,没有中间和结尾,没有紧张情节,没有道德主旨,没有原因,没有效果。我们的书让我们喜爱的特点是那许多美妙的时刻的深度,这些时刻都能同时被经历。"①

冯内古特发明了一个孩子的形象,把他作为自己人生经历的一个陌生化的载体。这个形象作为一个最为边缘的陌生人与整个战争世界相对立。陌生感,就像本书通过在时间之中的心理流浪所演绎的,是创伤综合症的一部分。但是被狂欢化的陌生感同样也是借助文学手段进行创伤治疗的一部分。通过这种游戏式的陌生氛围冯内古特可以让战争接近自己,同时又让它与自己保持安全的距离。

书的中间部分提及了文学和创伤的关联。比利·皮尔格里姆在 1948 年时有几个月住在一所美军军事医院里。他的同屋只读某一位科幻作家的小说,从他那里比利得到了丰富的阅读材料。小说中对两个人的描写是:"他们两个都忙着重新发明他们自己和他们的宇宙。科学在此提供了巨大的帮助。"这部战争小说对科学幻想的援引之广让人吃惊。这一体裁在一个由于创伤而失去了它的实实在在的轮廓的世界中获得了意义,这个世界也被完全地虚构化了。从更普遍的意义上来讲,世界大战的创伤突破了现实经验的结构以及正常的标准;要想继续活着,就需要重新去发明方向。一个病人认为这是心理治疗师应该负责的事情:"我想你们必须发明许多奇妙的新的谎言,否则的话人们就不会再有兴趣继续活下去了。"(第 73 页)

奇妙的新的谎言(wonderful new lies)被科学幻想这一体裁大

---

① 冯内古特:《第五号屠宰场》,第 64 页。

批地制造出来,因为这种体裁保证了深度、共时性和对死亡的超越。① 冯内古特把这种无须负责、互不关联的幻想的虚构作为不在场的证明(Alibi)加以利用,从字面意义上,作为一个陌生的地点,在那里他不仅能写入他自己的创伤,还可以写入世界大战的创伤。

创伤与族裔记忆——莱斯利·马蒙·西尔科的《仪式》

我们将讨论第三部关于战争创伤的长篇小说——《仪式》(Ceremony),它出自一个拉古纳普韦布洛印第安女作家之手,这些印第安人生活在亚利桑那州和新墨西哥州边境上的一个保留地。小说的核心情节也是一个退伍军人的战争创伤,对这个创伤的治疗开始不成功,后来成功了。《仪式》是一个关于创伤与身份认同之间关系的小说。战争创伤使得主人公这个混血儿的身份认同问题变得十分突出:在战争中他曾经被允许觉得自己是一个完完全全的美国人,但是在战后又变成了一个被歧视的少数族裔的一员。

> 他们也曾经是美丽的美国的一部分,这是自由人的国度,就好像老师在学校里宣扬的那样。他们拿到了他们的军装,模样看起来没有什么不一样。他们被尊重。……然后战争结束了,军装没有了。突然你要在商店里等到最后,等到所有的白人顾客都拿到了他们需要的东西,才得到那个家伙的服务。汽车站上的那个白种女人,在找给你零钱的时候,费了好大力气避免碰到你的手。②

---

① 对于18世纪来说是神秘学的作用(比如伊曼纽埃尔·施维登博格[Emanuel Swedenborg]的神秘学),到了20世纪变成了科学幻想。话语的界限与真理的标准发生了推移。

② 莱斯利·马蒙·西尔科:《仪式》(Leslie Marmon Silko, *Ceremony*, Harmondsworth 1986),第42页。

第四章 身 体

曾经的英雄在战后成了一群溃不成军的、忘记了自己出身的退伍兵,常常沉迷于酒精、暴力与犯罪。在白人医院里的白人医生徒劳地为他们进行心理治疗,因为这些医生把创伤个人化,并且尝试着将其保持在一个纯心理学的层面上,因此主人公只好去尝试印第安萨满的能力和实践方法。

小说开始的时候是一些噩梦和发烧时的谵妄,塔尤从日本战俘营回来之后经常被这些梦境纠缠。在太平洋上一个岛屿的密林中他曾经无法执行一个处决命令,因为他认为那个要被枪杀的日本士兵是他的叔叔。尽管人们反反复复地向他解释和证明朋友和敌人之间的区别,但是这种逻辑对他来说突然断裂了。他的知识和他的信念被一种身体上的反应压抑了,这种身体上的反应占据了他。"他开始发抖;从指尖开始沿着他的胳膊往上行。他颤抖着,因为所有这些事实,所有这些原因对他来说不再有任何意义;他能听见罗奇的话,他能够跟上他的话的逻辑,但是他只感觉到肚子里有东西在膨胀,那是一种越来越剧烈的疼痛,一直顶向他的喉咙。"①

塔尤被某些创伤性的情景束缚住了,这些情景透过他的日常的和无关紧要的图像,总在不经意之间一再地展现它们原有的强力。过去无法与现在分离,它被封闭在现在里面,并且一再地让它爆裂。就像在比利·皮尔格里姆身上一样,塔尤的战争创伤也表现为一种时间意识的模糊。"那些年月都变得虚弱了,人们可以推动它们,并且在时间里面向后和向前漫游。"(第18页)小说把创伤治疗演绎成了寻找失去的身份认同的过程。不是休克疗法和药物,而是一个仪式最终开启了康复的过程,在这个过程中,心灵遭到重创的个人在跨个人的族裔的身份认同中找到了依傍。小说

---

① 莱斯利·马蒙·西尔科:《仪式》,第8—9页。

把这个疾病与治疗的关联展现为一个文身的过程,在这个过程中被摧毁的个人身份认同又被连接到一个文化记忆之上。普韦布洛印第安人的文化记忆和澳大利亚土著的文化记忆相似,不仅是要写入身体,而且要写入他们的土地的地形之中。因此在治疗中一个被白人医生完全忽略了的因素扮演了重要的角色,那就是土地。丧失身份认同就是丧失感官上与土地的关联,只有逐渐重建这种关系才能实现康复。

在这个治疗过程中主人公走过了一段很长的路。离目标最远的位置是由主人公的对手来标志的,他同样也是一个印第安裔的退伍兵,他用酒后变得刻薄的言语来刺激他的战友们:

> "你知道吗?"他口齿不清地问道,"我们印第安人应该得到更好的东西,而不是这被上帝抛弃的干枯的土地。在这儿所有的东西随时都会被风吹跑。……我们想要他们有的东西。我愿意要圣地亚哥。……我们曾被允许进行他们的战争。……可他们却拥有一切。而我们有什么?连个屁都没有,不是吗?对不对?……他们把我们的土地,他们把我们的一切都抢走了。那我们就去抢他们的女人!"①

当一圈人都向他欢呼时,同样喝醉了的主人公的眼睛却落到啤酒瓶的标签上,标签上画着一汪喷着泡沫的泉水,下面写着:"库尔斯啤酒,用清纯的落基山泉水酿造,阿道夫·克尔斯公司,格尔顿,科罗拉多。""……他见过的泉水跟这个比都小得多。科罗拉多到底干旱吗?也许艾默搞错了:也许白人并没有拿走所有的东西。只有印第安人才拥有干旱。"(第55—56页)

拉古纳是一块经常受到干旱侵袭的保留地。把富饶的土地分

---

① 莱斯利·马蒙·西尔科:《仪式》,第55页。

给白人,把被耗尽了养分的干旱土地分给印第安人,这种分配方法确实是极其不公正的,但是这部小说却指明,这种感知意味着已经接受了白人的视角。正是这种占有的贪欲破坏了对于土地的感觉。这种对立化的做法激起了人们的攻击性,并最终导致了没完没了的长期争端,这在小说中被归于"巫术"的范畴,也就是说这是一种将导致全面毁灭的机制。而"仪式"则激活了相反的力量,来对抗这种毁灭性的机制。

  主人公渐渐学会了去发现这片土地的另外的特点,这些特点与干旱和富饶无关,与它的直接的有用性无关——他发现了它的生命力。土地活在它的动物身上,活在对它的感官知觉里,尤其活在故事里。重新获得土地意味着重新获得那些写在土地的地形中的故事。土地不仅是物质供应的基础;它本身还是文化记忆,主人公再次将自己与这种文化记忆联系起来。土地上面铺满了故事,主人公学会了把他自己的故事作为这些古老故事的一部分去阅读。印第安人的民间传统——神话、故事、歌谣、谜语和祈祷——就像一张轻薄透明的网穿插在小说之中。这些元素在那些创伤撕开裂口、导致意识分解的地方(心理分析家莱曼·维尼在这一关联中的用词是"思维混乱"),使那些被打乱的感知能够重组成某种图式。被震撼的心灵要重新学习感性的形象知觉。这种对于形象和关联、对于联络和亲属关系的意识构成了一张网,这张网渐渐生长起来,覆盖了伤口——即创伤经历。

  不仅白人的医术,印第安人的药师在试图治疗战争创伤的时候也失败了。老库奥什,这个被祖母延请来的萨满在面对这种病情时也不得不承认他的法力是有限的。他只能断言,世界的秩序是如此的敏感和易碎,就像一张蜘蛛网,但是他对于白人势力发出的这种毁坏无能为力。在一个后传统的、从质上已经改变了的世界中,他无法再去织补那已经被无可挽回地撕毁了的象征之网。

老贝托尼是另外一位药师,他的智慧并没有在白人的势力开始的地方裹足不前。他并不抵制这种势力,而是把它整合到他的故事之中,把它连接到他的宇宙想象的那些图式里。因为印第安人的传统在被西方文明俘获了之后不再能够展示一个稳定和可靠的结构,他就用一个开放形式的故事来代替传承的仪轨和仪式。这个故事在寻找自己的结尾的过程中运动着并变化着,这个结尾必须要被找到或者是发明出来。"仪式"的模式并不是现成的,只有在完成的过程中才能被找到。这一关联中的关键词叫"演变"(Transition),并且打开了一个新视角,这个视角是超出现存的价值和目标设定之外的。在小说中那些生活在族群、语言和文化之间的边界上的人们被赋予了这种视角。

"'真奇怪',药师说,'人们很惊讶,我在这么靠近这个肮脏的城市的地方还能坚持下来。但是这却是再清楚不过的:这个泥顶小屋最先存在,早在白人来这儿之前它就盖好了。是下边的那个城市建错了位置,而不是我这个老药师。'"①药师代表的印第安人的文化记忆比起白皮肤的移民要久远得多。这种记忆在人格由于创伤而分裂的情况下成了生命的源泉。重新激活这种记忆意味着将离开毁灭和压迫的怪圈,而获得一个更高的视野。因此老贝托尼生活在铁轨和垃圾场之间的城市荒漠之中仍能够大笑:"他大笑着。'您不能理解这一点。我们认识这些山,我们在这儿觉得很舒服。'老人说出'舒服'这个词的方式有一点特别。它有另外的一种含义——不是宽敞的房子、丰富的食物或者干净的街道的那种舒适,而是一种属于这片土地的感觉,感受到这片土地中的宁静,作为这些山峰的一部分。"②主人公在对话的时候还不能够认

---

① 西尔科:《仪式》,第117—118页。
② 同上书,第117页。

第四章 身 体

同这个视角。他还不能够理解"舒服"(comfortable)这个古老的词的新的含义。"这位老人赋予这个英语词汇的特殊意义被照在铁皮罐子和碎玻璃上边的灼热的阳光消解了,被废物堆放场里汽车残骸上的镜子以及镀铬部分的耀眼反光消解了。"①

从印第安人的角度看,战争创伤不仅写入了士兵的身体;核军工产业也用它们不断增长的毁坏潜力写入了地球的身体。因此创伤治疗永远不会是个人的治疗,而是与同样蒙受创伤的地球的宏观历史紧密相连。这位年轻的印第安士兵的战争创伤以及原子弹毁灭世界的可能性必须一起来看,一起来理解。拉古纳地区的地形被印第安人的故事和神话赋予生机,也同样是核武器研究的地形。在"三一试验场"曾点燃过第一颗原子弹,那些为这种新式毁灭武器奠定基石的实验室也在赫梅兹山脉里,"那块土地是政府从科奇蒂普韦布洛印第安人手中夺走的:洛斯阿拉莫斯,从这儿朝东北方向只有一百英里,布满了带电铁丝网和美国黄松,还有赫梅兹山脉的黄色砂岩,那里边有那孪生的山狮的神庙"。在空间上印第安神话的遥远世界和西方的技术世界离得如此之近!主人公在这一刻得到的统一愿景首先是宇宙大毁灭的灾难性的统一:

> 从那儿之后所有的人又变成了一个统一的家族,是毁灭者为他们和所有生灵策划的命运将他们统一在一起;通过一个死亡圆圈统一在一起,这个圆圈曾经消灭掉了离这儿一万两千英里的城市中的人,那些牺牲者从来没有看见过这些台地,从来没有看见过这些岩层的柔和的颜色,而在这岩石中却有人酝酿了他们的毁灭。……他放松地哭泣着,他终于认识到了这一图式,所有故事关联在一起的方式——古老的故事,战争的故事,他们自己的故事——这些故事凝聚成了那一个

---

① 西尔科:《仪式》,第117页。

故事,那个故事还在被继续不停地讲述着。①

　　面对全面毁灭的这一将临的危险,这种**巫术**力量的聚合,需要一个更加恢宏的愿景才能使毁灭的故事改变方向,使它致命的发展趋势得到扭转。这个故事需要被人发明出来,而人又需要被这个故事发明出来。这个恢宏的故事激活了最为古老的文化记忆,一种包容宇宙的记忆,人们无法支配这一记忆,因为他们自己包含在这个记忆之中。富有象征意义的情节的各个阶段构成了仪式中成人礼一样的接纳过程,最终在一个越来越大的意识范围中交汇在一起。在白人来到之前印第安人就已经在这里了,在印第安人来临之前星星已经在这里了。群星的组合变成了一个宇宙记忆的标志,它将所有其他的东西包含其中:"星星始终陪伴着他们,星星从太古时代就已经在这里了,它们把天上所有的东西都紧紧地聚拢在一起。在同样的星辰下面来自白色房子的人们来到了北方。他们让山峰让路,让河流改道,甚至让它们消失在土地之中,但是星辰还一直是过去的那些。"②战争创伤的这种治疗方法其实是学习一种新的世界关系。在印第安出身的退役老兵身上,他们的文化传统已经被剥夺和毁灭的历史破坏殆尽,他们个人的身份认同又再次在战争中遭到损坏,这种治疗对他们来说意味着重新获得一个视角,这个视角使他们从被动的牺牲品的角色中解放出来。身份认同的支撑,新的自我意识不是建立在权力之上,而是建立在意义之上。他们最终获得的是一种认识,即那些白皮肤的、移居来的人尽管驱逐了印第安人,剥夺了他们的财产,消灭了他们,但是仍然无法夺走他们的土地。这块土地仍然属于印第安人,只要他们还属于这块土地,只要他们在这儿还觉得"舒服",也就是

---

① 西尔科:《仪式》,第246页。
② 同上书,第254页。

说:只要他们"还用他们的耳朵来听故事,用他们的眼睛来看图案,只要他们还保留着自己的感觉:我们来自这块土地,我们属于它"(第255页)。

这两部来自60和70年代的美国长篇小说都涉及了二战中的创伤经验,与之都有二三十年的时间距离。在美国60和70年代时对于这个题目的框架条件发生了明显的位移。两个作家虽然都在跟美国集体身份认同打交道时受到一种持续的不愉快的情绪感染,但是这种不认同的结果却明显走向不同的方向。冯内古特写作的时候正好是反对(越南)战争的气氛的最高点。他的全球和平主义的思想是与一个(男性想象的)文化的孩童化相联系的。行动的人破产了,从霍尔顿·考尔菲尔德到比利·皮尔格里姆,孩童获胜了。行动的人的军国主义摧毁了世界,而狂欢的孩童化的主人公比利·皮尔格里姆像是一个莎士比亚式的傻瓜或堂吉诃德似的形象,在其中神出鬼没。他的创伤束缚着回忆,那些回忆不愿意屈从于战后的正常化,它们挣破了所有的经验的连续性,而这些经验的连续性是行动能力和身份认同建构的条件。通过对流行体裁"科学幻想"的通俗用语和套路的借用(比如被一架飞碟里的异形人劫持,以及在外太空与一个好莱坞性感明星发生性关系),创伤经历被翻译成了一种非现实的介乎幻想和幻想症之间的东西。经验的断裂和现实的丧失通过无厘头的想象表现出来,这一点如果放在美国吸毒浪潮的高潮的背景下就容易理解了。冯内古特并不向读者保证,皮尔格里姆身上能够感知的意识模糊也可以理解为一种意识扩展。治愈创伤对他来说也同样无关紧要。他主要感兴趣的是,为创伤创造一个文学的关联物,让创伤得以在其中展现自己。

西尔科是作为女性作家从一个美国少数族裔的角度来描写战争创伤的,这个族裔的集体历史已经具备了一种创伤的特征。在她的作品中个人的战争创伤既和印第安人的历史创伤又和全球的核战创伤联系在一起。她也创造了新的技巧，使创伤能被文学化。她不是借助于波普文化以及其与想象为邻的优势，而是借鉴了印第安人的民族传统，以及它与文化记忆的接近。和冯内古特一样，西尔科抛开了线性的叙述，而是用拼贴的手法使用联想式的网状图式来构建她的长篇小说。除此之外她还放弃了分章节的组织原则，在空白和页码的位置上她镶嵌进了印第安人的传说故事，一开始只是一个超文本的一些线索，但是随着小说情节的推进，渐渐连缀成了一个网络。

与冯内古特不同的是，西尔科不仅展现了创伤的揭示，还展现了创伤的治愈，这使得她的文本具有了一种叙述性和述行性的进展的动感，获得了一个故事的形态，但是其发展形势却不是事先既定的，而是一直到结尾都是开放式的。治愈的过程被演绎成了一个寻找和发现（发明）身份认同的过程，其中自己的、被忘却的传承，文化的族群记忆都为此给出了决定性的参照点。这个身份认同的更新是和与土地的关系相勾连的，这片土地不能通过占领被重新夺回，而是通过讲述和回忆重新得到。对西尔科来说重要的不是意识的模糊，而是强烈的意识的扩展，她把这种变化描绘成一个没有结局的过程，对于主人公来说——从探索的意义上来讲——没有结局，对于读者来说——在参与的意义上——也是没有结局的。

第五章 地　点

> "土地是神圣的",他说道。
> "但是我希望能够生长更多的土豆。"
> ——欧内斯特·海明威:《永别了武器》

> 如果我们忽略了听和看,或者
> 允许它们就像纯粹的现象一样溜走,那还会剩下什么呢?
> 什么会"存留"下来呢? 物体、岩石、房屋的基础、房子、还是道路?
> ——杰弗瑞·哈特曼:《拯救文本》

> 如果人们沉默,石头就会叫喊。
> ——J. G. 赫尔德:《关于促进人性的通信》

第一节　地点的记忆

所谓"地点的记忆",是一个既省事又有启发性的说法。这个短语很省事,因为它没有确切地指出,这里是一个宾格属格——即对于地点的记忆,还是一个主格属格——也就是说位于地点之中的记忆;这个短语是具有启发性的,因为它容易让人想到一种可能性,那就是地点本身可以成为回忆的主体,成为回忆的载体,甚至可能拥有一种超出于人的记忆之外的记忆。这些不清楚的地方具有启发性的力量,我们将从这里出发,在下文进一步详细探讨"地点的记忆"到底包含什么样的内容。

"在地点里居住的回忆的力量是巨大的"——西塞罗的这个句子可以给我们一点推动力,让我们提出关于地点的特殊的记忆力和联系力的问题。① 古罗马记忆术的这位伟大的理论家对于地点在记忆的建构中的重要性有着清楚的想象。他认为图像和地点(imagines et loci)是记忆术的砖石,图像是用来把某些知识内容赋予强烈感情、加强记忆的,而地点是被用来整理其顺序以及方便这些知识被重新找到的。西塞罗本人完成了从**记忆的地点**到**回忆之地**的这一步,他在自己的经验中发现,在一个历史性的场所感受到的印象,比起来那些通过道听途说和阅读得来的印象要"更加生动和专注"。

虽然地点之中并不拥有内在的记忆,但是它们对于文化回忆空间的建构却具有重要的意义。不仅因为它们能够通过把回忆固定在某一地点的土地之上,使其得到固定和证实,它们还体现了一种持久的延续,这种持久性比起个人的和甚至以人造物为具体形态的时代的文化的短暂回忆来说都更加长久。我们这里借助歌德的一封信来切入这个题目,这封信是歌德在 1797 年 8 月 16 日写给席勒的。② 在这封信中他向他的朋友第一次暗示了后来被人们称之为他的象征理论的东西。

这封信的背景是歌德十分痛苦地感到人与世界、主体和客体、

---

① 西塞罗:《论至善和至恶》(*De finibus bonorum et malorum. Über das höchste Gut und das größte Übel*, übers. und hg. v. Harald Merklin, Stuttgart 1989, V. 1-2),第 394—396 页。
② 《席勒与歌德通信录》第 1 卷(*Briefwechsel zwischen Schiller und Goethe*, Jena 1905),第 415—418 页。

第五章 地 点

意义和存在之间的不和谐,这种不和谐让诗人只能在他的内心最深处"创造出来的"现象和"实践的数以百万计的九头怪"之间进行无奈的选择。在寻找能够越过这个可怕深渊的桥梁时,歌德发明了象征。象征是一个文学之外的范畴;某些在观察者的身上可以激起特定感受的"幸运的物体"可以被称作是具有象征性的。按照歌德的观点,人主要从特定的物体来感受到诸如普遍性的印象,"统一和圆满"等效果。并且他坚持,被他称为具有象征性的物体并不是被观察者赋予了意义,而是自身来说就具有意义。①

我们在这里感兴趣的是歌德对这种象征性的物体举的例子。因为它们根本就不是什么物体,而是两个地点:"我居住的地方"和"我祖父的房子、庭院和花园所在的空间"。歌德赋予这两个地点的象征性的力量显然与记忆有些关系。这两个地点对于观察者来说都体现了一种记忆,歌德作为个人虽然也拥有这种记忆,但这个记忆又远远超出他之外。在这些地点上,个人的记忆向家庭记忆的方向突破出来;在这里,个人的生活空间与属于这个空间、但已经不在场的那些人交织在一起。在两个地点个人的回忆都融入了一个更为普遍的回忆之中。

歌德清楚地表明,对他来说真正重要的是地点本身,而不是在那里的作为过去的遗留物还能找到的物体。祖父的房子只剩下了一堆瓦砾,对他来说无关紧要。歌德强调这一点时突然使用了房地产商的语言:这处房产"在轰炸时被炸毁了,现在绝大部分是一堆瓦砾,但是仍然比现在的所有者11年前付给我们家人的价钱高出两倍"。就像金钱方面的资产一样,象征性的资产也不在于建

---

① 席勒在1797年9月7日的回信中表达了与歌德不同的意见:"您的意见让人觉得在这里对象特别重要;对此我不敢苟同。对象当然应该有意义,就像诗学的对象肯定会有意义一样;但最终重要的却是情绪,一个对象对这个情绪来说是否有意义。"《席勒与歌德通信录》,第438页。

筑物,而在于土地之中。要想发现土地中的这些价值,是需要特殊训练的。歌德描述了他如何一步步地、系统地尝试着提高他对象征性的地点的接受能力。他一开始采用的是与他的生活密不可分的地点,也就是说在这些地点上"一个充满爱意的回忆"会给他第一个推动力。渐渐地他觉得可以从"值得怀念的"过渡到"具有重要性的"地点上,在此过程中,私人回忆的成分在减少,而这些地点自有的魔力场应该越来越强。"我想先在这里尝试一下,我能称之为象征性的东西,但是我尤其想到我第一次看到的、陌生的地点去实践一下。如果成功的话,那人们肯定愿意无需经验地在广度上进行尝试,但是如果一个人有条件在每一个地方、在每一个时刻深入挖掘的话,同样能够从熟悉的国家和地方得到足够的收获。"

歌德的象征理论首先具有一种开放式的实验的特点。在空间的水平维度被发现和开发了之后,就应该在垂直方向上去发现它的象征性的深度。如果是"熟悉的国家和地方"这样的**空间**,那它是已经被研究、测量、殖民、占领、联网了;而**地点**,"每一个地方、每一个时刻"都能够深入的地方,还保存着一个秘密。当"空间"已经变成了一个中性的、去符号化的、具有可替代性和可自由支配性的范畴时,人们的注意力就转向了"地点",以及它所拥有的神秘的、非特异性的重要性。某些地点所拥有的这个秘密是歌德想要挖掘的,并且作为收获取走,就像矿山里挖出的金银一样。

第二节 代际之地

赋予某些地点一种特殊记忆力的首先是它们与家庭历史的固定和长期的联系。这一现象我们想称之为"家庭之地"或者"代际

第五章 地 点

之地"。美国作家纳撒尼尔·霍桑在他的长篇小说《红字》(1850)的开篇有一段自传性的描述,里边就描绘了这种现象。那里写道:

> 一个家庭与其出生及埋葬的那片土地的久远的联系,在人类与乡土之间创造了一种亲情纽带,这与那地方任何迷人的景色或道德的环境毫无关联。这不是爱,而是一种本能。新的居民——他们本人或是其父亲及祖父才刚从外国来此……不具备牡蛎似的那种坚韧,而两个世纪的漫长岁月缓缓流过之前的老定居者,正是以这种坚韧将自己牢系于这片土地之上,这片埋葬了他们世代祖先的土地。……那种吸引力持续着。①

在这样的代际之地上,一个家庭的成员像一个不断的链条一样生生灭灭。霍桑以明快的色彩描绘了地点的联系力,但是同时他也混入了其他一些色调,这些色调显示了,他认为这种现象是古老的和不合时宜的。现代的生活方式不再允许这种像牡蛎一样的坚持力,它把人们绑定在某一小块土地上;原居民的这种坚守能力不容继续,因为它对现代的可移动性的要求表示了反抗。这些家庭之地阻碍了进步。霍桑强调了这种踏踏实实的生活方式已经过时了的特点,他认为它的特点是与本能相联系的。在他的论证里本能属于人类的天性;它标志着一种还没有上升到文化反思阶段的生活方式。持久与连续——霍桑的表达方式让人很容易联想到——本身并不具有文明的价值。它们是自然生长的,不是文化塑形和加工的产物。因此地点的魔力中也附带着一些可疑的东西;远古的人,古老的居民,不具备自决的本质,而是任凭他的命运受到陌生力量的影响。

---

① 纳撒尼尔·霍桑:《红字》(Nathaniel Hawthorne, *The Scarlet Letter*, New York 1962),第22页。

从这种对古代的、固守家园的人的消极评价中产生出了镜像一般的移动性的现代人的模样。这种现代人跟远古的本能力量告别,蔑视那个以年月、持久和连续为支撑的价值结构。人与地点之间的亲密关系必须废除,情感纽带必须剪断,土地的魔力必须被超越,如果人要实现他身上的文明的潜力的话。霍桑对于词句和图像的选择就已经帮助他从远古的思维结构中解放出来。他轻而易举地就从"本能与土地"的语言转换成了农业使用的语言:"人的本性将不会就此兴旺,恰如一株土豆在同一块地力耗尽的土地中过久地一代接一代地种了又种。我的子女都是在别处出生的,只要他们的命运尚未脱离我的掌握,他们就会植根于不熟悉的土地之中。"①谁如果接受了这种实用主义的角度,就不会理解固守家园这一原则,因此在这里这一原则被贬低成远古的和本能的。现代的美国由此不仅和它自己的过去告别,而且是跟一种传统意识告别,这种意识一方面对于老欧洲、另一方面对于印第安人来说都是具有代表性的,因为他们的文化都是与地点相关联的,并且保持着与他们的死者的联系。祖先的灵魂是不能移动的。现代化的进程却要求一种灵活的意识,这种意识要摆脱固着在地点上的权力和力量。由此饱含着回忆的地点的连接力被中性的空间所取代,空间是一种任由人们使用的维度。

我们在有关创伤治疗的章节中仔细讨论过莱斯利·马蒙·西尔科的长篇小说《仪式》,这个例子让我们看到,今天在美国产生了一种完全改变了上述态度的文学,这种文学正在重新发现土地的精神力量。这种文学与描绘气氛的地方色彩运动(local-color-Bewegung)没有关系,而主要是记录了损失。他们把在白人定居之前曾经拥有这块土地的人的声音记录下来,并以这种方式重新

---

① 霍桑:《红字》,第23页。

肯定了他们的生活方式、价值和神话，而这些曾随着白人的定居被毁坏掉了。人们可以说，这是一种对在现代化的过程中被排挤掉的对于地点和它的象征力的意识的回归。拉古纳普韦布洛印第安人的文化记忆是被写在他们的土地的地形之中的，并且可以——就像西尔科的小说想要展现的那样——重新从土地中被激活。一种新的意识由此产生了，人们意识到了那些由于被白人占领了空间而失去的地点的意义。"统治和压迫以微妙的或残暴的方式发生，这些方式都扰乱了那些压迫者不能理解的生活方式。这些方式毁坏了地点，而这些地点却是理解的真正的基础。那个纳瓦霍印第安女人面对要来夺走她的土地并将其现代化的人说：'如果你们把我从这个地方赶走，那我还能教我的孩子什么？'这个女人知道，智慧与存活是持久性结出的果实。"①

第三节　圣地与神秘风景

被认为神圣的地点，在那里可以感知神祇的存在。一个这样的地点是通过特别的禁忌得到凸显的。上帝的声音从燃烧着的荆棘丛里发出，对摩西说了这样的话："把鞋从你脚上脱下来，因为你所站的地方，是神圣的土地！"（《出埃及记》3.5）圣地是神与人接触的区域。

在上帝在书本中展示自己之前，神祇们先是在世界中展示自己。他们的居住地不仅是天上，还有山峰、山洞、树林、泉水，人们

---

① 雷耶斯·加西亚：《〈仪式〉中的空间感》（Reyes Garcia,"Senses of Place in *Ceremony*"），载《Melus 美国多族裔文学研究协会杂志》（*Melus-The Journal of the Society for the Study of the multi-ethnic Literature of the United States*，10［4］［1983］），第37—48页；此处第37页。这篇关于莱斯利·马蒙·西尔科的《仪式》的文章是这样阐释这部小说的主题的："在《仪式》中，塔尤获得的在家以及归属于土地的感觉，来自于一种对于地点的特殊感觉，这也意味着参与到文化和共同体之中。"第40页。

在这里也建立了他们的崇拜之地。多神教的神祇要人们到他们的驻地去拜访并表示对他们的崇敬。人们必须到圣地去朝拜,神祇都有他们固定的居住地。在这块土地以及它的神圣的地形之外人们是无法与神祇交流的;对于一个超越空间、无处不在的上帝的想象是一神教的先决条件(在多神教里已经开始出现)之一。一个尤其让人印象深刻的关于神圣地形的例子是澳大利亚土著的神圣记忆地形。他们的不同部落居住的空间里到处都留下了、甚至可以说被书写了祖先图腾的记号。这个空间对于这些居民来说成了一篇神圣的文本,这个文本不是让人们阅读和阐释的,而是要记忆和背诵的。这个神圣文本的章节就是所谓的"歌谣线路",每一个个人和每一个集体都只知道并且守护着整个文本的一小部分。①

随着移民、战争和占领的过程,先前的记忆通过覆写被消除了,新的记忆被宣布为不可消除的。T. S. 艾略特的戏剧《大教堂凶杀案》中的结尾合唱就描绘了这样一个对土地的重新书写。下文中坎特伯雷的女人们吟唱的合唱让人想起,非基督教的古希腊罗马人的神圣风景只剩下了残垣破壁,他们获得了一个新的、用基督教殉道者的鲜血书写的记忆:

> 我们感谢您为了您血的悲悯,为了您血的救赎。
> 因为您的那些殉道者和圣徒的血

---

① 布鲁斯·查特文:《歌之版图》(Bruce Chatwin, The Songlines, Harmondsworth 1988),第13页上写道:"人们认为,每个穿越这块土地旅行的图腾祖先都顺着他们的足迹所至之处撒播了一串词语和音符,并且……这些梦的路径(Dreaming-tracks)分布在土地上,是哪怕相距最远的部落之间交流的'道路'。'一首歌',他说,'既是地图也是测向仪。如果你会唱这首歌,你在穿越这块土地时就总能找到路'。……从理论上来说,整个澳大利亚可以被当作一部乐谱来读。这块土地上几乎找不到一块岩石和一条溪流不能或没有被歌咏过。……每个'段落'(episode)都可以从地质学的角度阅读。'你说的段落',我问道,'指的是神圣的地方(sacred site)吗?''是的。'"

第五章　地　点

　　将使大地变得丰饶,将创造出神圣的处所。
　　因为一处地方只要有一位圣徒生活过,一位殉道者把自己的血
　　为基督的血而献出过,
　　那里就是圣地,圣洁将不再与它分离,
　　纵然军队会在上面践踏,纵然观光者手执导游图会来东张张西望望;
　　从西海吞噬着艾奥纳海岸之处,
　　一直到沙漠中就义的场所,折断的帝国廊柱边人们记不准确的角落,
　　祈祷从这样的土地上生发出来,一次又一次永远使大地更新
　　虽然永远有人否认。因此,哦,上帝,我们感谢您,
　　是您将这样的祝福赐给坎特伯雷。①

这段引文暗示了,圣地和神圣的风景在基督教的框架下获得了怎样的意义。那些出现了奇迹、赎罪、救赎以及精神上的新生的圣地是人们的一种基本心理需求,这种需求创造出了圣物崇拜以及朝圣旅行这些机构。②中世纪的英国诗人乔叟曾描绘过这样一群朝圣者的旅行,他们的目的地就是那个被艾略特在他的文本中赋予永恒生命的记忆之地坎特伯雷,那里有殉道者托马斯·贝克特的坟墓。

---

① 艾略特:《大教堂凶杀案》(*Murder in the Cathedral* [1935], London 1969),第93页以下。
② 参见弗里德里克·哈扫尔:《圣地亚哥:文字、身体、空间、旅行——一个媒体史上的重构》(Friederike Hassauer, *Santiago. Schrift. Körper. Raum. Reise. Eine medienhistorische Rekonstruktion*, München 1993)。

第四节　典型的记忆之地——耶路撒冷和忒拜

在古代以色列没有能够保证上帝长久显现的圣地。在那里圣地就是曾经与上帝相遇过的历史纪念地。这些地点固定了对这些历史事件的记忆,成为回忆之地,在这里上帝与他的臣民的历史得到了空间上的具体化和印证。比如在雅各与天使搏斗之后,他就把与上帝相遇之地更名为"毗努伊勒"(面对上帝);通过一个符号——命名——这个地方就被写入了群体的记忆之中。①

耶路撒冷城是一个典型的记忆之地,由于两个原因尤其具有启发性。一方面它展示了一个记忆之地同时具有神圣的、让人敬畏的地点和历史纪念地的特征,另一方面它也展示了一个记忆之地是如何成为相互竞争的回忆群体的斗争之地的。

> 耶路撒冷啊,我若有一朝
> 忘记了你,情愿我的舌头
> 枯萎地贴于上膛,
> 情愿我的右手凋残②

海涅就是这样模仿第 137 首雅歌的。但是耶路撒冷并不是从一开始就是一个必然的记忆之地,是大卫才使它成为这样一个地方。大卫把这个地方从耶布斯人手中夺过来,并在锡安山上建立了大卫城。在重新把耶路撒冷建为都城的过程中,他让人把一直保存在私人家里的约柜通过一个盛大的、庄严的游行带到了耶路

---

① 参见哈特曼对《圣经》创世纪(32.1-23,33)的阐释。杰弗瑞·哈特曼:《为文本而战》("The Struggle for the Text"),见《米德拉西与文学》(Geoffrey H. Hartman, Sanford Budick, eds., *Midrash and Literature*, New Haven and London 1986),第 3—18 页。
② 海因里希·海涅:《耶符达·本·哈勒维》,摘自海涅:《罗曼采罗》,第 145 页。

第五章 地 点

撒冷。他的儿子所罗门而后在对面的摩黎雅山上建造了圣殿（"观看之地"），这里被视为在最后的时刻中断的亚伯拉罕献祭以撒这一历史事件的发生地。建造神殿作为上帝的居所使以色列获得了一个连续长久的圣地，这个圣地不仅仅只是一个纪念地了："我必住在以色列人中间，并不丢弃我民以色列"，主在《列王记上》6:13这样保证。随着崇拜被集中到耶路撒冷的神殿，这个国家的其他圣地都失去了意义。在圣殿被摧毁之后，《托拉》占据了核心圣物的位置。这个与地点脱离联系的神圣文本被提升到一个移动的神殿或者"便携的祖国"（海因里希·海涅）的地位，使得后来流亡的犹太信众团体得以保存。直到犹太复国主义再次象征性地占领这个地方，耶路撒冷在犹太教中一直就是一个彼岸之地、末世之地、死亡之地、审判之地，是等待弥赛亚的降临之地。

基督教对这个地方的纪念历史的发展却是与此毫无关联的。① 教会的首脑们并不怎么看重尘世间的耶路撒冷的意义；在四重的文字意义上的寓意系统中他们把历史性的场所归入文字意义的最低一级。这种空间上具体的意义应该在阅读《圣经》的时候得到超越，去追求更高的、精神的意义。耶路撒冷要用灵魂、而不是用脚去找寻。基督教对于耶路撒冷作为圣地的兴趣在4世纪，在君士坦丁一世的母亲圣海伦娜在那里捐建了一个圣墓教堂之后才显露出来。这种地形学的兴趣开始只限于拜占庭，到了9世纪和12世纪之间耶稣的传说的历史发生地才对西方教会变得重要起来。在伊斯兰教象征性地占领了耶路撒冷并对其提出了完全拥有的要求之后，这个地方成了教会和世俗势力共同组织的十字军东征的目标。十字军东征是一场争夺这一记忆之地的宗教战

---

① 感谢沃尔夫-丹尼尔·哈特维希（Wolf-Daniel Hartwich）给我很多提示。

争。直到13世纪腓特烈二世象征性地把这一地点分割成伊斯兰教的和基督教的崇拜之地之后,十字军东征的动因才被消除了;从那以后,以色列的基督教"圣地"(terra sancta)以及它的"传奇地形"才与伊斯兰教和犹太教信众的神圣风景和平共存。①

在古希腊罗马和中古时期,城市的建立并不是在中性的空间里发生的;为此需要某些"选址优势",除了经济上的便利也包括地点的象征性的重要性,这种重要性的最重要源泉除了神话的地点就是英雄的坟墓。②希腊的亚历山大小说中曾经讲述了亚历山大是如何占领忒拜并且在那儿进行大屠杀的。面对这一情况,一个名叫伊斯梅尼阿、擅长吹笛的诗人走出城来,来到亚历山大面前,想阻止他把这座城市夷为平地。诗人把亚历山大的毁灭欲归因于晕眩和遗忘,并把回忆当作拯救这个城市的最后的良方。他一开始就提醒亚历山大,他自己就属于这座城市的英雄的儿子狄奥尼索斯和赫拉克勒斯的家族。他的祖先的城市,也是他自己的一部分,他怎么能够去摧毁呢?在这个时刻,散文式的讲述被一首长诗所打断,歌者把忒拜这座城市的地形与它神话里的久远历史联系在一起,空间和时间在这首诗中通过指示性的一个小词"这里"连接起来,这个词也赋予了这首诗抑扬顿挫的节奏。

> 这是拉布达库斯的房子。这里俄狄浦斯那不幸的母亲
> 生下了杀死他父亲的凶手。

---

① 参见莫里斯·哈布瓦赫:《神圣土地上的福音故事地形学》(*La topographie légendaire des évangiles en Terre Sainte*, Paris 1941)。从13世纪起,是一些伊斯兰家庭在耶路撒冷当地担当基督教圣地的守护者。
② 扬·布雷默称之为"城邦的护身符"(polis talismans),参见扬·布雷默:《古希腊的宗教秘密和保密》(Jan N. Bremmer, *Religious Secrets and Secrecy in Classical Greece*),见《保密与隐瞒》(Hans G. Kippenberg u. Guy G. Stroumsa, Hgg., *Secrecy and Concealment, Studies in the History of Religions 65*, Leiden, New York, Köln 1995),第60—78页;此处第62页。

第五章 地点

> 这是赫拉克勒斯的神殿,从前是
> 安菲特律翁的房子,这里宙斯曾经
> 睡过三夜。……
> 这是泰雷西亚斯的房子,他是阿波罗的传声筒。
> 这里住着那个老迈的预言家,雅典娜把他变成了一个老妇。……
> 从这里依照克里瑞翁的命令瞎眼的俄狄浦斯被驱逐出去,
> 他的女儿伊斯墨涅是唯一的陪伴。
> 这里的这条河,从喀泰戎山流下来,
> 就是伊斯梅努斯河,它的水就是巴克斯的水。……①

这一通带有神话讲述的城市导游并没有达到它的效果,因为古老的故事以及天花乱坠的谱系都没给亚历山大留下什么深刻的印象。

> 你大概以为,你可以用这些编的
> 天花乱坠的神话谎言故事来欺骗亚历山大?
> 我已经决定了烧毁这座城市,直到它变成灰烬。……
> 但是你,伊斯梅尼阿,吹笛高手,
> 我命令你,站在这里,看着房子燃烧,
> 用你那双管乐器的尖利的声音,
> 来伴随这毁灭的巨作。②

这个残暴的故事对于我们的题目来说在好几个方面都颇有启发性。亚历山大对于文化记忆的力量其实并不是完全无所谓,就

---

① 理查德·斯通曼:《希腊亚历山大传奇》(*The Greek Alexander Romance*, 46, hg. v. Richard Stoneman, Harmondsworth 1991),第81—82页。
② 《希腊亚历山大传奇》,第83—84页。

像这个场景所呈现的那样。尽管他对过去的回忆以及谱系和神话不管不顾，但对他自己在未来的纪念却完全是另一种态度。对于身后的荣誉他十分看重，就像我们在上文看到的那样，他希望有一个诗人能够通过诗句把他的永生的荣誉固定下来。另外这里我们还看到了一次帝王覆写文化记忆的行为；占领者给自己造出了一块白板（tabula rasa），然后可以在此之上书写他自己的光荣的故事。

第五节　纪念之地——彼特拉克在罗马，西塞罗在雅典

代际之地的重要性产生于家庭或群体与某个地方长期的联系。由此产生了人与地点之间的紧密关系：地点决定了人的生活以及经验的形式，同样人也用他们的传统和历史让这个地点浸渍上了防腐剂。但对于纪念地来说却不是这样，纪念地的特点是由非连续性，也就是通过一个过去和现在之间的显著差别来标明的。在纪念地那里某段历史恰恰不是继续下去了，而是或多或少地被强力中断了。这中断的历史在废墟和残留物中获得了它的物质形式，这些废墟和残留物作为陌生的存留与周围的环境格格不入。被中断的东西凝固成了残留物，并与当下当地的生活毫不相干，这一生活不仅继续进行下去，而且无视这些残余，向前迈进。

一个传统的生活方式固着的地方变成一个只保留着中断的或被破坏的生活关联的痕迹的地方，皮埃尔·诺拉用一个法语的文字游戏阐释了这种现象。他称之为从"回忆氛围"（milieu de mémoire）到"回忆之地"（lieu de mémoire）的过渡。① 一个回忆之地是那些不再存在、不再有效的东西残留下来的地方。为了能够

---

① 皮埃尔·诺拉：《在历史和记忆之间》，第Ⅱ页。

继续存在和继续有效,就必须讲述一个故事,来补偿性地代替那已经失去的氛围。回忆之地是一个失去的或被破坏的生活关联崩裂的碎块。因为随着一个地方被放弃或被毁坏,它的历史并没有过去;它仍保存着物质上的残留物,这些残留物会成为故事的元素,并且由此成为一个新的文化记忆的关联点。但是这些地方是需要解释的;它们的意义必须附加上语言的传承才能得到保证。

被占领、损失和遗忘破坏掉的连续性事后不能够重新建立,但是可以借助回忆的媒介重新将其连接在一起。纪念之地标志了非连续性,其中保留的是不再存在的东西的一部分,但这不再存在的东西可以通过回忆重新激活。在纪念之地中还有什么东西存在着,但却首先指涉不存在的东西;这里还有些东西在眼前,但这些东西主要标志了其已经过去的性质。固着在一个纪念之地上的过去意识与踏踏实实坚守在某个地方的过去意识是两种不同的性质。前一种建立在非连续性的经验之上,而后者则建立在连续性的经验之上。

已经中断的、仅留下痕迹供人触摸的前历史对于一个后来的时代来说可能具有重要的意义,那就是当这个后来的时代把那个过去当作它自己时代的规定性的基础加以认可的时候。废墟和残留物可能很长时间都以不为人注意的瓦砾堆的形式存在着,并由此变得不起眼或看不到,当这种新的兴趣的追光投到它们之上时,可能会突然又被人看到。这种新的兴趣的一个很典型的表现就是文艺复兴时期人文学者前往古希腊罗马的纪念地所进行的修养旅行。"一切都在你神圣的墙垣中获得了灵感",罗马的旅游者歌德在他的《罗马悲歌》中证实了这一点,而他遵循的正是一个人文主义的指示,这个指示规定,在这个地方过去应该成为一种当下的经历。1578年,人文主义者尤斯图斯·利普修斯在一封信中已经十分清楚地表明了与这种修养旅游业相关的观点。他给一个正要去意大利旅行的朋友写了这封信：

> 对,还有眼睛的作用,单是眼睛在这里就能成为把你引向知识的向导。看啊,你现在来到了意大利,这里到处都装饰着果实、名人、城市,那些在讲演和文章中闻名遐迩的东西。在那儿你不管投足何处,眼望哪里,都能看到一座纪念碑或者回忆起一个古老风俗、一个古老的故事。……这些情景使你获得的愉悦是多么的巨大和多么的神秘啊!你跨进的不仅是那些伟大的古人的思想,而是仿佛跨进了他们的眼睛,而我们脚下踩到的土地还是他们自己经常踩过的。①

文字流传的漫长的道路通过遗物检视的短暂的途径变得更加有生气、更得到强调;内行的眼睛撞见了可见的遗留物,使得过去的精神遗产变得可触可感。同时人们也期望着会有一个神秘的火花从过去跳进现在——尽管有许许多多的断裂和遗忘。文艺复兴的意思是"重生";这种脱胎换骨的重生借助一个回忆的媒介发生了,在重生之时,除了古希腊罗马作家的原创文本以外,历史遗址和它们的残留物也发挥了"重生助产士"的作用。

在利普修斯和他的朋友之前几代,彼特拉克就已经进行过一次前往历史纪念地的修养旅行。在 1341 年 4 月他和朋友及赞助人乔瓦尼·科罗纳在罗马城里散步。② 半年之后彼特拉克在一封

---

① 参见尤斯图斯·利普修斯于 1578 年 4 月 3 日致年轻的菲利普·德·康诺(Brief Justus Lipsius vom 3.4.1578 an den jungen Philippe de Cannoy),见《尤斯图斯·利普修斯书信集》第一部分:1564—1583 年(*Justi Lipsi Epistolae, Pars I: 1564-1583*, hg. v. A. Gerlo, M. A. Nauwelaerts, H. D. L. Velvliet, Brüssel 1978),199—200, ll.,第 64 页以下。感谢 E. A. 施密特(E. A. Schmidt)的指点和翻译。
② 估计这里是指他们在 1341 年年初一次共同的散步,之后彼特拉克于 4 月 8 日被授予诗人桂冠,并得到隆重的接待。科罗纳(Colonna)出身于一个很有权势的罗马贵族家庭,但生活在阿维尼翁、罗马和提沃利的多明我会修道院里。参见阿诺·博斯特:《中世纪的生活方式》(Arno Borst, *Lebensformen im Mittelalter*, Frankfurt a. M., Berlin 1979),第 41—46 页。

第五章　地　点

拉丁语的信中又重新唤回了这个朋友对于当时所做对话的回忆:

> 我们穿过的不仅是城市,还有它的周边,每一步都激励着我们去对话和思索:这是厄万德尔德的庭院,这是卡尔门蒂斯的神庙,这是卡库斯的洞穴;这是哺乳的母狼和那棵罗来亚无花果树,它曾经庇护过罗慕路斯。这是瑞摩斯死去的地方,这是进行战斗戏和抢夺萨宾女人的地方,这是山羊喝水的地方以及罗慕路斯消失的地方。……在这儿恺撒曾经凯旋,在这儿他也走向毁灭。在这里的庙堂里奥古斯都看见帝王齐聚,寰宇称臣。……在这儿基督曾经遇见过他那哀求的代言人;在这儿彼得被钉上了十字架,在这儿保罗被斩首,在这儿劳伦提乌斯被烤焦;在这儿那个已经被埋葬的人给刚来到的斯特凡努斯让出地方。①

对于两个散步的人来说时间密集成了空间;由于时间的抢夺和毁坏而看不见的东西,地点却仍然以神秘的方式保留着。编年史变成了历史的地形学,而历史可以通过漫步来一步步走过,可以一点一点地在当地解谜。罗马城的建筑物变成了两个文化的延续性的保障物,即古老的非基督教文化和新的基督教文化。两个世界在这个历史舞台上穿插联系在一起。彼特拉克对于古罗马的偏爱得到科罗纳对于基督教罗马的偏爱的补充,两个视角融合成了一个神圣的风景。②

尽管古希腊罗马和基督教可以很好地契合,但另外两个世界

---

① 转引自博斯特:《中世纪的生活方式》,第41页。
② 瓦拉吉纳的雅各在他写于13世纪末的《黄金传说》(Jacobus de Voragine, *legenda aurea*, übers. v. R. Benz, Heidelberg 1979)中收集了属于基督教纪念地的那些殉道者和圣人传说。关于这些纪念地后来的变化参见卡尔海因茨·施蒂尔勒:《大城市之死:巴黎作为新的罗马和新的迦太基》(Karlheinz Stierle, "Der Tod der großen Stadt. Paris als neues Rom und neues Karthago"),见曼弗雷德·斯穆达:《大城市作为文本》(Manfred Smuda, Hg., *Die Großstadt als "Text"*, München 1993)。

却无法和谐:过去的世界和现在的世界。在这两者之间有一道深渊,将罗马城不为人知地分裂开来。"谁今天能比罗马的居民更不了解罗马的东西?"彼特拉克问他的收信人,并且他继续写道:"我很不愿意这么说:没有人比在罗马的人对罗马了解得更差了。"两个朋友朝圣的罗马不是同时代居民的罗马,这些居民已经完全失去了与这个过去的联系。人文主义者彼特拉克,就像阿诺·博斯特表达的那样,生活在"寻找失去的时间的道路上";而同时代的大众们则生活在当下,他体现了传统断裂与遗忘的意识,同时也体现了使古希腊罗马得以在政治上和文化上重生的梦想。他坚信当下的罗马人丧失的身份认同可以通过记忆重建来疗救:"谁能够怀疑,罗马马上就会站起身来,如果它开始认识自己?"①文化上的身份认同的先决条件对于彼特拉克来说就是那种鲜活的文化记忆,他和他的朋友正是体现了这种记忆。正是他们有能力让地点作为过去的沉默的证人开口说话,重新赋予它们失去的声音,因为这种回忆风景的文本只有那些已经了解其内容的人才能够读懂,这是一种追念的阅读,而不是信息性的阅读。在罗马的废墟风景之上投射了一个"回忆的空间"。人们也可以把它称为一个掩饰性回忆:"在罗马发生的回忆的文本空间在当地(即罗马)被投射到这个城市的残垣断壁上。"②罗马的废墟是双重符号;它们既编码了遗忘,也编码了回忆。它们标志了一个过去的生活,这个生活已经被消除、被遗忘了,已经变得陌生了,消失在历史的维度里,它们同时也标志了一个回忆的可能性,回忆将在记忆的维度

---

① 博斯特:《中世纪的生活方式》,第42页。
② 芭芭拉·温肯:《彼特拉克的罗马:比喻与地形》("Petrarcas Rom: Tropen und Topoi"),见《后结构主义:对文艺学的挑战》(Gerhard Neumann, Hg., Poststrukturalismus. Herausforderung an die Literaturwissenschaft, DFG-Kolloquium XVIII, Stuttgart und Weimar 1997),第554页。

里重新唤醒被时间撕裂和消灭的东西,并且把它们组合在一起,使之获得生命。

彼特拉克和科罗纳并不是第一批怀着对已逝过去的虔敬心情去拜访历史性地点的人。西塞罗在他的著作《论至善和至恶》(前45)中描述了,他和一群朋友去了雅典,并从那儿出发参观了周边的风景。这时他们意识到:"不管我们的脚放到哪里,都能踩到一段历史。"(V.5)在他们那次拜访的充满了神秘气息的纪念地之中也包括附近的雅典学院。他们挑选了一个时间,当时此地应该人迹全无,因为一个地方越是没有当下的生活,埋藏在它那里的过去的痕迹就越是能看得清楚:

> 雅典学院的所在地之所以出名,当然不是没有原因的,当我们到达时,那里一片寂静,就像我们所希望的那样,这时皮索说:"当我们看到这些地方,据说这里有值得怀念的人物停留过的地方,我们的印象比听到他们自己的功劳或者读他们的书还要深刻,我不知道是应该用我们的天性来解释还是一种疯狂?我此时就感觉到很震撼;因为我不得不想起柏拉图,听说他是第一个在这儿兴起辩论之风的人……"这儿是斯鲍希波,这儿是色诺克拉底,而这儿是他的听众波勒蒙,他就坐在我们看见的那个地方。当我看见我们的市政厅……通常会想起来西庇阿、卡托、勒琉斯,尤其是禁不住想起我们的祖父,地点之中所居住的回忆的力量真是如此巨大(tanta vis admonitionis inest in locis);人们从地点中派生出了记忆术看来不是没有道理的。①

从西塞罗对于地点的记忆价值的兴趣里可以清楚地听到记忆

---

① 西塞罗:《论至善和至恶》,第394—396页。

术实用主义者的声音。他在相关的文章中把图像和地点（imagines et loci）称为记忆术的柱石。他尤其指出,如果想要使想象的图像在回忆中长久保存,强烈情感发挥的作用是必不可少的。① 在发生地点所获得的印象比起那些道听途说或通过阅读得来的印象"要生动一些,引人注目一些"(acrius aliquanto et attentius, V.4)。但是地点的记忆却与记忆术的地点有明显的区别。地点的记忆是固着在某一个地方的,不能够与之分离,而记忆术的地点却恰恰显出可以转移的特点。记忆术的空间结构就像一份草图或一张地图一样发挥作用,是与它的具体的来源地分离的。从这种地点的抽象的力量来看,记忆术就近乎一种文字,这种文字不是把字母排列成行,而是把图像布置成一个空间性的句法结构。

古希腊罗马时期最为著名的修养旅行者是公元2世纪的一个希腊人,他名叫鲍萨尼阿斯,是罗马帝国的一个公民,罗马帝国此时已经把希腊文化中重要的历史地点都据为己有了。公元前146年科林斯城被罗马人占领和毁坏,就像亚历山大在近两个世纪之前占领了皮奥夏的忒拜并毁坏了它一样。这些日期都标志着时代的更迭,因为这时传统和生活的联系被强行地中断了。鲍萨尼阿斯的旅行将他带到一些对希腊文化来说曾经很重要的地点,现在这些地方一片瓦砾,荒草丛生,羊群栖息。他回到卡德摩斯建造忒拜城的地方,用他收集的情况在回忆中再度给予这个已经被消除的地点以重要的地位。他用同样的认真记录了历史的和神话的痕迹。他像一个使用录音机的民族学家一样收集了当地还流传着的传奇。他与歌者伊斯梅尼阿不同,伊斯梅尼阿想要让亚历山大回心转意,鲍萨尼阿斯却不为这些流传下来的故事的

---

① 参见西塞罗:《论演说家》,第350—360页。

真实性担保。"离城门不远处有一个万人坑;那里边躺着与亚历山大和马其顿人作战时阵亡的人。离此不远人们给我指出一个地方,并且讲述了,卡德摩斯在那儿的一个井边杀死了毒龙,并把龙的牙齿播种在那里,而土壤让那些牙齿长出了勇士,这随你信不信吧。"①

这些仔细的痕迹搜寻和痕迹保护工作使得希腊过去的文化变成了一道记忆风景,在这个风景之中,过去生活的地点变成了有助于记忆的地点。这些地点是"那些曾经献祭过牺牲、建立过城市、进行过杀戮和发出过誓言的地方。它们使神话中对于死亡、牺牲和血腥的搏杀的回忆获得了地点和支撑,并且使神话中对于由崇拜联系在一起的社会团体的起源的回忆也获得了地点和加强"。②鲍萨尼阿斯在他的人种志的搜集工作中保存下来的残留物,曾经具有证明物和遗留物的证据性的意义;它们是神庙的神圣性,王朝的合法性以及所有权的合法性的基础。在公元后第二个世纪里这些地点无可挽回地失去了这些意义,但是它们并没有因此而自动地变得不重要。它们进入了一个群体的修养记忆,这个群体将逝去的文化抬高到他们的规定性的过去的高度。鲍萨尼阿斯的回忆工作正是像一个理想型一样记录了离去和归来、历史的断裂、遗忘和在回忆的媒介中重新激活之间的联系。沉没到历史之中的文化经历了一次变形:它们变成了"古典",也就是说它们在后来时期的修养记忆中作为一个规定性的关联视域再次出现。

---

① 鲍萨尼阿斯:《希腊志》(Pausanias, *Beschreibung Griechenlands*, Buch IX, 10,1, übers. v. Ernst Meyer, Zürich 1952),第 2 卷,第 443 页。
② 斯特凡·戈尔德曼:《纪念的地形:鲍萨尼阿斯在希腊记忆风景中的旅行》("Topoi des Gedenkens. Pausanias' Reise durch die griechische Gedächtnislandschaft"),见《记忆术:空间—图像—文字》,第 145—164 页;此处第 150 页。另参见克里斯蒂安·哈比希特的《鲍萨尼阿斯与他的〈希腊志〉》(Christian Habicht, *Pausanias und seine* Beschreibung Griechenlands, München 1985)。

第六节　精灵之地——废墟与招魂

彼得·伯克曾指出,在中世纪,人们观看罗马的废墟的目光与文艺复兴时期是不一样的。"它们被看作'奇迹',被看作 mirabilia。但是人们把它们看作是理所当然的东西接受它们。它们从何处而来,何时建造,或者为什么它们的建筑形式与当地的并不一样,人们好像对此并不感到惊奇。"① 在文艺复兴时期对于废墟的感知变得敏锐起来。但落在这些来自过去时代的化石上面的目光却可能对其产生十分不同的感受。对于彼特拉克来说,罗马的废墟变成了一道记忆的风景,在这片风景之中,与这些地点相联系的历史在观察者那里被鲜活地回忆起来。废墟证实了——用瓦尔特·本雅明的一句很精彩的话来说——"历史是如何踱进它的发生地的"。② 只要这个历史继续得到传承和回忆,废墟就是记忆的支撑物和基石。人们虚构的那些像常青藤一样缠绕着这些废墟的故事也起到同样的作用。但是如果它们失去了语境,丧失了知识,突兀地挺立在一个变得陌生的世界之中,那它们就变成了遗忘的纪念碑。那些与它们的故事分离的被付诸遗忘的废墟却可能在另一个层次上显出如画的美感。③ 在一个以加速变化与工业化为特征的时代里,恒久不变的废墟摆脱了历史,被归入自然之中。18世纪末在英国发展起了一个废墟浪漫主义的潮流,赋予过去的文化的建筑残存以美的表达。其中古希腊和哥特式的废墟是被区别

---

① 彼得·伯克:《文艺复兴时期对于过去的意识》,第 2 页。
② 瓦尔特·本雅明:《德国悲剧的起源》,第 197 页。
③ 参见埃德加·齐尔泽:《天才概念的产生》(Edgar Zilsel, *Die Entstehung des Genie-Begriffs*, Tübingen 1926),第 62—70、139—211 页;罗斯·麦考利:《废墟之乐》(Rose Macaulay, *The Pleasure of Ruins*, New York 1966)。

对待的。哥特式废墟按照这种美学编码表示时间战胜了人力,这被认为是一种忧郁的、但并不让人感到难受的想法;而希腊的废墟则标志了野蛮战胜品味,这是一种压抑的、让人沮丧的想法。

威廉·吉尔品在他关于"画中行"的艺术的著作中,认为废墟是艺术与自然的交汇点:"倾颓的塔楼,哥特式的穹顶,一个古堡或一座修道院的废墟……都是艺术最宝贵的遗产。它们受到时间的洗礼,几乎应该与大自然的神工一样受到同样的尊敬。"①对于华兹华斯来说,废墟不是历史踱进的场地,而是永恒踱进的场地。在他对一座废弃的修道院的描写中,建筑物的残余与大自然结合在了一起:

> 或前往龙葵峪中那供奉圣玛丽的
> 巨大修道院,在断壁残墙前,
> 看日渐朽迈的殿堂孑然独矗,
> 高昂着断裂的弧拱与钟楼;还有
> 雕像和绿树——神圣的地方!②

大自然,在雨后舒活了筋骨,窃窃私语,或者说,焕发了生机:在一片绿意之中突然响起歌声,回荡在教堂已经露天的大堂之中,它歌唱着生与死的轮回,宣告着地点超越时间的永久:

> 还有那孤单的鸫鹩;曾几何时,
> 她在大厅里婉转高歌……
> 我真想长久住在这里,永远地
> 听这甜美的声音在耳边响起。
>
> (《序曲》第二卷,第125—135行)

---

① 威廉·吉尔品:《画中行》(William Gilpin, *Essays on Picturesque Travel*, London 1792),第46页。
② 威廉·华兹华斯:《序曲》,第103—108页。

这如画的、浪漫的废墟并不怎么指向过去,而更多地指向一个超时间的持久。在废墟的状态下文化更加接近自然。想要把废墟当作一个特殊的过去的索引来阅读,不需要审美的眼光,而需要一种好奇的、古物研究者似的眼光。在这一关联中西塞罗的参观团队里的一个成员在大家共同观光的时候所做的一番评论很能给人启发。他把一种对于过去的不合理的目光和一种合理的目光区分开来:

> 这时皮索说道:"当然,西塞罗,这种兴趣如果目标是模仿优秀的人物,那它显露的是一种精神的境界,而如果只是为了认出过去时代的痕迹,那它就是一种纯粹的好奇。"(studia ingeniosorum ... studia curiosorum V.6)

只是为了纯粹的知识而研究过去被看作是不合理的;人们只有决心使过去重新复活并且延续下去的时候,才应该把它从遗忘的深渊中捞取上来。虔敬的态度是人们对待过去应有的态度。纯粹好古的好奇心在这里是与鲜活的传统意识大相径庭的。彼特拉克和科罗纳就带着应有的虔敬,仍然能够读懂尽管已经年深日久的废墟的符号,使得过去在他们的回忆中重新获得活力。他们体现了一个文化中古典主义的诉求,这种文化在遗忘的黑暗的时代之上架起了一座传承和回忆的桥梁。

如果一个鲜活的传统的回忆和传承链条断裂的话,记忆之地也会随之变得不可读。但是全新的阅读方式由此也会变得活跃起来。好奇会代替虔敬出场。纪念之地会变成考古学的现场,其解读也将交付到有特殊才能的专家手中。曾经是朝圣者拜谒的地方,现在只见碑铭学家、考古学家和历史学家在忙忙碌碌,他们带着那种被西塞罗摒弃的历史的求知欲来从事这艰苦的痕迹保存工作。历史研究的精神发展起来,这是以传统的断裂以及对于规定性过去的遗忘为代价的。"文化历史学的时间测量,"乔治·库布勒在他的著作《时间的形式》中写道,"主要基于被毁坏的物体碎片,这些碎片来自垃圾堆和墓地,来自被遗弃的城市和颓败的村庄。"这难道意味着,人失去的记忆转移到了地点上？人们通过回忆不再能够触及的东西,可以间接地通过残留物来触及吗？对此的确信无疑正是科学的痕迹保护原则的前提。痕迹保护超越了时间造成的渐渐的颓败,建立起一种历史的过去意识,这种意识与西塞罗或者彼特拉克的鲜活的传统意识是大相径庭的。①

但是如果我们观察古代学的源头,那虔敬和好奇之间的界限很容易就会变得模糊。这里边要提到的一个让人印象深刻的例子是意大利建筑画家乔瓦尼·巴蒂斯塔·皮拉内西的作品。1756年出版了四卷两开大书,标题是《古代罗马》。该书的作者雄心勃勃,想要"把这永恒的城市的痕迹从时间的侮辱和创伤中拯救出来"（VRBIS AETERNA / VESTIGIA / E RVDERIBVS / TEMPOR-VMQUE INIVRIIS / VINDICATA）。在拉丁文的标题中"痕迹"和"拯救"这两个词都被单列出来而得到凸显,以最为简明的形式表明了这是一项雄心勃勃的好古的计划。这位艺术家想要通过250幅蚀刻画让时间的毁坏工作倒转回去,让罗马在想象中起死回生。促使他行动的是他看到这些古迹在以极快的速度被毁坏,再也不能失而复得。皮拉内西确信,在古代罗马出城道路两旁为数众多的墓地已经遭受了很大程度的损坏,并且在经受迅速的衰败。使之消失的复仇女神促使他产生了一股令人惊讶的文物保护师一般的能量。那些在它们的三维的物质性里不断遭受损毁的东西,可以借助现代技术复制手段,如印刷术和石刻,至少以文字和图像的形式被记录,并为后世保存下来。文字和图像,纪念碑和书籍不再

---

① 乔治·库布勒:《时间的形式》(George Kubler, *Die Form der Zeit*),第47页。

是相互竞争的记忆媒介,书籍使纪念碑能在它的建筑材料完全被拆毁之后还有可能获得一个死后的生命。皮拉内西在书的前言中把他的计划的意图解释为一项记忆工程:

> 因为我看到,罗马的古代建筑的残留,大部分都散落在花园和其他农业用地上面,一天一天地减少,部分是由于时间的侵蚀,部分是由于所有者的贪婪,他们用野蛮的、无所谓的态度悄悄地拆毁废墟,把石头卖掉,让人去建新房,因此我决心通过印刷来保存它们。……因此,我在这几卷书中用所有可以想象的认真态度描画了我所提到的残存物:许多地方我不仅再现了它们的外部形态,而且还有它们的地基与形状以及内部情况,我用剖面图和立面图来区分各个部分并且标明了所用的材料,有时还有建筑物的结构方式。这是我在多年孜孜不倦的仔细观察、挖掘和研究中得到的认识。①

皮拉内西与彼特拉克和科罗纳看待古罗马废墟的方式不同;后者是专注于少数的、以及历史的传奇的残留物,并认为残留物是永恒存在的,而前者却把他的注意力扩展到很大的范围上,甚至注意到那些较不起眼的、无名的纪念碑,并且意识到了它们的脆弱和不受保护的状态。在皮拉内西的眼中,废墟作为寓意的符号载体失去了它们坚韧的质地,变成了一个转瞬即逝的物体。废墟不再是一个看不见的过去的牢固的回忆支撑,而是自己成了回忆的对象,成了保存、情况调查以及重构的对象。不管今天人们怎么来评价皮拉内西的好古的工作,但他收集留传下来的文字并加以评判,他把建筑物的大小、图纸、外表和细节都收录起来,这种一丝不苟

---

① 转引自诺伯特·米勒:《梦的考古学:试论乔瓦尼·巴蒂斯塔·皮拉内西》(Norbert Miller, *Archäologie des Traums. Ein Versuch über Giovanni Battista Piranesi*, München 1994),第159页。

第五章 地点

乔万尼·巴蒂斯塔·皮拉内西,《古代罗马》(1756)

的态度,使人不能怀疑,他对于这些纪念建筑的记录带有考古学出版物的严谨。

但是皮拉内西与现代考古学家不同的是,他赋予了想象与经验同样大的重要性。科学与想象的融合在他的一部著作里获得了成功,这也是他后来受到赞誉的原因。这部著作是《罗马景致》的一个扩充了的版本,1760年由他自行刊印出版。在这本著作中他重新选用了先前的一组《监狱》的图画,那些充满想象的监狱草图使浪漫的想象插上了翅膀。在新版本中它们在风格上却发生了巨变;那些游戏式的草图都统统让位于一种清晰的画法,并加强了重量和感染力。但是最为重要的改变在于,曾经在想象的空间里完成设计的监狱结构现在被标注了历史的索引,并且被定位于早期古罗马皇帝统治时期。由此它们变成了让浪漫派艺术家们称奇的那种历史想象的传奇的里程碑。这些监狱结构图展现了一种"梦的考古学"(诺伯特·米勒),既作为一种虚构的、人类灵魂的迷宫建筑,也作为一种罗马帝国长存的隐性亚结构,作为摆脱了历史意识的地下的穹窿和空洞,只向历史的想象力开放。在它们新的版本中这些**臆想的监狱**成了研究一个"埋藏在经验世界的表面之下的对立现实"的著名例子。①

当埃德加·爱伦坡在一百年之后描写罗马的过去旅游业的经历时,与过去的接触集中在了残留物的神秘气氛上。在大斗兽场里感动参观者的不再是怀古的好奇,文物保护师的热情也离他很远。在石块、残垣断壁之间他完全集中精力于自己的想象。他任自己产生一连串的极其模糊的感受。抽象和激情是尝试去描述这些感受的诗句最为显著的特征:

伟大、忧郁和荣誉!

---

① 诺伯特·米勒:《梦的考古学》,第151页。

第五章 地 点

> 广阔！和古老！和原始回忆！
> 沉默！和绝望！和阴暗的夜晚！①

在下面的诗中,在这个由于敬畏和轻微的惊恐而进入灵魂出窍状态的意识里,突然加入了过去的声音。石头的证人并不保持沉默。诗中描绘了19世纪的思想所想象的一个重生的经历,在这里不再是古典和语文学来决定与过去的联系,而是一种病怏怏的、招魂术的想象。石头传达的信息并不特别丰富;在招魂之时声音本身比它们所说的内容更加重要:

> 我们没有失去意识——我们苍白的石头。
> 权力和荣誉没有完全消失——
> 我们崇高的声望并不都是魔幻——
> 围绕着我们的并不都是奇迹
> 在我们身上活着的并不是秘密——在我们身上披挂的并不是回忆
> 像一身宽大的袍子披在我们身上……

爱伦坡的诗歌描绘了19世纪历史主义的两个方面,即语文学和想象是如何分道扬镳的,而皮拉内西却还能将其高超地捆绑在一起。过去越是被彻底地看作已经过去并且结束,想象就会越发努力地通过另外的途径保存这些过去的东西。历史想象成了作家的一个重要领域,在这些作家之中沃尔特·司各特,历史小说的发明者,应该首先被提及。② 在他的长篇小说中,以及在他位于苏格兰的阿伯茨福特的庄园里,还有他在那里收藏的书籍和残留物中,

---

① 埃德加·爱伦坡:《大斗兽场》(Edgar Allan Poe,"The Coliseum〔1833,1845〕"),摘自《爱伦坡诗选》(*The Poems of Edgar Allan Poe*, hg. v. Floyd Stovall, Charlottesville 1965),第57页以下。
② 参见斯特芬·巴恩:《克里欧的衣衫》(Stephen Bann, *The Clothing of Clio*, Cambridge 1984)。

他从事的是一个古物研究者的工作,在想象之中重构过去,这个过去为一种新的苏格兰的民族意识提供了关联视域。

近代对于抽象的空间的建构是殖民地缘政治最为重要的前提条件。① 空间必须被去神圣化、去妖魔化,才能够被抽象地测量。古老的世界地图是以耶路撒冷这一圣地为中心的,所有其他的地方都像天女散花一样分布在既有的平面上,而在新的地图上这些地点之间的区域第一次变得重要起来,并且被精确地细分了。建立在坐标网格为抽象基础上的空间新秩序成为地图的基础,可以让人在空间中辨明方向。②

在浪漫派时期与这种潮流逆向而动的是地点的记忆又获得了新的尊重。当然不再有神祇住在他们从前的居住地,住在山洞、泉边、树林、山巅等曾经修建过庙宇的地方。地点被重新赋予了神秘的气氛,这次是作为已经失踪的远古时代突如其来地显现的地方。浪漫派与一个被传统决定的文化断绝了关系,却找到了遗忘以及遗忘的爆发性回归的模式,这一模式将文化的进程转移到了下意识里。在这个关联里惊悚小说这一题材的出现让人很受启发,在惊悚小说中,过去的鬼魂的声音就像哈姆雷特父亲的声音一样猛然进入了一个被遗忘和压抑决定的当下。这一题材的作家对于哥特式的废墟感兴趣,这些废墟是一个逝去的封建时代的见证,他们在小说中让这一时代重新复活。"浪漫的"这个词其中一个含义

---

① 空间这时变成了一块石板,上面旧的字迹被擦掉,腾出新的地方。古塔和弗格森关注的正是这种空间的象征性转译:空间作为"一个中性的坐标网格被写入了文化差异、历史记忆以及社会组织"。古塔、弗格森:《文化、权力、空间:批判人类学探索》(Akhil Gupta und James Ferguson, *Culture, Power, Place: Explorations in Critical Anthropology*, Duke U. P. 1997)。

② 关于殖民空间的著作有戴维·哈维的《城市经验》(David Harvey, *The Urban Experience*, Baltimore 1989),他写道:"对空间的征服首先要求它被想象成有用的、可塑造的东西,因而是可以被人力征服的。"第176页。

就是在想象中重现一个消逝的远古时代,或者说:一个被粉饰了的过去。不可挽回地失去的东西,再次被注入了"微生物似的生命"。① 在一个越来越被启蒙的世界中,惊悚小说成了进入逝去的魔幻世界的入场券,在这个世界中鬼魂、预兆和奇迹稀松平常。曾有人有理有据地强调过,惊悚小说中真正的主角是那些被远古时代的鬼魂造访的建筑。② 人们忘记得越多,地点和它们的残留物就越有神秘氛围。在爱伦坡创作的那些惊悚长篇小说和短篇小说中,建筑物成了记忆的地点,这个记忆被人们失去,又追上了这些人,建筑物还成了表演的场地,在这些场地上被压抑的东西上演着回归场景。

第七节　坟墓与墓碑

特殊的地点在浪漫派时期不仅作为事件的发生地是重要的,而且作为吟诗、写作和阅读的场地也获得了新的重要性。在一种新的自然诗的潮流下,漫游和吟诗成了相互补充的行为;诗歌的作用在于,原原本本地保留某一个地方的特别的要素。于是就产生了一种"原位文学"(In situ-Literatur),托马斯·格雷如此总结其创作原则:"固着在地点之上或旁边的只言片语,抵得上车载斗量的回忆。"③阅读也与之相似,尤其是在阅读18世纪十分受人喜爱的教堂墓地抒情诗时。对此盖勒特在一封信中留下了详细的证明。在这幅画面里,"地点的记忆"的所有颜色都混合在一起:

---

① 诺伯特·米勒:《梦的考古学》,第100页。
② 亨利·比尔斯:《18世纪英国浪漫主义史》(Henry A. Beers, *A History of English Romanticism in the 18th Century*, New York 1899),第253页。
③ 转引自马尔科姆·安德鲁斯的《寻找如画的:1760—1800年间不列颠的风景、审美和旅游业》(Malcolm Andrews, *The Search for the Picturesque. Landscape, Aesthetics and Tourism in Britain, 1760-1800*, Stanford 1989),第155页。

从来没有像读《羊的悲歌》和《克鲁岑的坟墓》一样心灵上产生如此的共鸣,就像在一些夏天的夜晚,群星灿烂,我坐在一个小花园里的沉静的亭子中,旁边是一块教堂墓地,那里古老而神圣的椴树被夜的气息吹拂,发出沙沙的响声,在你的灵魂里灌注进颤栗,从远处一个倾颓的骑士宫殿的塔楼里,从古老的哥特式的教堂钟楼中,善于哲学思考的猫头鹰时不时地发出它们那空洞的叫声——这时人才会处于一种状态,思想的风暴呼啸着刮过而后停止,灵魂变得寂静,就像夏夜里一个寂静的湖面,人们仿佛听到从死者坟墓里传出的声音,并把它刻在心灵的最深处。①

约翰·雅可布·巴赫奥芬的自传性文字也属于这一关联,我们上文已经引用过。巴赫奥芬1841年获得了巴塞尔大学罗马法的教职,但他三年后就放弃了这一职位,成为一位私人学者。他带着很明显的历史的兴趣来研究他的专业:"古希腊罗马是吸引我的东西,而不是今天能够使用的那些,我想要学的是真正的古罗马的法律,而不是现在的罗马法。"②而且真正的对于真理的追求,就像他证实的那样,不是语文学的博学多闻,而是对于艺术的充满情感的态度。在"我们今天世界的贫瘠和蛮荒"的背景下,他与古希腊罗马保持着"一种深深的内在的情感"。被他称为"古代的让人强健的气息"的东西不是从古典的文本,而是从物质的残留物中发出的(第3页)。对他来说尤其是墓碑,其形式及图像比文字表达的东西还多:"在坟墓边上的所思、所感、静静地祈祷的东西,没有言辞可以表达,只能由那些永恒宁静的象征给人发出联想丰富

---

① 转引自约翰·戈特弗里德·赫尔德:《赫尔德早期作品1764—1772》(*Frühe Schriften 1764-1772*, hg. v. Ulrich Gaier, Deutscher Klassiker, Frankfurt a. M. 1985),第490页。
② 约翰·雅可布·巴赫奥芬:《人生回顾》,见《母权与原始宗教》,第2页。

第五章 地 点

的暗示。"(第11页)词语的明晰性和有限性与象征的丰富联想对立起来,文字引向历史,而象征属于永恒,属于"那些最古老的民族",属于"大地"。这两种媒介联系的是一条缓慢的认识之路和一条快速的认识之路。那条漫长而艰辛的道路是语文学和历史学的道路,它们的批判与方法都要由理智进行规范,并与它的对象拉开距离。那条短而直接的道路是想象的道路,它领会的是从根本上来说被排斥在历史的博学之外的东西:即直接的、有活力的关联。皮拉内西两条道路都了解,他将其分开来发展,然后再把它们交织在一起:那条耐心搜集、仔细描画以及认真重构的苦行僧似的道路,以及那条激动的主观性在磷火的照耀下虚幻接近的道路。

西塞罗和彼特拉克寻访的精灵之地,如果没有固着在一个对于规定性的过去的鲜活回忆中的话,那就不值一提。沉默的废墟只能借助在记忆中保存的传承故事才能发出声音。那些解释这些地点的铭文可以有助于回忆。它们的基本形式是碑文,以其一成不变的"这里安息着","hic jacet","po tamun"。这些文字不仅不能脱离特殊的地点,它本身还是其在空间上的不可移动性的标志。这些碑文的书写过程也表达了同样的"在这里",就像伊斯梅尼阿、西塞罗、鲍萨尼阿斯和彼特拉克的"这里"一样,像诵经一般为参观过程打着节拍。**这里**是色诺克拉底,**这里**有他的听众波勒蒙,**这里**彼得被钉上了十字架,**这里**保罗被斩首。记忆之地的回忆行为是在指点这个索引性的手势之下完成的。废墟和残留物其实也不过是指向具体地点的手指,在那些地方曾经有人生活和行动过。但它们只是指向不在场的东西,而坟墓作为死者的安息之地(那些保存着圣人遗骨的地方也一样),则是一个令人敬畏的显现之地。

在歌德的《亲和力》的一章中,就地点的固定性、纪念碑的可

移动性,以及显现和不在场的问题详细地进行了讨论,在第二卷的开头这样写道:

> 我们都还记得夏绿蒂对教堂墓地进行的改建。所有的纪念碑都被移开了位置,放到了围墙和教堂的底座边上。其他的空间被整平了……(并且)撒上了不同品种的三叶草,颜色碧绿,生机勃勃。新的坟墓从边缘开始都按照某种秩序建造,但是所在的地方随时会被平掉并且撒上花种。没有人能够否认,这个地方在礼拜日或节日人们来教堂时显出了欢乐和尊严的景象……①

夏绿蒂即使在教堂墓地里也不让死优先于生;她的观点,比如为来教堂的人提供一个愉快的景象,她"不应该看见疙疙瘩瘩的墓地,而是一块漂亮的色彩斑斓的地毯",以及神职人员可以利用这块土地,都处于她对于新秩序的优先考虑之中。但她因此也遭到了几个村民的反抗。这些人把移动墓碑看得与禁止祭奠(damnatio memoriae)一样严重。他们不同意:"人们把他们祖先安息之地的标志取消,这几乎是取消了对他们的纪念;因为保存完好的纪念碑虽然标识了谁埋在这儿,但是并没有标识他埋在哪儿,而这个'哪儿'却是最重要的"(第137页)。

---

① 约翰·沃尔夫冈·歌德:《亲和力》,摘自《歌德全集》,第9卷,第137页。我感谢夏娃·霍恩(Eva Horn)在这一段落中给我的重要提示。我还想在此提及她的博士论文:《书写悲伤:歌德时期文本中的死者》(*Trauer schreiben. Die Toten im Text der Goethezeit.* München 1998)。引人注目的是,在同一时期,英国诗人华兹华斯也受到墓碑这一题目的触动,写下了三篇散文《论墓志铭》,在文中他也对现代化和死者崇拜进行了思考。对于华兹华斯来说,墓志铭的意义在于它与它提到的人的骨殖在空间上的接近:"这些记录要完成,不是以一种通常的方式,而是在**与死者遗骨的紧密联系上**。"(黑体字为原文所有) 威廉·华兹华斯:《论墓志铭》("Essay Upon Epitaph I [1810]", in: *Literary Criticism of William Wordsworth*, hg. v. Paul M. Zall, Lincoln 1966),第96页。

第五章 地 点

　　书中紧接着详细地讨论了一个在固定地点的纪念活动的利与弊。一方固执地代表了对固定在地点上的死者纪念的兴趣;这个记忆之地在某种意义上成了一个神圣的地方,通过死者的在场而变得神圣。而另一方是现代性的要求,他们摒弃了对于死者的虔敬,把深植于土地中的回忆连根拔起,挖出来并且移植到没有特殊地点的纪念碑上。远古文化在这里意味着不可移动性、固着在某一小块土地上,这块土地保证了所爱之人的在场。重要的是这种在场而不是纪念碑;一个年轻的法学家阐释了这种观点,既不是木头十字架,也不是铁十字架,也不是石头,"吸引着我们,而是下边保存着的,被托付给泥土的东西。我所说的既不是纪念,也不是这个死者本人,也不是对他的回忆,而是现在。拥抱一个亲爱的、逝去的东西,拥抱躺在坟墓里的比拥抱在纪念碑中的要亲密得多"(第138页)。

　　地点的记忆保证了死者的在场;而纪念碑却把对于地点的注意力转移到自己这个代替性的象征物身上。远古的纪念碑只证实了地点本身,因为只有地点是重要的,而现代的纪念碑用符号来取代逝去的东西,在这两者之间有一方认为是罪过,而另一方则认为是再现的进步,是通过符号来代替对物的崇拜。在现代移动性和去旧迎新的时代,地点的记忆与固着于某一小块土地的态度一起变得多余了。与我们在这一章的开头引用的霍桑相似,歌德小说里的夏绿蒂也表达了这种现代性的精神:"你们的论据不能说服我。一种总算达到的普遍的平等,至少在死后能够出现,这种纯净的感觉比那些固执地、顽固地坚持自我的个性、所属和生活境遇的想法,对我来说更能够起到安慰作用。"(第139页)

　　那在《亲和力》中挑起的关于文化符号实践的不同原则的争论也代表了关于地点记忆和纪念碑记忆的不同意见。在第一种情况下,纪念碑的表达力集中于仅有指示性的"这里"上,在第二种情况下，纪念的内容借助艺术再现的手段得到造型。符号迈出了从索引到象征的这一步，使自己变得不再依赖于地点；想要表达的东西，既可以在这里也可以在那里得到表达。我们也许能把这称为进步，如果我们确实是把进步理解为摆脱地点的束缚、通过理性化而获得活动性的话。一种借助再现而脱离了地点的记忆艺术的基本原则在下文中以问答的形式得以阐明：

> 没有任何纪念的标志，没有任何回忆的标志，难道这一切就这么过去了？奥蒂莉责问道。
>
> 当然不！建筑设计师继续说道：人们要摆脱的不是纪念，而是地方。建筑艺术家、雕塑家们都极受关注，因为人们从他们那里、从他们的艺术、从他们的手中期待的是自己的存在得以持久；因此我希望出现构思和造型都很好的纪念碑，不是零零星星随意散布的，而是要树立在一个能够保证它长久伫立的地点。（第140页）

使记忆之地获得神圣地位的神秘气氛却是不能被转译成纪念碑的，不管这些纪念碑是多么具有艺术性。纪念碑是用人手和人的意识建立的；它们的信息像是石质的书信，将一个特定的回忆内容传递给后世。这个被歌德讨论的从地点记忆向纪念碑记忆转型的问题在今天取得了出人意料的现实性。由希特勒统治的德国实施的对于欧洲犹太人的灭绝在欧洲地图上到处都留下了空白区域。犹太人生活和文化的中心被和犹太人一起消灭与清除了。就像人们发现的一样，这里无法再仰仗地点的记忆；也许更应该称之为"地点的遗忘"。就像石块落入水中，水面立刻又变得平静，这些地点的伤痕也马上愈合了；新的生活和新的使用很快就让人几乎再也认不出伤疤来，就连夏绿蒂洒下的覆地的三叶草都不需要；俗话所说的"遗忘的青草"发挥了它的作用，与此相反的是需要付出无比艰辛的努力才能把这些空白点作为毁灭的痕迹保存下来。

只有当人们付出努力的时候,一个地点——这里将会清楚地表明——才能够保存回忆。自 80 年代初起,这种付出的行为在东欧开始增多了,人们开始在一片遗忘的风景中标志出纪念之地并保存它的痕迹。随着幸存的受害者渐渐离世,对于在他们身上施加的罪行的回忆应该以另外一种方式得到固定。这种纪念的作用再次并且更紧密地与流放和灭绝的地点联系在一起。在东欧的犹太人被抓捕和谋杀两代人之后,这一地区变成了一个纪念风景,以色列、美国和西欧的旅行团都来到这里:"这些纪念碑成了对旅游者有巨大吸引力的东西,吸引着成百上千(大部分是犹太裔)的西方旅游者来到这些村庄,这里其实除了一种不在场的回忆以外别无他物。没有活着的家庭和教众,只有纪念碑,往往也是为西方的游客建造的,这些纪念碑促使那些幸存者作为旅游者回到这里。"①

"拥抱一个亲爱的、逝去的东西,拥抱躺在坟墓里的比拥抱在纪念碑中的要亲密得多",歌德在《亲和力》中这样写道,但是当坟墓不再能够拜谒,因为居民被流放、家人被谋杀或者散布在世界各地,这种地点记忆也就和他们一起消散了。留下来的是残留物,这些残留物如果被加工成一个纪念碑就会固着一个地点的新记忆。在波兰的一个小村庄卡茨米尔茨里,战前村民几乎半数都是犹太人。人们把犹太墓地的墓碑"转译"成了一座纪念碑。② 人们在村外建了一堵墙,这堵墙由一条缝隙分成两段。在这堵墙的墙面上砌上了犹太人的墓石组成的长长的一条饰带。这些墓碑不仅仅

---

① 詹姆斯·E. 扬:《波兰的犹太记忆》(James E. Young,"Jewish Memory in Poland"),见《犹太大屠杀纪念:回忆的阴影》(G. H. Hartman, Hg., *Holocaust Remembrance. The Shapes of Memory*, Oxford and Cambridge, Mass. 1994),第 228 页。
② 同上书,第 215—231 页。

是从墓地挖出来的,也有从前的一个方济各会修道院的铺路石,纳粹曾经把那里建成盖世太保的主要办公地。这些墓石在被重新利用时,光溜溜的背面朝上,以此消除对于它们原本的作用的记忆。但正是因为如此,上边的碑文才免受磨损和破坏,这是人们把它们重新挖掘出来时才发现的。

第八节　创伤之地

纪念地是那些创建过表率式功绩或者遭受过典型苦难的地方。用鲜血书写的历史事件如迫害、侮辱、失败和死亡在神话的、民族的以及历史的记忆中都占有十分显著的地位。它们是不能忘怀的,只要它们被一个群体转译成一种具有积极意义的回忆。而创伤性地点与纪念之地的区别就在于,它们对一种证实性的意义建构是封闭的。宗教的及民族的记忆充满了鲜血和牺牲,但这些记忆不是创伤性的,因为它们是具有规定意义的,并且被用来进行个人的或集体的意义建构。

在这里我想再次提起本章开头我们引用的作家霍桑,并且从他的小说中摘取另外一个例子,这是一个关于创伤性地点的例子。这里讲的是一个类似于俗话所说的罪犯留恋犯罪地点的情况。小说《红字》的女主人公被清教社会烙上了字母 A,这是她所犯的"通奸"(adultery)罪行的标记,她却不改变自己的生活地点——这本来可以让她摆脱那讨厌的名声,并帮她建立一个新的身份认同。

> 看来实在不可思议的是,她竟然仍把这个地方视作自己的家园;而恰恰在这里,况且也只有在这里,她才会成为耻辱的典型。但确实有一种命数,一种具有冥冥之力的如此不可抗拒和难以避免的感情,迫使人们像幽灵般出没并滞留在发

第五章 地点

生过为他的一生增色添辉、引人注目的重大事件的地方,而且那事件的悲伤色调愈浓,人们也就愈难以背离那块地方。她的罪孽,她的耻辱,更是她深扎于此地的根。①

回忆之地是通过讲述它的故事获得稳定性的,反过来地点也支撑着这些故事,并证实其真实性,而创伤性地点的特征却是,它的故事是不能讲述的。这个故事的讲述被个人的心理压力或者团体的社会禁忌阻滞了。像罪孽、耻辱、强制、命运、阴影这些表述都是禁忌词汇、掩饰概念,它们并没有传达、而是屏蔽了不可言说的东西,并且将其禁锢在它的不可通达性里边。

霍桑认为罪责和创伤是社会疾病的症状,它们的根源是虚伪和对自我的错误认识。小说里提到的那个事件——海丝特的私生子——只有在给女主人公加上耻辱的记号、清教社会进行压制、加以道德编码等举动时才会变成一桩"罪行"。海丝特强迫性地留在她遭受耻辱的地方,在这里她的通奸行为不会成为过去,而是持续地、危险地保持在场。创伤之地把一个事件的险恶固着下来,这个事件是一段不会消逝、不愿远离的过去。

奥斯维辛

奥斯维辛这个名字现在已经成了纳粹对犹太人和其他被排挤的、手无寸铁的牺牲者进行工厂式大屠杀的简称。尽管这个名字的语言含义是那么清楚明了,但这个**地方**的含义却是不清楚的。奥斯维辛这个地方,乔纳森·魏伯写道:"不是博物馆,尽管它一眼看上去很像,它不是墓地,尽管它拥有重要的先决条件,它不是旅游地,尽管它常常挤满了涌来的游客,它是所有这些东西的合体。……在我们的语言中没有这样一个范畴能让我们表达奥斯维

---

① 霍桑:《红字》,第 83 页。

辛是一个什么样的地方。"①

　　为了将被固定成公式的名字的意义重新松开，重新还给回忆工作，那就总是有必要回到地点以及与它相连的问题之中。这个创伤性地点的多层次性和复杂性不仅仅是由于寻访它的人们的回忆和角度多种多样。对于波兰人来说，他们在自己的国家里管理着集中营，并把集中营变成了他们民族受难历史的一个核心纪念地，奥斯维辛对于他们就和对于幸存的犹太人不同；对于德国人及其后裔，它的意义又不同于对于受害者的家人。用"相关"这个十分普通的词对应的——有时也是遮蔽的——是一系列不同特征的情感。鲁特·克吕格尔的强调是有道理的："所有在奥斯维辛之后生活在西方的人，在他们的历史中都有奥斯维辛。"②但是我们也知道，这些情感是有不同色彩的，就像那些把人与这个地点联系起来的个人的和集体的历史一样。

　　这些固着在同一个地点的不同情感造成了奥斯维辛的复杂性。对于从前被监禁在这里的一些团体来说，这个地方饱含着他们所受的苦难，它是一个共同经历的具体的基础。对于幸存者及他们的孩子来说，他们到这里来吊唁被害的家人，奥斯维辛就主要是一个墓地。对于那些与数百万受害者没有个人联系的人来说，博物馆的功能就最为重要，博物馆用展览和讲解的形式展示了那被存储起来的案发地点。对于教会或者政治团体来说，这个朝圣之地主要是著名的殉道者的受难之地。对于国家首脑来说，这个历史事件发生地是进行公开的表白、警告、解释、提出要求的背景。

---

① 乔纳森·魏伯：《奥斯维辛的未来：一些个人思考》（Jonathan Webber, *The Future of Auschwitz. Some Personal Reflections*, The First Frank Green Lecture, Oxford Centre for Postgraduate Hebrew Studies, 1992），第8页。

② 鲁特·克吕格尔：《俗套、艺术和恐惧——回忆的后门：可以对犹太大屠杀进行阐释吗？》（"Kitsch, Kunst und Grauen. Die Hintertüren des Erinnerns: Darf man den Holocaust deuten?"），载《法兰克福汇报》第281期，1995年12月2日。

第五章 地 点

对历史学家来说,这个地方一直是一个寻找线索和保护线索的考古发掘地。这个地方包括了所有人在它身上寻找的东西、人们已经了解的东西,以及人们与之相联系的东西。它的物质性是很具体的,但它在不同的视角之中却展现出多种多样的形态。曾有一个时期,当局尝试着把像奥斯维辛或布亨瓦尔德这样的创伤之地变成一个有明确政治信息的纪念场所,但这个时期显然已经过去了。今天,在官方的意义建构的表层下面,越来越显现出回忆的多样性,甚至经常还有不可调和性。

创伤之地的保存和博物馆化受到如下信念的引导:对于国家社会主义的大规模的犯罪行为既不会在道德上既往不咎,也不能在历史上拉开距离,必须把它们持久地固着在历史记忆之中。对于回忆之地的希望是,它们能超越与地点无关的纪念馆和记录文献馆,除了具有信息价值之外,回忆之地还应该通过作用于感官的形象性来加深印象的强度。文字的或视听的媒介不能够传达的东西,应该在历史事件发生地直接地对参观者扑面而来:那就是任何媒介都不能模仿的地点的神秘气氛。这种看法不仅与朝圣者和修养旅行者所具有的一种古老的内心的积极性相契合,而且也符合一种新的博物馆教育学的理念,即历史应该作为一种体验来感受。感官上的具体性以及情感上的色彩应该把对历史知识的纯粹认知方面的了解加强为一种个人的兴趣以及关怀。

克里斯托夫·波米扬曾经研究过收藏以及博物馆的历史,他用一个例子描述了一个被赋予了博物馆收藏价值的物体要经历的不同阶段。他的例子是一个工厂,一开始,工厂是一个生产性的、有用的循环的一部分,最终它的机器被用旧了、变得不经济了,因此"在所有可用的或可卖的东西被拿走之后"被放弃了。波米扬就他的例子继续写道:我们的工厂,

> 是一个残留,一个过去的残留物。人们在其中不再生产

某些供使用的物件。人们把它向公众开放。公众或悲或怒，在围墙和机器之中看到的是一个无产阶级的纪念碑或工业巨头的纪念碑，或是阶级斗争的纪念碑，或者企业家关怀他的工人的纪念碑，一个资产阶级剥削工人的纪念碑或者资本积累的纪念碑，或者相反，是一个企业家精神的图像，技术进步以及占领市场的图像。我们的工厂变成了一个不同的讨论和姿态的对象，变成了对待过去的不同态度的表达，它体现了这种过去。从现在开始它将在一个符号的循环中发挥作用。①

波米扬关于被废弃的工厂所说的话，有一些也适用于死亡工厂奥斯维辛。这座死亡工厂作为残存被保留下来，其条件是，它将成为新的意义载体，成为叙述的索引。就像收藏品一样，一个记忆之地也在一个符号的循环中发挥作用。"工厂的功能在于，指向一个消逝了的过去。它指给人们看已经不存在的东西，它与一个看不见的现实发生关联。"②就像一个被收藏的物体一样，地点也是"过去和现实之间的掮客"；我们也可以说：它们是记忆的媒介；它们指向一个看不见的过去并且与它保持着联系。

当彼得·魏斯在60年代造访奥斯维辛时，他像西塞罗或者彼特拉克造访他们的修养之地一样，试图把他带来的知识与这片土地联系起来。尽管时间的间隔相比来说要小得多，但对他来说把过去和现在用一个索引性的"这里"联系起来却要困难得多，因为尽管这个地方被认真地重构起来，但是这种联系还是超越了事后来到案发地点的这个人的想象力：

---

① 克里斯托夫·波米扬：《博物馆和文化遗产》，见《历史博物馆：实验室—剧场—身份认同工厂》，第41—64页；此处第42页。
② 同上书，第43页。

第五章 地 点

  他们曾走过这里,慢慢地排着队,来自欧洲的各个地方,这是他们还看见过的地平线,这是白杨树,这是瞭望塔,窗玻璃上反射着阳光,这是他们走过的门,他们走进灯光刺目的房间,里边没有淋浴,只有这些铁皮做的四棱柱子,这是那些墙基,他们在这些墙基中间,在突如其来的黑暗中,因为孔洞里流出的毒气而丧生。而这些话,这些认识什么都没有说清楚,什么都解释不了。只有一堆堆的石头留了下来,上面长满了青草。①

  彼得·魏斯作为事后来到这个地点的参观者,明白了学习记忆与经验记忆之间的绝对差异:"那些活着来到这里的人来自另外一个世界,所拥有的不过是他所知道的那些数字,别人写下的报告以及证人证词。它们是他的生命的一部分,他背负着它们,但是他能够理解的,只是他自己遭遇的事情。"②鲁特·克吕格尔自己遭遇过奥斯维辛。在她的自传性小说《继续活着》里,她对集中营纪念场所的功用与弊端进行了思考。她认为这些回忆之地首先对幸存者来说是一个治疗性的支撑。她发现,那些幸存者固执地在这个地点、在那些石头和灰烬上保留的虔敬之情对于死者来说并没有什么用处,而只对他们自己有益:"一个被打破的禁忌,比如大屠杀或谋杀儿童,所留下的解不开的结会变成一个不被宽恕的鬼魂,我们给予这个鬼魂一个家乡,让它可以在那儿捣鬼。"③她不相信,"人们可以把鬼魂束缚在博物馆里"。④ 作为奥斯维辛的反

---

① 彼得·魏斯:《我的地方》(Peter Weiss,"Meine Ortschaft"),见《德国作家拼集的地图集》(*Atlas, zusammengestellt von deutschen Autoren*, München 1968),第27—36页;此处第35页。
② 同上书,第36页。
③ 鲁特·克吕格尔:《继续活着》,第70页。
④ 同上书,第75页。

例她举了特莱西恩施塔特这个例子,在那里她可以不受游客的嘈杂以及人们保存历史遗迹的热情的打扰,检视她的回忆的痕迹。这个重新变得宜居并且日常的捷克小城特雷津,主动地将她的回忆接受或纳入自己之中:"然后我在街道上徜徉,孩子们在那里玩耍,我看见我的鬼魂在他们之中,轮廓很清晰、很明白,但是是透明的,就像鬼魂应有的样子,而活着的孩子们是真实的、吵闹的并且结结实实的。而后我心平气和地走开。特莱西恩施塔特没有变成一个集中营博物馆。"①

关于那些到奥斯维辛旅行的人,鲁特·克吕格尔写道:"谁以为在那儿会发现什么,其实已经在行李里带去了。"②那些返回这一恐怖地点的幸存者,他们行李里所带的东西与那些只是从书本和图画上了解奥斯维辛的人所带的行李完全不同。那些与事件不直接相关的人的行李必然比那些在这儿有个人回忆和联系的人轻得多。可以想象的是,来访者的行李越轻,他们对这个地点的印象力的期望也就越大,人们离这个事件已经很远,人们自己没有带来的东西,应该通过一个地点内部的记忆力量、通过这个地点的感人的号召力来得到补充。

在那些被改建成纪念场所和博物馆的回忆之地中存在着一个深刻的悖论:出于保留原真性的目的对这些地点进行的保存工作不可避免地意味着丧失原真性。当这些地点被保存时,它们已经被遮掩、被替代了。这没有别的办法。人们只能保存具有典型性的一小部分物体,建筑物需要修葺的地方材料会更新或更换。原真性随着时间的流逝会离残留物越来越远,直到只剩下这个指示地点的"这里"。那些过于看重地点的记忆力量的人,他们可能会

---

① 鲁特·克吕格尔:《继续活着》,第104页。
② 同上书,第75页。

第五章 地 点

把已经改建的纪念之地——即游客参观的地方,与历史之地——即被囚禁的人所指的地方弄混。"我参观过一次达豪,"鲁特·克吕格尔写道,"因为美国朋友们希望我这么做。那里一切都很干净整齐,你需要超出常人的想象力才能设想出来四十年前那儿曾经发生过什么。石头、木料、简易房屋、操场。木头散发着新鲜的树脂味,开阔的操场上刮来一阵使人振奋的风,那些简易房屋看起来几乎可爱得引人驻足。人们在那儿还能想起什么呢,人们联想的更多的是一个度假村,而不是被折磨的生命。"①

对于这位对被折磨的生命有着鲜活、形象的记忆的证人来说,这些地点不再拥有回忆力量,它们反而阻碍回忆。人们需要有想象力才能对它们视而不见,才能摆脱它们的暗示。被博物馆化的回忆之地对她来说变成了掩饰性回忆。为了不变成造假的经历之地,就应该打破幻想,不要再以为游客在回忆之地会获得直接的形象感受。受害者之地与游客之地之间的断层应该明白地展现出来,如果这个回忆之地激发的情感能量不应该造成一种"视域交融"以及虚幻的身份认同的话。"在我们的语言中没有这样一个范畴能让我们表达奥斯维辛是一个什么样的地方",乔纳森·魏伯写道。克吕格尔也进行过寻找新词的工作。对于创伤性地点奥斯维辛,她做出了以下的建议:"集中营作为地点?作为地方、风景、景观、海景——应该有'时间之地'(Zeitschaft)这个词,来表达一个在时间之中的地点,一个在特定时间里的地点,既不是之前也不是之后。"②

---

① 鲁特·克吕格尔:《继续活着》,第77页。
② 同上书,第78页。

违反意愿的记忆之地——恐怖地形图

在刽子手的国度,城市尤其是柏林是"一个独特的回忆存放地"。① 美国女记者简·克拉默尔认真地在柏林考察过,她对此写道:"现在这个城市重新成了德国的首都,在城市的心理考古学中,过去一下子代替了柏林墙,没有人真正知道,他应该把过去放在哪儿,或者他应该怎么样去跟它打招呼,或者他面对这么多的回忆应该怎么办,而那些还能回忆的人们正在死去。"②

把这个城市在水平面上分割开的柏林墙让位于一个垂直的影子似的线条,这个线条将这个城市的现在与它的过去分离开来,这一论点引人注意。把某些充满回忆的纳粹历史的地点标志出来,这一工作直到 80 年代都不是那么理所当然地被人接受;几个建筑物上的指示牌标注了它们在纳粹统治时期的功能,这些牌子是当地的一些自发的组织安上的,却被干脆地扔进了垃圾箱。③ 位于柏林中区的前盖世太保总部所在地就是这样一个违背意愿的记忆之地,这是一个发人深省的例子。④

这些建筑在 1933—1945 年之间曾经是秘密国家警察、冲锋队和帝国安全总局的总部所在地,但战后这些建筑被拆毁了。这个总部的官方地址是阿尔布莱希特王子大街 8 号,但是从那之后想

---

① 博格丹·博格达诺维奇:《城市与死亡》(Bogdan Bogdanovic, *Die Stadt und der Tod. Essays*, Klagenfurt, Salzburg 1993),第 22 页;氏著:《回忆建筑学》(*Architektur der Erinnerung*, Klagenfurt 1994)。

② 简·克拉默尔:《德国人之间:来自一个欧洲小国的信》(Jane Kramer, *Unter Deutschen. Briefe aus einem kleinen Land in Europa*, Berlin 1996),第 17 页。

③ 比如位于维茨雷本大街(Witzlebenstr)4—5 号的前帝国战争法庭(Reichskriegsgericht)之前的纪念牌,参见彼得·莱歇尔:《回忆政治:关于纳粹过去的论争中的记忆之地》(Peter Reichel, *Politik mit der Erinnerung. Gedächtnisorte im Streit um die nationalsozialistische Vergangenheit*, München 1995),第 191—192 页。

④ 载《建筑世界杂志》(*Bauwelt Heft* 18 [1993]),第 916—917 页。另参见彼得·莱歇尔:《回忆政治》,第 196—202 页。

第五章　地　点

要确切地找出这个地点,不管是在当地还是在城市的地图上,都是不可能的。东德方面把这条街用一条新的街道代替了,新的街道叫尼德基尔希纳大街,是为了纪念女裁缝和反抗运动的共产主义女战士凯特·尼德基尔希纳,她在拉文斯布吕克集中营被杀害了。在西德,那片被夷为平地的区域几十年中都在处理建筑垃圾;"泥土处理"是当时的专业名称。当巴宗·布洛克1981年把这个地方纳入他的文化学习之路,并且为了历史想象做准备时,他使用了这个概念,在他眼中这个概念正是历史变迁的一个形象的比喻:"在那里曾经堆放着过去的瓦砾,这些瓦砾现在仍然堆放在那儿,被分类和加工、另做他用。"[1]这种泥土处理的一个成果是把这些废墟的瓦砾重新加工,作为泰戈尔机场地基之用。拆毁、落荒和用瓦砾覆盖这种组合,就像事后显露的一样,具有很高的象征性意义。布洛克还解释道,这块场地的一部分数十年之中都被没有驾照的人作为练习驾车之地,他忍不住写下了下面的讥讽之词:"但是毫无疑问的是,元首和他的随从们至少从1938年起就已经拥有了德国人民发给他们的驾驶执照。"[2]

1983年举办了一场竞赛,主题是把这片城市荒漠变成一个"国家社会主义的受害者的纪念公园"。获得一等奖的设计并没有实现,这个设计用一个宏伟的钢结构封住了通往这块饱含历史的土地,使人无法再接近它。从遗忘迈向象征性的纪念,这一步比起迈向积极的回忆工作要容易得多。人们顽固地不想承认这片场地作为历史的回忆之地的身份;社会民主党团曾提出申请发掘这

---

[1] 巴宗·布洛克:《历史作为当下之中的异质》(Bazon Brock, "Geschichte als Differenz in der Gegenwart"),摘自《对抗被迫的直接的美学:巴宗·布洛克1978—1986年文集》(Ästhetik gegen erzwungene Unmittelbarkeit. Schriften 1978-1986, hg. v. Nicola von Velsen, Köln 1986),第191—197页;此处第194页。

[2] 同上书,第195页。

个地方的建筑残存，但在1985年1月31日仍然被柏林议会的多数拒绝了。几个月之后，为庆祝5月8日二战结束纪念日，科尔和里根走进比特堡的士兵公墓进行政治纪念活动，与此同时在柏林发生了一个象征性的反对行动。一群人拿着铁锹在这片可疑的场地上挖掘着，他们要反对一种普遍的观点，即"在冲锋队和盖世太保总部那块地方没什么要找的了，也找不到什么了"。①

1985年夏，在柏林历史学家莱因哈特·吕鲁普的领导下进行了一次系统的现场清理工作，地下室以及其中的洗衣房和大厨房的残留部分重见天日。这一举动是一个象征性的突破，使人在柏林的心脏地区与不远的过去建立了物质上的联系，后来上边覆盖了一个展厅，使这一地方成为"恐怖地形图"供人参观。② "一直被隐瞒的地方"，在柏林的一个展览这样称呼盖世太保的这一场地，这个地方成了一个与德国历史打交道的试验区。这个考古学的现场清理表明，一个创伤性的地点在罪行实施者的国家意味着什么：近在身边却同时在意识上远隔万里。它们是"绊脚石"，这些石块抵御了巨大的阻力才被发掘出来，并开放供人参观。③ 与那些以受害者为标志的回忆之地不同，这块盖世太保场地是一个"非意愿回忆"，一个"让人不安的回忆"，一个迟来的、突如其来的突破把这种回忆展现在人们眼前。回忆显然不仅仅是把早已过去和失

---

① 西贝尔·维尔兴：《盖世太保地段的发掘工作："大家都闭口不谈的地方"——一个在柏林的展览》（Sibylle Wirsing, "Die Freilegung des Gestapo-Geländes. 'Der umschwiegene Ort' — eine Berliner Ausstellung"），载《法兰克福汇报》1986年12月24日。

② 莱因哈特·吕鲁普：《恐怖地形图——"阿尔布莱希特王子地带"上的盖世太保、党卫军和帝国安全局总部：一部文献纪录》（Reinhard Rürup, "Topographie des Terrors - Gestapo, SS und Reichssicherheitshauptamt auf dem 'Prinz-Albrecht-Gelände'. Eine Dokumentation". Berlin 1987, 10. verb. Aufl. 1995）。另外还可以参见"恐怖地形图"基金会（Stiftung "Topographie des Terrors"）的网页。

③ 约亨·施皮尔曼：《推动之石：联邦德国的纳粹历史纪念碑》（Jochen Spielmann, "Steine des Anstoßes. Denkmale in Erinnerung an den Nationalsozialismus in der Bundesrepublik Deutschland"），载《批评报道》（Kritische Berichte 16/3 [1988]），第5—16页。

第五章 地 点

去的东西加以延长保存或者人工重建的工作,它同时也是一种力量,这种力量要抵抗遗忘和压抑的愿望来发挥作用。按照海纳·米勒的说法,创伤性经历是记忆的爆炸物,在持久效应后会爆发出来:"回忆工作或者哀悼工作是从震惊出发的",他在一个采访中说道。① 与尼采、瓦尔堡和弗洛伊德相似,米勒代表了一种记忆理论,这种理论将持久的回忆痕迹与暴力的原始情景联系在一起。对于本雅明以及米勒来说,回忆还是一种革命的力量,这种力量使"被遗忘的祖先的血迹"和没有清算的问题显露出来。这种革命性的回顾是对历史上发生的苦难和不公正的最重要的抗议。

如果希特勒取得了成功,他肯定会在对犹太人进行种族灭绝之后进行一次记忆大屠杀。如果是那样的话,德国的记忆风景今天就会看起来完全两样——盖世太保总部会继续矗立在它的地点,灭绝营的痕迹都消失不见了。在一个独裁政府以及与其相关的价值体系崩溃之后,符号又进行了重新排序,过去曾位于中心的,现在变成了边缘并反了过来,官方的信息沉默了,那些被迫沉默的声音又能重新听见了,迫害者和被迫害者的声望掉换了过来。与纪念碑、纪念场所和纪念仪式不同的是,回忆地点不仅仅发挥"为幸存者建构身份认同"的作用。② 作为历史事件的发生地,它们只有极少的物质残余,尽管它们被当作象征物来阐释和利用,但是它们与象征物还是有些不同。它们只是它们自己。文化符号可以得到建立并重新拆除,但地点的持久性即使在一个地缘政治的新秩序下也不可能完全消逝,它的持久性要服务于一种长期记忆,这种长期记忆除了为当下提供规定性的关联点之外,还要关注这

---

① 《管理档案不会产生回忆》(Verwaltungsakte produzieren keine Erinnerungen)——与亨德里克·维尔纳在1995年5月7日的访谈,第1页。
② 引言出自赖因哈特·科泽勒克:《战争纪念碑对于生还者的身份认同的作用》,见《身份认同、诗艺及阐述学》,第255—276页。

些规定性的关联点是如何在历史的记忆中发生位移的。

记忆之地的神秘气氛

记忆不会去迎合顺时性记事法的慢条斯理、一成不变的标准：它可以把最近的推到无限远处，并把遥远的拉到紧迫的近前。为一个民族的历史意识提供启发的，是按着时间顺序排列的历史书籍，而一个民族的记忆却在它的回忆之地的记忆风景中展现自己的痕迹。其特有的对远和近的连接使这些地方具有了神秘气氛，在这里人们可以试着与过去发生直接的接触。回忆之地被赋予魔力是因为它们是接触区域。能够与神祇建立联系的神圣之地在所有文化中都存在，纪念之地可以被看作是这些神圣之地的后续机构；人们期待纪念之地可以制造与过去的鬼魂的联系。地点的维系力却有着完全不同的基础。在代际之地上这种力量来自活着的人与死者的亲属链条，在纪念之地上这种力量来自于被重新建立和重新传承的讲述，在回忆之地上这种力量来自一种纯粹好古的历史兴趣，在创伤性地点上这种力量来自于一个不愿意结疤的伤口。

瓦尔特·本雅明接受了神秘气氛（Aura）这一概念，并在他关于艺术、技术和大众文化的思考中加以发展，但是他对这个概念的使用却是在完全相反的方向上。他对于神秘气氛的著名描述是："一个由空间和时间组成的奇特织物：一个远处之物的一次性的显现，不管它看起来有多近。"① 按照本雅明的观点，这种神秘气氛的经验并不是在制造近距离的直接性中，而是恰恰相反，是在远处和不可接触时。人们以为在近旁的东西，突然会在另外一种光线

---

① 瓦尔特·本雅明：《机械复制时代的艺术作品》(Das Kunstwerk im Zeitalter seiner technischen Reproduzierbarkeit [1936])，摘自本雅明《全集》第1、2卷，第440页。

第五章 地 点

中显得渐行渐远。神秘气氛中所包含的神圣因素对本雅明来说并非建立在一种接近的感觉中,而是建立在一种遥远感和陌生感之中。一个有神秘气氛的地点从这个意义上来说并不承诺直接性;毋宁说它是一个让人直观地感知过去的不可接近、遥不可及、逝去不再的地方。回忆之地确实是一种"由空间和时间组成的奇特织物",它把在场与缺席、感性的当下与历史的过去交织在一起。如果说真实性的标志是此地与此时的统一,那回忆之地就只有此地而没有此时,是一种一半的真实性。它根本不是要把两个分离的一半重新组合在一起,而是将此地和彼时顽固地分开。回忆之地的神秘维度恰恰在于它的陌生感,在于这种无条件的断裂,这种断裂在人身处其地时尤其难以逾越,比起读书或看电影时对其的想象更难逾越。

从代际之地迈向纪念之地和回忆之地,从"记忆氛围"(milieu de mémoire)走向"记忆之地"(lieu de mémoire)这一步总是随着文化阐释框架和社会语境的断裂和毁坏而发生。就像那些失去了本来的作用和生活关联的日常用品被博物馆作为残留物收集起来一样,生活形式、态度、行为和经验如果离开鲜活的现实关联变成回忆的话,也会经历一个相类似的变形过程。那些失去了语境的物体近似于艺术品,艺术品从一开始就具有无功能、无语境性的特点。博物馆里的物品经历的这种悄然发生的美学化是与回忆之地的残留物悄然发生的神秘化一致的。诺拉把从"气氛"到"回忆之地"的转型首先归因于现代化与历史化的辩证法。在一个加速更新和衰老的过程中,现代性迫使生活的世界不断地改变,这导致了博物馆和回忆之地不断增加:"我们经历了一个过渡的时刻,在这个时刻里跟过去决裂的意识与记忆断裂的感觉融合在一起,同样在这个时刻里,随着断裂又释放出了很多的记忆,使得人们提出这一记忆到底体现什么的问题。于是就产生了**记忆之地**,因为不再有**记忆氛围**。"①

诺拉的范式是现代性的、传统断裂与历史主义的范式。德国的回忆之地用这一范式并不能完全加以解释。在第二次世界大战之后整个欧洲都布满了这样的回忆之地,这与现代化是没有关系的,而是与国家社会主义的暴力统治以及有计划的大规模屠杀这种罪行有关。灭绝营是创伤性的地点,因为在那儿所实施的恐怖行为的极端程度超越了人类的理解和想象能力。由于这些行为今天到处都产生了纪念之地和回忆之地,这些地方曾经在数百年的时间里都是鲜活的犹太传统的代际之地。创伤性地点、回忆之地和代际之地在这个记忆风景中叠加在一起,就像一张复用羊皮纸上面的字迹。

---

① 皮埃尔·诺拉:《在历史和记忆之间》,第Ⅱ页。

第三部分

存 储 器

> 残垣断壁,忍教我细细思量
> ——莎士比亚,第64首十四行诗

> 我们应该学会把我们自己看作曾经的
> 东西,把当下的看作过去的。
> ——巴宗·布洛克

> 什么是一个东西?什么会留下?
> 留下的东西中什么最终会留下?
> ——雅克·德里达

> 在认同和区别之外是无分别的、无差异的、随意的、
> 庸常的、不起眼的、无聊的、
> 不值得注意的、不一致的
> 和没区别的东西的领域。
> ——鲍里斯·格罗伊斯:《关于新生事物》

第一章 档　案

"档案"一词来源于希腊语"arché",这个词除了有"开端""发源"和"统治"的意思之外,还有"官府"和"衙门"的意思。德里达在指出"开端"(commencement)与"命令"(commandment)之间的关联时,就曾强调过"arché"这个词的不可约减的双重意义。他对档案的定义还包括"基质"(Substrat)和"驻地"(Residenz)这两个意义成分,以及对法律发挥保护、提醒、阐释功能的法律维护者的机构。档案从一开始就与文字、官僚机构、卷宗和管理等密不可分。[①] 建立档案的前提条件是有能够充当外部存储媒介的记录系统,尤其是文字的技术可以将记忆置于人的身体之外,而不依赖活的载体加以固定。在中东地区的发达文明中,文字主要被用于经济和管理的目的;书记官就是通过管理、记录和文书等工作来保障国王的统治标准的官员。有了文字作为基础,在埃及才得以建立起一套复杂的再分配经济:获得的收成必须先上缴国家,然后国家作为负责供应的中央组织再将其分配下去。有了文字作为组织工作的支撑,才能够以这种方式建立起一个大范围的存储和分配系统。由于文件不像自然产品一样在使用后就会损毁,它们就成了

---

① 埃克哈德·弗兰茨:《档案学入门》(Eckhart G. Franz, *Einführung in die Archivkunde*, Darmstadt 1974)。

一种剩余物,能够被专门收集和保存起来。因此,作为管理记忆和经济记忆的档案就变成了一个证明过去的档案。

在档案成为历史记忆之前,当然要先充当统治记忆。这种档案是由证明物(Testaten)和遗留物(Legaten)组成的,它们是具有证明性质的证书,可以证明对于权力、所有权和出身的要求。在诸侯的、修道院的、教会的和城市的档案中,保存着自中世纪以来可以为机关和团体提供证明的文件。德里达认为档案从根本上来说是政治性的范畴:"这个问题决不可以作为诸多政治问题中的一个提出。它掌控着整个的领域,并且决定着公共事务(res publica)的大大小小所有方面。没有一种政治势力不对档案加以控制,不对记忆加以控制。"①

对档案的控制就是对记忆的控制。在一个政权更迭之后,随着合法性结构的推移,档案的内容也会发生变化。会建立起一套新的价值等级以及重要性结构,从前是秘密的,就像前东德的国安档案,现在会对公众开放。法国大革命就曾经引起过档案的一次深刻的结构变化。随着与封建制的过去的决裂,以前的法律和管理结构都失去了价值,曾经为这一秩序提供证明的文件也随之同时失去了价值。但是法律上失去价值的文件并没有被销毁,恰恰相反,它们被收集了起来。它们获得了一种新的、历史的证明价值。在它们失去了证明合法性的功能之后,获得了一种对于历史学家的史料价值。

档案是一个集体的知识存储器,它具有多种不同的功能。对每一个存储器来说,都有三个特点最为重要:保存、选择和可通达

---

① 雅克·德里达:《档案热:一个弗洛伊德式的印象》("Archive Fever. A Freudian Impression"),载《特征杂志》(Diacritics)25.2(1995),第9—63页;此处第10—11页。德里达写这篇文章的动因是他在伦敦参观弗洛伊德博物馆,文章的主要内容是关于弗洛伊德与心理分析的历史。

第一章　档　案

性。由于在下一章中将详细地讨论保存的问题,我在这里只讲一下其他两个特点。首先是**可通达性**。档案是用开放和关闭来定义自己的。它的可通达性显示了它是一个民主的、还是一个压制性的机构。比如在雅典,档案中永久存放的是法律以及其中书面保证的公民的权利。这些法律作为文本作用重大,一个共同体正是建立于这样的文本之上,或者说一个团体正是用这些文本来定义自己。在反对自由的极权国家中,档案的内容是秘密的,在民主国家中,它们属于公众所有,可供个人使用和阐释。"没有一种政治势力不对档案加以控制",我们在这里再次引用德里达的话。但是没有档案,也就没有公共性和批评。没有档案就没有公共事务,没有共和国。极权的政权只重视功能记忆而销毁存储记忆。而民主的政权则倾向于牺牲功能记忆而扩展存储记忆。档案像一个博物馆一样,是一种公众所有物的存放地,它会受到政府部门的保护,这些部门会为了保存档案内容而制定特殊的保险预防措施。在这些机构的保护措施中,常用的手段是"禁止、收录、控制和修复"。①

　　档案作为一个城邦、国家、民族、社会的机构化的记忆,其状态应介于功能记忆和存储记忆之间,具体要看它是被当作一个统治工具,还是被当作一个外置的知识存放地来组织。在一个对社会和文化记忆施行集中控制的极权国家中,或者选择的标准导致了狭隘的限制的地方,档案就会获得一种功能记忆的形式。当然同样的内容也可能从功能记忆变换成存储记忆,就像法国大革命时,证明合法性的文件被归入了史料之中一样。在档案失去直接的功能价值的地方,代之而来的是对文献的批判性的阐释,如果人们不想让档案沦为纯粹的存储记忆和资料存放地的话。"保存资料的

---

① 克里斯多夫·波米扬:《博物馆和文化遗产》,见《历史博物馆:实验室—剧场—身份认同工厂》,第41—64页;此处第57、59页。

档案",必须"有人去读,去阐释……它们的内容应该被唤回到记忆之中"。① 档案作为潜伏的记忆,或者作为未来文化记忆的物质前提,具有十分重要的意义。另外,在作为存储记忆的档案中还存在一种被称为"文化遗产"的功能记忆,它们被交给那些负责在可能出现的自然灾害以及文化灾难,比如地震或核战争时保护档案的管理员保存。

第二个关键词叫作"**选择**"。档案馆的核心任务曾经是收藏和存储,但从19世纪以来,清理和丢弃也成了一项对档案管理员来说同样重要的工作。按照排架延米来衡量,档案馆的存储能力可能在3千米到55千米之间。② 随着文字产物数量的急剧膨胀,有收藏价值的物品的比例也随之下降。目前下降到了1%。③ 对于"销档"(行话中销毁档案内容叫作Kassation)来说,在每个时期都有特定的排除原则和价值标准,但这些原则和标准并不一定被后世认可。对某个时期来说是垃圾的东西,对另一个时期可能是珍贵的信息。因此档案不仅是存储信息内容的地方,也是显示信息缺口的地方,这些缺口并不都是因灾害和战争造成的损失而形成的,其中相当一部分,也是从结构上来说不能消除的一部分,是由于"事后看来错误的销毁造成的"。④

选择的难题在两种档案的定义中都扮演着重要的角色,因为这两种定义都对这一概念进行了暗喻性的扩展。两者都在对档案进行描述时把机构性的、物质性的档案维护工作这一角度给排除在外了。下面的定义来自米歇尔·福柯:"我用这种表达(即档

---

① 安德雷亚斯·谢尔斯克:《一个图像文化的标志作为记忆》(Andreas Schelske, "Zeichen einer Bildkultur als Gedächtnis"),见《图像、图像感知、图像加工》(Klaus Rehkämper, Klaus Sachs-Hombach, Hgg., *Bild. Bildwahrnehmung, Bildverarbeitung*, Wiesbaden 1998)。
② 埃克哈德·弗兰茨:《档案学入门》,第37页。
③ 同上书,第75页。
④ 同上书,第120页。

第一章 档 案

案——作者注)指的并不是一个文化作为它自己过去的证明或作为它保留的身份认同的证据而保存的全部文本;我指的也不是在一个既有的社会中记录和存储那些人们愿意保留在记忆中并供人自由支配的话语的设施。"在对通行的对于档案的定义进行了否定之后,福柯得出了自己的定义:

> 档案首先是规定能说什么的法则,是控制作为单个事件出现的言说的系统。但是档案也保证所有说出来的东西不会堆积成无穷无尽、杂乱无形的一团,还保证它们不会因偶然的外部原因就消失不见。……档案……位于作为事件的言说的根源上,位于言说赋予自身的躯体的内部,从一开始就定义了它的**可言说性的系统**。①

只对档案加以物质性的定义对于福柯来说是不够的,他还要指出在这个结构中固着的权力结构。档案对他来说不是与社会脱节的数据存放地,而是一个高压工具,会对思想和表达的范围进行限制。作为"规定能说什么的法则",档案从一个文化的、惰性的记忆,被重新解释成了制定文化言说的程序的行为。另外,这个定义并非十分特别,因为"规定能说什么的法则"也完全可以作为"话语"的定义。福柯的这种跨媒介的、去物质化的话语定义可以让他也忽略掉档案的物质性。

鲍里斯·格罗伊斯(Boris Groys)认为"文化档案"是"新生事物"的关联点,他对福柯的定义表示怀疑,并批评它过于去物质化。他建议,人们应该把档案看作是真实存在的,并且"正是因此而面临毁坏,因而是有限的、高高在上的、受到局限的,并不是所有

---

① 米歇尔·福柯:《知识考古学》(*Die Archäologie des Wissens*, Frankfurt a. M. 1973),第186—188页。

可能的言说都能在其中现成地找到。"①在格罗伊斯对一种文化经济的设计中,他把档案(与"博物馆"和"文化记忆"等同,但不同于图书馆)定义为在一个文化中的某一时刻被视作"新生事物"的所有东西的聚集地。旧的和新的对他来说是辩证地联系在一起的,因为创新是唯一一条能够进入档案的道路。"每个新的事件从根本上说都是完成一个新的比较,这种比较之所以迄今为止还没有进行过,是因为人们以前没有想到过要进行这个比较。文化记忆就是对这些比较的记忆,如果一个新生事物是这样一个新的比较的话,它才能找到进入文化记忆的道路。"②档案对于格罗伊斯来说是艺术的记忆,创新性的作品已经进入其中,人们将以它们为标准来衡量新的作品的创新含量。换句话说,档案对格罗伊斯来说是对新生事物的别样特点进行比较的基础。我们在下文还会谈到格罗伊斯,因为他不仅对旧与新之间的界限感兴趣,而且对档案与垃圾之间的界限感兴趣。

---

① 鲍里斯·格罗伊斯:《关于新生事物:试论一种文化经济》(*Über das Neue. Versuch einer Kulturökonomie*, München 1992),第 179 页。
② 同上书,第 49 页。

第二章 存续、朽坏、残余

——存储的难题以及文化的经济学

在一个消费文化中,在一个物质生产不断增长、更新弃旧的循环越来越快的经济中,被抛弃的东西越聚越多,成了一个问题,那些大量的、剧毒的、不可分解的残留物更是成了一个生态上关乎人类生存的问题。从此,"腐烂"和"分解"这些词获得了一种积极的色彩。不断增长的生态意识要求人们把产品的物质特点设计成在使用期限结束后不会留下任何残余,尽量使其进入有机物的消亡和新生的循环,或者至少进入技术性的销毁和更新的循环。当人们在文化的领域中梦想着文化产品能够无限期地长存时,在与垃圾相关的领域中,人们却渴望着产品能不留痕迹地消失。持久的文化价值,这种"对持久的渴望"(dur désir de durer,保罗·艾吕雅语)与朽坏的生态价值构成了反讽的对应关系。朽坏的技术术语是"生物可降解的"(biodegradable)。这指的是微生物参与的有机物分解的过程:"那些可以由微生物进行分解的垃圾,可以称为生物可降解垃圾。"[1]但是技术性的系列产品却很难达到与之相仿的短暂性,因而成了一个让人头疼的大问题。带有创新性和原创

---

[1] 杰伊·本弗拉多与罗伯特·K.巴斯蒂安:《自然废弃物处理》(Jay Benforado and Robert K. Bastian, "Natural Waste Treatment"),见《麦格劳—西尔科技年鉴》(*McGraw-Hill Yearbook of Science and Technology* 1985, New York),第38页。

性的文化产品追求的却是不受时间影响的持久性。在一个领域中令人讨厌的东西，比如（可能是剧毒的）材料的物质上的持久性，在另外一个领域中却拥有最高的价值。艺术对于永恒的追求在核废料中得到了体现。有害物质和艺术材料之间形成了一种悖论性的、结构上的同源性。

如果我们把具有最高价值的文化产物和放射性废料的存放条件放在一起对比，它们之间的同源性就更加惊人了。前一种情况是为了把数据进行保存、保留给后世，后一种情况是为了处理这些废料，使其对后世尽量不产生危害。为此要动用地质学家，为这些威胁环境的工业垃圾确定埋藏深度。而对"民族文化遗产"的保存方法与对有毒垃圾的处理如出一辙。它们被存放在弗莱堡附近的欧伯里德城的一座废弃的银矿矿井里。两种存放地都受到最高级别的安全保护。

> 在大山深处，在几百米坚硬的花岗岩层的保护下，封存着七亿五千万个微缩胶卷，这里不怕辐射和核威胁，在发生灾难时，可以为我们的文明的生活、思想和影响留下证据。在文化产物保护的行话中人们称其为"保险照"。欧伯里德矿井是德意志联邦共和国的"中央存放地"，在波恩的联邦公民保护局里，人们自豪地称之为"民族宝库"。①

在这个能抵御灾难的宝库中存放着文化产品的一个"具有代表性的横断面"，它们以媒介编码的形式被存放在铅封的、上了十六道锁的不锈钢容器里。建筑物、纪念碑、艺术品、手稿、书籍，以

---

① 斯特凡·克拉斯：《往返亚历山大里亚与伦敦：途经欧伯里德，布加勒斯特和巴黎——适于图书管理员、纵火犯和地堡专家进行的小小考察旅行》(Stephan Krass, "Alexandria-London und zurück. Via Oberried, Bukarest, Paris. Kleine Exkursion für Bibliothekare, Brandstifter und Bunkerspezialisten")，载《艺术论坛杂志》(Kunstforum) 127 号，1994 年 9 月，第 126—133 页；此处第 127 页以下。

第二章　存续、朽坏、残余

及其他具有艺术的、考古的或者历史意义的东西都被以这种节省空间的形式保存在了胶片上。这些容器就像一个漂流瓶，里面包含的信件是给那些由于灾难与我们的世界失去了联系的人，不能再从连续的道路上获得形象感知的人。当原作和物体都消失了之后，它们的光影还会在微缩胶片上长久地存在。弗朗西斯·培根曾歌颂书籍是抵御人类记忆缺失的保险措施。华兹华斯已经不再如此信任文字的记忆力，他曾想象过由于灾难造成的文化的完全断裂。这种担忧现在变得没有必要了：这些去物质化的文化记忆可以在地堡里独自存在下去。它的保护装备可以保证它在未来世界中闪亮登场。①

不仅集体的文化财富可以以这种方式为一个不确定的后世安全地封存起来，在美国还出现了一些为个人提供此种服务的公司，使他们能够向一个遥远的未来寄送自己的漂流瓶。这些所谓的"时间囊"（time capsules）是一些真空的、密封的铝质容器，上面盖着海关的印章，里面可以"封装"诸如内衣、健身运动录像和饼干等个人物品。② 对于这些"时间囊"的需求在过去几年中增加了三倍。那些将在50年或150年后打开这些铅封容器的人接收到的不是信息，而是把重构过去日常文化的材料接到了手里。对姓名的保存不再是精英的文化特权；永恒工业的大门对每个个人都是敞开的；每个个人都可以实现与后世交流这一人类之梦。不管"时间囊"这个主意听起来是否有些怪异，它们标志了一个重要的趋势，那就是档案存储史中去中心化的趋势。不仅仅机构可以扮

---

① 1940年桑维尔·雅可布斯（Thornwell Jacobs）在奥格尔索普大学（Oglethorpe University）也设立了一个相似的储备，并称之为"文明的地窖"。这位诗人兼长老会牧师把储存在微缩胶卷上的资料放在一个游泳池大小的地窖里，这些资料包括6000年人类历史的信息。这个档案在8113年之前不允许打开。参见1997年4月14日的《每周新闻》（Newsweek）10F版。

② 1997年4月14日的《每周新闻》10F版。

演档案管理员和时间囊发送者的角色,越来越多的个人也可以承担这项任务。

雅克·德里达长期以来一直关注存在、毁坏、损失、残余等问题,他曾对载体的物质性多次发表过意见。① 在 1988/1989 年之交,他发表了对于保罗·德·曼事件的看法,其中也包含了对于持久与消亡这一问题的深层思考。他把这一事件用一个问题的形式总结出来:把一个死者再次杀死,这意味着什么?② 紧接着他重新表述了文化档案的基本问题:"这一切在几年之后,在十年、二十年之后,还会剩下什么? 什么会被送进档案? 哪些文本还会被阅读?"③在这一关联中,垃圾处理技术中的概念"生物可降解的"对德里达来说起着特别的作用。这一概念也可以说与解构的概念和方法具有某些相似之处。两者指的都是朽坏和碎裂、都是分解和重新组合的过程,都是记忆和遗忘之间的边界悄悄地消融的过程。艺术作品(Werk),如果把其比喻为一个有机的整体,它就是"活的"、绝对的、一致的和永恒的,但在德里达的视角中它却是一个残骸(Wrack),沉没了,扎进海底,它本来的形象几乎看不见、认不出来了,上上下下长满了海草。

对于作品的物质方面的聚焦,使它的脆弱性和可毁坏性显露

---

① 雅克·德里达:《生物可降解的:七个日记片断》("Biodegradables. Seven Diary Fragments"),载《批评探索杂志》(*Critical Inquiry*)15 (1988/1989),第 812—873 页;以及德里达:《档案热》,第 9—63 页。我感谢勒姆伯特·许塞尔(Rembert Hüser),从与他的谈话以及他的文章中我得到很多指点。他的文章《无助的艺术》("Art ratlos")见《经典—权力—文化》(Renate von Heydebrand, Hg., *Kanon Macht Kultur*, München 1998)。
② 这里我对问题进行了简化,当然强行削减了德里达文章中的曲折表达。因此我附上一段他的原文,让读者感受其语言风格:"Yes, to condemn the dead man to death: they would like him *not to be dead* yet so they could put him to death. To put him to death this time without remainder. Since that is difficult, they would want him to be *already dead without remainder*, so that they can put him to death without remainder."摘自德里达:《生物可降解的》,第 861 页。
③ 德里达:《生物可降解的》,第 816 页。

第二章　存续、朽坏、残余

出来。艺术作品从社会的角度来讲是存在于繁荣与衰落、荣耀与低贱的循环中的;从它的物理角度来讲,它还处于一个生物循环之中,即使不能再生成,却仍可能消逝。难道艺术会退回自然,文化会退为农业吗?德里达对于任何一种把艺术看作有机物的表达都持怀疑态度,他并不同意上述说法,并提醒人们在这一关联中,不要再重拾文化与自然的二元论。是什么使一个文本不可毁坏或可以毁坏,他把这个问题带到文本的内在特性的层面上。这种特性本身是自相矛盾的:一方面作品应该是可分解、可消化、可同化的,这样它才能使传统的文化土壤变得肥沃,另一方面它又要保持它的身份、它的独特性。因此艺术作品存在于两个经济的交叉地带;一个是以变化和朽烂为基础的农业经济,一个是抵御这种朽烂的文化经济。但即使德里达也不拒绝持久的形而上,他也坚持认为伟大的作品是不可毁坏的。对他来说,有两种特质可以使文本免受毁坏:作者的署名以及它的写作形式的牢固性。

对德里达来说,理解行为已经是对文本的重新搭建,也就是——在一个引申的意义上——对它的完整性的分解。因此他把持久与对可读性的抵御相提并论。他借助于"生物可降解性"这一引导概念发展了下面的思想:

> 一个文本应该是可降解的([bio]degradable),从这一概念最一般的和最新的意义上来说,这样才能赋予"活的"文化、记忆、传统以营养。……然而,为了使那个文化的"有机的"土壤肥沃,这个文本还要与那个文化对立、对抗,对它提出质疑,以及足够的批评,也就是说,解构它,从这个角度看,它又不能是可同化、可降解的。或者说,它至少要以一种不能被同化的方式被同化,要变成储备,要因为使人难以接受而难以忘怀,要有能力去生发新的意义,理解不能穷尽这些意义,它必须是不可理解的、不完整的、秘密的。……(这样的一个

文本)既不属于什么东西也不属于任何人,既不能被什么东西也不能被任何人占有,甚至不能被它的载体占有。正是这种文本的独特的不可归属性(impropriety),能避免它的可毁坏性,即使不能永久避免,但至少可以长时间避免。因此在垃圾,比如核废料,与杰作之间有着一种神秘的亲属关系。①

在文化档案中,那些作者姓名具有罕见的卓尔不群的性质、以及结构上具有抵抗性的文本是注定要长久保存的。对德里达来说,牢固性(Persistenz)和抵抗性(Resistenz)是相辅相成的。哈罗德·布鲁姆也持同样的观点。对他来说,"陌生性"(strangeness)是经典文本的最重要的特点。② 但是这两位作者都没有提到,是谁在怎样的机构的语境中赋予这些文本以这样的称号。没有涉及的还有物质媒介的问题。德里达意识到了这里有一个漏洞,并记下了这个应弥补的缺陷,即应该有机会讨论一下文本的物质性的问题:"但是也有必要把支撑物(supports)、符号载体也一并考虑。比如纸,但是这个例子已经有些不合适了。现在有磁盘等等。……官方机构现在正忙于作出决定,因为无法入库的副本如此之多,还有很多作品由于纸张渐渐朽坏而需要拯救:档案的转移、结构改变,等等。"③确实,在物质的数据载体以及它们的存储条件等领域,今天和未来出现的问题是如此复杂,使得人们都想像德里达一样用一个"等等"把它们都跳过去。档案管理员作为专业的保存者对于文化记忆的保存和选择等问题十分熟悉。因此我们来看一看文化产物的**保管工作**的实际的一面,考察一下在新的电子存储媒介的条件下,持久与朽坏、记录与保存的关系是怎样的。

---

① 德里达:《生物可降解的》,第845页。
② 哈罗德·布鲁姆:《西方正典:伟大作家和不朽作品》(Harold Bloom, *The Western Canon. The Books and School of the Ages*, New York 1994),第4页以下。
③ 德里达:《生物可降解的》,第865页。

第二章　存续、朽坏、残余

对于这一发展趋势而言,有一件1980年发生的趣事特别具有启发性。当时符号学家托马斯·A.西比奥克接到一个不同寻常的任务。一个在美国从事放射性废料存放的公司请求他发明一种符号系统,这种系统应该在千万年之后仍然能够用来交流,并且不会产生误解。原因很明显:这个公司想要为一个千万年之后的后世编码关于这些危险的材料以及它们的物理特性的消息。在这里这种与后世交流的愿望不是受到自我永生的需要的推动,而是出自一个持久存在的危险。后世曾是一个机构,人们呼吁着他们的判断,人们在他们那儿寻求保护;但现在后世成了一个接收者,人们担忧的是如何保护他们。西比奥克没有满足这个公司的愿望;他没有发明一种绝对能够抵御时间侵蚀的符号系统,但是他强调,要想让这样的信息能够牢固保存,就需要有一群由相关专家组成的"核牧师"来对其不断重新编码。①

现在这位符号学家的这种反应在一个完全不同的领域得到了证实,那就是在保存的领域。在这一领域中,就像档案管理员证实的那样——正有一些全新的难题向我们走来。在管理员的眼中,档案越来越不再是一个安全的存储器,而是越来越变成了一个巨大的遗忘机制。在文字发明的时候,人们还对永不朽坏的数据载体上永恒存在的信息充满了激情,但在印刷时代的末期,这种激情让位于对于文化档案的保存工作的持续忧虑。可保存性曾经取决于材料的特点以及气候条件。写在纸莎草上的文件从古希腊罗马到现在只有极少数保存在干燥的沙漠地区的坟墓或洞穴里,从而留传下来。就连纸张的长期稳定性今天也遭到了质疑。巴伐利亚国家图书馆1995年设立了一个重要部门"修复部",它的任务是

---

① 曼弗雷德·施奈德:《回忆的仪式,遗忘的技术》(Manfred Schneider, "Liturgien der Erinnerung, Techniken des Vergessens"),载《墨丘利》8(1987),第676—686页。

应对19世纪和20世纪的馆藏中正在发生的纸张朽坏的问题。在音像媒介的领域中,模拟数据存储器的保存问题就更加严重。音像媒介如今像艺术品、有纪念价值的建筑物和书籍一样,被看作一种不可或缺的历史和文化的证明,如果把这些文件简单地放置起来是不能保证它们的安全的;它们遭受着一个悄然发生的、但是其结果即将显现的侵蚀过程。有人把它描述成一场"亚历山大图书馆式的阴燃"。① 今天想要让文化记忆消失根本不需要纵火者,因为那些数据载体会自行燃烧起来。

恰恰是在音像媒介的领域里,危急情况因此不断地重复出现。众所周知,在文字化是记录的唯一途径之时,口头文化曾经被排除在档案化的可能性之外。而模拟的音像媒介的方法却不会让内容削减很多,它们可以录下舞蹈和音乐,并由此保留口头文化的表演中那丰富多彩的感性元素的一部分。这些数据载体绕过了传统的档案渠道,作为独一无二的民族志的文件,也使一部底层历史的重要材料得以保存,它们现在却面临着一个急遽老化和朽坏的过程。如果任由这一过程继续下去的话,那就意味着,口头文化在经历了短暂的寿命延长之后,再次从档案中消失,这次是由于它们的易逝的数据载体媒介。

比起印刷媒介,模拟媒介比如照片、录音带、唱片和电影胶片使得档案保存的问题更加明显。不仅在它们的结构组织上——无法大量裁减以及很高的数据密度;而且在它们的物质特性上——化学变化会改变它们的物理性质,使得它们要求完全不同的保存措施。在这个关联中,档案保管的一个范式转变渐渐显露了出来。

---

① 迪特里希·许勒:《资料与反思》(Dietrich Schüller, "Materialien und Reflexionen"),载《音像档案,奥地利音像资料馆协会会刊》(*Das Audiovisuelle Archiv, Informationsblatt der Arbeitsgemeinschaft audiovisueller Archive Österreichs*, Heft 27/28 [1990/1991]),第17—34页;此处第30页。我感谢枢密顾问许勒博士给予我的启发和信息。

第二章　存续、朽坏、残余

人们不得不放弃对于持久的、能够保证永远存在的档案媒介的寻找，就像放弃对一种肯定能够抵御时间侵蚀的符号系统的希望，代之出现的，是把信息不断地改写到数码领域当中的实践方式。把内容不断地备份到新的载体上当然意味着原初的载体材料的消失。由此对于文化档案来说，开启了一个新的未来的视角：

> 人们可以把这样的一种系统想象为一个高性能的大容量存储器，在这个存储器里人们可以完全自动地调用每一个被存储的数据，在工作量较少的时候，这样的系统会按照规定的标准（数据载体的新旧程度或使用频率）来检测数据的整合性，并且在能够完全纠错的情况下，在纠错也就是错误修补出现之前，完全自动地把错误率增高了的数据载体上的内容复制到新的载体上。这种系统有可能在大约十年之后就变得多余了，因为新的大容量存储系统功能更强大，并且使用更经济，那数据的转移，即把数据输入到一个新的系统中去这一过程也会全自动地进行。①

应该被保存的数据不能只是被静置在那里，而是要不断踏上旅途，就像灵魂转世投胎那样进入新的数据载体的身体。在保存技术里，这个影响重大的范式转换就叫作"数据转移"（Transmigration der Daten）。未来将出现一种全自动的记忆来代替档案，档案作为一种由管理员来保存、存储和整理文件的数据存储地，将会让位于一种全自动的记忆，这种记忆将自我调节，已经被编程为不断地回忆起不停忘却的东西。物质上的长久存在这种模式也让位于

---

① 迪特里希·许勒：《从保存载体到保存内容：声音和图像载体归档工作的范式转变》（"Von der Bewahrung des Trägers zur Bewahrung des Inhalts. Paradigmenwechsel bei der Archivierung von Ton- und Videoträgern"），载《媒介杂志》（*Medium*, 4［1994］, 24. Jahrgang），第28—32页；此处第31页。

数据的动态再组织的模式。一个全自动的档案可以自行遗忘、自行回忆，就像一个巨型人脑一样发挥作用。它的技术结构与人类记忆的神经结构出奇地相似。文化记忆由此不但脱离了人的头脑和身体，而且也脱离了人工的维护和保管，完全被置于技术领域。这种技术将在商业发展的影响下不断地变化，不管是由于硬件的过时还是由于存储格式的改变。档案也将由此变成一个自我调节的，也就是说，自行阅读和书写的记忆。它越是脱离人工的组织，越是具有可支配性。由于对所有信息可以进行全自动调配，那些作为文字、图像或者声音而进入到数码领域的数据就可以以一种新的方式被组织和联网。各种多媒体的形式通过宽带网络和信息高速路将信息与信息连接在一起，消除了档案之间的界限，并提供自由搜索的可能性。大型的数码存储器保证了把知识从它对空间和材料的依附性上解放出来，随时随处可供调用。在这个在不久的将来就会出现的场景中，档案作为一种空间上闭合的、以固着为目的的文化记忆之地的形象就会化为乌有。

除了保存的难题之外，那些专业从事文化记忆维护的档案管理员还要解决选择的难题。目前他们正在思考，全世界的存储需求到底有多大，到底多少才是"对于保存现有的内容以及保证即将来临的信息时代的运转不可或缺的"。[1] 一些人在思索全世界的存储量的估算这一技术问题，而另一些人则关注在商业操作以及文化媒介物在物质上不断消失的情况下如何进行民族文化遗产的监视和保障的问题。在这一关联下我们要提及联合国教科文组织的"世界记忆"（Memory of the World）项目。这一计划关涉到所有类型的文件和文化产物，目标是将数字存储的数据进行国际化

---

[1] 迪特里希·许勒：《超越拍字节——音像载体的全球存储需求》（"Jenseits von Petabyte - zum weltweiten Speicherbedarf für Audio- und Videoträger"），见《第18届音效工程师大会文集》（18. Tonmeistertagung Karlsruhe 1994, München 1995），第859页。

第二章　存续、朽坏、残余

的存档和联网。① 我们还可以举一个国家层面上类似的例子，这个存储项目是澳大利亚国家图书馆的一个创意。这个图书馆里收藏了一套电影和声音档案。图书馆建议，为了进行集中归档，应该设立义务备份(legal deposit)的制度："如果澳大利亚想通过它的收藏机构保护已出版的文化遗产材料的话，上缴义务备份十分重要。"②这种保存文化遗产的创意是基于惨重的损失经验，在这个建议中也专门提到了这些损失："澳大利亚的声像遗产的一大部分已经不可挽回地损失掉了，这证明了文化产物的脆弱性，对于这些文化产物国家并没有实施法律上的预防措施，比如上缴义务备份。今天我们仅仅拥有澳大利亚默片文化的5%，许多过去的电视连续剧和广播节目，包括著名的电视连续剧《蓝山》的几乎全部内容都永远地消失了。"③

这里为文化记忆提出了一些全新的问题：广播文化、电视文化和互联网文化的哪些部分可以和应该被储存起来？在电子时代里，在一个奉行着不断的消失与生成的原则的时代里，保守的归档保存的思想是不是还合时宜？必要的搜集应该在哪里停止？合理的遗忘应该从哪儿开始？这些问题并不能贸然回答，它们目前正处在讨论之中。关于应该归档的内容的选择问题引出了许多重大的问题。世俗化的民主国家已经抛弃了集权主义的审查机构，并且将文化产品的调节大部分置于市场的规律之下。现在这些国家面临着新的任务和责任。它们有保存的义务，但不一定有选择的义务，因此公众的讨论必须伴随着这一过程，并且不能忘记一个文

---

① 迪特里希·许勒，载《音像档案》(Das Audiovisuelle Archiv, 33/34［1993/1994］)，第4—5页。
② 澳大利亚国家图书馆国家电影和声音档案《提交给版权法修订委员会的关于义务备份的提案》(National Film and Sound Archive, National Library of Australia, Submission to the Copyright Law Review Committee on Legal Deposit, August 1995)，第2页。
③ 《提案》，第7页。

化上变得越来越多元的社会的需求。

在这种情况下,"文化遗产"这一保守的说法获得了一种新的、实用的现实性。联合国教科文组织每年都召开一次大会,讨论是否将新的申请者纳入世界文化遗产名录之中。1997 年在尼泊尔举行的大会上有分布在 5 个大洲的 38 个文化场所和自然奇观加入其中,并由此受到联合国教科文组织的特殊保护。新加入名单的有奥地利的萨尔茨卡默古特,佛陀的诞生地蓝毗尼,以及孟加拉的苏达班原始森林。教科文组织还颁布了一个遭受威胁的世界文化遗产的红色名录,以保护像波茨坦的皇宫和花园这样的历史古城核心以及纪念建筑不受现代城市化进程的侵占。

回望历史,我们可以从今天的角度看出,在媒介技术和文化记忆的关系中有几次划时代的变化。档案是随着文字产生的,没有文字的社会没有剩余内容,也就没有档案。只有有文字的地方,文化记忆才开始区分旧的和新的,现实的和过去的,区分功能记忆的前景和存储记忆的背景。随着文字作为记录媒介的出现,政治统治、经济组织和社会交际的范围不断得到扩展,语言产物的残留也积淀下来,这些东西既可以被扔掉,也可以保留下来,并被后人加以保存和管理,以用于不同的目的。随着文字的发明,人类对于世俗的永恒,对于在后世记忆中第二次生命的渴望也产生了。对于后世的这个记忆来说,档案提供了一个中间存储器,从这个存储器中可以把暂时放置的符号重新作为信息召唤出来。这种中间存储器随着记录媒介技术的每次新的进步,都得到跳跃式的扩展,比如印刷术使图书馆膨胀起来,还有纸张以及照片的发明也使档案馆变得越来越大。因为随着新的记录技术的出现,不仅收藏的内容扩展了,档案的种类也得到了细分。除了文字档案之外,还出现了图像档案来支持人类的"视觉回忆能力"(安德烈·马尔罗),随着摄影术的发明,还出现了纪念建筑档案,甚至还有医学上的、以及供刑侦使用的人类图片数据库。①

在这一发展的过程中,将电影以及声音载体收录进来意味着档案作为中间存储器的又一次扩展。但是,与新媒介引起的文化档案的物质膨胀相比,数码存储系统这种新媒介导致的档案的重组具有更深远的意义。随着物质的文件被转写成为电子脉冲文字,文字和档案获得了一种新的特性。它们不再被看作一种稳固的数据存储器,而是成为一种流动的、数据自我组织的系统。由此,把文字看作是内在的超越,看作是个人永生的空间这一古代文明的梦想走到了它的尽头。

---

① 参见赫塔·沃尔夫:《纪念建筑档案中的摄影》(Herta Wolf, "Das Denkmälerarchiv Photographie"),载《奥地利国际摄影杂志》(*Camera Austria International* [51/52 1995]),第133—145页。

第三章　在遗忘的荒原上的记忆模拟

——当代艺术家的装置作品

下文将要提到的艺术家属于在第二次世界大战期间或者稍后出生的那一代人,他们是在残垣断壁以及重新建设的氛围中长大的,安塞姆·基弗生于1945年,西格丽德·西古德森生于1943年,安娜和帕特里克·普瓦利埃分别生于1941年和1942年。在这几位艺术家那里,记忆这个题目都处于他们的造型艺术作品的核心位置。或者换句话说,艺术成了在一个已经消除了记忆的世界中最优秀的和最后的记忆媒介。当然,记忆这个题目并不仅仅在这些艺术家那里出现,他们只是几个典型的例子。在艺术领域从70年代开始出现了一种普遍的对于记忆这一题目的倾向,80年代,这一倾向成为主要的艺术主题。目前艺术领域中记忆潮流的高潮还没有过去,我们还将继续观察这种对于记忆的痴迷将如何发展。每个艺术家都出于不同的动因与记忆打交道。在德国这与过去留下的创伤性的残余有关,这个过去不想、不能、也不可以消失,而且无法被置入任何社会回忆的实践之中。另外,这种对记忆的关注也与对回忆的颠覆性力量的政治兴趣有关,海纳·米勒就是一个典型例子,这种回忆应该能够撼动在极权和重建时期由遗忘和压抑导致的僵化。另外,在第二次世界大战以及核威胁造成的灾难之后,人们对于所有失去的东西以及现代社会的自我毁灭潜力的意识越来越强,记忆主题也与这种意识有关。在使用电子存储和循环技术的工业化的大众文化时代里,记忆处于一种从根本上说很棘手的情况,艺术对于记忆的关注正是反映了这个情况。仿佛是不再具有文化形式和社会功能的记忆逃进了艺术之中。

那些将记忆置于他们的庇护之下的艺术家们发展了新的、引人注目的**记忆艺术**的形式。在**记忆术**的古老传统中,技艺帮助记忆保持活力;它作为一种支持技术,服务于记忆,使记忆的开发得以优化,并且保证记忆具有可靠的可支配性。而新的记忆艺术的出发点却是不同的。它不是出现在遗忘**之前**,而是出现在遗忘**之后**;它不是技术或者预防措施,而最多是一种损失治疗,一种对于散落的残留物的细心搜集,一种损失情况调查。如果我们像尼采一样想象人是一种能记忆的动物,那记忆术能帮助人提高记忆的能力;而记忆艺术则相反,它提醒人去关注一种自己即将丧失的文化能力。记忆术的神奇建立者西蒙尼德斯在屋顶倒塌之后还能辨认宴会上的死者,因为他在灾难发生之前就已经到达了现场,并且把活人的图像储存在了头脑中。而在这个千年结束时的记忆艺术家们却处于一种不同的情况中。他们事后才踏上灾难的发生地,已经不能想象还会有一种艺术能够在现在和过去之间建立起一座记忆的桥梁。对他们来说,没有东西可以再去重构或重建,剩下的工作只是去搜集,去保存痕迹,去整理和存储那些还残存的、散落的遗留物。这些记忆艺术家用他们的工作所记录的不是回忆发挥超越死亡的力量,而是记录了损失的程度。

第一节　安塞姆·基弗

自从小亚细亚和地中海地区的早期文字文化出现之后,**书籍和图书馆**就一直是记忆的核心媒介。直到书籍文化的古腾堡时期,

安塞姆·基弗,《两河流域》,两个摆满铅质图书的书架

安塞姆·基弗,打开的铅书

第三章　在遗忘的荒原上的记忆模拟

这一点也没有任何改变。[①] 但在古腾堡时期末,书籍和图书馆由于文化的电子转向开始失去社会意义,但它们却获得了艺术上的重要性。随着它们的工具意义的急剧消失,一种对它们的实体性的新的兴趣产生了。在书籍和图书馆正在把文化记忆的**媒介**的地位让给其他的数据载体和数据库的时候,它们却在艺术领域作为文化记忆的核心**隐喻**开始飞黄腾达。书籍经历了技术性的去功能化以及艺术性的神秘化,我想以两位现代艺术家为例来展示这样的过程,他们就是安塞姆·基弗和西格丽德·西古德森。这两位艺术家都在图像和文字不断被虚拟化的过程中发现了书籍的物质性。[②]

安塞姆·基弗曾一再强调过他对记忆及其媒介的执著的兴趣。按照他的话说,艺术家在工作的时候都"背负着一个巨大的文化包袱"。这个包袱里面包含的东西大部分是脱离意识而存在的,只有绕道艺术,在艺术作品中得到物质化,才能隐约地显现。记忆艺术家基弗与回忆的科学管理者不同,他具有一种冥忆似的敏感。这种特质可以把时间上相隔最久远的东西与空间上最接近的东西联系起来。基弗就像瓦尔堡一样把历史中距离甚远的东西聚合在一起,像一架地震仪一样记录了由于回忆的损失、剧烈的断裂以及压抑而变成了文化无意识的文化记忆中的回忆波长。基弗在奥登瓦尔德的布亨城里把一个废弃的砖窑布置成了他的创作

[①] 参见乌维·尤胡姆:《图书馆简史》(Uwe Jochum, *Kleine Bibliotheksgeschichte*, Stuttgart 1993);君特·施托克:《文字、知识和记忆:图书馆主题中反映的 20 世纪的媒介转换》(Günther Stocker, *Schrift, Wissen und Gedächtnis. Das Motiv der Bibliothek als Spiegel des Medienwandels im 20. Jahrhundert*, Würzburg 1997)。

[②] 在这个关联中应该提到莫妮卡·瓦格纳的一篇很好的文章《图像—文字—材料:波尔坦斯基、西古德森和基弗的回忆方案》(Monika Wagner, "Bild-Schrift-Material. Konzepte der Erinnerung bei Boltanski, Sigurdsson und Kiefer"),见《模仿,图像和文字:艺术中的相似与变形》(Birgit Erdle und Sigrid Weigel, Hgg., *Mimesis, Bild und Schrift. Ähnlichkeit und Entstellung im Verhältnis der Künste*, Wien 1996),第 23—39 页。

室,在这里他把砖窑的残存通过一种冥忆似的敏感与公元前7世纪尼尼微的亚述巴尼拔皇宫图书馆联系了起来。艺术家在近处看到的是遥远的东西,在遥远的地方看到的是近处的东西:他在粗笨的、被丢弃的仓库架子上发现的是归档和储藏等文化基本功能,他在砖瓦上看到的是古代图书馆的泥板,在制作砖块的黏土、水和火上看到的是文化的物质基质,以及用永恒的泥土制成的、并在永恒的泥土上存在的文化的架构以及脆弱性。

《两河流域》这部作品正是由这样的联想产生出来的。创作开始于1985年,并作为一个渐进的作品(work in progress)得到扩展。它由两个 $4 \times 8 \times 1$ 米^3 巨型书架组成,这两个书架像一本打开的书一样呈钝角排列。在这个装置中还有两个装着水的烧杯,被称为"幼发拉底"和"底格里斯",这进一步地阐释了这个作品被分成两翼的结构的原因。在这个双翼书架中放置着大约两百本铅质的图书。这些铅不是纯粹的原材料,而是由基弗进行回收利用的文化产品;他的铅储备来自科隆大教堂更换掉的房顶。铅让人联想到铅字,活动的铅字标志着古腾堡在印刷技术中的革新。在电子转向之后,铅成了文字技术中一种完全冗余的材料。在基弗的两开大书中铅字变成了书页。① 这些书页由于体积和重量庞大,要好几个壮汉才能挪动,这基本上排除了它们的可读性和可使用性。铅书的不透明性得到一部大型的印刷艺术画册的补充,这本画册的封面是铅色的亚麻布,无法阅读的铅书的一小部分被拍成了照片放在画册里:共有28本书中的9个双页在这里展示给公众。② 对材料的重点表达把书作为媒介的功能排挤掉了。另外,

---

① 我这里引用的是莱因霍尔德·格雷特尔的观点,我也感谢他给了我一些重要的提示。
② 安塞尔姆·基弗:《两河流域》(Anselm Kiefer, *Zweistromland. Späte Plastik im Zweistromland*. Köln 1989)。基弗也是历史图像的重新发明者,他在《赫尔曼之战》和《纽伦堡》等作品中展示了一个雷区一样的民族记忆中的伤痕和断裂。

第三章 在遗忘的荒原上的记忆模拟

就连阅读铅书也要通过媒介来进行，也就是说要通过文本和照片。铅书的内容被放在一本超书本（Metabuch）中发表出来，才使这些厚密的书状物体变得可通达和可阅读，我也是从这个超书本中获得信息和具体感受的。

人们应该把这些铅书称为反书籍，它们单方面地强调了书这种物体的材质的一面，而消除了编码的信息的维度。这些书里没有文字，代之出现的是豌豆、黏土、水、头发或者羊毛等有机物，另外还有照片，大部分是航拍照片、云图、风景、大城市的地平线、瓦砾堆或者火车轨道。这些处于建设或摧毁过程的不同阶段的人类文明的图像，与那些转瞬即逝又恒久存在的云图（作为它们大自然中的对应物）相互呼应。基弗的书不讲述任何人类的故事，而是从一个遥远的、人类之外的视角讲述着地球的故事，这个视角向我们展示了地球只是暂时地处于人的占领之下。这些书讲述的东西都既充满寓意又模模糊糊，既无以名状又意义重大。这些不是用符号进行编码的反文本，其意义沉沦到了物质材料之中，沉沦到了这些沉重的两开大书之中，就像被封进了铅质的棺材，它们在其中得到储藏和保存，借助铅的优异的保存能力，这些书完全能够抵御核电站的最严重事故，就像亚述巴尼拔的泥板可以抵御图书馆火灾一样。基弗的反书籍或者书籍棺材显然把书的永恒功能以及记忆功能绝对化了，而牺牲了它的信息功能、复制功能和发表功能。这些书不仅是回忆和遗忘的纪念碑，就像作品的标题《两河流域》显示的那样，它们还是隐蔽的、神秘的知识的存储地，作品的另一个标题显示了这一点，即《女祭司》，暗示了塔罗牌的第二号人物。

西斯·诺特博姆在改建成博物馆的柏林汉堡火车站观看了基弗的装置作品，这些铅书并没有让他联想到图书馆，而是联想到档案馆："这儿的这些书让我觉得像是一个测绘局里的记录簿，是活着的人和死者的记录,大概如此。"①他的"大概如此"指的是这个作品展现的这个场景的假象的特点,因为这是一个对于档案馆的模拟:"在这些书中必定有铅质的名字,但它们是偶然的名字,就像从放在上面的架子中已经有些变形了的铅质摄像机里垂下来的那些一长串一长串的静止照片一样,它们显示的只是偶然的人群、没有名字的人、同时代的人,是曾经活过或者还活着的人,他们的名字将在这些铅质的巨书中继续沉睡,不被人看到,因为没有人能读这些书。"②基弗的装置作品对于诺特博姆来说不仅是模仿了一个档案馆,还否定了它。由此一个档案馆的自相矛盾的结构显示出来,它既是知识的存放地,同时这些知识又是不可阅读与不可通达的。

第二节　西格丽德·西古德森

西格丽德·西古德森于1980年代末在哈根的恩斯特·奥斯特豪斯博物馆开始的装置作品叫作《寂静来临之前》。在这件作品中的核心位置上也是图书馆的书架。这些书架中装载着由这位女艺术家制作的书籍,书籍数量不断增多。③ 在第一个阶段中,这件作品包括一个书架,书架上有72个格子,其中摆放着书状物品和展示盒,前面摆着一张方形的工作台,参观者可以在工作台上打开和翻阅某些书。到了四年之后的1993年,这个装置增加到了

---

① 西斯·诺特博姆:《女士与独角兽:欧洲游记》(Cees Nooteboom, *Die Dame mit dem Einhorn. Europäische Reisen*, Frankfurt a. M. 1997),第250页。感谢马克斯·布洛克尔给我这个提示。
② 诺特博姆:《女士与独角兽》,第251页。
③ 米歇尔·费尔、芭芭拉·谢勒瓦尔德编:《西古德森:寂静来临之前》(Michael Fehr, Barbara Schellewald, Hgg., *Sigrid Sigurdsson: Vor der Stille. Ein kollektives Gedächtnis*, Köln 1995)。

第三章　在遗忘的荒原上的记忆模拟

12个书架,共有380个格子和730本书。里边共包含各类文件30000份,另外还有参观者可以参与制作的"参观者书籍",以及寄给500个收件人、并有少数回到图书馆的"旅行书籍",这些书使得这部作品的范围和空间都再次得到明显的扩展。这些大书上面覆盖着荨麻,涂抹着泥污,看起来颇有远古气息。它们之中有被锁闭的书籍,其内容不可通达,其他的可以打开和观看。那些来自这些书架的图书就像基弗的书籍一样,不是信息媒介而是回忆载体,它们的内容不是被用来阅读和使用的,最多可以通过静思想象。这些内容由不同的材料组成:照片、书信、明信片、剪报、图表、公文、地图、卡片、草图——简而言之,是一个人在他的一生中不断沉积下来的残留物和碎片的大杂烩。这些残留物在书中被简单地放置在一起,有些上面还加上了线条纤细的素描。人们找不到介绍性的文字或者关键词,作为引导读者在这个回忆迷宫里行走的线索。这个像拼贴画一样的布置仅仅通过这些被捡拾到的物体的毗连和偶合性来发挥作用。

　　西古德森的书并不传递任何知识,而是储存个人的、与生平有关的回忆。那些在这些书状物体中搜集和保存的残留物充满着个人的故事,但是它们只证明这些故事的存在,却不讲述它们。这里物体间的关联被取消了,含义也十分模糊,但这都与基弗式的神秘学无关,而是与记录的碎片性和人与人之间的陌生感有关。通过这些文件的方式,观察者能够看到我们称之为"历史"的那个抽象的、集体的维度是怎样在个人的回忆和生平中得到折射的。这些文件的大部分来自纳粹时期,既展现了受害者也展现了犯罪者的视角。比如那些俗气的随手拍的照片,展现的都是千篇一律的天伦之乐,这些照片来自卑尔根—贝尔森集中营,照片之外还加上了一些信封,这些信是寄给在那里工作的一个军医的。还比如一个无名姑娘的照片被不加任何说明地贴在一份公函上面。普通的和

西格丽德·西古德森,《寂静来临之前》
在哈根的恩斯特·奥斯特豪斯博物馆的装置作品

西格丽德·西古德森,装置作品《寂静来临之前》中一本打开的书

日常的东西就这样被直接与史无前例的大屠杀犯罪联系起来。在这些书籍拼贴中，历史作为个人的回忆展现了个人生活和死亡故事的细腻结构。这些回忆是零星的和碎片化的。这些书籍中保存的是遗忘之上的漂流物：它们是在"寂静来临之前"的延迟，是在彻底地失去之前的预防。因此这些书籍不是文件的存储器，而是文件的埋葬地。在这里艺术家要传达的信息并不是媒介，而是被标上了记号的材料。从对材料的强调来看，西古德森的书和基弗的书一样都难以复制。代替可复制性的是另外一种特性，即圣徒遗物一样的唯一性、原初性和证明力。但是这位女艺术家并不把自己仅仅看作个人生平痕迹的遗物管理员，她自己的回忆工作的结晶应该具有感染力，她回忆动力应该波及观察者的身上。她把文件和碎片进行拼贴和展示的工作也应该在观察者那里引起联想，并促发他们自己的回忆过程。在西古德森的作品中目前正发生着一个从记忆**模拟**到回忆**激发**的重点转移。她的许多行动都说明了这一点，比如在但泽附近的一个小村庄里或是在不伦瑞克，西古德森借助艺术这一媒介为人们面对负有罪责的回忆打开了社会空间。

第三节　安娜和帕特里克·普瓦利埃

这对艺术家夫妇1970年参观了柬埔寨的吴哥窟这座古老的王城和寺庙之城，这对他们来说是一次重要的经历。他们看到眼前宏伟的、陷入沉寂的建筑被热带的潮湿侵蚀、被根系崩裂、被植被覆盖。文化记忆的难题仿佛以象征的形式出现他们眼前。从那时起，各种文化如何对待它们的过去这个问题就成了这对夫妇的热情所在。他们开始携手寻找自己文化逝去的过去。他们以考古学为榜样，考古学进行的正是这种挖掘一个已经死去的当下的工作。这两位艺术家从考古学那里继承了他们的感知模式、风格特征和姿态。他们的艺术成了伪考古学。就像在法国电影《被禁止的游戏》中孩子们在战争刚刚结束时玩死亡和葬礼的游戏一样,这对艺术家也充满激情地玩起了考古学的游戏。

艺术与科学之间的界限是用来对记忆进行考证和研究的,现在被他们儿戏般地抹煞了。在1971—1972年间创作的作品《奥古斯蒂亚》中,他们创立了一种考古学的模式,在这种模式中重构和建构被杂糅在一起。① 奥古斯蒂亚曾经熙熙攘攘,考古发掘出来的这座港口城市的遗骸现在成了这两位艺术家的文化记忆工作。他们在《谟涅摩叙涅》项目里以颇具浪漫派风格的姿态扮演了遗嘱执行人的角色,出版一个死去朋友的文稿。这个朋友是一个在考古学和建筑学之间游走的人物。作为建筑师他为未来建造,并在空间里书写。作为考古学家他发掘的是过去的痕迹,并让泥土说话。对于普瓦利埃夫妇来说,这两者是相互联系的;一个是另一个的影子。他们从朋友手中接过的这一虚构的项目就是挖掘记忆之城谟涅摩叙涅。与沉没的乌托邦城市亚特兰蒂斯相反,谟涅摩叙涅到处都可以找到,并得到拯救,当然永远处在当下与过去、鲜活着的功能和僵化的废墟、回忆和遗忘的双重视角之下。

记忆艺术这个词用在普瓦利埃夫妇的作品上十分合适。在他们的作品里,那种像在西古德森的作品里占据着核心位置的个人回忆是看不到踪影的。他们关心的是文化记忆的秘密,它作为艺术的源泉以及未知领域的特性。谟涅摩叙涅城是一个心理空间;对于普瓦利埃夫妇来说,每一次突破了地表的挖掘也是一次向我们的心灵的黑暗区域的挺进。考古学尽管只能为遗忘的黑暗带来

---

① 《安娜和帕特里克·普瓦利埃》(Anne et Patrick Poirier. Texte von Jean-Michel Foray, Lóránd Hegyi, Günter Metken, Jérome Sans, Milano 1994)。

第三章　在遗忘的荒原上的记忆模拟

局部的光明，但它为这些区域提供的图像比起那些失去了所有暗示性的、清晰、立体、彩色的核磁共振大脑图像来说更加形象。在普瓦利埃夫妇虚构的发掘日志中能够找到下列的文字：

> 风景
> 在他面前打开
> 就像一个打开的
> 大脑，在其中人们
> 可以观察
> 不同的
> 功能。

普瓦利埃夫妇的艺术可以与神经科学的所谓"成像术"(Imaging)相媲美，神经科学目前正致力于把内部的东西导向外部，并用新的计算机技术来洞察和测量哪怕最小的沟回。在这里再次回顾一下记忆术正是时候，因为在文艺复兴时期人们也发明过设计记忆地图的模型，这些模型可以对记忆能力进行彻头彻尾的测量和装载。和文艺复兴的艺术家一样，普瓦利埃夫妇建构着记忆的空间，与卡米洛的记忆剧院①或者投射到宫殿、广场、大教堂上的记忆空间相比，他们以较小的尺寸，或者能填满一个房间的建构创造出了神话式的包罗万象的世界记忆的一个又一个新版本。脑生理学今天在靠近计算机科学，这意味着器官性的不再仅仅是内部的，而技术性的也不再仅仅是外部的。在技术范畴与生物范畴之间的范式交接点是人类的大脑。它正在融合技术的特点，相反，技术也在以生理学为模型来优化自己。普瓦利埃夫妇的记忆艺术作品把废墟置入人的头盖骨之中，恰恰肯定了这种内与外的无法洞悉

---

① 此处指的是意大利学者古里奥·卡米洛(Giulio Camillo, 1480—1544)，他曾为法国国王设计过一个包含世界所有知识的记忆剧院，其中使用的是记忆术的图像。——译注

安娜和帕特里克·普瓦利埃，
《谟涅摩叙涅》中装有废墟的头盖骨

安娜和帕特里克·普瓦利埃，《权力的脆弱》

的重叠,同时也表明了内与外之间是不可能存在明确的模拟性的,这种明确的模拟性对古老的记忆术来说本是起着结构性的支撑作用。残垣断壁不仅能把心理的结构与文化记忆的结构叠映在一起,它们还能够消融回忆和遗忘之间的界限。

我认为,我们可以在这个背景下来解读他们作品的风格。他们的作品都具有严谨的秩序、极度的纯净以及古典式的完美。在这里找不到像基弗那样的对材料的感性表达,也找不到像西古德森那样的具有挑衅性的真实性。占据中心位置的,是在遗忘的灾难发生过很久很久之后,对残留物的认真加工和严谨排列。艺术上的完美代替了原真性,完美在这里应该理解为一种保存的技术,以及美的一种记忆术。在分类和记录的姿态中表现出来的充满了爱意的耐心和认真,突出了这项回忆工作充满情感的特点,这一特点不是发自内心的震撼以及事后的感动,而是来自对于技巧的最高要求。与其他记忆艺术家相比,普瓦利埃夫妇的作品很明显地缺少个人的激情,而是围绕着某种光滑和冷峻。它们是幻想的建构,得到(伪)科学的阐释,但仍旧充满了记忆的秘密。这些秘密无法揭开,但可以在艺术加工所反映的完美中被召唤出来。

与西古德森的作品完全不同的是,普瓦利埃夫妇的作品避免强烈的情感表达,而以追求寓意性为特点。在一个有着巴洛克式的标题《权力的脆弱》的装置作品中,普瓦利埃夫妇在一堆布置得很具装饰性的残垣和柱础之间置入了几个巨大的金属的闪电。那是毁灭的闪电,是宙斯甩出的闪电,它们成为一个灾难性的突发事件的寓意性的缩写。这种突如其来的暴力事件的唯一证据是残垣断壁以及那孤立的、超大的眼睛,在眼睛中还反射着恐惧。"眼中的恐惧"也是一张展现了一个雕像面部的纸上的标题。在因为恐惧而张大的眼睛中凝聚着震惊,是震惊推动了这个艺术的回忆工作,作品中的物体把这个震惊像一个"能量储备"一样牢牢抓住。

但是它们不像在基弗和西古德森那里一样,通过材料和收藏物品的原真性来固着这种震惊。这个新的创造物是完美的,并且是有意图的。代替原真性的激情的,是对于艺术虚构的强调。这里突出了艺术对过去进行重新创造时想象的重要性。在这里人们几乎要想到华兹华斯的回想以及在上文描述过的他以事后性为基础的重构过去的形式。在华兹华斯那里,原初的情感也被一个艺术激发的情感所取代,这种情感是由沉思和想象创造的,将成为一个消逝的过去的替代物。

  这里介绍的例子我想称之为记忆模拟。这些各不相同的装置作品都凸显了文化记忆的范式性的媒介——书和图书馆,还有地图、结构图和残留物。它们并不储存什么,而是突出了个人的和文化性储存和归档的意义。这种新的记忆艺术进行的是一种模仿性的回忆工作,它为文化记忆竖起了一面镜子。文化记忆在艺术的媒介中反思自己。艺术尤其突显了在一个所有数据都被普遍非物质化的情况下记忆牢牢抓住的物质性和实体性。在一个不再记得自己的过去、而且忘记了自己已经没有回忆的文化中,艺术家们更加关注记忆,他们用艺术的模拟使消失的功能变得醒目。也可以说,艺术在提醒文化,它已经不再回忆了。

第四章　记忆作为苦难宝藏

"记忆作为苦难宝藏"这一说法对于过去几十年中的艺术家们来说变得尤其重要。这一说法来自阿比·瓦尔堡,他是艺术历史学家以及瓦尔堡艺术科学图书馆的创立者。瓦尔堡在这个世纪的头几十年凭借这个图书馆以及一个朋友圈子创立了一个研究方向,这个研究方向与专业之间的限制相抗争,并把文化及其传播等根本性的问题摆到了核心的位置。瓦尔堡的出发点是,人类有着深厚的原始经验的积累,他猜测,在这个远古的心灵层面上存在着人类文化那生生不息的推动能量。这种心理上的原始资本对他来说具有危险的自相矛盾的性质。它可以表现为具有毁坏力的强烈情感,也可以升华为艺术或科学的顶级成就。瓦尔堡在这个"能量学"的框架下研究了很多单个的艺术作品,并且探寻着它们与灵魂的"半地下区域"中的"印模机器"(Prägewerke)的联系。他从理查德·西蒙那里为这个以心理学为基础的文化科学项目借鉴了术语,正是西蒙赋予了"痕迹"(Spuren)这一概念以科学的价值。瓦尔堡从西蒙那里了解到,强烈的震撼会在"器官的可接受刺激的物质上"留下一个痕迹,即一个印记(Engramm)。按照西蒙的观点,这些痕迹会在意识之下保存较长时间,并能在后来的某个机会出现时被重新激活并释放能量。瓦尔堡把这个模型转用到文化史上面,按照他的观点,文化史中存储的正是震惊这种"记忆能量"。这些震惊体验的代名词对他来说是集体的激昂状态,这些激昂状态是在远古的崇拜中、也有比如在文艺复兴时期集体欢庆的场面中被造就出来的。这些放纵的以及创伤性的经验,相应的集体既不能回忆起,也不能遗忘掉,在这一点上瓦尔堡与弗洛伊德的看法相同,并且他把这种观点运用到了文化上。这些经验进入到集体的无意识之中,确切地说,它们构成了一种社会记忆的基质或持久痕迹,在变化了的历史情况下会再次被激活。这种人类的记忆记录了有魔力的恐惧症式的震惊,或者崇拜性的放纵的激情,被瓦尔堡称为人类的"苦难宝藏"。① 这里可以很清楚地看到,瓦尔堡既从新的人类学研究接受了灵感,也从19世纪对古希腊罗马文化的阴暗面进行挖掘的历史学家(克罗伊采、巴赫奥芬、尼采,直到乌色纳和罗德)那里受到了启发。

按照瓦尔堡的看法,艺术是与文化无意识的这个动力系统相连接的。这种连接如何实现,下面的这些佶屈聱牙的句子对此进行了描绘。同时,这些句子也让我们看到,要想给这种无遮无拦的思考过程赋予一个科学事实的面貌是多么吃力:

> 人们应该在群体放纵的区域中寻找这个印记机器,这个机器赋予了记忆以最高度的内心震撼的表达形式,只要肢体的语言能够表达这种强烈震撼的话,这个机器对于记忆进行了强烈的捶打,以至于这些激情(!)经验的印记作为能保存

---

① 《人类的苦难宝藏将成为人文宝库》,阿比·瓦尔堡1928年4月10日在汉堡商会讲演所作的笔记("Der Leidschatz der Menschheit wird humaner Besitz", Aby Warburg, Notiz zu einem Vortrag in der Hamburger Handelskammer, 10. April 1928, London. The Warburg Institute, Archiv-Nr. 12.27);参见维尔纳·霍夫曼,格奥尔格·希安肯,马丁·汪克:《眼睛的人权:关于阿比·瓦尔堡》(Werner Hofmann, Georg Syamken, Martin Warnke, Die Menschenrechte des Auges. Über Aby Warburg, Frankfurt a. M. 1980);霍斯特·布雷德坎普,米歇尔·迪尔斯,夏洛特·朔尔-格拉斯编:《1990年汉堡阿比·瓦尔堡国际研讨会资料汇编》(Horst Bredekamp, Michael Diers, Charlotte Schoell-Glass, Hgg., Akten des internationalen Aby Warburg-Symposions Hamburg 1990, Weinheim 1991)。

第四章 记忆作为苦难宝藏

记忆的遗传物质存留下来,只要肢体语言的最高级想要通过艺术家之手获得一个形式上的表达,这些印记就会像一个模型一样决定着艺术家之手要勾勒的轮廓。①

在瓦尔堡那里,象征表现为一种文化集体记忆的"能量储备"。② 我们在上文讲到对记忆有效的图像("能动意象")时提到的激情公式(Pathosformeln)也具有同样的效果。瓦尔堡认为这些激情公式是"肢体语言的最高级",它们将一种强烈的经验封存在一个固定的姿态中,并且用图像来固定它。③ 它们是文化的记忆能量的转换器,在人类历史的转折点上(比如从异教徒世界向基督教世界过渡的时候)会在句法上发生两极跳变,也不会失去它们与留下印记的基质的联系。在瓦尔堡那里,已经变得苍白的惯用语"古典时代的新生"变成了一种能量学的文化科学,或者说变成了一种他在文化无意识理论的框架下研究的魔鬼学。④

1938年生于伊斯坦布尔,从1964年起生活在巴黎的艺术家萨基斯的作品是与记忆密不可分的。他把记忆理解为整个的人类

---

① 转引自E. H. 贡布里希:《阿比·瓦尔堡》,第245页。
② "能量储备—象征"(Energiekonserve-Symbol)这个公式在1929的笔记本中,第21页;转引自E. H. 贡布里希:《阿比·瓦尔堡》,第327页。
③ 沃尔夫冈·肯姆普:《瓦尔特·本雅明与艺术科学》(Wolfgang Kemp, "Walter Benjamin und die Kunstwissenschaft"),载《批评报道》3, H. I, 第5—25页;此处第24页。这位艺术史家在本文的第二部分《本雅明与阿比·瓦尔堡》(Teil 2: Walter Benjamin und Aby Warburg)的注45中,在有关瓦尔堡的文字中提到了一种"理性化的图像畏惧"(rationalisierten Bilderfurcht)。这个观点对于一个犹太艺术学家来说是引人注意的,并且值得继续深入挖掘。因为图像畏惧制约的正是一种身体畏惧,这种畏惧显示了激情公式这个概念中特殊的"激情"。另参见康拉德·霍夫曼:《瓦尔堡之后的恐惧与方法:回忆作为改变》(Konrad Hoffmann, "Angst und Methode nach Warburg: Erinnerung als Veränderung"),见布雷德坎普等:《瓦尔堡国际研讨会资料汇编》,第261—267页。
④ 瓦尔堡使用"能量变形"(energetischen Metamorphose)这个概念,让人联想起斯宾格勒(O. Spengler)使其得以传播的概念"假象变形"(Pseudomorphose)。斯宾格勒是从地质学中借用的这个概念(在地质学中这个概念称为矿物假象。——译注),用以描述文化形态的变化。假象变形包含两个方面,既是对先前形式的遮蔽,也是对其的保存。

历史,但他想要保持这个历史与个人记忆之间的通透性:

> 我的工作总是与记忆相连。我生活的一切都在其中。历史像一个宝藏。它属于我们。所有在历史上发生的事情,都属于我们。所有由于人类而产生的东西,不管是苦难还是爱情,它们都在我们之中,这是我们最大的宝藏。我经历过的、生活过和做过的所有东西,它们是我的宝藏。①

阿比·瓦尔堡认为自己是欧洲记忆遗产的管理者,萨基斯从他那里继承了"苦难宝藏"这个概念。瓦尔堡用这个概念指的是一种远古的原初能量,这种能量被刻印在某些图像公式中,并可以被重新激活。而萨基斯用这个概念主要指材料的不断积蓄:

> 看到这个概念,我突然有一种感觉,触碰到了记忆在内心的堆积,以及这个记忆带来的苦难,触碰到了内心层层堆积的东西。但是要想堆积起来必须要有形式,必须创造一种形式,才能让记忆、才能让一个宝藏产生。从这个意义上来说,这是一项特别痛苦的工作。与苦难打交道意味着,不断地产生一种能量,找到一种形式,才能与苦难的记忆打交道。②

还有像海纳·米勒,或者约亨·戈尔茨这样的艺术家,他们把集体的苦难宝藏作为他们创作的基础。对于米勒来说,记忆工作和哀悼工作是从震惊出发的。③ 简单地用语言来表达它会有造成损失的危险。因为还没有被语言化的东西,仍处在纯粹能量的状态。苦难也是语言可以从一个人身上抢掠走的宝贝。这种态度与

---

① 多丽丝·冯·德拉腾:《萨基斯》(Doris von Drateln, Sarkis),载《国际艺术论坛》(Kunstforum International)114(1991),第290—315页;此处第295页。
② 同上书,第295页。
③ 《管理档案不会产生回忆》——与亨德里克·维尔纳在1995年5月7日的访谈。参见米歇尔·罗斯:《反讽者的牢笼:记忆、创伤和历史建构》。

上文提到的利奥塔的理论相似。利奥塔认为,不允许再现的创伤能以这样强烈的能量的形式得到保存。

下面我们将提到两个艺术家,他们的作品可以被看作是与"苦难宝藏"相关的作品,具体来说,是与犹太大屠杀这一历史的苦难宝藏相关的。

第一节　克里斯蒂安·波尔坦斯基 ——《不在场的房子》

对于1944年生于巴黎的克里斯蒂安·波尔坦斯基来说,了解犹太大屠杀的情况是激发他进行艺术创作的导火索式的震惊事件,尽管他的作品很少直接与这一事件发生关联。波尔坦斯基的一个核心题目是损失,包括物质的损失,比如他的一个装置作品是装满了捡拾到的物品的架子;以及回忆的损失,比如一个直到屋顶都贴满了巨幅黑白照片的光线昏暗的房间;以及知识的损失,比如在一个过道狭窄的档案馆里堆满了银色的马口铁罐;以及身体的损失,比如放着空床和空担架的房间。在他的一些作品中,遗忘的过程作为一种渐渐变得苍白的过程凸显在前景中,在另外的一些作品中,人们可以看到,在人们的生活和行为被抽走之后留下的空空的外壳和残余。那些是以极简主义方式安排的空间,观察者在这些空间中会进入某种情绪状态,在这些空间里,可以产生对于遗忘、损失和死亡的主观经验。

我们将在这里介绍的波尔坦斯基的作品与不在场的东西的显示有关。用艺术的手段来显示不在场的东西,这看似悖论的难题并非一个新的主题,而是在近代的开端就已经被讨论过。当时的语境是弗朗西斯·培根关于学术之进步的著作,在这部著作中他对人的思想的"自生形态"进行了强烈的批判。如果没有特别的方法上的训练,那人的思想就是认识的不可靠的、并会导致变形的媒介，根本不具备追求真理的能力。"因为人的思想从天然来说与一面平滑光亮的镜子完全不同，在镜中物体的光线可以相应地反射出它们真实的形态，而头脑则相反，如果它没有得到训练和严格要求的话，更像一面充满了迷信和胡闹的魔镜。"①

培根举了一个以人为中心对现实进行扭曲的例子，这个例子在我们的话题中有特别的意义。他想用这个例子证明人类的思想对于正面的和积极的东西的反应强度，要比对于负面的和不在场的东西强烈得多。他认为人的思想对于负面的东西毫无接受能力，因此不在场的东西总会通过一个思想的诡计被在场的东西遮盖住："以至于少数几个积极的感知常常遮蔽了缺乏和不在场。"培根用迪亚戈拉斯的例子来证明人类思想对于空缺和空白点的无能为力。人们在海神庙里指给迪亚戈拉斯看很多人的画像，他们逃过了沉船的劫难，用还愿牌来感谢他们的得救。有人问迪亚戈拉斯，看到这些得救的标志，他是不是相信了祈祷的效力。据说迪亚戈拉斯回答道：不错，但是，请问那些淹死的人的画像在哪里呢？② 培根对人的思想的特点所做的判断对于人的记忆也同样有效。要想存储空缺、空白点和不在场，比起存储在场的经验要困难得多。自从纳粹政府对六百万犹太人和其他受害者实施大屠杀之后，不在场者的规模变得庞大无比，那就给我们提出了问题，文化记忆用什么样的方法才能把握、加工、保存和传承这个空缺？

有关犹太大屠杀的记忆工作的困难之处在于被谋杀的和失踪的人数是如此巨大。这就导致了培根很形象地描绘的危险，即空缺会被抽象的或具体的再现形式排挤掉。那些以这个苦难宝藏进行痛苦回忆工作的艺术家们，他们致力于保护痕迹，标注空缺，并

---

① 弗朗西斯·培根：《学术之进步》，第153页。
② 同上。

第四章　记忆作为苦难宝藏

把人们的注意力吸引到回忆的机制上,就像培根所描写的那个传说的意思一样。

如何标识一个空缺,不在场怎样才能被具体化,又不会转变为虚假的在场?这些都可以在波尔坦斯基的题为《不在场的房子》的作品中看到。1990年柏林市政府邀请艺术家针对统一的首都这一情景来进行创作。在城市东部第二次世界大战时造成的一块空地上,波尔坦斯基建造了他的《不在场的房子》,他在相邻的建筑的防火墙上挂上了图文板,他的助手在档案馆里进行了专门的检索工作,他们翻看了地址簿、轰炸报告、财产档案、火灾档案、帝国家族局的族谱以及流放档案,找到了从前住户的名字以及他们的职业,并且能部分地重构他们的故事。波尔坦斯基在先前楼层的高度上装上了这些人或家庭的名牌,他们在战前和战争期间居住在这幢房子里。在这些牌子上还标注了每家住户在这个屋檐下住了多长时间,直到这座房子被一颗炸弹摧毁。大部分人都在这儿住到1945年,但有两个人,公务员J. 施纳普和卡车司机R. 雅罗谢弗斯基在1939—1943年间离开了这幢房子。在这段时间里搬出一幢柏林的出租房并没有什么好的原因。被迫的流亡或者流放在当时是让这些比邻而居的人流散的原因。这个事实众所周知,但是当它和具体的名字和地址联系起来时,就获得了一种不同的性质。

波尔坦斯基的工作使一块不起眼的、被用作过道的土地变成了一个历史之地。他用极少的标志使已经不可见的历史痕迹能够重新被人阅读,同时他也展示了没有知识的回忆是不可能的,回忆变成了一个搜寻的过程,这一过程把人引向书籍和档案。通过把档案里的数据与具体地点相连接,那些抽象的、纸上的信息变成了指向不可混淆的个人及其独特经历的指向标。波尔坦斯基的作品展现了个人历史与国家社会主义的历史的交汇,纳粹的历史如何把握、扭曲、和切断生命的历程。波尔坦斯基所关注的题目是"不在场的、失去的身体",他用"不在场的房子"建立了一个空间,在这个空间中——就像迪亚戈拉斯的传说中所说的那样——消失的东西被变得可见:"那些写下的名字给不在场的人提供了一个地点,但这个地点仍然是无人居住的。……用名字来占领空旷的空间,使得这个空洞通过地点的力量变成了实在之物。不在场的和被消灭的人的在场以这种方式变得不可避免。"①

第二节　娜奥米·特蕾萨·萨尔蒙的系列摄影《物证》

"那里不用再往前走了,"我在奥斯维辛集中营主营的一个砖垒的小屋里听到一位德国游客对他的女伴说道,"那里只有鞋。"这句不假思索、毫无顾忌的话让我注意到一个问题,那就是奥斯维辛的参观者面对的这个地方既是博物馆,又是犯罪地点和纪念地。人们应该带着怎样的感情踏上这个地方,哪些观看习惯是合适的或者不合适的,人们作为参观者怎样做才算是公正地对待这样一个复杂的地方?

我们知道,人在面对一个过于复杂的环境时会使用化简的方式。如果不具备那种"世界缩减术"的话,人大概无法活下去,因为这种缩减术是每一个符号实践的基础。在我们的认知器官的深处埋藏着文化的归类方式(比我们意识到的更深),它们教会我们从部分认识到全部,从例子认识到整个序列,从特殊的认识到一般的。当在奥斯维辛看到了一立方米的鞋之后,人们不难想象剩下的部分。但能把剩下的部分省略吗?这种人类思想的省略方法在

---

① 莫妮卡·瓦格纳:《图像—文字—材料:波尔坦斯基、西古德森和基弗的回忆方案》,见《模仿,图像和文字:艺术中的相似与变形》,第23—39页;此处第28页。

第四章　记忆作为苦难宝藏

别的地方可能是理所当然的，但是在奥斯维辛却成了问题。省略的普遍化的做法会变成一种道德上站不住脚的方法。因为每一只鞋都指向一个不可混淆的个人命运，指向巨大的死亡工厂里一个独特的生命和死亡。但是我们无法顾及这些，这里的空间对我们要求得太高了，中间走廊的左右全是透明的玻璃墙，墙后面堆放着数不清的鞋组成的大山。我们的思想和灵魂上的理解力都绝无可能达到这个展览的要求。

娜奥米·特蕾萨·萨尔蒙以《物证》为题的系列摄影正是针对我们的观看习惯的障碍和传统。一开始，她只是要完成一项技术性的任务——她只需要把以色列犹太大屠杀纪念馆里的一部分馆藏物品拍照以便登记，但是这位属于第三代以色列人的年轻女摄影师却把这项工作变成了以摄影为媒介的纪念实践，变成了一个哀悼行为。在她显示物体现况的摄影中，把死亡营作为案发地点、博物馆和纪念地来经历的多个维度都交织在一起。

考古发现通常会创造出一个直接与过去的生活世界发生联系的机会，但是那些在以色列犹太大屠杀纪念馆、布亨瓦尔德、奥斯维辛被拍摄的残留物却保留着死亡官僚主义的印记。那些被害者所有物中留下的可怜的残余，比如梳子、牙刷、剃须刷，与凶手的残留物——大部分是党卫军的军阶标志——放在一起，但是"所有物"这个词已经有些夸大现实了，因为受害者的日常用品大部分都成了凶手的战利品。就像在死亡营中毁灭人的生命一样，他们以同样疯狂的效率把材料性的所有物搜集、分类、储藏起来，这种无比的吝啬，认为每件物品——被中性化为原材料——都会被重新使用，这种想法与消灭人的生命时那巨大的浪费形成一个悖论式的反比。这两者，对于生产以及对于解构的迷醉，看起来像是一个病态的逻辑的两面。

这种看起来符合目的理性的高效做法里面却充满了狂热的象

征策略。材料的重新加工实际上是一种有目的的亵渎行为。比如《托拉》卷轴被加工成钱包、公文包和衣服,甚至被加工成鞋垫,而按照犹太教的仪轨,这神圣的文字是不可以接触地面的,现在却被人切切实实地用双脚踩踏。材料的再加工由此还变成了一种象征性的毁灭行为,由于解构得到生产的补充,就连受害者的物质痕迹也消融在新的产品中,并由此被完全地消除。物理上的毁灭就这样完成了,而且结果不可更改;但象征性的毁灭至少可以部分地改正回来,人们可以给被玷污的物品还以尊严,并且不必把犯罪的痕迹消除掉。

娜奥米·萨尔蒙的照片所做的正是这些。她的照片作为回忆标记是罪行的沉默的证人。没有激情,没有主观的姿态减弱这种沉默。那种严格的记录式的目光阻碍了一种感同身受的观察方法;它与目击证人或事后观察者的目光截然不同。任何主观的因素,以及空间和时间都被从动机中消除了;动机被冷冻起来并且固着在持久的当下的空间之中。这些照片让人不能无动于衷,其效果正在于这种对象化之中。摄影主题的简练的重复比起戏剧化的排演能更深地刻印在记忆之中。

那些被放大的物体无比规矩整洁地呈现在我们眼前,它们是一些无法被连缀成叙述的元素。它们不顺从的独特性和孤立并不因为被排成一个序列而消失。这种排序原则阻碍着个人的感同身受和接纳;它的回忆力与档案的客观的、外置的存储技术相当。在这个意义上,这些系列摄影建立了一个技术上十分精确的记忆,与那些罪犯施行的消痕灭迹的行为相抗争。这些孤立物体的清晰轮廓在白色的背景上突显出来。这种消过毒一样洁净的背景无声地印证了这些残留物与其曾经拥有的活生生的语境的剥离,以及这个语境的损坏。这种背景标志了死亡机器留下的白板状态。这些照片并不躲避这种沉默的空白;它们避免任何美化的痕迹。它们

第四章　记忆作为苦难宝藏

努力追求的是记录的消毒一般的纯净，并把每一个物体都作为"自在之物"以不可接近的具体化展示出来。最重要的是，这些图像生产了一种独有的记忆术；它们强迫我们仔细地去观看。它们对于细节的忠诚不仅因为它们是抵抗否认和遗忘的犯罪学的证据，而且是对那种想通过激情表白进行掩饰、想逃入抽象而卸掉罪责的行为所投的一张艺术的反对票。

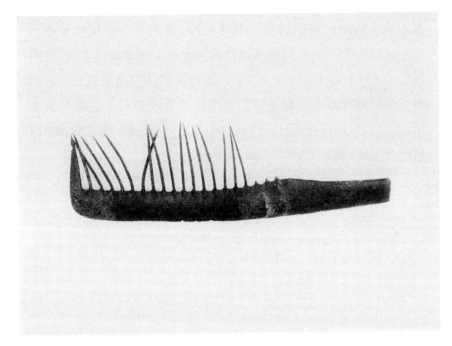

娜奥米·特蕾萨·萨尔蒙,《物证》

第四章　记忆作为苦难宝藏

娜奥米·特蕾萨·萨尔蒙,《物证》

第五章　档案之外

档案作为过去的、但是不可丢掉的东西的收集和存储地可以被看作垃圾场的一个反面的镜像。在垃圾场里汇集的也是过去的、但任其腐烂的东西。① 档案和垃圾不仅通过一个图像上的类似相联系,而且还有一个共同的边界,物体可以双向地跨过这个边界。没有进入档案的都会被扔进垃圾堆,由于空间缺乏时不时地从档案中被剔除的东西也会被扔进垃圾堆。还有今天在档案馆里存放着的某些东西,就像波米扬指出的,也暂时地处于废弃物的状态。他写道:"顺序是:物体、垃圾产品、带有象征意义的符号,这个顺序是组成文化遗产的物体大多都要经过的。"② 要想使废弃物在离开了它们的首要的实用语境之后在档案或博物馆中获得第二次生命的机会,这些废弃物必须拥有残留物的特性,它们要通过它们坚韧的物质性抵御时间的牙齿(这个口语中的词组让人隐约地

---

① 关于垃圾的理论参见米歇尔·汤普森:《垃圾理论》;威廉·拉杰、古伦·墨菲:《垃圾:在垃圾世界的考古之旅》(William Rathje, Gullen Murphy, *Müll. Eine archäologische Reise durch die Welt des Abfalls*, München 1992);福尔克·格拉斯穆克、克里斯蒂安·温弗扎克特:《垃圾系统》(Volker Grassmuck, Christian Unverzagt, *Das Müll-System. Eine metarealistische Bestandsaufnahme*, Frankfurt a. M. 1991);霍斯特·拜尔:《污物:欧洲文明中的废弃物》(Horst Baier, *Schmutz. Über Abfälle in der Zivilisation Europas*, Konstanzer Universitätsreden 178, Konstanz 1991)。
② 克里斯托夫·波米扬:《博物馆和文化遗产》,见《历史博物馆:实验室—剧场—身份认同工厂》,第41—64页;此处第43页。

第五章 档案之外

想起"贪吃的时间"[Tempus edax]这一寓意形象）。档案和垃圾堆同时也可以被看作文化记忆和文化遗忘的象征物和征兆，它们的这种功能也正是艺术家、哲学家和科学家在最近几十年中越来越感兴趣的。

那些在被用坏、被毁坏或者被新的物体代替之后从它们的实用性循环中"坠落"下来的物体属于废弃物。"废弃物"(Abfall)这个词，如果人们更仔细地观察，具有形而上的内涵。因为在伊甸园里就已经出现了废弃物，那是从造物的原初状态坠落(Abfall)的物体，从与上帝的统一中坠落的东西。废弃物包含着规则和等级，以及与无罪状态的分离，人们甚至可以把它看作是罪责的近义词。在日常的语言使用中我们当然指的是另一种废弃物，即从手中或桌子上掉下来、随意扔在地上的东西，或者指那些失去了普遍的使用价值而变得无用的东西。随着一个物体的使用价值消失，它们的功能和意义也消失了。因此废弃物也是那些社会对其失去了兴趣和注意力的物体，剩下的只是纯粹的物质性。但艺术从来都是与无用性结盟的，它与经济追求的并不是同一种规律，因此对于废弃物加以关注。艺术家把被经济排除在外的废弃物整合到他们的作品或者装置之中，由此他们达到了两个效果。他们建立起了一种不一样的经济规律，并且强迫观察者超越他的象征性的意义世界的边界，使其意识到文化这个系统中的贬值和抛弃的机制。这样的艺术不是在进行模仿，而是在进行结构性的行动，它们并不模拟和仿制什么，而是把看不见的、也就是文化的价值生产和无价值生产的结构显示出来。下文我想详细介绍几位艺术家，他们都以废弃物为题，我主要是从文化记忆的视角，更确切地说，从文化的反记忆的视角对其进行阐述。下文列举的文学文本和艺术装置都创作于1960—1990年代之间，它们显示了艺术是怎样在西欧和东欧以不同的媒介把自己变成了一个被遗忘和被丢弃之物的记忆。

第一节　拾荒者——关于艺术与废弃物的关系

在19世纪,废弃物获得了某种价值,因为它们的一部分可以通过新的工业方法重新作为原材料进入生产流程中。尤其在纸张生产中,大量的废布得到加工。由此产生了——就像瓦尔特·本雅明的表述那样——一种在大街上的家庭工业。"拾荒者的形象让他的时代颇感兴趣。第一批关注大众贫困化的研究者的目光停留在他的身上,就像被一个默默的问题所吸引,即人类的苦难到底何处是边界。"①本雅明投射到拾荒者身上的目光首先是受到波德莱尔的文本的影响。波德莱尔把拾荒者(chiffonnier)看作现代大都市的产物,并把他当成一种泰奥弗拉斯托斯式的"角色"加以描写:

> 这儿有一个人,他的任务是把大城市一天中所造出的废物收集起来,所有被这个巨大的城市拒绝的东西、所有它丢弃的东西、所有它鄙视的东西、所有它毁坏的东西,他都整理和收集起来。他管理着挥霍的档案,管理着垃圾的宝藏,他进行分类和仔细的选择;他像一个吝啬鬼搜集财宝一样收集着废弃物,如果这些废弃物被工业之神的颌骨再次嚼碎的话,它们会再次变成供使用或娱乐的物品。②

波德莱尔在这里明确地建立了档案和垃圾之间的相似性,并

---

① 瓦尔特·本雅明:《波德莱尔笔下的第二帝国时期的巴黎》("Das Paris des Second Empire bei Baudelaire"),摘自本雅明《全集》,第521页。
② 夏尔·波德莱尔:《葡萄酒与印度大麻》("Du vin et du haschisch"),摘自《波德莱尔全集》第一卷(*Œvres* I),第249—250页,转引自瓦尔特·本雅明《拱廊街:笔记与资料》第一卷(*Das Passagen-Werk. Aufzeichnungen und Materialien*, 1. Band, hg. von Rolf Tiedemann, Frankfurt a. M. 1983),第441页。

第五章 档案之外

且把**拾荒者**归于收藏者的类型之中。他着迷的是,拾荒者是一种档案管理员的反面形象,他在废弃物的王国中挑选、收集、分类、整理,并且像保护珍宝一样保护着这王国中的东西。

波德莱尔的**拾荒者**在当代美国小说中以相似的形象再次出现。这一形象在这些小说中并不首先是社会悲惨情况的写照,而是一个文化反记忆的承载者。在莱斯利·马蒙·西尔科的小说《仪式》中,一个名叫塔尤的美国印第安裔士兵要治疗他的战争创伤,老药师老贝托尼发明了一种仪式,这种仪式最终引导塔尤走上了康复之路。塔尤曾有机会踏进老药师的小屋,这座小屋按照传统的建造方式一半低于地面,是一个屋顶有开口的圆形空间。塔尤惊奇地看到,里面直到屋顶的橡子的高度都堆满了纸盒子,这些纸盒子随意地堆放在一起,从一些纸盒中露出旧衣服和烂布片,另一些里面露出干燥的树根和枝条,另一些则是商场购物袋,里面装满了晒干的薄荷和裹在没有纺过的羊毛里的烟叶。另一边堆放的是好多年的报纸,以及美国大城市的电话簿,塔尤在屋里环顾四周,感到头晕目眩,他的这种反应老贝托尼早已料到了,"老人笑了笑,他的牙齿又大又白。'慢慢来,他说,别试着一下子都看完。'他大笑起来。'我们花了很长时间才搜集到这些东西,花了数百年。'"①

塔尤在废纸堆上面发现了药师举行仪式时必备的传统用具,这让他松了一口气。但是紧挨着这些用具,一个摞着一个地挂着旧日历,一直回溯到1939年和1940年。这最后的两本让他感到了刺痛。"'我记得这两年',他说道。'这给了我一个参照点,我知道从哪儿开始了',老贝托尼边说边把他那小小的、棕色的自卷纸烟点燃,'所有这些东西里都包含着活生生的故事……',他指

---

① 莱斯利·马蒙·西尔科:《仪式》,第120页。

着那些电话簿,'我把这些书以及里面所有的名字都拿到了这儿,来追寻踪迹。'他捋捋胡子,好像回忆起了什么。"①

印第安药师的收集者文化正好构成了美国白人的丢弃文化的反面图像。收集者文化像影子一样围绕着丢弃文化,并把它扔掉的东西搜集起来,把它遗忘的东西回忆起来。那些被塞在药师的垃圾档案之间的用具不是毫无关联的废弃物,而是行为与故事的物证。就像用羊毛包裹的烟叶一样,它们被包裹在故事里面,那些单独来看像是零零散散、乱七八糟的废物,通过讲述和仪式的补充就会变成一个神秘的知识宇宙。由于世界被白人深刻地改变了,萨满们的传统知识已经不足以举行一个有效的仪式,因此要追加讲述新的故事,追加发明仪式的新的部分。必须要创立一个新的文化记忆,给予故事和行为以物质的支撑,那就是创立一个由废弃物组成的档案。

保罗·奥斯特的小说《纽约三部曲》中的第一部题为《玻璃之城》。其中讲述了一个名叫奎恩的人被迫扮演侦探的角色,并且去跟踪一个他不认识的名叫斯蒂尔曼的人。这个人的行为确实很引人注目,但又不能说是犯罪行为。他日复一日地从他的旅馆出发,在大城市里的一个被详细描述的城区里转悠。这个男人的路线既看不出有什么计划,也看不出有什么目标。他步履缓慢,绕来绕去,目光总是朝向地面。他时不时地停下来,从地上捡起什么东西,并认真地观察一番,有时候他会把这个物体再次扔掉,但大多数情况下他会把它放进随身携带的袋子里。在这种情况下,这个人就从口袋里掏出一个记录本,并在上面做一个记录,就像一个考古学家在史前时代的发掘地点记下某个重要碎片的发现之处一样。斯蒂尔曼就像老贝托尼一样,都是波德莱尔的**拾荒者**的后裔。

---

① 西尔科:《仪式》,第 121 页。

第五章　档案之外

奎恩能够判断的是，斯蒂尔曼搜集的那些物品都毫无价值，它们全都是一些坏了的东西，被扔掉的物什，一些废弃物的零星的残片。在这几天中奎恩记录下来的有：一把没有布面的折叠伞，一个塑胶娃娃的掉了的头，一只黑色的手套，一个破碎了的灯泡的螺口，还有不同的印着文字的字纸（潮湿的杂志、报纸的碎片），一张被撕碎的照片，分辨不出的机器零件，以及其他无从辨别的废弃物。①

就像西尔科一样，奥斯特对这个角色感兴趣的不是贫困，而是一种神秘的形而上学。奎恩获得了与斯蒂尔曼进行访谈的机会，他让斯蒂尔曼解释一下他奇怪的漫步。"您看，先生，世界已经破碎成了碎块。我的任务就是重新把它拼在一起。"②具有讽刺意义的是，斯蒂尔曼把他的形而上的项目用一个来自丹麦的哈姆雷特（Hamlet aus Dänemark）的姿态展示出来。众所周知，哈姆雷特背负着一个重任，要把脱离了既有框架的世界复位。事实上斯蒂尔曼的项目与另外一个H.D.的项目更加接近，也就是英国童谣里的矮胖子（Humpty Dumpty），这个被列维斯·卡罗尔和乔伊斯等作家提携到世界文学中的形象是一颗摔烂了再也不能复原的蛋。后现代的创世史的评论是这样的："人是一个堕落的创造物——我们从创世史已经得知了这一点。矮胖子也是一个堕落的创造物，它从墙上摔下来，没有人能把它再拼在一起，不管是国王还是他的马，或者他的士兵。但是我们继承了这个重担。我们作为人的义务是我们必须把这颗蛋重新拼起来。"③

对于斯蒂尔曼来说只有一条道路能够治疗世界的根本病症，

---

① 保罗·奥斯特：《纽约三部曲》（Paul Auster, The New York Trilogy, London 1987），第59页。
② 同上书，第76页。
③ 同上书，第82页。

那就是要发明一种新的语言,这种语言应该具有亚当犯原罪之前使用的语言的品质。自从亚当堕落开始,语言不再是世界的透明的图像,在词语和物体之间出现了一层纱幕,它使世界的秩序变形,并且给人们留下了一堆毫无关联的碎片。只有一种真正的语言能够在词语和物体之间重建真正的对话,能够超越这种堕落的状态。

我的工作很简单。我来到纽约,因为这是一个被人抛弃、被人放弃到极端的地方。到处是破碎的东西,到处乱七八糟。您只需要睁开眼睛就能看到这一切。破碎的人群,破碎的东西,破碎的思想。整个城市是一个垃圾堆。这对我来说正合适。我发现街道就是一个无穷的材料来源,是一个破碎的东西的无尽的存储器。我日复一日地拿着我的袋子出门,搜集那些看起来值得研究的物体。我捡来的东西现在有好几百个,有被炸坏的和被捣碎的,有被划伤的和被压扁的,有被磨碎的和腐烂的。

那您拿这些东西干什么呢?

我给它们起名字。

名字?

我发明一些词,这些词应该与这些东西完全契合。①

老贝托尼搜集垃圾是为了举行一个可以治疗战争创伤的萨满仪式。斯蒂尔曼搜集垃圾是为了治疗世界的原初创伤,为了把原罪改正过来。人类的第一次堕落使语言变形,并且阻碍了人通往世界的真正通道。给世界重新命名,并由废弃物开始,这将改正神话中的堕落的后果,也将把建造巴别塔导致的人类语言的混乱改正过来。这个曾经具有十分强烈效果的形而上的成分,在畅销小

---

① 保罗·奥斯特:《纽约三部曲》,第78页。

说作家奥斯特的后现代小说中只是一个碎片,一个被遗忘的鬼故事的破碎残存,被当作一个具有狂欢—神秘风格的、制造震惊和神秘效果的典型例子再次加以文学展示,加以回收利用,产生了一种游戏性的悬念效果,但并不能长时间吸引读者的注意。

让我们在这些文学漫步之后转向造型艺术。在这里,艺术和垃圾之间也存在着关系,这种关系随着工业化大规模生产造成的废弃物增加而被一再重新定义。苏珊娜·豪瑟尔曾经研究过废弃物与艺术的关联,她划分了艺术运用垃圾来进行创作的各个时期。① 这一过程开始于 19 世纪下半叶。第一个高潮是在 20 世纪的 20 年代,对于这一早期阶段来说,有两个艺术家的话最能给人启发。一段话来自梵高于 1883 年写给安东·范·拉帕德的信:

> 今天我去了一个地方,那是收炉灰的工人堆放垃圾等东西的地方。我的天,那里真美……明天我会从垃圾存放场那儿得到几个有趣的物件,我将把它们当成模特——如果你允许我这么说的话——来观看:其中有坏了的街灯,锈迹斑斑、弯弯扭扭——收炉灰的工人会把它们给我送来。这些东西就像是安徒生童话里的东西,这些用旧的桶、筐、罐子、军用炊具、油罐、铁丝、街灯、炉管子。……如果你来海牙的话,我带你去那儿,还有另外几个地方——那里是艺术家的真正的天堂,不管它们看起来是如何不雅。②

---

① 苏珊娜·豪瑟尔:《"最美的世界就像一个胡乱堆起的垃圾堆":关于垃圾和艺术》(Susanne Hauser, "'Die schönste Welt ist wie ein planlos aufgeschichteter Kehrichthaufen'. Über Abfälle und Kunst"),载《Paragrana 国际历史人类学杂志》(Paragrana. Internationale Zeitschrift für Historische Anthropologie 5 [1996]),第 244—263 页。
② 文森特·梵高:《书信全集》(Vincent van Gogh, Sämtliche Briefe. Band V, Zürich 1968),第 174 页以下。转引自苏珊娜·豪瑟尔。

另一句是库尔特·施维特斯的话。他写道:"我不明白人们为什么不可以把旧的车票、被水冲来的浮木、存衣处的号牌、铁丝和车轮的零件、纽扣和阁楼上以及垃圾堆里的破烂当作绘画的材料来使用,就像使用工厂生产的颜料一样。"①

梵高希望把从垃圾场上得到的战利品在作画时"当成模特来观看",这些物体锈迹斑斑,带有长期使用的痕迹,因而外表富有表现力,可以为他充当道具,他可以用绘画的手法把它们整合到自己的作品中。而施维特斯对于垃圾的兴趣却与这种模仿性的着手点不同。他挑出来的不是街灯和炉管,而是像纽扣和车票这一类的小物件,他把它们作为物体整合到他的作品中。梵高用颜料画出这些破烂,施维特斯不用颜料而用这些破烂作画,拼贴作品打破了油画布的均质的表面,让它变得不平整和难以进入。集合艺术,搜集、整理、组合不同异质成分的物体绘画代替了形象绘画。

那些把废弃材料作为主题使用,或者作为物品加以整合的图画,与把垃圾本身当作艺术品加以展示,这两种艺术之间还相去甚远。在现成品艺术(objet trouvé)或者在现成品(ready made)中,艺术构思退场了。其他人扔掉或者遗忘的东西被艺术家捡起,并且让观察者不情愿地回忆起这些东西。阿曼(1928年生于尼斯)从1959年开始在展览和博物馆中展示满满的垃圾箱,正是要达到这种震惊效果。他声称:"垃圾和没有用的物品的表达力具有本身的价值,而且是以十分直接的方式,它们不想被归类于哪个美学流派,这会使它们变得面目不清,变得与调色板上的颜料一样。"②在他的作品中,垃圾不再得到美化。他关心的不是别的,而是展现垃圾的纪念碑化这种自相矛盾的姿态。他的作品不仅让人意识到

---

① 1927年3月4日的日记,见《库尔特·施维特斯1887—1948年》(*Kurt Schwitters, 1887-1948. Der Künstler von Merz*, Bremen 1989)。转引自苏珊娜·豪瑟尔。
② 阿曼,转引自苏珊娜·豪瑟尔,第256页。

文化在艺术和垃圾之间、在档案与废弃物之间建造的界限是多么棘手，而且他还形象地展示了，垃圾作为应该处理、但是不能摆脱的旧物，正在获得一种纪念碑式的形式。

第二节　为世界的剩余物开设的小博物馆
　　　　——伊利亚·卡巴科夫

鲍里斯·格罗伊斯把俄国艺术家伊利亚·卡巴科夫的私人垃圾收藏称为"70、80年代莫斯科现代艺术的唯一博物馆"。① 垃圾在过去几十年中在富裕和抛弃型社会里越来越引起艺术家们的注意：垃圾是消费被压抑的一面，是挥霍经济的象征，是生态威胁的信号。这种让人容易产生的联想在卡巴科夫那里却不是首要的。垃圾对他来说不是后工业化社会体系的标志，而是苏联体制的标志："所有东西都有意地被弄坏了，或者缺少一部分，垃圾是对于这样一个丧失功能的文明的很好的隐喻。"② 从根本上来讲，垃圾是昙花一现、稍纵即逝的生命本身的隐喻。损失、遗忘和朽坏是所有活着的东西的千篇一律的命运。但是即使这种新巴洛克式的对于人世无常（vanitas）、人生沧桑（mutabilitas）以及"记住，你终有一死"（memento mori）的态度，都与一种对于永恒的幻想联系在一起。在巴洛克时期的宗教沉思中人们可以直面那普遍的朽坏，因为他们知道在尘世之后肯定会有一个永恒。但对于卡巴科夫来说正好相反，垃圾和永恒融合在一起："它消失了，它变得灰蒙蒙的，并

---

① 伊利亚·卡巴科夫，鲍里斯·格罗伊斯：《逃逸的艺术：关于恐惧、神圣的白色和苏联的垃圾的对话》(Ilya Kabakow, Boris Groys, *Die Kunst des Fliehens. Dialoge über Angst, das heilige Weiß und den sowjetischen Müll*, München 1991)，第110页。我感谢莎玛·沙哈达特提醒我关注卡巴科夫，还感谢托马斯·格兰克（Tomás Glanc）提供给我一份关于卡巴科夫的题为《等级和双重》("Hierarchie und Verdoppelung", Konstanz 1996)的文献。
② 卡巴科夫，格罗伊斯：《逃逸的艺术》，第115页。

且朽坏了,这样才能找到它作为垃圾的命运。垃圾对我来说就像生命本身一样是永恒的。因此五光十色的广告在我的眼中变成碎片、落于尘埃。它对我来说变成了垃圾,并作为垃圾永远地存在着。"①

仔细说来,卡巴科夫所说的是两种不同的永恒。一种是垃圾作为不可摆脱的、亘古不变的朽坏的永恒,另一种是艺术和博物馆作为存在于"不朽之地"的持久形式的永恒。这两种永恒并没有被他对立起来,而是把两者相互转译并相互交织在一起。这一点我们下面还会详细地展示。

卡巴科夫是怎样想到垃圾的?他自己详细地描写了垃圾是如何逐渐地、不可抗拒地进入他的注意力的中心。② 在莫斯科,他在一个比较大的出租楼房的阁楼上有一间工作室。要到达那里,他每天都要经过不同的垃圾氛围。经过大门口的垃圾桶,穿过满地污物和各种残渣的庭院,顺着楼梯直到五楼,经过每家房门前的垃圾桶,经过房屋管理员身边,他正吃力地把一个装满垃圾的沉重的铁桶拽下石头台阶,这个动作经年累月地在台阶上磨出了痕迹,最后还要经过存放在阁楼里的大件垃圾旁边,才能进入他的画室。卡巴科夫不再继续创作他的图画和文字,而是开始用别样的眼光看待他自己的垃圾。他开始搜集那些被加上了回忆佐料的废纸,他认识到,那些废纸是许多回忆的最后的、珍贵的线索。

卡巴科夫把他的大量的个人的废纸做成不同的艺术样式,这些样式都遵照档案的格式。其中有装在纸盒里的组合,让人想起西尔科的小说中印第安老药师的家什。这些纸盒中装着大量没有

---

① 卡巴科夫,格罗伊斯:《逃逸的艺术》,第15页。
② 伊利亚·卡巴科夫,索培尔曼:《垃圾工》("Söppelmannen / The Garbage Man"),载《挪威国家现代艺术博物馆杂志》(*The National Museum of Contemporary Art*, *Norway*, Series Nr.1〔1996〕),第122—125页。我感谢纳塔丽亚·尼迪金和鲍里斯·格罗伊斯送给我这本书。

分类的跟个人有关的纸张，就像要搬家时人们快速地归拢包装起来的一样。他在这些记忆匣子中装进各种各样的物品，这些物品把人们通常会忘记的东西固着在回忆里。有些物品还被绑成花束的样子，每一部分都极为认真地加上标签。整理、分类和题写正是在卡巴科夫的作品中对垃圾进行的最重要的加工形式。这种实践中大概给人最深刻印象的例子是一块抹布的内容，艺术家把它分解成小颗粒，并把每一个都单独记录下来。那些所谓的《生命之书》是一些硬纸文件夹，里面归集的是日常大量使用的纸张，以及日常生活中的废纸。每一个文件夹的最后都是用整洁的文秘字体誊写的所含材料的清单，这使生活中不加分类的内容，现实中纸张的突然大量涌现，变成了档案的那种官僚主义式的秩序。这些清单以及"国家记忆"的名称，唤起了人们对于"国家控制"的联想。《生命之书》中的证书、邀请信、素描、菜谱、剪报以及其他的纸片都以范式的形式记录了人们与现实的日常接触，也就是说与缺乏形态、障碍重重和转瞬即逝的生活现实的联系。

卡巴科夫对于厨房垃圾、挥霍垃圾和工业垃圾不感兴趣，而只对那些对于个人生平很重要的文化废弃物感兴趣。这些垃圾带有个人的人类加工和使用的痕迹。只有这些废弃物与档案有着交集。在文化废弃物和文化档案之间是一条动态的、不能固定的、有价值和无价值之间的界限，这个界限是不断进行决定、谈判的结果。卡巴科夫关心的并不是把有价值和无价值之间的界限整个地取消，不是要把整个的生活都博物馆化，而是要推移这个界限，使决定回忆和遗忘、持久与消失的个人与官方的行为变得可见。与阿曼的作品《垃圾桶》相反，卡巴科夫制作的垃圾不是匿名的；它们是他自己生活的残留物，被他当作记忆的支撑和证明物分类、保存起来。他自己对此写道："当然，正是这样：为世界的剩余物建造一个小型的博物馆。我不是为了收集而收集，而是为了来访者。甚至是为了最终修改者,为了督察者,那些要求我汇报比如这一天那一天干了什么的人。这时候,我就能打开8号文件夹,里面有相应的证明。这就像是一种自我诬蔑,或者说是一种忏悔。"①

是抛弃还是保存、是进入垃圾还是归入(私人)博物馆,在这不肯定的摇摆之间,有一个可靠的顾问,那就是回忆。对于卡巴科夫来说一个物体的价值是由"回忆来决定的"。它能够决定高高的纸堆的价值和重要性,这纸堆里有"付过的账单、旧的电影票或车票、受赠的或买来的艺术复制品、早就读过的报纸和杂志,以及做过的事情和还没有做的事情的记录",

> 一个很简单的感觉就能给出答案,这种感觉每一个曾经检视和分类堆积成山的纸堆的人都有过。这是一种对于每张纸片所联系的事件的强烈情感,每一张纸片都会给我们一个刺激:让我们回忆起我们生活的某一瞬间。如果与所有这些点、这些纸质的标志和证明分离,那就意味着与他的回忆分离。在我们的回忆中,在我们的记忆里,一切都是同等重要和有意义的。所有这些回忆点连在一起,在我们的记忆中形成链条和连接,最终组成我们的生活,我们生活的故事。②

在对垃圾的这种归档中,一方面是为一场诉讼搜集证明物,这场诉讼关乎个人的存在,个人要在一个更高的机构面前为自己辩护。在果戈理时代的俄国,官僚主义就控制着人们的生活,到了斯大林的高压统治下,它更成了一种强迫机器。面对这样的机构,个人随时处在为自己辩护的压力之下。这种对个人身份认同的自我

---

① 卡巴科夫,格罗伊斯:《逃逸的艺术》,第107页。
② 伊利亚·卡巴科夫:《莫斯科市,葆曼区,第8号文件夹》(*SHEK Nr. 8, Bauman-Bezirk, Stadt Moskau*, hg. von Günter Hirt und Sascha Wonders, Leipzig 1994),第111页。

第五章 档案之外

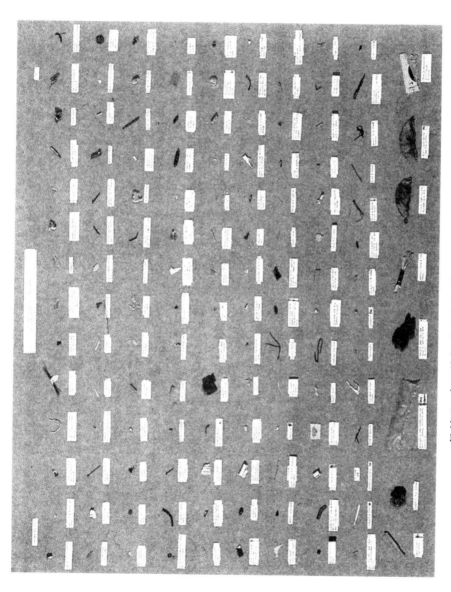

伊利亚·卡巴科夫,装置作品《垃圾工》中对灰尘的归档

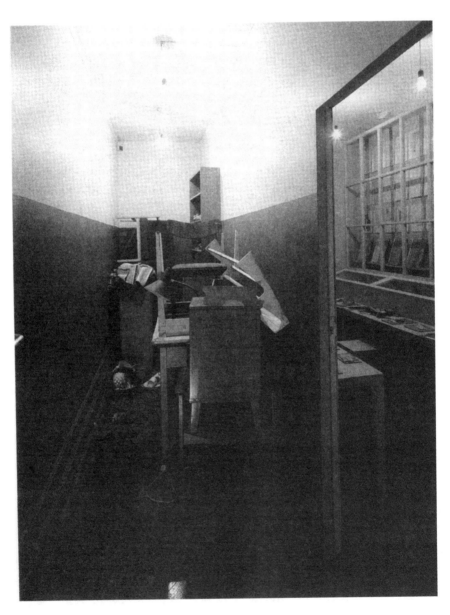

伊利亚·卡巴科夫,装置作品《垃圾工》

第五章 档案之外

伊利亚·卡巴科夫，装置作品《垃圾工》

认定也包含着自我永恒这一古老的追求,即用艺术的手段把转瞬即逝的变形为持久的。卡巴科夫的艺术完成的是一种从垃圾到档案、从档案到艺术的神秘质变。他用这种艺术来组织从易逝的俗世搬进博物馆、搬进永恒之屋的搬家工作。这也是一项形而上的工作,其中自我辩护和自我永恒化交织在一起。在法律的和救赎的隐喻之后隐藏的是堕落的人对于认可和辩护的愿望,"是的,我的愿望是,带着污浊的肉骨凡胎,带着我所有肮脏的内衣走进文化之中——而不用担心任何东西。"①

卡巴科夫的垃圾作品不仅仅关注他的自我。垃圾对于他来说还是一个集体乌托邦的线索。这一点在他的一篇考察莫斯科的垃圾处理场的文章中很清楚地显示出来。

> 我已经开始用回望的目光看待这个世界,这个世界在我看来是一个巨大的垃圾堆。我自己到过莫斯科和基辅的垃圾处理场,那是些由各种各样的东西组成的冒烟的山丘,一直排到天边。放眼望去,满是污浊和肮脏,是一个大城市丢弃的东西。但是当人们在里面漫步,就会发现,这一切都以一种宏伟的方式呼吸着,受到所有逝去的生命的鼓励,这些垃圾堆充满了火星,就像星星一样,像文化之星。人们可以认出书籍的残余,一片杂志的汪洋大海,其中隐藏着图片、文字和思想,还有曾经被用过的东西。在这些箱子、瓶子、袋子,所有这些曾经被人们需要过的包裹的后面,一个宏大的过去展现出来。它们没有失去它们的形式,当它们被扔掉时,它们并没有死去。生命还居住在它们之中,它们是生命的呐喊。②

这个乌托邦宣告了生命比死亡更强大。人类的表达要比毁坏

---

① 卡巴科夫,格罗伊斯:《逃逸的艺术》,第 115 页。
② 卡巴科夫:《垃圾工》,第 141—143 页。

的力量强大得多。但是卡巴科夫却是在否定生命的高压下才发现了生命的力量。这种高压使反记忆得到加强,从这种反记忆之中将走出新的东西。从这个视角我们能体会到,为什么这位艺术家在一个极权的国家中如此倾情地专注于垃圾的记忆工作。下面的这几句再次凝聚了他的信仰表白:"在这些地方人们会突然地感受到一个包罗万象的宇宙,一个真正的存在。这不是一种被遗弃和死去的感觉,而是刚好相反:是一种回归的感觉,一种生命的回转(Revolution des Lebens)的感觉。因为不管哪里,只要存在生命的记忆,一切都会再次回归生命之中。这种记忆包含了所有曾经活过的东西,把它们留在回忆之中。"①

不管在西欧还是东欧,不管在文学文本还是在装置艺术中,当代艺术都发现了废弃物。作家和艺术家们用他们的废弃物档案、用他们的被遗忘和被抛弃的东西的存储,创造了一个文化的反记忆。这种记忆艺术追随着记忆术,忠诚地模仿着记忆术的方法。它也追随着遗忘术,因为这是一种新的悖论性的艺术,是让人回忆起遗忘的艺术。

第三节 死者百科全书——达尼洛·基什

品钦的长篇小说《第49号拍卖品》描绘的欧迪帕·玛斯寻找痕迹的行为,引导我们关注文化记忆、有组织的交际渠道、商业媒介和新的存储技术之间的关联。尽管记录方法,尤其是声音和图像的记录方法,越来越贴近生活,存储条件也变得越来越经济,但同时也显示出来,人的生命中最根本的东西没有被记录下来,也是

---

① 伊利亚·卡巴科夫:《为1960年代的人格主义辩护》("The Apology of Personalism in the 1960's"),见《垃圾工》,第143页。

398 无法被记录的。因为对人的意识和记忆有效的东西,在放大的维度上对档案也有效:并不是所有东西都能进入其中,其中存在着结构性的排除机制,这些机制人们并不都能搞明白。鲍里斯·格罗伊斯对新生事物产生的条件感兴趣。他尤其把注意力集中在档案之外,认为那里才是文化创新的空间。他的问题是:

> 我们拥有的这些档案、这些博物馆、这些画廊、这些图书馆和音像资料馆等等,它们能够包含历史上生产出来的所有东西吗?当然不可能,这些档案仍然是有限的,在它们之外还存在着一个非历史的、日常的、非关键的、也许是不重要的、不被人察觉的东西的汪洋大海,这些东西也许在历史上根本就没有被人意识到。这里是新生事物潜在的储藏地。对我来说新生事物不是被时间决定的发展,而是人们已知的东西和已经纳入档案的东西与那些档案之外的、不起眼的、没有被意识到的东西的一种游戏:这些非历史的、没有被归档的、完全日常的东西存在的层面是不能消解的。社会的以及个人的每一个生命都有这些只是存在,却不被表达、不能表达的维度。①

对于格罗伊斯来说,那些仅仅存在而不可表达的维度是艺术的根本的、不可或缺的、永不枯竭的源泉。他感兴趣的不是这个维度的不可触碰的自有空间,而是它是艺术创新的原材料和机制。艺术负有不断创新的任务,必须不停地在档案和无法归档的东西之间的边界上游走。创新是一个不断收入档案的动作,但是文化的经济却决定了"庸常的"领域是永不枯竭的。一个所有东西都

---

① 鲍里斯·格罗伊斯,沃尔夫冈·米勒-冯克:《关于价值的档案:文化经济学的猜想——一场争论》(Boris Groys, Wolfgang Müller-Funk, "Über das Archiv der Werte. Kulturökonomische Spekulationen. Ein Streitgespräch"),见《算计的理性》(Wolfgang Müller-Funk, Hg., *Die berechnende Vernunft*. Wien 1993),第170—194页;此处第175页。

第五章 档案之外

被归档的世界是完全不可想象的。或者可以想象?

在这个关联中,有着塞尔维亚、匈牙利和犹太背景的作家达尼洛·基什(1935—1989)的一部短篇小说很能给人启发,这部小说题为《死者百科全书》。在小说中基什创造了一个无所不包的档案的图像。① 与活人的百科全书相反,《死者百科全书》记录了那些曾经存在却被遗忘的、没有表达的维度。基什设计了一个图书馆,那些落满了灰尘的书籍保存的正是那些被认为不重要而从文化存储器里剔除的东西。就像卡巴科夫的装置一样,基什在他的小说中建构了一个自相矛盾的反记忆。这个反记忆保存的是那些仅仅存在却没有被编码的东西,因此也就不能被记录下来,另外还有那些一旦失去就不能找回的东西。基什由此把他的目光投向档案之外,用悖论的、博尔赫斯式的风格设计了一个不被归档之物的档案。

在一个简短的开篇段落之后,小说中的幻想成分加强了。一个女学者在白天开完研讨会后,接受她的女伴的提议,一起去参观斯德哥尔摩的一座很大的图书馆。天已经很晚了。这位年轻女子踏入的地方,显出一个幻想图书馆的样子,与冥界有着相似之处。她需要一张通行证才能经过一个沉默的守门人身边,进入地下的世界,那里《死者百科全书》放在满是灰尘和蜘蛛网的书架上。这个反向的百科全书的目的在于让遗留在文化档案之外的东西——那些不著名的、不起眼的、不重要的、转瞬即逝的东西——都获得档案的常见格式:归档、列表、记录、清点、搜集、描写、编年——所有这些都认真地印制并装订成厚厚的大书,完全可以与卡巴科夫的《生命之书》相比。这部小说的副标题叫作《完整的生命》。生

---

① 达尼洛·基什:《死者百科全书》(Danilo Kiš, *Enzyklopädie der Toten*. Erzählungen, aus dem Serbokroatischen von Ivan Invanji, Frankfurt a. M. 1988),第 43—74 页。感谢芭芭拉·哈恩让我关注这部小说。

命要经过死亡才变得完整,死亡贯穿人生的所有日子,这些日子就像"一条时间之河一样流向河口"(第54页)。在另外的一个文本中,基什幻想着他想写出来的那些书,"在那些书里我的全部过去和现在都将获得被赋予形式这种恩典"。① 这个**完整**的生命却永远不可能成为某个描写的对象。这样一种归档的想法是纯粹的乌托邦——或者噩梦。这个主意绝不可能被历史上的英雄们接受,这些英雄的名字尽管被记录在文化记忆中,但是这付出了极端的缩减、美化和严格挑选的代价。在《死者百科全书》中这种情况反了过来:那些我们很快就对其一无所知的人的生命在这儿得到完整的记载。这个年轻女子试图通过旅行和工作摆脱她父亲的死亡给她带来的阴影,她在这个鬼魂图书馆中用一夜的时间察看了她父亲的生命——或者死亡之书。她翻动着书页、阅读、用她冻僵的手指尽可能地抄写。

　　古埃及的《亡灵书》包含着重要的、有魔力的仪轨知识,这些是死者在他们充满危险的冥界旅途中所需要的。因此这些书被大量地作为陪葬品放入他们的坟墓。在基什的小说中那些管理消失的东西的管理员被称为"百科全书大师",他们进行的也是一项宗教性的工作:在重生的那一刻,所有死者都会借助这些认真搜集的记录来证明他们所生活过的生命的特别之处:"因此,《死者百科全书》这个多样性的纪念碑的作者们,他们坚持要记下所有的细节,对他们来说每一个人都是圣人。"(第57页)《死者百科全书》因此是每个生命历史的独特性和不可混淆性的纪念碑。从这个设置于生命之外的角度出发,生发出了另外一种数据管理的经济模式,以及一种不可动摇的关注,这种关注摒弃了通常认为的在重要

---

① 达尼洛・基什:《鞋子:诗歌以及一个观察》(*Schuhe. Gedichte und eine Betrachtung.* Mit Zeichnungen von Leonid Sejka, übers. v. Peter Urban, Berlin 1997),第29页。在这本小书中还能找到基什1966年创作的题为《垃圾堆》(Müllhaufen)的诗。

第五章　档案之外

和不重要之间的差别,以及在遗忘和回忆之间的差别。由于生命文本的阐释直到最后才有定论,因此这种记录计划的逻辑是:"在人的生命中,在事件的等级中并不存在不重要的东西。"(第63页)在占统治地位的选择标准之外,在有生产性的和无生产性的、在成就和苦难、在尊严和肮脏之间并没有界限:

> 历史对于死者之书来说是人的命运的总和,是转瞬即逝的事件的总和。因此在这里每一个行为都得到记录,每一个思想、每一个呼吸、每一个排泄物都被记录下来。每一铲污泥,废墟中的砖块的每一个移动都被记录下来。(第64页)

这些死者之书所包含的无所不包的记忆是一个幻想的工程。它表达了一种愿望,这种愿望没有一种文化可以或者应该满足:即给每一个活过的生命以记忆、荣誉和纪念!它由此否认了遗忘在文化上以及生理上的必要性。遗忘在这里并不被看成具有生产性的和提供可能性的行为,而是完全与消除一样。被遗忘的东西就好像从来没有存在过一样。坠入无名和遗忘之境也就是在事后消灭了这个生命;它就白活了。百科全书大师进行的工作正是抵御这种遗忘,他们给了用冻僵的手指抄写父亲档案的女儿一个证明,"他的生命不是多余的,在这个世界上有人在把每一个生命,每一个苦难,每一个人类的存在记录下来,加以赞赏(这是一个安慰,不管它是怎么样的)。"(第73页)这篇小说的读者从文本中得到的应该不是这种安慰,而是思想的火花。小说使他们注意到那永远逝去的东西的"反面的数据大山"。他们会把《死者百科全书》当作一个反现实的遗忘百科全书来阅读,并且能够体会到,一个不被归档的、不能归档的**完全**的生命是多么丰富多彩。

这种数据收集场所是与极权的、军事的和国家的档案截然对立的,它们不是被怀疑、诽谤和迫害引导着,而是追随一个来自

《圣经》的愿望,即被写入生命之书。就像基什在小说后记里面提到的,摩门教徒已经把这个愿望变成了一个技术性的宏大工程,他们从某种程度上来说把记录的任务从上帝的手中拿了过来。他们的自大狂式的项目对基什来说具有噩梦的特点。在盐湖城东面的山脉里,他们在花岗岩中凿出了隧道和通道,这里有一个用多重钢铁大门保护着的巨型档案馆,里面的存储条件是一流的。"这里面保存着180亿人的姓名,不管是死的还是活的,它们被记录在1000250个微缩胶卷上。……这个巨大工程的最终目标是把整个的人类记录到微缩胶卷上——既有那些仍然活着的人,也有那些已经前往彼岸的人。"(第210页)这种完全的记忆不停地进行着搜索和记录,使得整个人类、每一个个人都能留下他存在的证据。

第四节　慈悲图书馆——托马斯·雷尔

还有一部作品可以与达尼洛·基什的《死者百科全书》相提并论,但这部作品不是关于记录所有生命历程的全部个人档案,而是幻想了一个存储所有没有被印刷的文字的地方。托马斯·雷尔的这部长篇小说题为《茨威瓦瑟或者慈悲图书馆》,主要描写了一个对死亡、消失和遗忘充满了恐惧的人。茨威瓦瑟对于持久和永生有着强烈的渴望。还在孩提时代他就已经通过一本海盗小说发现了字母的魔力,尽管这些字母只是白色背景上的黑色符号,但这些文字能吸引他进入一个惟妙惟肖的港口情境。当听说这本小说的作者已经死去好几百年时,他惊讶之极,

> 仅凭一个人就可以使一切发生变化并拯救它们,甚至海浪的轻轻拍打,以及一个船上小工毫不在意地扔到船舷外的厨房垃圾。那些被干干净净地印到永远洁白的纸张上的字母与他的眼睛之间的距离显得无比遥远。他只能看到自己的双

第五章 档案之外

手,但是也能看到时间的深处。这些纸上印着的东西将是无法毁灭的。①

茨威瓦瑟得到这个启示之后开始尝试通过写作来获得永生,也就不让人惊奇了。被印出来的东西是永存的,不会再从这个世界上被消除掉。但是要想实现通过文字得到永生的愿望,要依赖出版社的支持。茨威瓦瑟却得不到这个支持。他四处尝试,但总是收到退稿信。为了让他的手稿印成铅字,他花费了十年时间,徒劳地进行着他私人的特洛伊战争。他想通过文字来否认死亡的计划在死后才得以实现,他的遗稿中有一篇文字被印刷成文。这篇文字也是雷尔小说的最后一章,作为一篇墓志铭,作为一座献给不幸的主人公的墓碑附在小说中。这篇附录里的文字提到了另一个图书馆,一个图书馆的"他者",这个图书馆并不遵循出版社的出版策略,也不遵循档案的选择标准,而是搜集、整理、保存所有以文字形式存在的东西。1997年11月,这个另类的慈悲图书馆在报纸上刊登了一则广告,并开始征集它的馆藏。在这个广告上写着:所有没有找到出版社的作品在这里都会受到欢迎。"不管是日记、被鄙弃的百科全书、洗涤说明、论文、梦幻、俗语集锦、笑话、檄文还是长篇小说,图书馆都来者不拒——所有以文字形式存在并遭到侮辱的东西,都能在这里找到它的收藏编号。"②

这些千奇百怪的文字不仅被搜集、整理和保存,而且还用最新的手段进行电子处理,并对公众开放。人类独特的、绝对没有价值判断的第二大脑将以这种方式诞生,这些都完全不受利益的强制和时代精神的价值判断的影响。这个机构在经历了一个发展阶段

---

① 托马斯·雷尔:《茨威瓦瑟或者慈悲图书馆》(Thomas Lehr, Zweiwasser oder die Bibliothek der Gnade, Berlin 1993),第11页。
② 参见君特·施托克:《文字、知识和记忆:图书馆主题中反映的20世纪的媒介转换》。我感谢君特·施托克提示我关注托马斯·雷尔的小说。

之后，结构和系统得到了稳定，人们还解决了爆炸性膨胀的危机，慈悲图书馆欣欣向荣，并马上要举行二十周年纪念。

人们继续把情书和诗歌、被拒绝的文章、因被鄙视而严重受伤的小说、受到麻风病人一样对待的诗集、以及科学文章、残篇断句、零星纸片，有些情况下甚至是有人可能觉得极有天赋、但又无法继续写下去的单个的句子，这些都通过了大图书馆的敞开的泄洪闸。覆盖全球的慈悲系统继续将每一颗托付给他们的纸质的心归档和记录下来。一旦被收录和分发，就可以在覆盖全球的网络和同时代人的大脑中运动，像一位法老一样被保存起来，并可以被后世得到，这些都不再是特权，而是千百万人的平常小事。①

无限的持久、让数以百万计的人都获得荣誉，这样的美梦却不能持久。这个"百万虚荣心档案"在第三十周年的时候崩溃了，茨威瓦瑟的图书馆像亚历山大图书馆一样于2027年11月9日在一场火灾中消失了。但是不是从外边放的火，这场毁灭是由于数据网络发生了内爆，在终端的显示屏上出现的不是提取的数据，而是突然出现了一个火焰的象征，它在数日之内完全吞噬了图书馆的非物质存储内容。这个慈悲图书馆神秘地产生，又神秘地消失了。

这种没有边界的存储记忆的结构可以在多个层面上来理解。首先它是一个受伤的心灵的幻想，是失意作家茨威瓦瑟的梦，因为他没能够出版自己的作品。另外这也是对于个人在新的文字技术条件下普遍想得到永生的愿望的讽刺。由于存储能力随着电子媒介的产生而飞速增长，每个人都可以希望进入国际互联网这个没

---

① 雷尔：《茨威瓦瑟》，第354页。

有边界的数字图书馆。慈悲图书馆放弃了任何信息过滤和选择标准,正是反映了互联网那波涛汹涌的数据汪洋,站在任何地方也不可能看到它的边际,更不可能去控制它,但从任何一点上都是可以进入、可以扩展的。慈悲图书馆是一部寓意性的教育剧,它显示了今天两种文化是如何交叠在一起:物质的文字文化,从其中产生了对于所写下的东西的持久性、以及姓名的永生的渴望,另一种是电子文字文化,它渴望的是没有边际的参与、虚拟的当下以及绝对的可支配性。

第五节　熔岩和垃圾——杜尔斯·格吕拜恩

1998年3月在《法兰克福汇报》上发表了诗人杜尔斯·格吕拜恩的洛杉矶游记。这篇游记的开头有这样几句话:"洛杉矶。这个城市是对记忆的正面进攻。它领土巨大,使城市学家惊骇,使历史学家战栗,是那种在世纪末横扫全球的失忆症的示意图。只有极少的东西能够活到五年,五年是投资和消失这一魔幻循环的长度。'历史只有五年'(History is five years old),一个加利福尼亚的俗语如是说。"①

这座位于美国最西部边界的城市曾经是突破的象征,是一个永不枯竭的热情的象征,在新生事物的胜利中遗忘了旧的东西。这种遗忘并不是偶然发生的——就像一个人丢掉了什么,而是带着信仰一样的激情进行的。格吕拜恩对这个大都会的感受是,它是幻想文学中的一座鬼魂和死者之城。他看到的不是街道和房屋,而是一个由坟堆、墓堂和墓石组成的巨大的墓地。因为在这里

---

① 杜尔斯·格吕拜恩:《来自遗忘之都:日光浴室笔记》(Durs Grünbein, "Aus der Hauptstadt des Vergessens. Aufzeichnungen aus einem Solarium"),载《法兰克福汇报》第56期,1998年3月7日,第1页。

掌控着一切的是死亡，这是一种特别短暂和诡异的消除方式。在这个墓葬群的边缘，垃圾集装箱堆积如山，里面装满了已经朽坏或者昨天刚刚得到的家什。但是这里并没有可供后来的考古学家探寻的沉积，因为警察负责清洁工作，他们"戴着白手套，把遍地丢弃的碎尸和吉祥物搜集起来"放进袋子里。时间上的持久这个已经被这座城市的人们丢弃了的维度，代偿性地重新出现在另外一个地方：出现在添加在食品里的防腐剂中，出现在浸渍到土壤里让腐烂过程减慢的有毒物质中。

格吕拜恩的散文之后还有一首题为《日落大道》的诗。诗中写道："到处都是趣伏里，没有哪儿是罗马"（Überall Tivoli, nirgendwo Rom），"人们来这里是为了遗忘，为了想象"。遗忘和想象、无历史和好莱坞在这里变成了一种相互的条件。因为这个"遗忘的首都"同时也是集体梦幻生产的中心，这对格吕拜恩来说绝不是偶然的，在这里"加利福尼亚的天堂花匠和海市蜃楼建造者……用视觉迷惑和心情按摩的手段来挣钱"。

幻想文学的表面下却有着个人的苦涩和忧郁的底色。只有一个降落在洛杉矶机场却没有离开旧世界的人才会说出这样的话。美国的"遗忘文化"和欧洲的"记忆文化"之间的对立有着很长的历史。这种惯用说法既不断得到美国方面也不断得到欧洲方面的强调。从另外一个文本中就能看出格吕拜恩是如何定义他的出身和位置，这个文本也以文化、记忆、遗忘和废弃物为题，但结构上相比来说却复杂得多。这是一篇对于两座完全不同的山的沉思：庞贝附近的维苏威火山和德累斯顿附近的垃圾山。① 他在这个文本中为这两座山建立了一种联系，这种联系大概用本雅明的"辩证

---

① 杜尔斯·格吕拜恩：《一些东西被扯出物的洪流》（"Etwas wird dem Strom der Dinge entrissen"），载《法兰克福汇报》第121期，1994年5月27日，第33页。我感谢爱丝特·辛德豪夫把这篇发表在报纸上的文章扯出物的洪流，并寄给了我。

图像"的概念来描述最为合适。在格吕拜恩的沉思中,德累斯顿的垃圾山渐渐成为维苏威火山的反向镜像:维苏威火山喷出岩浆,掩埋了周围城镇的房屋和庙宇,而德累斯顿的房子吐出废弃物,这些废弃物被装上卡车,拉到城市附近,经年累月,堆积成了一座高山。在维苏威火山那里是岩浆从山上流进城市,而现在是垃圾从城市流到山上。格吕拜恩把两个过程在一个辩证的图像中叠映在一起,由此他发现了档案与垃圾、毁灭与保存之间的令人吃惊的关联。

庞贝和德累斯顿两个城市都为文化记忆提供了图像。对于维苏威脚下的城市来说,灾难性的毁灭与它持久的保存是交叠在一起的。那些被封存在乱石与熔岩中的东西都脱离了生成与消失、更新与腐坏的循环,获得了持久的特性。悲惨的死亡成了把这个城市生活的一个片断加以保存的前提,这个片段被保存在潜伏记忆中,保存在一个回忆空间里,在一千七百年之后才由考古学家把它释放出来。这种以灾难为前提的死亡与记忆的关联对于格吕拜恩来说同时也是艺术记忆的图像,这种记忆与商品的繁荣周期和创新与变旧的节奏相抵触,更符合的是"吞没和再次发现、积淀和考古发掘这种波浪一样的起伏。艺术史正是在这样的潮涨潮落之间不连续地进行着"。

德累斯顿附近的这座山被格吕拜恩称为"人造的维苏威",上面堆放的垃圾被他称为"另一种熔岩"。这座山蕴藏着被吞噬的生命的残存以及失去了语境和意义的残留物。就像欧迪帕为所有失去的东西建立的数据库一样,就像卡巴科夫在莫斯科和基辅附近看到的"呼吸着的"垃圾山一样,德累斯顿的垃圾山也是一个物质化的遗忘,是对所有被抛弃的东西、被鄙弃的东西的反记忆。甚至比这还多。因为在一层层的垃圾下面埋藏着"一个消失了的城市的废墟",那古老的德累斯顿,巴洛克风格的庞贝,它不是自然灾害的牺牲品,而是在第二次世界大战中被毁坏的;历史的残砖断瓦与文明不断产生的废弃物联系在一起。人造的维苏威是被很多城市割弃的记忆:"今天我知道,几乎每一个大一些的城市都有它们的维苏威。现代的火山是巨大的垃圾山……它们时不时地发起反攻,那时它们的灰烬就会像雨点一样落向居民区,那时它们会喷出毒物和肮脏的东西,地下水会变色,纤维物会黏在房顶上。"

在孩提时代,格吕拜恩曾对垃圾山,对这充满了腐臭气息的、充满了被遗忘和被丢弃的东西的淘金地感兴趣。成为诗人的格吕拜恩对于腐烂和侵蚀的反面、对于维苏威火山的有存储作用的熔岩同样感兴趣,这些熔岩能为生命的某些片断提供一个存留的机会。被保存物的珍贵性在庞贝和德累斯顿那里都是依照无可挽回地失去的东西的规模来衡量的,"文字"(letter)在"垃圾"(litter)的背景前突显出来。就像格吕拜恩强调的那样,他的诗学中包含着:

> 这两种成分,既包含着文明的抛弃物,也包含着那些把最初的瞬间、东西和姿势、场景与思想像受惊的生物一样保存起来的熔岩。因为艺术造型的规律早就具有一种火山似的基础,后来在现代性中、在一批批喷吐而出的商品的压力下发生了变化。一些东西被扯出物的洪流,冷却下来,封存在真空之中。这些物体一旦变得冗余,就让自己背负上了时间,而这正是当下与之告别、持续缺乏的时间。如果人们打开封口,声音就成了考古发现物,诗行变成了盛放思维图像的小囊。少数东西后来被尖嘴锄、发掘者的毛刷和拾荒者的铲子碰到,它们是组成诗歌的材料。

鲍里斯·格罗伊斯认为艺术应服从创新的规则,他把艺术置于档案与垃圾之间、有意义和无意义的东西之间的活动的边界上。

第五章 档案之外

对于格吕拜恩来说则相反,他认为新的和陈旧的东西是密不可分的,档案和垃圾、熔岩和废弃物之间存在着一种神秘的相似性,这种相似性在于,两者都是与当下分离的,并且作为潜藏的时间存在着。那些从使用循环中掉落的东西,存在于当下之外,同样,那些通过艺术造型的规则得到强化、并由此被"扯出物的洪流"的东西也是如此。格吕拜恩把垃圾堆和火山叠映在一起,这产生了一种相互矛盾的暗示,即朽坏和固定这两个对立面会相互接触。因为对他来说艺术的时间并不存在于一种坚固的持久之中,而是存在于"吞没和再次发现这种波浪一样的起伏"中,因此在这个文化记忆的思维图像中记忆和遗忘并不相互排斥。

结语　关于文化记忆的危机

　　文化的回忆空间的形态和质量,如书中渐渐展示的一样,受制于种种政治的和社会的利益,也受到技术媒介的变化的影响。在第一部分中,我们讨论了记忆的功能。回忆空间以双重的形象展现在我们面前:既作为有人栖居的"功能记忆",又作为无人栖居的"存储记忆"。在第一种情况下,回忆空间是通过对于过去的某一部分的关注产生的,因为个人或者是群体为了意义建构、为了打造身份认同的基础、为了瞄准他们的生活方向、为了激发他们的行动,对过去有不同的要求。这样的与个人的或集体的载体相联系的回忆从根本上说具有片面的特点;从某一当下出发,过去的某一片段被以某种方式照亮,使其打开一片未来视域。被选择出来进行回忆的东西,总是被遗忘勾勒出边缘轮廓。聚焦的、集中的回忆之中必然包含着遗忘,用培根的一个意象来说,就像人们把一根蜡烛拿到一个角落里,就会使房间里的其他地方变得黑暗一样。①这种"有人栖居"的回忆空间与那种强调"过去与未来的分离"(里特尔语)以及强调"经验与期待之间的鸿沟"(科泽勒克语)的历史时间方案是相左的。历史的时间经验告诉我们,从近代以来,过去和未来,经验空间与期待视域之间的关联越来越少,但仍然存在着

---

① 培根:《学术之进步》,I,IV 第 6 页。

某些回忆空间,在这些空间里对于未来的期待根本就没有脱离过去的意象,而是受到某些历史回忆的激发,并以其为基础。

　　记录下来的东西远远多于人的记忆能保存的,这种可能性的产生打破了文化记忆的收支平衡。记忆的范围与回忆的需求开始分道扬镳,并从此不再保持简单的对等,这也就是为什么在一个使用文字的社会中重点不再是保存记忆,而是对值得回忆的东西进行甄选和维护。印刷术和新的媒介使文字的存储能力不断扩大,并因此使有人栖居的和无人栖居的、有身体的和被外置的回忆空间之间的差异急遽加大。怎样来评价这种关系,是一个性格的问题;是把其视作一个看不见的、阴暗的、使生活变得沉重的负担,还是把其视作一个各种可能性、别种方法、异质经验的储存地,把当下的唯我独尊的要求相对化。功能记忆作为一个光明普照的回忆空间可能会展现为藏宝箱、教育经典、万神庙等形式。作为有义务进行学习和阐释的对象它将要传给下一代;另外它还会在以不断重复为基础的仪式化的公共纪念中得到巩固,这些又有相应的时间和日期作为支撑。而无人栖居的存储记忆则构成了一个仿佛没有意义、因其无所不包所以显得浩渺无涯的回忆空间,其管理职能只能假于专家之手。档案既能组织成功能记忆,又能组织成存储记忆;在前一种情况下,它包含着保障现存的权力结构的合法基础的那些文件和证据,在后一种情况下它蕴藏着构成一个文化的历史知识基础的、有潜力的史料。外置的知识存储器作为潜在的回忆空间,紧紧地围绕着有人栖居的功能记忆,它们为那些可能的、但还没有实现的回忆机会提供了保存地,准备好了重新链接的机缘,正是这些机缘不断推移着我们简单而且省事地称之为"过去"的画面。按照不同的问题角度,可以把这种知识存储器看作是一个数据坟墓或是一个与现存情况的静止状态形成竞争的别样现实的证明材料。

在积极地持续在场的功能记忆和准备接受可能的支配的存储记忆以外，还有第三种记忆，它就是对于文化记忆的活力至关重要的"保存式遗忘"（Verwahrensvergessen，F. G. 荣格尔语）的领域，在这个领域中回忆和遗忘这两个概念被相对化，变得没有区别。这里指的是痕迹、残留、遗留物、一个过去时代的积淀。它们虽然还存在，但（暂时地）变得没有了意义，变得隐身不见了。那些当时处于物质上或精神上不可通达的潜伏状态的东西，会被一个后来的时代重新发现、阐释、在想象中起死回生。不仅存储记忆中的**外置**，变得无用的和粗心抛弃的东西的不断**堆积**，也都能在回忆空间中创造那种"深度"的特性，这种特性不仅使突如其来的复兴和重新激发成为可能，而且滋养了对于"文化无意识"的想象。从这种分层结构中还可以解释文化残迹和废弃物对于史学和艺术的重要性。

第二部分展示了文化的回忆空间的结构和性质主要是受它们的记忆媒介的材料决定的。文字在很长一段时间里被看作是一种"透明"的媒介，它可以跨越空间和时间，毫无损失地保存过去的"思想"。这种被文艺复兴时期的人文主义者歌颂的文字的透明性在19和20世纪遭到反对，图像作为文化的记忆媒介，其给人留下深刻印象的能力得到重视，图像因为具有神秘不可解以及自相矛盾的特性，被认为尤其与无意识相接近。大家因此猜测，一个通过图像得到传承的东西与那些立足于文本的传承是不同的。不同点在于突如其来、不受控制、感情强烈，并且可能还具有"直接性"的某些形式的特点。与文字和图像相反，人的身体是一个记录媒介的他者，在上文列举的例子中它们都呈现出不可通达性（在创伤的情况下）和不可靠性（在虚假回忆的情况下）等特殊形式。另外与文字和图像这些可移动的传播媒介不同，地点作为记忆媒介显示出不可移动的坚固性的特点，它为逝去的回忆提供了一个感

结语 关于文化记忆的危机

性的和牢固的倚靠,是一个没有此时的此地(hic ohne nunc),它既不描绘也不想象任何东西,而是把一个不在场的东西的痕迹带着或多或少的激情标志出来。

记录系统的发展,使其除了对语言、还能对视觉的以及听觉的信号进行编码,随着这种发展,回忆空间得以向全新的方向扩展。除了文字和图像文档之外,档案馆现在储存着越来越多的照片、录音带和录像,它们对过去的现实的记录显示出不可比拟的详尽的特点,但是它们的长期稳定性也大大地缩短了。新的数据载体通过越来越快的整理和查询方式使得数据的管理越来越有效率,但是数据载体的保存期限同时也急剧地缩短。它们的保质期越来越短,使得档案管理员面临着全新的存储难题。在最近的一次变形中文化的回忆空间仿佛变成了一个全自动的计算机大脑,它会按照特定的程序独立地管理和更新它的数据。面对存储技术的这些发展,像回忆和遗忘这种具有人类形态的范畴显得越来越不合时宜。"术"的一面,即对于记忆的技术的把握,独立了出来,其代价是牺牲了记忆的"力"的一面,即牺牲了那种不可掌控的心理能量。

随着数码时代的来临,不仅印刷术的时代结束了,物质书写的时代也随之彻底结束了,并不是说不再有人印书,也不再有人写书;这些文化实践的形式在许多领域里仍然是不可取代的。但是站在新的媒介技术的门槛上,过去的时期的"历史性"第一次变得清晰可见。这一点尤其适用于对于文字的文化阐释,或者说:适用于文字的形而上学。文字因其拥有令人印象深刻的长期稳定性而在西方文化中促了追求世俗的持久的意愿,但目前它正受到数字数据洪流那变幻的运动的质疑。"跨历史的"(das Transhistorische)被"晶体管的"(das Transitorische)赶超了过去。文字曾被看作痕迹,看作一个逝去的、需要让人解密的现实的索引,看作雕刻和持久印记意义上的写入，这样的文字的古老的、核心的隐喻，在数码文字的时代里将不知不觉地消失。这种转向表明了回忆空间的一个决定性的"本质变化"。因为物质的书写曾经与深度、背景、沉淀和分层等经验相联系，这些经验尤其在人们对于一个位于缺席和在场之间的潜伏记忆的想象中得以凝聚。在电子的条件下，这样的图像和想象几乎站不住脚了。在这里占统治地位的是表面，其下隐藏的不是别的，而是被计算出来的状态以及 1 和 0 这两个编码的开合启闭。

回忆与遗忘是不可分割的，这是本书贯穿始终的论点，遗忘是回忆的必要组成部分，并与其相融合。这种回忆与遗忘的执着的联系在本文结尾处再次以废弃物这种自相矛盾的形式显现出来。废弃物被艺术家和作家看作一个反面的档案，成为他们的题材。以回忆姿态提及废弃物和遗忘是不无道理的，因为我们的文化从近代开始就对创新给予了系统性的重视，使历史的垃圾箱填得满满的。爱默生在一个天才的表达中总结道：所有被写出来的东西"都坠入了不可避免的深渊，这个深渊正是新生事物的创造为过时的东西打开的"。艺术家们利用这个埋葬着废弃物、无用的东西和被遗忘的东西的深渊造出了新的物质的档案。在这些档案中，他们提醒社会不要忘记被它压抑的创伤性的基础，并且把他们的艺术的镜子摆在回忆与遗忘这个社会进程的面前。

紧接着这些有点让人迷惑的回忆和遗忘的变化，是最后一个问题：数码文字还是一种记忆的媒介吗，或者更是一种遗忘的媒介？数码文字会不会同时也把这本书的主导意象——回忆空间的意象一起消解掉？"只要记忆还在这个混乱的星球上存身"，上文引用过的哈姆雷特的独白中这样写道。这个问题在今天比任何时候都更有现实意义：记忆还能在我们充满分散注意力的消遣的世界里居住多久？没有记忆能够抵御电子的媒介以及它们提供分散注意力的消遣的潜力,人们总是读到这样的话。"声像媒介的图像瀑布(几乎)不再要求积极的回忆,商业化交际的记忆政策包含的内容之一是,图像应该具有让人尽快遗忘的脆弱性,而不应该追求能进行判断的回忆。回忆的前提是在信息持续流中有一道裂隙,而这变得不大可能,并且不招人喜欢了。"①

这些句子在我的身上引起了一个回忆,这是对两个文本的回忆。这两个文本正是用人类学的方法阐释了那个"不大可能,并且不招人喜欢""信息持续流中的裂隙"的。第一个文本出自赫尔德之手,他认为语言起源于思考,而思考又来源于回忆能力。这种能力对赫尔德来说同样是不大可能的,但正因如此才具有人类学的意义。赫尔德不会说出信息持续或互联网,他提到的是"感知的汪洋大海"和"图像的缥缈的梦境",人应该抵御它们,来建造自己的回忆空间。

> 如果一个人的灵魂的力量能自由地发挥作用,使他能从咆哮着冲过所有感官的感知的汪洋大海中撷取一朵浪花,留住它,把注意力投到它的身上,并意识到它在引人注意,这样的人才证明自己有能力思考。如果一个人能够从他所有感官转瞬即逝的图像的缥缈的梦境中有一刻清醒过来,并集中精力自觉地停留在一幅图像上,清醒地、安详地去观察它,并且能够提炼出其特点,使自己能判断出这正是这一个物体而不是其他的物体,这时这个人才能证实自己有能力思考。②

对赫尔德来说,"深谋远虑"这个他置于回忆和思考之上的上位概念是一种基本能力,这种能力对于人来说"是其特有的,对他

---

① 西格弗里德·J. 施密特:《媒体的世界:媒体观察的基础和角度》,第 68 页。
② 约翰·戈特弗里德·赫尔德:《关于语言的起源》("Abhandlung über den Ursprung der Sprache")(1772),见《赫尔德早期作品 1764—1772》,第 722 页。

的种属来说也是本质的",是产生语言、思考和文化的同一个源头。深谋远虑制造了回忆空间,这些空间作为皱褶、空洞和叠层与事件的洪流相对抗,并且为推迟、反响、重复、重新连接和更新创造可能性。人们也许会提出异议,认为深谋远虑以感知为前提,而我们的感知今天越来越被媒体所决定。因此,可以心安理得地听到,回忆也许从来就是与潮流的中断、与图像和符号的捕获和固着相关的。赫尔德用阻挡和隔离、注意、搜集和停留这些动作来描述回忆的**积极**的一面。如果在新的媒介的影响下,这种形式的深谋远虑的能力真的下降的话,那也不表明回忆必定会终结。在这里人们可以援引尼采的话,他在赫尔德对于深谋远虑进行描绘一百年之后,又加入了回忆的**被动**的一面,即不自觉的和突如其来的回忆的因素:"这是一个奇迹:这个时刻突然来临,突然消失,之前什么都没有,之后什么都没有,但仍会作为一个鬼魂再次来临,打扰一个后来的时刻的安宁。从时间的卷轴上总会时不时地有一页松动、落下,随风飘走——这一页突然会飘回来,飘进人的怀里。这时人就会说,'我回忆起'并且羡慕动物,羡慕它们马上就会遗忘。"①对于回忆也是一样:即使我们慢待它,它也并不会马上抛下我们。

---

① 弗里德里希·尼采:《历史的用途与滥用》,见《尼采全集》第一卷,第248页以下。

文献版本说明

如不另加说明,外文文本的译文都出自本书作者之手。主要引用的文献版本如下:

威廉·莎士比亚(William Shakespeare)

《理查二世》

King Richard II, edited by Peter Ure. The Arden Edition of the Works of William Shakespeare. London, fifth edition, reprinted 1969.

《理查三世》

King Richard III, edited by Antony Hammond. The Arden Edition of the Works of William Shakespeare. London and New York 1981. dt.: Richard der Dritte. Shakespeares Dramatische Werke, übersetzt von A. W. v. Schlegel und L. Tieck, hg. v. Hans Matter Bd. 8, Basel 1979.

《亨利四世》上篇

The First Part of King Henry IV, edited by A. R. Humphreys. The Arden Edition of the Works of William Shakespeare. London and New York, reprinted 1983. dt.: Heinrich der Vierte, erster Teil, Shakespeares Dramatische Werke, übersetzt von A. W. v. Schlegel und L. Tieck, hg. v. Hans Matter, Bd. 9, Basel 1979.

《亨利四世》下篇

The Second Part of King Henry I., edited by A. R. Humphreys.

The Arden Edition of the Works of William Shakespeare. London 1966. dt.：König Heinrich der Vierte, Zweiter Teil, Shakespeares Dramatische Werke, übersetzt von A. W. v. Schlegel und L. Tieck, hg. v. Hans Matter, Bd. 9, Basel 1979.

《亨利五世》

King Henry V, edited by J. H. Walter. The Arden Edition of the Works of William Shakespeare. London and New York, reprinted 1983. dt.：Heinrich der Fünfte, Shakespeares Dramatische Werke, übersetzt von A. W. v. Schlegel und L. Tieck, hg. v. Hans Matter, Bd. 10, Basel 1979.

《哈姆雷特》

Hamlet, edited by Harold Jenkins. The Arden Edition of the Works of William Shakespeare. London and New York, 1982.

《暴风雨》

The Tempest, edited by Frank Kermode. The Arden Edition of the Works of William Shakespeare. London, reprinted with corrections 1962. dt.：Der Sturm, Shakespeares Dramatische Werke, übersetzt von A. W. v. Schlegel und L. Tieck, hg. v. Hans Matter, Basel 1979.

《皆大欢喜》

As You like it, edited by Agnes Latham. The Arden Edition of the Works of William Shakespeare. London 1975. dt.：Wie es Euch gefällt. Shakespeares Werke, Englisch und Deutsch. Tempel Studienausgabe, übersetzt von A. W. v. Schlegel und L. Tieck, hg. v. L. L. Schücking, Berlin und Darmstadt 1970, Bd. 6.

《莎士比亚诗歌》

The Poems, edited by F. T. Price. The Arden Edition of the Works of William Shakespeare. London and New York, reprinted 1961.

《莎士比亚十四行诗》
Shakespeare's Sonette. Englisch und Deutsch, Nachdichtung von Karl Kraus, Basel 1977.

威廉·华兹华斯（William Wordsworth）
《华兹华斯诗歌》五卷本
Poetical Works, 5 vols., ed. by Ernest de Selincourt, Oxford 1954.

《序曲或一个诗人的成长》
The Prelude or the Growth of a Poet's Mind, ed. with introduction by Ernest Selincourt, second edition rev. by Helen Darbishire, Oxford 1959. dt.: Präludium oder das Reifen eines Dichtergeistes, übersetzt von Hermann Fischer, Stuttgart 1974.

马塞尔·普鲁斯特（Marcel Proust）
《追忆似水年华》
Auf der Suche nach der verlorenen Zeit, übers. v. Eva Rechel-Mertens, Werkausgabe Edition Suhrkamp, 13 Bde., Frankfurt a. M. 1964. franz.: A la Recherche du Temps Perdu. 3 Bde., Edition Gallimard, 1954.

弗里德里希·尼采（Friedrich Nietzsche）
《尼采全集》十五卷本
Sämtliche Werke. Kritische Studienausgabe in 15 Einzelbänden, herausgegeben von Giorgio Colli und Mazzino Montinari. 2., durchgesehene Auflage Berlin/New York 1988.

西格蒙特·弗洛伊德（Sigmund Freud）
《弗洛伊德全集》

Gesammelte Werke, chronologisch geordnet, hg. v. Anna Freud u. a. , 3. Aufl. , Frankfurt a. M. 1969.

索 引

（此处页码为原书页码、本书边码）

Abraham 亚伯拉罕 306
Achill 阿喀琉斯 39-42
Aeneas 埃涅阿斯 114
Aithra 埃特拉 281f.
Albers，Irene 伊蕾娜·阿尔伯斯 157
Alexander der Große 亚历山大大帝 39-42，86，119f.，122，193，307f.，313f.
Allesch，Christian G. 克里斯蒂安·G.阿勒什 249，264
Ambrosius 安布罗斯 33
Amphytrion 安菲特律翁 307
Anamnestes 阿纳姆内斯得斯 160
Anchises 安基塞斯 114
Anderson，Benedict 本尼迪克特·安德森 43f.，76，83
St. Anna 圣安娜 230，232
Andrews，Malcolm 马尔科姆·安德鲁斯 322
Anicet，Pater 长老阿尼切特 参见 Koplin，Albert

Ansell 安塞尔 126ff.
Antin，Mary 玛丽·安汀 253ff.，270，273，277
Antze，Paul 保尔·安泽 15，157，262，264，279
Apoll 阿波罗 308
Apollodor aus Athen 雅典的阿波罗陀洛斯 241
Aretino，Pietro 皮特罗·阿雷蒂诺 45
Ariost(o)，Ludovico 阿里奥斯托 39f,59
Aristoteles 亚里士多德 30，152，159，209，242，287
Armand 390,393 阿曼
Artus 亚瑟王 58
Assmann,Jan 扬·阿斯曼 46,170,181
Athena 雅典娜 308
Augustin(us) 奥古斯丁 96，166，178，252
Augustus 奥古斯都 41
Auster，Paul 保罗·奥斯特 386ff.

Ayrer, Jakob 雅可布·艾瑞尔 199

Bacchus 巴克斯 308
Bachofen, Johann Jakob 约翰·雅可布·巴赫奥芬 174,225,227,323,373
Bacon, Francis 弗朗西斯·培根 191-195,201,204,218,375f.,408
Baddeley, Alan 阿兰·巴德雷 104
Baier, Horst 霍斯特·拜尔 383
Bann, Stephen 斯特芬·巴恩 321
Banquo 班戈 175
Barasch, Moshe 默舍·巴拉什 189
Barthes, Roland 罗兰·巴特 216,218,221,262
Bastian, Robert K. 罗伯特·巴斯蒂安 348
Baudelaire, Charles 夏尔·波德莱尔 224,384f.,387
Baudy, Gerhard 格尔哈特·鲍狄 242
Becker, Jürgen 约尔根·贝克 218
Becket, Thomas 托马斯·贝克特 58,305
Beckett, Samuel 塞缪尔·贝克特 241
Beers, Henry A. 亨利·比尔斯 322
Bembo, Pietro 皮特罗·本博 40
Bender, John 约翰·本德 90
Benforado, Jay 杰伊·本弗拉多 348
Benjamin, Walter 瓦尔特·本雅明 156f.,164f.,170,172,177,199,315,338,373,384f.,405
Beradt, Charlotte 夏洛特·贝拉特 14

Bergson, Henri 亨利·伯格森 284f.
Berndt, Rainer SJ. 莱纳·贝昂特 118
Berns, Jörg Jochen 约克·约亨·贝昂斯 192
Bess, Ellen 艾伦·贝斯 267
Bialostocki, Jan 扬·比阿罗斯托茨基 46,189,194
Bielefeld, Uli 乌立·比勒菲尔德 60
Billmann-Mahecha, Elfriede 艾尔弗蕾德·比尔曼-马希查 249,264
Biondo, Flavio 弗拉维奥·比昂多 57
Bisticci, Vespasiano da 维斯帕西阿诺·达·彼斯缇奇 173
Blake, William 威廉·布莱克 13
Bloom, Harold 哈罗德·布鲁姆 352
Blumenberg, Hans 汉斯·布鲁门贝格 74f.,153
Bogdanovic, Bogdan 博格丹·博格达诺维奇 334
Bolingbroke (Heinrich Herzog von Hereford) 波令勃洛克 70,72,80
Boltanski, Christian 克里斯蒂安·波尔坦斯基 362,375ff.
Bolton, Edmund 埃德蒙·博尔顿 52
Bolz, Norbert 诺伯特·波尔茨 170
Borges, Jose Luis 博尔赫斯 158,399
Bornkamm, Günther 君特·波恩卡姆 169
Borst, Arno 阿诺·博斯特 45,311f.
Botticelli, Sandro 波提切利 234f.

索 引

Bredekamp, Horst 霍斯特·布雷德坎普 373

Bremmer, Jan N. 扬·布雷默 307

Bretone, Mario 马里奥·布雷通 149

Breuer, Josef 约瑟夫·布洛伊尔 278

Bright, Timothy 蒂莫西·布莱特 244

Brock, Bazon 巴宗·布洛克 335, 341

Brocker, Max 马克斯·布洛克尔 364

Brown, William 威廉·布朗 157

Browne, Thomas 托马斯·布劳恩 12, 90

Bruno, Giordano 乔达诺·布鲁诺 245

Brutus, Marcus Junius 布鲁图斯 56

Buck, August 奥古斯特·布克 52

Buckingham, Herzog von 白金汉公爵 182

Budick, Sanford 桑弗德·巴迪克 305

Burckhardt, Jacob 雅各布·布克哈特 209, 220

Burke, Peter 彼得·伯克 51f., 57, 69, 138, 314f.

Burton, Robert 罗伯特·伯顿 197, 200f.

Bury, Richard de 理查德·德·伯瑞 186

Caesar 恺撒 58, 60f., 86, 183, 193

Caliban 卡列班 152

Calof, David 大卫·卡洛夫 269

Camden, William 威廉·坎姆登 57

Campbell, Lily B. 莉丽·B. 坎贝尔 68

Cardano, Gerolamo 格罗拉莫·卡尔达诺 38

Carlyle, Thomas 托马斯·卡莱尔 73, 207ff.

Carroll, Lewis 列维斯·卡罗尔 387

Carruthers, Mary 玛丽·卡拉瑟斯 116

Carus, Carl Gustav 卡尔·古斯塔夫·卡鲁斯 220

Casaubon, Isaak 卡索邦 198

Castiglione, Baldassarre (Baldesar) 巴德萨尔·卡斯蒂廖内 40f.

Castor und Pollux 卡斯托尔和帕鲁可斯 35

Cato 卡托 60f., 313

Caulfield, Holden 霍尔顿·考尔菲尔德 296

Caxton, William 威廉·卡克斯顿 54

Cervantes Saavedra, Miguel de 塞万提斯 12

Chapman, George 乔治·查普曼 192

Charlotte 夏绿蒂 324ff.

Charcot, Jean Martin 让·马丁·沙可 278

Chatwin, Bruce 布鲁斯·查特文 304

Chaucer, Geoffrey 乔叟 44ff., 50, 52f., 305

Chittick, William 威廉·希提克 177

Chrétien de Troyes 克里蒂安·德·特洛雷 100

Cicero 西塞罗 29, 35f., 38, 53, 60f., 75,

222，241，298，308，312f.，316f.，324f.，332

Clarence, George Herzog von 克莱伦斯 65

Clastres, Pierre 皮埃尔·科拉特雷斯 245f.

Claudian, Claudius 克劳迪安 45

Clemenceau, Georges 克莱蒙梭 71

Coleridge, Samuel Taylor 塞缪尔·泰勒·柯尔律治 79, 98, 105

Colonna, Giovanni 乔瓦尼·科罗纳 310ff., 317f.

Conroy, Gabriel 加布里埃尔·康罗伊 236-239

Conroy, Gretta 格莉塔·康罗伊 236f., 239f.

Conze, Werner 维尔纳·孔策 170

Creuzer, Georg Friedrich 格奥尔格·弗里德里希·克罗伊采 373

Crews, Frederick 弗里德利克·克鲁斯 266f.

Crispian(us) 圣克里斯品 81f., 246

Cromwell, Oliver 奥利弗·克伦威尔 61

Culbertson, Roberta 罗伯塔·卡尔伯森 263f.

Culler, Jonathan 乔纳森·卡勒尔 213

Cyrus 居鲁士 193

Dante Alighieri 但丁 50

Darius 大流士 114, 119-126, 129

David 大卫 306

Davis, Laura 劳拉·戴维斯 267

De Quincey, Thomas 托马斯·德昆西 141, 154-158, 163, 173, 178, 221, 223f., 229, 248

Derrida, Jacques 雅克·德里达 106, 156, 180, 341, 343f., 350ff.

Descartes, René 笛卡儿 95

Deutsch, Karl 卡尔·W. 多伊奇 99, 136

Diagoras 迪亚戈拉斯 376f.

Diers, Michael 米歇尔·迪尔斯 373

Dionysos 狄奥尼索斯 307

Dockhorn, Klaus 克劳斯·多克霍恩 90, 104

Don Quichote 堂吉诃德 12

Drateln, Doris von 多丽丝·冯·德拉腾 374

Droysen, Johann Gustav 约翰·古斯塔夫·德罗伊森 91

Du Bellay, Joachim 杜·贝莱 197f.

Echnaton 埃赫那吞 242

Edward III. 爱德华三世 75

Edward IV. 爱德华四世 65

Eisenstein, Elizabeth L. 伊丽莎白·L. 艾森斯坦 195, 199

Eliot, George 乔治·艾略特 149, 166, 238

Eliot, Thomas Stearns 托马斯·艾略特 16f., 158, 304f.

索 引

Elisabeth I. 伊丽莎白一世 54,56

Elisabeth（Gemahlin Edwards IV.）伊丽莎白（爱德华四世的王后）68

Eluard, Paul 保罗·艾吕雅 348

Emerson, Ralph Waldo 爱默生 203,288,411

Engel, Gisela 吉色拉·恩格尔 60

Enzensberger, Christian 克里斯蒂安·恩岑斯贝格 213

Epston, David 大卫·艾普斯顿 135

Erasmus, Desiderius 伊拉斯谟 90

Erdle, Birgit 比尔吉特·艾德勒 362,377

Ernst, Ulrich 乌尔利希·恩斯特 11,158

Eumenestes 欧墨尼斯得斯 159

Euripides 欧里庇得斯 43,81,280f.

Fama 声望女神 44f.,75,77

Faust, Heinrich 浮士德 13

Fehr, Michael 米歇尔·费尔 364

Felman, Shoshanna 硕珊纳·费尔曼 274

Ferdinand 弗迪南德 86

Ferguson, James 詹姆斯·弗格森 321

Fest, Joachim 约阿西姆·费斯特 12

Forster, Edward Morgan 爱德华·摩根·福斯特 114,126-129,158

Fortuna 幸运女神 44

Foucault, Michel 米歇尔·福柯 216,346f.

Freud, Sigmund 弗洛伊德 106,141,155-158,162,164,171,174,178,239f.,248,261,265,278,336,344,372

Frevert, Ute 乌特·弗雷威特 124,271

Friedrich II.（Staufer）腓特烈二世 307

François, Etienne 艾蒂安·弗朗索瓦 219

Frye, Northrop 诺斯罗普·弗莱 13

Fuhrmann, Manfred 曼弗雷德·弗尔曼 40,90

Gadamer, Hans-Georg 汉斯-格奥尔格·伽达默尔 190f.

Galen, Claudius 克劳迪乌斯·盖伦 30

Gambetta, Léon 甘必大 71

Garcia, Reyes 雷耶斯·加西亚 303

Geimer, Peter 彼得·盖默尔 184

Gellert, Christian Fürchtegott 盖勒特 323

Gellner, Ernest 恩内斯特·盖尔纳 83

Gesner, Conrad 康拉德·格斯纳 200

Gilpin, William 威廉·吉尔品 315

Glanc, Tomás 托马斯·格兰克 390

Görres, Joseph 约瑟夫·戈尔斯 170

Gössmann, 格斯曼 47

Goethe, Johann Wolfgang 歌德 13,58,173,179,265,299f.,310,324-327

Gogh, Vincent van 梵高 389f.

Gogol, Nikolaj V. 果戈理 396

Goldmann, Stefan 斯特凡·戈尔德曼 36f.,314

Gombrich, Ernst H. 恩斯特·贡布里希 210,373

Gower, John 约翰·高尔 46

Garber, K. 克劳斯·嘉保 54

Grassmuck, Volker 福尔克·格拉斯穆克 383

Gray, Thomas 托马斯·格雷 58,60f.,322f.

Greenblatt, Stephen 斯蒂芬·格林布拉特 179f.

Greene, Thomas M. 托马斯·M. 格雷那 90,172

Greenlaw, E. 格林罗 56

Gregor der Große 格里高利一世 34

Grether, Reinhold 莱因霍尔德·格雷特尔 363

Grimm, Jacob 雅可布·格林 32

Groß, Johannes 约翰尼斯·格罗斯 71

Groys, Boris 鲍里斯·格罗伊斯 341,347,390-393,396,398,406

Grünbein, Durs 杜尔斯·格吕拜恩 404-407

Gumbrecht, H.-U. 顾姆布莱希特 46

Gupta, Akhil 阿基尔·古塔 321

Gussone, Nikolaus 尼古劳斯·古索纳 47

Guys, Constantin 康斯坦丁·居伊 224

Habicht, Christian 克里斯蒂安·哈比希特 314

Hahn, Barbara 芭芭拉·哈恩 61,398

Halbwachs, Maurice 莫里斯·哈布瓦赫 131ff.,135,137,164,250,255,272,307

Halevi Judah 耶符达·哈勒维 120ff.,124f.

Halle, Edward 爱德华·黑尔 75,78

Hallward, N. L. 霍华德 228

Hamlet 哈姆雷特 86,243f.,248,387,412

Hammerstein II., Oscar 奥斯卡·哈默尔斯坦二世 153

Hampden 汉普顿 61

Hardt, Dietrich 迪特里希·哈特 47,116

Hartman, Geoffrey H. 杰弗瑞·哈特曼 109,248,298,305,327

Hartwich, Wolf-Daniel 沃尔夫—丹尼尔·哈特维希 306

Harvey, David 戴维·哈维 321

Haverkamp, Anselm 安瑟尔姆·哈弗尔坎普 28,197,221,314

Hawthorne, Nathaniel 纳撒尼尔·霍桑 301f.,328f.

Heaney, Seamus 谢默斯·希尼 165

Heem, David de 大卫·德·希姆 193

Hegel, Gottfried Wilhelm Friedrich 黑格尔 170f.,189

Hegyi, Lóránd 罗兰·海吉 367

Heidegger, Martin 马丁·海德格尔 262

Heine, Heinrich 海因里希·海涅 19, 42, 47, 114, 119-126, 129, 306

Hektor 赫克托耳 42

Helena 海伦 230, 279-284

St. Helene 圣海伦娜 306

Hemingway, Ernest 欧内斯特·海明威 285, 298

Hennecke, E. 亨内克 169

Henry IV. 亨利四世 73

Henry V. 亨利五世 66, 74f., 78, 81f., 84, 86, 246

Henry VI. 亨利六世 85

Henry VII. 亨利七世 76

Henry VIII. 亨利八世 56

Herakles 赫拉克勒斯 307

Herder, Johann Gottfried 赫尔德 90, 114, 179, 227, 298, 323, 412f.

Hermes 赫尔墨斯 280

Hermlin, Stephan 斯特凡·赫尔姆林 276

Herodot 希罗多德 53, 75

Herzog, Reinhardt 莱因哈特·赫尔佐克 238

Hess, Günter 君特·赫斯 47

Hieronymus 哲罗姆 40

Hill, S. C. 希尔 228

Hirt, Günter 君特·赫特 396

Hobbes, Thomas 托马斯·霍布斯 96, 104

Hobsbawm, Eric 埃里克·霍布斯鲍姆 76

Hölderlin, Friedrich 弗里德里希·荷尔德林 105

Hölscher, Lucien 卢奇安·赫尔舍 71

Hölscher, Tonio 托尼奥·霍尔舍 170

Hoffmann, Konrad 康拉德·霍夫曼 373

Hofmann, Werner 维尔纳·霍夫曼 373

Hofmannsthal, Hugo von 胡戈·冯·霍夫曼斯塔尔 279-284

Holofernes 霍罗福尼斯 89

Holzknecht, Karl J. 卡尔·霍尔茨科内希特 46

Homer 荷马 40ff., 52, 100, 119, 122, 129, 171., 191f., 279

Hood, Robin 罗宾汉 58

Hooker, Richard 理查德·胡克 51

Horatio 霍拉旭 86

Horaz 贺拉斯 38, 45, 50, 181f., 191, 199

Horn, Eva 夏娃·霍恩 325

Hüser, Rembert 勒姆伯特·许塞尔 350

Hugo von St. Viktor 圣维克托的雨果 114-119, 129

Hulme, T. E. 休姆 179

Hume, David 大卫·休谟 98ff., 102, 104

Humpty Dumpty 矮胖子 387f.

Husserl, Edmund 胡塞尔 189

Illich, Ivan 伊万·伊里希 116, 118

Imhoff, Arthur E. 阿尔图尔·E. 伊姆霍夫 219

Iphigenie 伊菲革涅 43, 81

Iphiklos 伊菲克勒斯 241f.

Isaak 以撒 306

Iser, Wolfgang 沃尔夫冈·伊泽尔 96

Ismene 伊斯墨涅 308

Ismenias 伊斯梅尼阿 307f., 314, 334

Jacobs, Thornwell 桑维尔·雅可布斯 349

Jaffé, Aniela 阿涅拉·雅费 162

Jacobus de Voragine 瓦拉吉纳的雅各 311

Janet, Pierre 皮埃尔·让内 259, 278

Jakob 雅各 305

Jaroszewki, R. 雅罗谢弗斯基 377

Jauß, Hans Robert 汉斯·罗伯特·姚斯 31

Jeanne d'Arc 圣女贞德 69, 82

Jefferson, Thomas 托马斯·杰弗逊 199

Jeismann, Michael 米夏埃尔·叶斯曼 219

Jeremia 耶利米 152, 243f.

Jesaia 以赛亚 248

Jethro 叶忒罗 233ff.

Jochum, Uwe 乌维·尤胡姆 360

Johannes von Salisbury 萨里斯伯雷的约翰尼斯 117

Johnson, Samuel 塞缪尔·约翰逊 93

Jonas, Hans 汉斯·约纳斯 169

Josephus Flavius 约瑟夫斯 45

Joyce, James 詹姆斯·乔伊斯 217, 223, 236-240, 387

Jung, Carl Gustav 卡尔·古斯塔夫·荣格 162, 171

Jupiter 朱庇特 182

Jünger, Friedrich Georg 弗里德里希·格奥尔格·荣格尔 29, 90, 161, 168, 409

Kabakow, Ilya 伊利亚·卡巴科夫 390-397, 406

Kadmos 卡德摩斯 314

Kany, Roland 罗兰·肯尼 213

Kemp, Wolfgang 沃尔夫冈·肯姆普 373

Kiefer, Anselm 安塞姆·基弗 359-365, 369, 371, 377

Kippenberg, Hans G. 基彭贝格 174, 307

Kiš, Danilo 达尼洛·基什 397-401

Klüger, Ruth 鲁特·克吕格尔 168, 176, 259f., 330, 332ff.

Knittel, Anton Philipp 安东·菲利普·克尼特尔 220

Koch, Gertrud 格特鲁特·科赫 221

Koch, Manfred 曼弗雷德·科赫 224

Koep, L. 科卜 153

Konrád, György 乔基·孔拉德 249, 257

Konstantin 君士坦丁 306

Koplin, Albert 阿尔伯特·柯步林（又

索　引

见 Anicet) 255ff.

Korff, Gottfried 戈特弗里德·科尔夫 53, 331, 345, 383

Koselleck, Reinhardt 赖因哈特·科泽勒克 14, 43, 49, 77, 134, 219, 337, 408

Kramer, Jane 简·克拉默尔 334

Krass, Stephan 斯特凡·克拉斯 349

Kraus, Karl 卡尔·克劳斯 187

Kreon 克里瑞翁 308

Kubler, George 乔治·库布勒 317

Küttler, Wolfgang 沃尔夫冈·吉特勒 141

Labdacus 拉布达库斯 307

Lachmann, Renate 蕾纳特·拉赫曼 28, 221, 314

Laelius 勒琉斯 313

La Fontaine, Jean de 拉封丹 46f.

Lamb, Charles 查尔斯·兰姆 203f., 227f.

Lambek, Michael 米夏埃尔·拉姆贝克 15, 157, 262, 264, 279

Lang, Alfred 阿尔弗雷德·朗 249, 264

Langer, Lawrence 劳伦斯·朗格尔 258

Laqueur, Thomas 托马斯·拉奎尔 60

Laub, Dori 多里·劳卜 274ff.

Lauretis, Teresa de 特蕾萨·德·劳雷提斯 62

Leda 勒达 232

Lehr, Thomas 托马斯·雷尔 401ff.

Leland, John 约翰·雷兰 56, 57

Leonardo da Vinci 达·芬奇 229, 231, 233

Leys, Ruth 鲁特·莱斯 157, 264, 279

Lipsius, Justus 尤斯图斯·利普修斯 310

Locke, John 约翰·洛克 95-98, 99, 110f., 134

Loewy, Hanno 哈诺·洛维 15

Loftus, Elizabeth 伊丽莎白·洛夫特斯 268

Loraux, Nicole 尼科尔·劳洛 68, 71

Lotman, Jurij M. 尤利·洛特曼 19

Lucan, Marcus Annaeus 卢坎 45, 183, 184

Luckmann, Thomas 托马斯·卢克曼 142

Lukrezia 露克丽丝 198

Lyotard, Jean François 利奥塔 178, 260ff., 374

Maas, Oedipa 欧迪帕·玛斯 215, 397, 407

Macaulay, Rose 罗斯·麦考利 315

Macaulay, Thomas Babington 托马斯·贝宾通·麦考利 77

Macbeth 麦克白 176

Machiavelli, Niccolò 尼科罗·马基雅维利 69

Maecenas 梅赛纳斯 41

Malraux, André 安德烈·马尔罗 357

St. Maria 圣玛利亚 230

Man, Paul de 保罗·德·曼 108, 350

Marquard, Odo 奥多·马卡德 43, 337

Martin, Jochen 约亨·马丁 42

Melampus 墨兰波斯 241f.

Menelaos（= Menelas）墨涅拉奥斯 279-283

Menniken, Rainer 莱纳·梅尼肯 84

Metken, Günter 君特·梅肯 367

Metscher, Th. 托马斯·默奇 54

Michalski, Krysztof 克里斯托夫·米夏尔斯基 62

Miller, Norbert 诺伯特·米勒 320, 322

Milton 弥尔顿 59ff., 195ff., 218

Miranda 米兰达 86

Mittig, H.-E. 米提希 47

Momigliano, Arnaldo 阿纳尔多·莫米利亚诺 209

Mona Lisa 蒙娜丽莎 229-232, 240

Montaigne, Michel de 蒙田 12, 266

Mortimer 摩提默 70

Morus, Thomas 托马斯·莫里斯 72

Moses 摩西 114, 240, 303

Mosse, George L. 乔治·L. 莫斯 43

Müller, Heiner 海纳·米勒 18, 22, 155, 175f., 243, 276f., 336, 359, 374

Müller, Jan-Dirk 扬-迪克·米勒 49

Müller-Funk, Wolfgang 沃尔夫冈·米勒-冯克 398

Murphy, Gullen 古伦·墨菲 383

Nagy, Imre 伊姆雷·纳吉 138f.

Nashe, Thomas 托马斯·纳什 54f., 76

Nemesis 复仇女神 69, 77

Neuber, Wolfgang 沃尔夫冈·诺伊伯尔 192

Neumann, Gerhard 格尔哈德·诺伊曼 312

Neville, Anne 安妮夫人 69

Niederkirchner, Käthe 凯特·尼德基尔希纳 335

Niethammer, Lutz 卢兹·尼特哈默尔 141f., 219, 237, 263, 270ff.

Nietzsche, Friedrich 尼采 29, 52, 64f., 74f., 78, 81, 128, 130f., 133f., 167, 175, 178, 214, 238f., 244ff., 265f., 336, 360, 373, 413

Nitikin, Natalia 纳塔丽亚·尼迪金 392

Noah 诺亚 114

Nora, Pierre 皮埃尔·诺拉 11, 13, 15f., 18, 132f., 144, 219, 309, 338f.

Nüßlein, Theodor 台奥尔多·努斯兰 251

Odette 奥黛特 233, 235f.

Odysseus 奥德修斯 172, 175

Ödipus 俄狄浦斯 307f.

Oexle, Otto Gerhard 奥托·格哈尔特·奥克斯勒 33f., 49, 91, 98

Old Betonie 老贝托尼 293f., 385-388

Old Ku'oosh 老库奥什 293

Orwell, George 乔治·奥威尔 140, 214f.

Ottilie 奥蒂莉 58, 326

Ovid 奥维德 45, 182, 184

Palitzsch, Peter 彼得·帕里什 84f.

Paris 帕里斯 280-283

Pater, Walter 瓦尔特·帕特 229-234, 240

Pausanias 鲍萨尼阿斯 313f., 324

Peirce, Charles Sanders 查尔斯·桑德斯·皮尔士 209

Perikles 伯里克利 43

Persius Flaccus, A. 佩希乌斯 12

Petrarca, Francesco 彼特拉克 172, 308, 310ff., 315, 317f., 324, 332

Petrus 彼得 324

Pettie, George 乔治·佩蒂 46

Phylakos 匹拉科斯 241f.

Pilgrim, Billy 比利·皮尔格里姆 287ff., 291, 296

Pindar 品达 100

Piranesi, Giovanni Battista 乔瓦尼·巴蒂斯塔·皮拉内西 317ff., 321

Piso 皮索 312, 316

Plato, Alexander von 亚历山大·冯·普拉托 237, 263, 271

Platon 柏拉图 151f., 173, 185f., 189, 194, 210, 212, 242, 248, 261, 313

Poe, Edgar Allen 爱伦坡 176, 320f.

Poirier, Anne und Patrick 安娜和帕特里克·普瓦利埃 359, 367-371

Polemon 波勒蒙 313, 324

Pomian, Krzysztof 克里斯托夫·波米扬 22, 45, 53, 143ff., 331f., 345, 383

Pross, Harry 哈瑞·普罗斯 139

Proteus 普罗透斯 280

Proust, Marcel 马塞尔·普鲁斯特 17, 88, 141, 155f., 158, 163-166, 168, 178, 209, 233-236, 239, 247f., 271f., 278

Pynchon, Thomas 托马斯·品钦 213-217, 397

Quindeau, Ilka 伊尔卡·坎图 263

Quinn 奎恩 386f.

Quintillian 昆体良 36, 115

Rabelais, François 拉伯雷 89

Rahmann, Hinrich 辛里希·拉曼 249

Ranke, Leopold von 兰克 219

Rappard, Anton von 安东·范·拉帕德 389

Rathje, William 威廉·拉杰 383

Reichel, Peter 彼得·莱歇尔 334f.

Reisch, Linda 琳达·莱敕 15

Renan, Ernest 埃内斯特·勒南 62

Renner, Ursula 乌苏拉·莱纳 231

Retzer, Arno 阿诺·雷策尔 135

Rhein, Stefan 斯特凡·莱因 49

Rice Jr., E. F. 赖斯 38

Richard II. 理查二世 69f., 72, 74, 76, 80, 87f.

Richard III. 理查三世 65, 67ff., 72, 182f.

Richard Plantagenet 理查·普兰塔琪耐特 70

Ritschl, Dietrich 迪特里希·利舍尔 135

Ritter, Joachim 约阿希姆·里特尔 408

Roebling, Irmgard 伊姆嘉德·罗布灵 231

Rogers, Richard 理查德·罗杰斯 153

Roggisch, Peter 彼得·罗吉什 84ff., 88

Rohde, Erwin 埃尔文·罗德 373

Romulus 罗慕路斯 173

Rorty, Amélie Oksenberg 阿米丽·奥克森伯格·罗提 96

Roth, Klaus-Hinrich 克劳斯-辛里希·罗特 47

Roth, Martin 马丁·罗特 53, 331, 345, 383

Roth, Michael 米歇尔·罗斯 262, 374

Rothschild, Salomon 莎乐美·罗特希尔德 122

Rousseau, Jean-Jacques 卢梭 189, 252ff., 270

Rürup, Reinhard 莱因哈特·吕鲁普 336

Rüsen, Jörn 吕森 141, 143

Rüthers, Monica 莫妮卡·吕特斯 253

Rushdie, Salman 萨尔曼·拉什迪 277f.

Sachs-Hombach, Klaus 克劳斯·萨克斯-霍姆巴赫 345

Salmon, Naomi Tereza 娜奥米·特蕾萨·萨尔蒙 378-382

Salomon 所罗门 306

Sans, Jérome 杰罗姆·桑斯 367

Sarkis 萨基斯 374

Saussure, Ferdinand de 索绪尔 189

Savigny, Friedrich Karl von 萨维尼 225

Saxl, Fritz 弗里茨·萨克斯尔 226f.

Scaliger, Julius Caesar 尤利乌斯·恺撒·斯卡利杰 200

Schacter, Daniel L. 丹尼尔·L. 夏克特 251, 268

Schäffner, Wolfgang 沃尔夫冈·夏弗纳 157

Schahadat, Schamma 莎玛·沙哈达特 390

Scheffler, Karl 卡尔·舍费勒尔 47f.

Scheler, Max 马克斯·舍勒 170

Schellewald, Barbara 芭芭拉·谢勒瓦尔德 364

Schelske, Andreas 安德雷亚斯·谢尔斯克 345

Scherer, W. 舍雷尔 157

Schiller, Friedrich 席勒 299

Schirrmacher, Frank 弗兰克·谢尔马赫 62f.

Schlemihl, Peter 彼得·施雷米尔 126

Schlögel, Karl 卡尔·施略格尔 63

Schmid, K. K. 施密特 33

Schmidt, E. A. E. A. 施密特 310

Schmidt, Siegfried J. 西格弗里德·施密特 212f., 412

Schnapp J. 施纳普 377

Schneemelcher, W. 施尼梅尔歇尔 169

Schneider, Manfred 曼弗雷德·施奈德 353

Schoell-Glass, Charlotte 夏洛特·朔尔-格拉斯 373

Schön, Erich 埃里希·顺恩 67

Schöne, Albrecht 阿尔布莱希特·顺纳 13

Schubert, D. 舒伯特 47

Schüller, Dietrich 迪特里希·许勒 353-356

Schulin, Ernst 恩斯特·舒林 141

Schweitzer, Jörg 约克·施威策尔 135

Schwitters, Kurt 库尔特·施维特斯 389

Scipio 西庇阿 313

Sellin, Volker 弗尔克·塞林 170

Semon, Richard 理查德·赛蒙 210

Sephora 西坡拉 233f.

Shakespeare, William 莎士比亚 18, 45, 60f., 62-89, 106, 121, 152, 181ff., 186f., 189, 191, 193, 195, 198, 206, 243f., 246, 341

Sicard, Patrice 帕特里斯·西卡尔 118

Sigurdsson, Sigrid 西格丽德·西古德森 359f., 362, 364-367, 369, 371, 377

Silko, Leslie Marmon 莱斯利·马蒙·西尔科 290ff., 302f., 385f.

Simmel, Ernst 恩斯特·齐美尔 157, 247

Simonides von Keos 西蒙尼德斯 18, 27, 35ff., 241, 360

Sinai, Salim 萨利姆·西奈 277

Skopas 斯科帕斯 35, 38

Sloterdijk, Peter 彼得·斯洛特戴克 248

Smith, Winston 温斯顿·史密斯 215

Smuda, Manfred 曼弗雷德·斯穆达 311

Snyder, Alice D. 斯奈德 98

Sokrates 苏格拉底 151, 186

Sontag, Susan 苏珊·桑塔格 157, 273

Spamer, Karl 卡尔·斯帕梅尔 210

Spargue, A. C. 斯普雷格 76

Spengler, Oswald 奥斯瓦尔德·斯宾格勒 374

Spenser, Edmund 埃德蒙·斯宾塞 41f., 54ff., 100, 119, 158, 160

Speusipp 斯鲍希波 313

Spielmann, Jochen 约亨·施皮尔曼 336

Spingarn, Joel 约尔·施宾甘 52

Stackhouse, Thomas 托马斯·斯塔克豪斯 227

Stanitzek, Georg 戈奥尔格·施坦尼采克 181f.

Starobinski, Jean 让·斯塔罗宾斯基 253

Statius, Publius Papinius 斯塔提乌斯 45
Stein, Gerd 戈尔特·施泰因 229
Sticher, Claudia 克劳迪亚·施蒂谢尔 118
Stierle, Karlheinz 卡尔海因茨·施蒂尔勒 43, 311, 337
Stierlin, Helm 赫尔姆·施蒂尔林 135, 267
Stillman 斯蒂尔曼 386f.
Stingelin, M. 施汀格林 157
Stocker, Günther 君特·施托克 360, 402
Straub, Jürgen 于尔根·施特劳卜 249f., 264
Strauß, Botho 博托·施特劳斯 63
Stribrny, Zdenek 岑内克·施特里布雷尼 78
Stroumsa, Guy G. 斯特罗姆萨 307
Struck, Wolfgang 沃尔夫冈·施特鲁克 47
Sünderhauf, Esther 艾斯特·辛德豪夫 305
Svevo, Italo 伊塔洛·斯韦沃 17
Swann 斯万 233, 235f., 239
Swedenborg, Emanuel 伊曼纽埃尔·施维登博格 290
Swift, Jonathan 乔纳森·斯威夫特 197, 201-204, 214
Syamken, Georg 格奥尔格·希安肯 373
Szabo, Mate 马特·萨博 139

Szczypiorski, Andrzej 安德烈·施奇皮奥尔斯基 161, 255-258

Taubes, Jacob 雅克布·陶伯斯 153
Taylor, Charles 查尔斯·泰勒 95
Tayo 塔尤 291, 385f.
Teiresias (= Tiresias) 泰雷西亚斯 172, 308
Telemachos 忒勒马科斯 280
Thammus 塔姆斯 212
Theut 托伊特 185
Thiel, Detlev 德特勒夫·蒂尔 192
Thomas von Aquin 托马斯·阿奎那 51
Thomas, Keith 基思·托马斯 51, 57
Thompson, Michael 米歇尔·汤普森 213, 383
Thukydides 修昔底德 43
Tolic, Dubravka Oraic 杜布拉弗娃·奥莱奇·托利奇 63
Touchstone 试金石 89
Trabant, Jürgen 约尔根·特拉班特 31
Tschechov, Anton 契诃夫 238
Tutanchamon 图坦卡蒙 162

Unverzagt, Christian 克里斯蒂安·温弗扎克特 383
Usener, Hermann 赫尔曼·乌色纳 373
Uspenskij, Boris 鲍里斯·乌斯宾斯基 19

索 引

Valla, Lorenzo 洛伦佐·瓦拉 52,198
van der Hart, Onno 范·德·哈特 259
van der Kolk, Bessel A. 范·德·科尔克 259
Vergil 维吉尔 41,45,100,114
Vico, Giovanni Batista 维柯 31f.,227
Vinken, Barbara 芭芭拉·温肯 197,312
Vonnegut, Kurt 库尔特·冯内古特 284-290,297

Wagner, Monika 莫妮卡·瓦格纳 362,377
Wallace, Malcolm W. 马尔科姆·华莱士 196
Walser, Martin 马丁·瓦尔泽 274
Wapnewski, Peter 彼得·瓦内夫斯基 50
Warburg, Aby 阿比·瓦尔堡 158,174,210,220,225ff.,229,240,336,362,372ff.
Warnke, Martin 马丁·汪克 373
Warwick 华列克 65
Webber, Jonathan 乔纳森·魏伯 329,334
Weigel, Sigrid 西格丽德·魏格尔 362,377
Weinrich, Harald 哈拉尔德·魏因里希 12,66,89,150,175,208
Weiss, Peter 彼得·魏斯 332
Wellbery, David 大卫·威尔伯雷 90
Wenzel, Horst 霍斯特·文采尔 49f.,104
Werner, Hendrik 亨德里克·维尔纳 276,336,374
White, Michael 米歇尔·怀特 135
Wiedenhofer, Siegfried 西格弗里德·维登霍菲尔 49
Wilde, Oscar 奥斯卡·王尔德 245
Williams, Carolyn 卡罗琳·威廉姆斯 229
Wilhelm (der Eroberer) 征服者威廉 58
Wind, Edgar 埃德加·温特 225,227,239
Wirsing, Sibylle 西贝尔·维尔兴 336
Witte, Bernd 贝昂特·维特 170
Wittkower, R. 维特科维尔 194
Wolf, Christa 克里斯塔·沃尔夫 250
Wolf, Herta 赫塔·沃尔夫 357
Wolfson, Harry Austryn 哈瑞·奥斯纯·沃尔夫森 30
Wollasch J. 沃拉什 34f.
Wonders, Sascha 萨沙·万德斯 396
Wood, Robert 罗伯特·伍德 184,208
Woolf, Virginia 弗吉尼亚·伍尔芙 16,161
Wordsworth, William 威廉·华兹华斯 16f.,18f.,36f.,88f.,91-94,100-113,205ff.,315f.,325,349
Wuttke, D. 乌特克 239
Wythe, George 乔治·怀特 199
Wynne, Lyman 莱曼·维尼 293

Xenokrates 色诺克拉底 313,324

Yates, Frances 弗朗西斯·叶芝 28, 222

Yeats, William Butler 威廉·巴特勒·叶芝 229f.

Young, James E. 詹姆斯·扬 327

Zerclaere, Thomasin von 托马辛·冯·策克莱尔 103

Zeus 宙斯 307

Zilsel, Edgar 埃德加·齐尔泽 315

Zweiwasser 茨威瓦瑟 401ff.

译后记

最早接触阿斯曼夫妇的记忆理论是在 2000 年左右,当时我正在德国读博士,论文题目是德国战后文学中的历史反思与中国"文革"后文学反思的比较,主要考察君特·格拉斯和莫言的作品。格拉斯的研究文献已经汗牛充栋,如何提出新的角度真是让人颇费心思。后来我读到阿莱达·阿斯曼的一部著作,深受启发,进而顺藤摸瓜,研读了莫里斯·哈布瓦赫、扬·阿斯曼和哈拉尔德·韦尔策等人关于记忆理论的著述,茅塞顿开,论文也就水到渠成。2006 年我回国不久就结识了北京大学出版社的岳秀坤编辑,他当时正负责耶尔恩·吕森和张文杰先生(已故)主编的"历史的观念译丛",其中收入了记忆理论的几本重要著作,已经翻译出版韦尔策的《社会记忆:历史、回忆、传承》。当时出版社原拟节选扬·阿斯曼的《文化记忆》和阿莱达·阿斯曼的《回忆空间》中若干重要章节,合并为一本书出版。我力劝秀坤编辑,阿斯曼夫妇的这两本著作是德国记忆理论的基石,值得全文引进,并自荐翻译《回忆空间》。后来由于北京大学德国研究中心的杂事繁冗,小儿怀德又横空出世,所以翻译工作一拖再拖,直到 2014 年才脱稿,而这时秀坤编辑已经在首都师范大学获得教职,离开了出版社,编辑工作转交陈甜女士。2015 年 11 月,阿斯曼夫妇受北京大学和歌德学院北京分院之邀,来华讲学,《文化记忆》和《回忆空间》两书能以此机缘次第出版,堪为幸事。

自20世纪80年代以来,欧美的记忆研究如火如荼。德国的记忆研究作为其中的一个重要组成部分,更是硕果累累。记忆研究之所以在德国颇受重视,与记忆这一主题在其政治生活中扮演的重要角色有着密切的关系。十三年的纳粹统治给人类社会造成的累累创伤是德国人无法忘却也不可以忘却的历史经历。如何对待这段历史?能否像德国前总统里夏德·冯·魏茨泽克所言"诚实与纯净地纪念"这段往事,"使它成为自己内心的一部分"?从第二次世界大战结束到如今70年的时间里,德国人为此付出了艰辛的努力。从战争刚刚结束时的心理防御机制,到后来阿登纳政府提出的"克服过去"(Vergangenheitsbewältigung)的口号,这些以遗忘过去为目标的做法虽然让人在短时间内规避了揭开伤疤的痛苦,但在社会和家庭领域却留下了很多长期潜伏的后患。1968年学生运动后,人们对待那段不堪回首的历史的态度才渐渐积极起来,直到1970/80年代,"整理过去"(Vergangenheitsaufarbeitung)才开始在阿多诺所言的意义上成为人们新的行动方针。在德国乃至在欧洲,一种"回忆文化"渐渐生成,针对纳粹历史的回忆工作(Erinnerungsarbeit)已经成为德国政治和社会生活中的日常部分,正是这样的基础才使记忆理论研究获得了在其他地方无法比拟的推动力。

在德国的记忆研究中,扬·阿斯曼和阿莱达·阿斯曼夫妇的成果可谓是记忆理论的柱石。扬·阿斯曼是古埃及学家,他对地中海周边的古代高级文化有着浓厚的兴趣。面对这些古代文化的深厚积淀及其对身份认同的影响,扬·阿斯曼提出了文化记忆这个概念,第一次把记忆这个原本只用于个人的、生理学上的现象,拓展到了文化现象之上。文化记忆这个概念既避免了"传统""传承"等概念的褊狭,又去除了"集体记忆"概念中的模糊性,甫一出现就得到了学界的高度认可。扬·阿斯曼还进一步把文化记忆分为"热回忆"和"冷回忆"两种类型,以描述不同的记忆内容对社会变迁造成的或推动或阻碍的影响。

在阿莱达·阿斯曼这里,文化记忆的研究对象的范围又获得了极大的拓展,其内容不仅是"神话传说,发生在绝对的过去的事件",而是"具有象征形式的传承的全部内容",其中不但包括流传有序的文本正典,还有后现代的小说;不仅有古罗马的残垣断壁,还有刚刚完成、甚至尚在进行的装置艺术。文化记忆的时间结构也不再是"神话性史前时代中绝对的过去",而是这些传承的全部内容在历史的嬗变中"要仰仗不断的阐释、讨论和更新"。如此庞大驳杂的内容,哪些在建构身份认同、证明合法性、作为行为指南或价值标准上发挥着功用?哪些又沉睡在历史的黑暗之中?阿莱达·阿斯曼又区分了回忆的两种模式——功能记忆和存储记忆。功能记忆是有人栖居的记忆,是经过选择、连缀、编排,使其具备结构和关联,并从这一建构行为中获得意义的记忆;而存储记忆则存放着暂时无用的、变得冗余的知识,没有利用的机会,也没有其他可能性,它不是任何身份认同的基础,它的作用在于包容比功能记忆所允许的更多或不一样的东西,作为当前功能记忆的校正参照。存储记忆被放置在图书馆、博物馆和档案馆等存储器中,它们所具备的动能是潜在的,"存储记忆可以看作是未来的功能记忆的保留地。它不仅仅是我们称之为'复兴'的文化现象的前提条件,而且是文化知识更新的基本资源,并为文化转变的可能性提供条件"。对文化的未来来说,两种模式能够同时并存、并保持相互之间的高度渗透性至关重要,只有这样文化才能保持其更新的能力。

功能记忆和存储记忆这一对概念的厘清具有十分重要的意义。首先,它们消除了尼采、哈布瓦赫、皮埃尔·诺拉等坚称的历史与记忆之间的二元对立,使历史研究和记忆研究有了融会贯通的可能;其次,它们揭示了历史或者过去如何对当下发挥功用的机制:一个主体通过激活来自过去的一部分信息建立起一个功能记忆,自己则成为功能记忆的载体或承担主体,在这个功能记忆中它为自己架设一个特定的过去的建构,并以此建构自己的身份认同;另外,这一对概念还解释了回忆与遗忘的关系问题:此刻被回忆的东西会因为失去了重要性而沉入遗忘的深渊,而此刻被遗忘的东西也可能因为获得了新的重要性而被重新记起。回忆与遗忘两者并不是对立的现象,而是相辅相成、互相依存的。

如果读者想要在本书中寻找某套完整的记忆理论的话,恐怕是徒劳的。此书成书之时,记忆理论正在创建之中,很多思想仍在经受磨砺。书中的基本理论框架在阿莱达·阿斯曼后来的著述中又有所补充和修正。正如作者自己所言,此书"写作的兴趣点在于尽可能多地展现对于复杂的回忆现象的不同观点,同时展现较长的发展脉络和问题的持续性"。也正是由于书中内容的丰富性,才使不同学科的读者都能从中获得启发,这也是这本书得到广泛接受的原因。

阿斯曼夫妇的研究虽说分别以古代文明及文化史的内容为基础,但是对现实也富有积极的指导意义,扬·阿斯曼的研究挖掘了中东地区尤其犹太教与伊斯兰教之间冲突的根源,给问题的解决提供了可能的方案。阿莱达·阿斯曼的研究更是对于当下的社会和政治问题给予大量的关注。她对于德国的记忆工作、两德合并所遗留的问题都运用记忆理论进行了阐释,给人很大的启发。随着时间跨入21世纪的门槛,经历了中国跌宕起伏的20世纪的一代人渐渐离开历史舞台,很多第一手的、鲜活的历史记忆就这样随之而去,许多学者、艺术家甚至普通人都意识到了这一点,纷纷以口述史、老照片、私人博物馆、自传等形式试图挽回和留住这些记忆。希望从古代地中海文明和近现代欧美文化中汲取营养的记忆

译后记

理论能给中国的记忆研究以启发和推动,实乃译者初衷。

对书中引用较多的莎士比亚、华兹华斯、海涅等名家作品,译者参考了朱生豪译本(译林出版社,《莎士比亚全集》8卷本)、丁宏为译本(中国对外翻译出版公司,《序曲或一位诗人心灵的成长》)、钱春绮译本(上海译文出版社,《罗曼采罗》),在此一并表示感谢。考虑到所引译文在本书中是作为论据出现,译者对部分文字做了稍许改动,主要是将某些关键词改为直译。其他文学作品引文的翻译也以准确性为首要原则,有时难免累及其文学性,在此特别加以说明。

译者还要对首都师范大学历史学院岳秀坤老师对本书的选题立项、北京大学出版社陈甜编辑认真缜密的审校工作表示衷心的感谢。本书的翻译工作得到了歌德学院翻译计划的资助,谨致谢忱。最早负责此项目的歌德学院北京分院郭玲女士在项目进行期间韶龄早逝,令人唏嘘。现此书完成,芳魂有知,当以为慰。

潘 璐

2016年1月

历史的观念译丛

已出书目

01 德罗伊森:《历史知识理论》(胡昌智译,2006.07)
   Johann Gustav Droysen, *Historik*

02 帕拉蕾丝-伯克(编):《新史学:自白与对话》(彭刚译,2006.07)
   Pallares-Burke, ed., *The New History: Confessions and Conversations*

03 李凯尔特:《李凯尔特的历史哲学》(涂纪亮译,2007.05)
   Heinrchi Rickert, *Rickert: Geschichtsphilosophie*

04 哈拉尔德·韦尔策(编):《社会记忆》(白锡堃等译,2007.05)
   Harald Welzer, hg., *Das soziale Gedaechtnis*

05 布克哈特:《世界历史沉思录》(金寿福译,2007.06)
   Jacob Burckhardt, *Weltgeschichtliche Betrachtungen*

06 布莱德雷:《批判历史学的前提假设》(何兆武译,2007.05)
   F. H. Bradley, *The Presuppositions of Critical History*

07 多曼斯卡(编):《邂逅:后现代主义之后的历史哲学》(彭刚译,2007.12)
   Ewa Domanska, *Encounters: Philosophy of History after Postmodernism*

08 沃尔什:《历史哲学导论》(何兆武、张文杰译,2008.10)
   W. H. Walsh, *An Introduction to Philosophy of History*

09 坦纳:《历史人类学导论》(白锡堃译,2008.10)
   Jakob Tanner, *Historische Anthropologie zur Einführung*

10 布罗代尔:《论历史》(刘北成、周立红译,2008.10)
   Fernand Braudel, *Ecrits sur l'histoire I*

11 柯林武德:《历史的观念》(增补版)(何兆武、张文杰、陈新译,2010.01)
   R. G. Collingwood, *The Idea of History: With Lectures 1926-1928*

12 兰克:《历史上的各个时代——兰克史学文选之一》(杨培英译,2010.01)
   Jürn Rüsen & Stefan Jordan eds., *Ranke: Selected Texts*, Vol. 1, *Über die Epochen der neueren Geschichte*

13 安克斯密特:《历史表现》(周建漳译,2011.09)
   F. R. Ankersmit, *Historical Representation*

14 曼德尔鲍姆:《历史知识问题》(涂纪亮译,2012.02)
   Maurice Mandelbaum, *The Problem of Historical Knowledge*

15 约尔丹(编):《历史科学基本概念辞典》(孟钟捷译,2012.02)
Stefan Jordan, hg., *Lexikon Geschichtswissenschaft*

16 卡尔·贝克尔:《人人都是他自己的历史学家》(马万利译,2013.02)
Carl L. Becker, *Everyman His Own Historian*

17 孔多塞:《人类精神进步史表纲要》(何兆武、何冰译,2013.08)
Marquis de Condorcet, *Esquisse d'un Tableau Historique des Progrès de l'Esprit Humain*

18 卡尔·贝克尔:《18世纪哲学家的天城》(何兆武译,2013.09)
Carl L. Becker, *The Heavenly City of the Eighteenth-Century Philosophers*

19 扬·阿斯曼:《文化记忆》
Jan Assmann, *Das kulturelle Gedaechtnis*

20 洛伦茨:《跨界:历史与哲学之间》
Chris Lorenz, *Bordercrossings: Explorations between History and Philosophy*

21 阿莱达·阿斯曼:《回忆空间》
Aleida Assmann, *Erinnerungsräume*

22 兰克:《近代史家批判》
Leopold von Ranke, *Zur Kritik neuerer Geschichtsschreiber*

即出书目

梅吉尔:《历史知识与历史谬误:当代实践引论》
Allan Megill, *Historical Truth, Historical Error: A Contemporary Guide to Practice*

柯林武德:《柯林武德历史哲学文选》
R. G. Collingwood, *Collingwood: Selected Texts*

柯林武德:《史学原理》
R. G. Collingwood, *The Principles of History: And Other Writings in Philosophy of History*

吕森:《吕森史学文选》
Jürn Rüsen, *Rüsen: Selected Texts*

德罗伊森:《德罗伊森史学文选》
Johann Gustav Droysen, *Droysen: Selected Texts*

科泽勒克:《科泽勒克文选》
Lucian Hoelscher, hg., *Reinhart Koselleck: Selected Texts*

赫尔德:《赫尔德历史哲学文选》
Herder, *Herder: Selected Texts*

赫尔德:《人类历史哲学的观念》
Herder, *Ideen zur Philosophie der Geschichte der Menschheit*

特勒尔奇:《历史主义及其问题》
Ernst Troeltsch, *Der Historismus und seine Probleme*

梅尼克:《历史学的理论与哲学》
Meinecke, *Zur Theorie und Philosophie der Geschichte*

耶格尔(编):《历史学:范畴、概念、范式》
Friedrich Jäger, hg., *Geschichte: Ideen, Konzepte, Paradigmen*

布克哈特:《历史断想》
Jacob Burckhardt, *Historische Fragmente*

罗素:《论历史》
Bertrand Russell, *Essays on History*

布罗代尔:《论历史(续编)》
Fernand Braudel, *Ecrits sur l'histoire II*